精准管控效率达成的理论与方法

——探索管理的升级技术

卢锡雷　著

中国建筑工业出版社

图书在版编目（CIP）数据

精准管控效率达成的理论与方法：探索管理的升级技术／卢锡雷著．—北京：中国建筑工业出版社，2022.6（2024.7重印）
ISBN 978-7-112-27503-8

Ⅰ.①精… Ⅱ.①卢… Ⅲ.①建筑业－二氧化碳－排气－研究－中国 Ⅳ.①X511②F426.9

中国版本图书馆CIP数据核字（2022）第100769号

本书阐述了原创的“精准管控效率达成的理论和方法”，旨在为实现建筑业高质量发展和绿色建筑等战略，提供可行路径和工具支持。

全书分管理演进与拓展、精准管控理论原理、精准管控实现工具、精准管控实践实效四部分。在组织使命引领的新工程观指导下，融入了流程管理、精益思想和新兴科技的“建筑智能建造系统模型”，将“精确计算、精细策划、精益建造、精准管控、精到评价”施加于闭环的工程全过程运营管理，结合企业、项目应用场景，提供了大量工具化实用图表，切实帮助建筑工程达成智能高效的管控。借助工程成本、质量、安全管控应用实例，介绍了精准管控各阶段的清晰逻辑和详细操作方法，还列举了大型质安观摩活动和大型会议组织两个实例。

本书可供管理学界探讨、建筑业界借鉴、工程教育界参考，通过精准管控达成效率升级之目的。

责任编辑：朱晓瑜
版式设计：锋尚设计
责任校对：芦欣甜

精准管控效率达成的理论与方法——探索管理的升级技术
卢锡雷　著

*

中国建筑工业出版社出版、发行（北京海淀三里河路9号）
各地新华书店、建筑书店经销
北京锋尚制版有限公司制版
建工社（河北）印刷有限公司印刷

*

开本：787毫米×1092毫米　1/16　印张：21½　字数：494千字
2022年7月第一版　2024年7月第二次印刷
定价：**88.00**元
ISBN 978-7-112-27503-8
（39535）

推荐序

收到书稿，不忍卒读，为这一部著作的完成，感到十分欣慰。

“精准管控”思想提出的消除“大浪费”，超越了以往广受关注的减少“小浪费”内涵。小浪费通常指看得见的物料、机时、人工等浪费，大浪费则是多维度、多属性、多要素、全过程、全人员的，理解为一切浪费较为贴切。通过“精准管控”实现“消除一切浪费”，从而提高运营效率、获取更好效益的管理目标，逻辑上是成立的，值得提倡和尝试。可以说，建立“精准管控”理论，源自管理实践、理论发展、应用总结提升等多方面需要，它也必将具有巨大实践活力和理论生命力。

虽然以“精准管控”命名，也多数基于建筑业案例，能够体察到其意旨是一种普适的管理思想，其中包含了“提升品质、降低消耗、绿色建造、客户满意”的新目标。创新首先体现在以系统思维突破制造和建造的界线，不再局限于“造物”的实施阶段。其次构建了完整管理周期内“精确计算、精细策划、精益建造、精准管控、精到评价”的闭环。再者提出了减少浪费实现精准的诸多准则和具体方法与工具，书中还辅以丰富的图表介绍了来自实践的具体案例。兼具理论探索价值和实用功能。

然而，实现“精准管控”不会那么容易，本质上它就是一种“精益求精”的信仰，而且是“持续不间断”的效果追求。不仅如此，浪费从识别、判断、改进方法、改进工具、改进效果，需要一系列的科学方法。浪费形式多种多样，存在于“工料机法环检管信”中；浪费也是动态的，有时大有时小，张三大李四小，此地大彼处小；浪费往往可感知度不一样，有的明显，有的隐性；浪费对总目标的影响程度不同，微小的浪费常常被忽视，不容易察悟其“积重损巨”的后果；消除浪费，也需要成本，对成本的“算计”和性价比的抉择，决定了不同的策略；浪费消除还需要方法“学习”，这也可能影响了工具开发和消除效果。总之，实现“精准管控”并非易事，正因为如此，研究就更有必要，创立理论、研发方法、创制工具，以广泛告知和努力推动，也就更具有意义和价值。“知难而进”，恰恰是学者的一种精神吧！能够静心研究基础性论题，非常难能可贵。

国家提出了高质量发展和实现“双碳”战略，智能建造和数字化技术快速发展，工程建设行业与企业亟需管理升级，值此之际，我很乐意向管理学术界、产业实践者推荐这本如何实现管理升级的创新著作，作为《流程牵引目标实现的理论与方法——探究管理的底层技术》姊妹篇，十分期待它能够为我国工程管理事业的进步，发挥强有力的推动作用。

中国工程院院士、华中科技大学原校长
教授、博士生导师　丁烈云
2022.1.28

自序

深刻的忧虑和现实的焦急常常围绕着我。因为全社会普遍没有认识到"管理落后才是深切的战略落后"，从而也没有急切提高管理水平的认知与行动。

一方面，国际主流的管理经历了"发端、效率、人本、自治、个性"（刘文瑞，2018）①等不同社会背景下的理论内核演进，呈现蓬勃生机。另一方面，与高歌猛进的快速发展阶段和全球第二大经济体规模不相适应的管理：囫囵吞枣的"引进消化吸收"，多半水土不服；基于本土文化承袭及挖掘却"屈指可数"的原创理法和工具，如中国式管理（曾仕强，2005）②、和谐管理理论（席酉民，1987）③、新科学管理（张新国，2011）④、流程牵引（卢锡雷，2007）⑤，以及实业界"自组织"（海尔）、"价值观准则"（阿里巴巴）、"创新驱动"（华为）等探索，能够较好地作为被"引用"和"模板"进行推广的，少之又少。

这种状况，虽然对于强调"权变"和"变易"的国人，也许不足为怪，但是环境变化的激烈加剧十分令人担忧，越是不确定性增加，越是需要理性的理论指导和敏捷的工具应用。只有因工业时代的生存

---

① 刘文瑞. 管理学在中国［M］. 北京：中国书籍出版社，2018（7）：035-037.

② 曾仕强. 中国式管理［M］. 北京：中国社会科学出版社，2005.

③ 韩巍，席酉民. 再论和谐管理理论及其对实践与学术的启发［J］. 西安交通大学学报（社会科学版），2021，41（1）：39-50.

④ 张新国. 新科学管理：新型工业化时代的管理思想及方法研究［M］. 北京：机械工业出版社，2011.

⑤ 卢锡雷. 流程牵引项目实施的理论与方法研究［D］. 华中科技大学，硕士学位论文，2007.

方式和场景要求而生的现代管理学，在充分与现实生存、实践行为、竞争状况结合下，方能解此燃眉。国力强大、经济繁荣、军事和科技的成果，只是表象或者结果，其深层是民族心理、思想及制度设计，连接思想与结果的，则是管理：理论、方法和工具。组织的强大是因为管理，不会因看法差异而改变事实。

在寻找尽快提升管理水平的方法和路径过程中，我们获得了以下认知：

精准是人类追求进步的方式；

精准是人类进步的衡量尺度，是文明发展的里程碑；

精准就是针对性、个性化、高效率、无冗余；

精准是管理高效的标准，是一个理念、一种信仰、一类工具；

精准是生产力发展的标志。

系统论、信息论、控制论和协同论分别发展和应用于20世纪40年代及20世纪60年代，距今已经超半个世纪。在我国的传播与应用虽早已开始，但是在社会、科学技术及工程（STSE）生活中，距离深入人心、成为一种处理复杂事务的特有思维，还有很长的距离。这是跟工业化生存与智能时代竞争所无法融洽的。精准管控的思想和实践结果，从泰勒的秒表“精确测定”动作时间到西蒙强调“社会科学要发展，就得追求自然科学式的严密性和精确性”可以看出其正式根源，而“老三论”和协同论等的综合应用，及其方法和追求目标，精确性正是这些理论的归宿之一。或者说，追求管理控制的精准，势必追根溯源到这些早已声名远扬的“横断学科”之中。难怪这些理论被誉为20世纪最伟大的思想成果之最。

在研究“精准管控”这个论题之前，我们已经探讨过“流程牵引”（《流程牵引目标实现的理论与方法——探究管理的底层技术》），以及“工程认知”（《跨视野多角度的工程观察——工程认知与思维》），可以说，既有一脉相承的思想基础，也有开拓创新的另辟蹊径。在追求管理效率方面，精准必然成为流程牵引所要达到的境界，而精准的逻辑与方法虽离不开流程管理等方法和工具，但是其独特的思维及手段，是流程所没有的。工程恰恰是我们熟悉和重点关注的对象，对工程的基于工程哲学视角的全面系统的观察，也加深了我们对工程的理解，加高了我们知识基础的铺垫。这里是指大工程的视角，也即一切人造的“技术物”，皆属工程范畴。探究“精准管控”，我们交互着工程领域和广义组织管理的视角，这是必须注意的。

我们很乐意将多年思考和研究的阶段性成果，奉献给学术界、产业界、决策者，用以更“精准”地提高各自领域内的定位、设计、营销、运营，管控风险，降低消耗，和谐环境，以真实、有效地提高核心竞争力。甚至，实现“精准”的思想，必要时用于军事斗争。

构建体系性的知识和创立新的理论方法是非常难的。我们并不讳言，本书以《精准管控效率达成的理论与方法——探索管理的升级技术》为标题，虽非故意拔高定位，但确实勉为其难。我们所做的，无非是想尝试一些前人来不及完成的新工作，这些工作在我们看来，在理论上尤其实践中，具有相当的价值。特别是对于我国既未能接受工业化的前期熏陶（甚至错失了前三次工业革命），又传承了诸多“模糊”的传统文化，甚至积淀了习惯已久的模棱两可的思维，对于追求确定性的“数字化”时代，是非常必要的。为了本理论尽可能地被较快地接受，我们大量详尽地描述了案例的应用，甚至工具式的表单罗列，期待用心能够被理解。

对于管理这样具有“科学性和艺术性（甚至人性）”的知识体系，毫无疑问，精准并不是其全部内涵，也不是其发挥作用的全部方式。精准与模糊，如同刚性与柔性、感性与理性、科学与人文，不仅是相对的，还是互补的、浑然一体的，这是一种辨证“意味”浓厚的关系。

我们研究团队主要由我和我的专业硕士研究生组成。由于我的坚持，在管理思想不甚被重视，管理研究学术氛围表面重要实际被忽视的情况下，我们坚持不离开管理本质的根据地，并坚持跟随管理技术和信息工具的进步，将其融入管理的本源之中，同时我们坚决主张：消化吸收为辅，整合原创为主的原则，尽最大努力研创出适合我们国情的“原创理论”和方法工具。因为我们有一个信念：管理的进步带来的是全面的进步，唯有管理先进才会有更强大的立国、立人、立足之本。没有好的管理，不可能有好的产业、好的供应链、好的生态链，甚至不可能有好的生存环境，我们需要自己的创见，以指导生机勃勃的社会实践发展。

“精准管控”（简称“五精”）包含精确计算、精细策划、精益建造、精准管控和精到评价，以管控为题，覆盖五个环节，不见得非常合适，倒还算符合我们善于立足“管理控制”的国情特色。我们提供的“五精”构成、“基于精准管控理论的智能建造系统模型”“浪费识别表”“‘五精’操作流程”以及安全、成本和质量的精准管控工程实例，都来自实践，极具原创和参考价值！

参与研究的主要团队成员有研究生：2019级楼攀、陈志超、牛凯丽；2020级吴秀枝、李泽靖、王越；2021级王立、杨志元；顾珊珊参与了部分工作。赵灿老师，本科生石晨曦、鲁佳鑫、石雅妮、叶家豪、郭桢溪、王湘铌参加了部分资料收集。吴秀枝、王越、李泽靖参加了统稿修改工作。

特别得到中国工程院院士、华中科技大学原校长丁烈云教授的指导，并作序鼓励，万分感谢。出版得到绍兴文理学院“优秀学术著作出版基金”资助。

卢锡雷

2022.3.2

前言

我国国民经济和社会发展日新月异，2010年已经成为全球第二大经济体。全球供应链中我国面临双重压力因素：发达国家的实体回归和自身要素红利消失。建筑业依靠廉价劳动力、消耗资源尤其牺牲环境为代价的发展方式难以为继。2020年全国建设业产值达到了26.4万亿元规模，且仍呈增长趋势。作为支柱产业，水泥、钢材、木材、水资源消耗，大体量的工程拆除废料、泥浆及工程废弃料等数量巨大，能源损耗也非常巨大。尤其是，消耗比、能耗比、劳动生产率等效益指标跟先进国家相距甚远。近年来，我国水泥、钢铁和铝材三大产业的资源消耗、能源消耗总量和CO_2排放总量依旧保持增长的趋势，导致我国环境承载和资源供给压力不断增大①。粗心组织、粗糙建造、粗放管控，以我们观察来看，这些现象在建筑业的全过程中是普遍存在、十分明显的。

中国建造是中国制造的重要而又突出特点的部分，“中国制造2025”以及建筑业高质量发展的号召，其本质是加快发展以“信息化、工业化、智能化”为手段的智能装备和产品，推动过程智能化。中国建造需要智能，但是更需要管理升级，从而实现生产方式变革的落地。

浪费是粗放式管理的重大特征，也是当下迫切需要改进、能够改进的管理问题。何谓粗放式生产和管理？在转型、提效过程中如何克服？发挥什么作用和如何发挥作用？我国的“3060碳达峰、碳中和”战略追求不仅关系发展中国家的后发难题，更关乎我国的“人类命运共同体”担当和国际竞争格局，其减排、减耗的实现路径如何设计？制造业的精益有何特点，有哪些值得借鉴的经验和教训，到建造业的

① 张忠伦，王明铭，贺静，等. 我国建筑工程用主要材料产业资源消耗和环境负荷现状分析［J］. 生态城市与绿色建筑，2018（1）：32-35.

精益，该如何学习，如何推行邻域、邻行业的先进思想？

然而，针对疑问和当前存在的问题，我们却缺少权威性的管理理论及原创性指导方法和工具。

我们需要从精益制造到精准管控的思想迁移和适用开拓。

由制造业的“精益思想”创新而来的建造业“精准管控”，就是助推管理升级的捷径。其目的就是要促使行业“提升品质、降低消耗、绿色建造、客户满意”。精准不仅是技术手段，更是管理追求，是实现管理目标的信仰。基于建设工程对象，我们的研究早已开始，对核心的要素：“成本”“质量”“安全”和“风险”的精准管控实施方法，进行了数年的探讨和检验。我们的思路是：将制造业的精益制造引进和改造为建设行业的精准管控，经过普适性探索、改进之后，能够成为管理的一个普遍性理论和方法。因为建筑业不仅具有规模大、组织难等典型性，还是我们深入了解的行业，也是具有非常复杂性的领域，如果成功，意味着实践意义和理论意义都十分巨大。

全书内容由四大部分构成。

第一部分，以管理演进与开拓发展为铺垫，论述建立精准管控的意义，提出概要的理论构成。第二部分，包括精准管控的基本原理和核心内容，以五个“精”的结构，完成精准管控的功能构建，是本书最核心的内容。五“精”包括：“精确计算”“精细策划”“精益建造”“精准管控”和“精到评价”，构成一个完整的思维闭环。第三部分，简述实现方法和工具。第四部分，阐述精准管控理论的实践实效。

全书符合我们创立的七步战略思维方法：“理论引领、目标导向、问题启程、流程牵引、工具支撑、实践验证、绩效评估”，也可以解释为具有一定的理论指引，确立目标，以解决确定的问题为目的，认真规划解决问题的“流程”，并配套研发工具以支撑问题的解决，最后必定有效果评价和检验。

我们特别强调：没有成体系的信息不构成知识，没有系统总结的理论不能很好地指导实践。精准已经有无数的应用例子，分布在各行各业，分布在各个环节。如自然科学的测绘、定位、导航、生物医疗、工业控制、农业工程、装备工程，社会领域的扶贫、营销、教育、管理。总结精准应用经验的文章、著述汗牛充栋，不计其数。然而，一方面作为一种管理思想的系统研究，尤其建立理论和方法体系方面，却缺乏全面归纳和本质揭示，因而也缺乏普适性的规律总结。

另一方面，作为工程领域尤其狭义建设工程领域，精准管理的思想，未能得到很好的开展，更没有体系性的归纳与研究，使得管理效率的提升步履缓慢。我们常常说管理“粗放”，什么是粗放，因粗放我们损失了多少资源、绩效？怎样才算粗放，特别是，如何改进粗放？正是本书深度关切的核心问题。如果能够在简单、可测、可视、实效地解决该问题中向前推进一点点，也是可喜的、重要的。尤其是在“3060碳达峰、碳中和”战略实施的关键期间，这个问题的研究，可能在寻求路径和方法上，显得特别不应缺席。

我们也注意到：新技术的发展，是几何级数增长的，越来越快。对“精度”的要求，也越来越高。同时为精度追求提供了必要技术和工具手段。

追求精确不仅仅是科学、技术的目标，更是管理的目标。科学的精确使得发现更加趋近规律；技术的精确使得工艺路径更加有效；管理的精准使得到的结果更加接近预设。人类的进步从来没有离开“精确”的追求，或者更“大”，或者更“小”，或者更有“概括力”，或者更加“细致”，在时间维度的“精准”、在空间维度的“准确”、在责任维度的“匹配”……。精确具有重要性，也具有复杂性，精确应当发展成为一门专门研究的学问，囊括理论、方法、工具和实践应用。精准具有交叉应用的特点。

数字、数据、信息、知识、智慧，意、象、言、文、图、数，精确性增强，模糊性减弱。数字化在中国迅猛成为政策引导下的商业动机，本质上迎合了这种“强不确定”下的“确定性”追求取向。数字化既是服务社会的渠道，也成为获得统一的一体化标准，还是追求精准的基础，而且基于数字的新技术的融合应用，将具有广阔前景。

管理的目标是用结构化的确定性减少“不确定性”，其衡量标准是：越来越精细、精确、精准、精致，确定性无限接近不确定性，或者确定性无限化解不确定性，正是管理的奥妙之处。

法约尔将企业所有活动归纳为六种：一是技术活动（包括生产、制造、加工等）；二是商业活动（包括购买、销售、交换等）；三是财务活动（筹集和利用资本）；四是安全活动（保护财产和人员）；五是会计活动（包括各种核算、统计等）；六是管理活动（包括计划、组织、指挥、协调和控制）。精准管控的目标就是将上述活动的精准程度持续地提高，从而提高企业管理、项目管理水平。如图1所示。

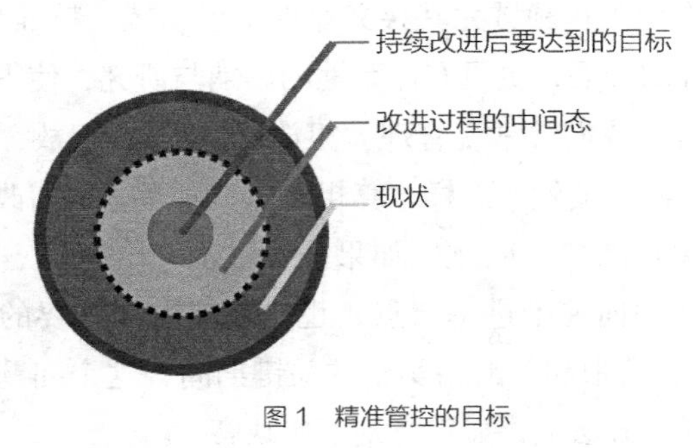

图 1　精准管控的目标

全书围绕“全员积极参与降低模糊、消除浪费、持续改进”的目标和问题展开。

目录

第1篇 管理演进与拓展

第2篇 精准管控理论原理

第3篇 精准管控实现工具

第4篇 精准管控实践实效

全书逻辑图

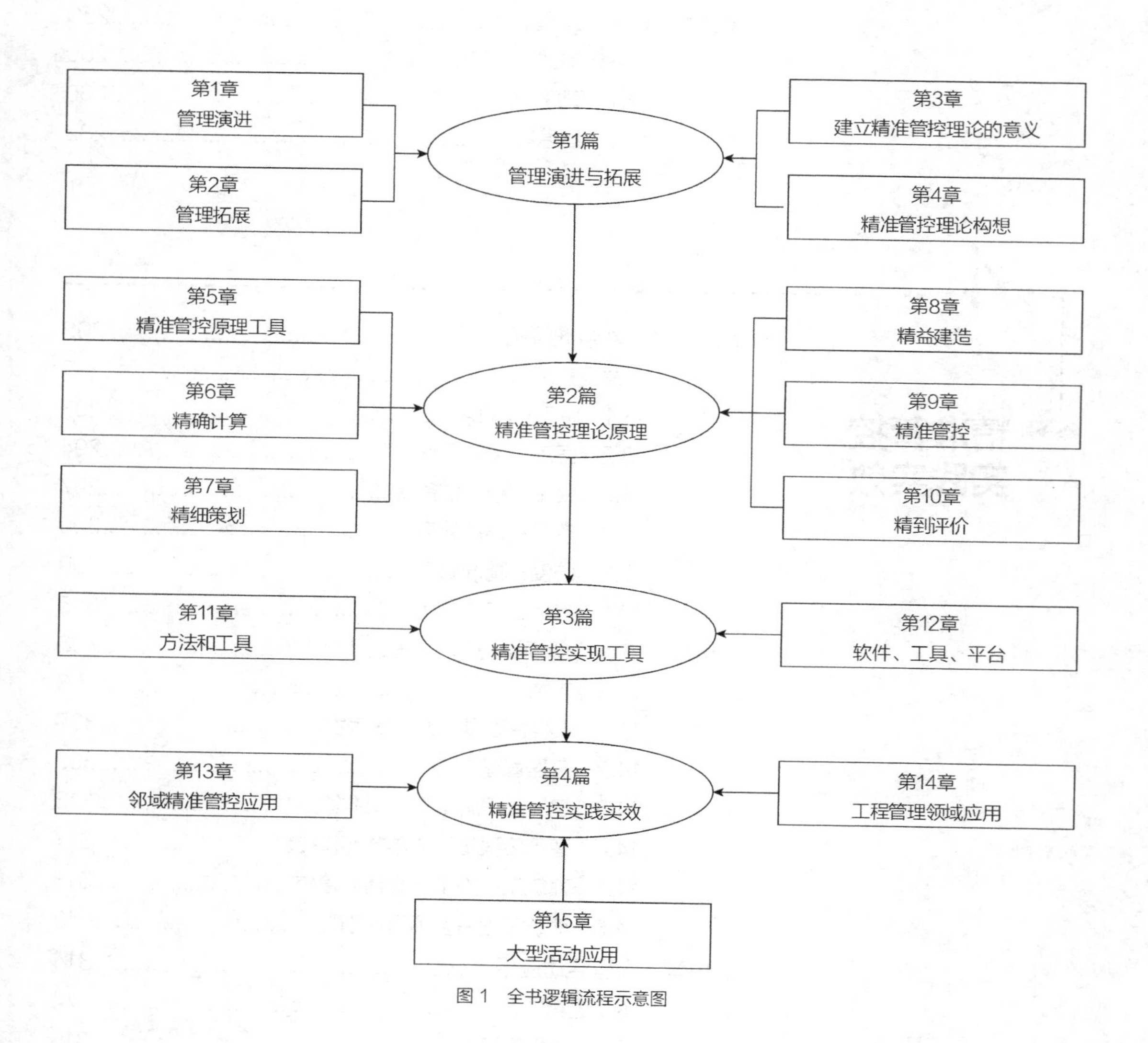

图 1　全书逻辑流程示意图

国家寻求高质量发展的路径、企业应对竞争加剧的出路和完成人类命运共同体建设关键的“碳达峰、碳中和”的绿色工程追求，都要求减少浪费、提高效率、关注环境。最适合的方法是“精确”“精细”“精益”“精准”“精到”构成的全程“精准管控”思想。精准是人类进步的衡量尺度，是文明发展的里程碑；精准是人类追求的方式；精准是管理高效的标准，是一种理念、一种信仰；精准是生产力发展的标志。追求精准就是人类进步的阶梯。

全书内容由四部分构成。第一部分，以管理演进与开拓发展为铺垫，论述建立精准管控的意义，提出概要的理论构成。第二部分，包括精准管控的基本原理和核心内容，以五个“精”的结构，完成精准管控的功能构建，是本书最核心的内容。五“精”包括：“精确计算”“精细策划”“精益建造”“精准管控”和“精到评价”，构成一个完整的思维闭环。第三部分，简述实现方法和工具。第四部分，阐述精准管控理论的实践实效。

第1篇

管理演进与拓展

第 1 章

管理演进

本章逻辑图

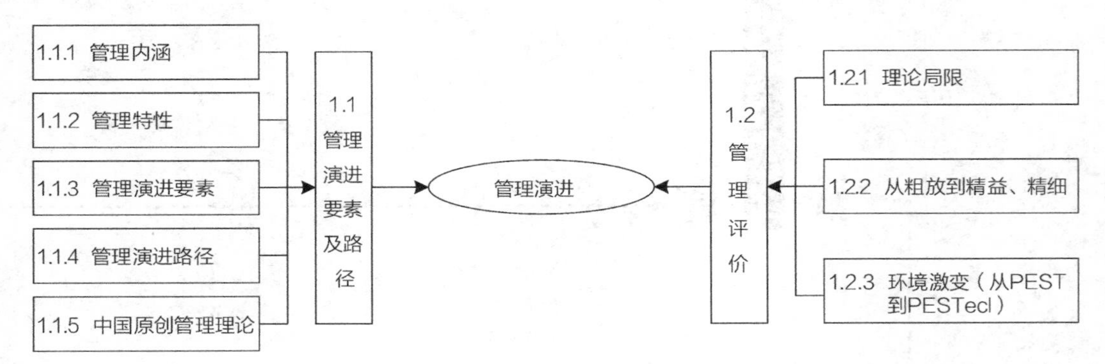

图 1-1 第 1 章逻辑图

1.1 管理演进要素及路径

1.1.1 管理内涵

管理是组织促使达成目标的一类特殊活动。有别于科学发现规律、技术发明技艺、工程建器造物这三类基本活动。管理既需要物质资源、更离不开精神的意识活动，涉及“物理、事理和人理”①，因而是极为复杂的高级活动。管理学科已成为最具有生命力的软科学之一。

古往今来，中外许多管理学学者对于“管理”提出了自己的见解。语义角度的分析意味深长。**管**，原意为细长而中空之物，其四周被堵塞，中央可通达；使之闭塞为堵，使之通行为疏。管，就表示有堵有疏、疏堵结合。所以，管既包含疏通、引导、促进、肯定、打开之意；又包含限制、规避、约束、否定、闭合之意。**理**，本义为顺玉之纹而剖析；代表事物的道理、发展的规律，包含合理、顺理之意。**管理**犹如治水，疏堵结合、顺应规律而已。所以，管理就是合理地疏与堵的思维与行为②。

当然，现代管理还关注如何通过管道流得快、方向流得正确。围绕其思维和行为的职能方式，则大大扩展了。如管理就是决策、沟通、分权、考核等。

“科学管理之父”弗雷德里克·温斯洛·泰勒（Frederick Winslow Taylor）认为：“管理就是确切地知道你要别人干什么，并使他用最好的方法去干。”③

彼得·德鲁克（Peter F. Drucker）认为：“管理是一种工作，它有自己的技巧、工具和方法；管理是一种器官，是赋予组织以生命的、能动的、动态的器官；管理是一门科学，一种系统化的并到处适用的知识；同时管理也是一种文化。”④

亨利·法约尔（Henri Fayol）在其名著《工业管理与一般管理》中给出管理概念之后，它就产生了整整一个世纪的影响，对西方管理理论的发展具有重大的影响力。法约尔认为：管理是所有人类组织都有的一种活动，这种活动由五项要素组成的：计划、组织、指挥、协调和控制⑤。

由此，管理是指管理主体使用手中可以调配的权利和资源，通过一定的措施，对组织的人力、财力、物力以及其他资源进行调配处理，以达到预期目标的活动过程⑥。目前比较流行的是法约尔的五职能归约而来的四职能定义，也即**管理**（Management）是指一定组织中的管理者，通过实施计划、组织、领导（=指挥+协调）、控制等职能来协调他人的活动，使

---

① 赵丽艳，顾基发. 物理-事理-人理（WSR）系统方法论及其在评价中的应用［C］//管理科学与系统科学进展——全国青年管理科学与系统科学论文集（第4卷），1997：198-201.

② 张俊伟. 极简管理：中国式管理操作系统［M］. 北京：机械工业出版社，2013：5.

③［美］弗雷德里克·温斯洛·泰勒. 科学管理原理［M］. 居励，胡苏云，译. 成都：四川人民出版社，2017：25.

④［美］彼得·德鲁克. 管理：任务、责任、实践［M］. 刘勃，译. 北京：华夏出版社，2008：36.

⑤ 孙永正. 管理学［M］. 北京：清华大学出版社，2007：44.

⑥ 孙韶林. 管理的科学性与人性的认识［J］. 齐鲁学刊，2002（3）：63.

别人同自己一起实现既定目标的活动过程，是人类各种组织活动中最普通和最重要的一种活动。

1.1.2 管理特性

1.1.2.1 管理的二重性

管理具有二重性，即指管理具有同社会化大生产和生产力联系的**自然属性**，表现为对协作劳动进行指挥，执行着合理组织生产力的一般职能，通俗来说就是按照一定的规章制度和应有流程进行管理，这需要遵照普遍的一般规律。同时管理又具有同生产关系和社会制度相联系的**社会属性**，就是说人处于社会的大环境中，怎样更好地处理人与人之间的关系，怎样去揣摩人性，更好地进行管理。管理的自然属性反映管理普遍存在于一切社会协作生产和社会公共生活的过程中，管理具有自身的一般规律，管理活动和方法具有可学习和借鉴性。管理的社会属性反映一定社会形态中生产资料占有者的意志，是为一定的经济基础服务的，受一定的社会制度和生产关系的影响和制约。

管理二重性既有联系又有区别，其内涵和表现对比如表1–1所示。

管理自然属性与社会属性比较表　　表1–1

属性	含义	管理属性的表现
自然属性	管理的自然属性即管理的科学性。管理虽然是一门软科学，但管理的过程是有一定规律可循的。管理的自然属性是由自然规律所决定的，它反映管理活动中人与自然之间的关系，以及管理本身的科学规律。 管理的自然属性是由生产力和社会化大生产所决定的	管理在人类社会生活中的出现是自然的，此间没有人为因素，只要人们以群体方式同自然界斗争，管理就开始存在了
		管理在人类社会生活中的存在是自然的，不论管理采用什么形式进行，管理的效果如何，管理每时每刻都存在着
		管理本身是一种客观自然事物，管理的形式特点、过程、功能、实施等都有一种客观规律在起作用
		管理的目的是与发展生产力的客观需要分不开的，而生产力的提高具有鲜明的自然特点
社会属性	管理的社会属性是指同社会条件密切相关，在不同民族、社会制度和社会经济发展阶段等背景下，管理实践都存在着明显差异，体现着特殊的社会人文特色。 管理的社会属性由生产关系、社会制度所决定	管理在社会经济发展的不同阶段上，其方式与内容有所不同，如传统管理基本上以经验为主，而现代管理的内容、方式、工具都空前扩大了
		在不同的社会制度中，管理的内涵外延及管理中人的地位与作用差异很大，这也就是所谓的管理的阶级性
		管理受到国家、民族、地区的历史文化、传统习惯、社会条件、宗教信仰等背景的重大影响，从而具有一定的“民族特色”
		虽然管理具有一定的科学规律性，但是具体到不同的管理环境和不同的管理人员，管理工作便会千差万别，形成不同的风格

1.1.2.2 管理的科学性与艺术性

管理既是一门科学，也是一门艺术。管理的理论应注重科学性，管理的实践则应注重艺术性；企业基层的日常管理应注重科学性，而高层的决策管理应强调艺术性。管理的科学性与艺术性并不互相排斥，而是相辅相成、互相补充的。一个成功的管理者必须具备这两方面的知识。就像罗斯·韦伯所说："没有管理艺术的管理科学是危险而无用的，没有管理科学的管理艺术则只是梦想。"

1. 科学性

所谓科学性，简单来说是指人们对自然现象和社会现象，包括项目施工、策划、管理等过程产生的现象的认识具有客观性、系统性与一致性，对客观规律具有正确反映①。

管理是人类重要的社会活动，存在着客观规律性，是指人们发现、探索、总结和遵循客观规律，在逻辑的基础上，建立系统化的理论体系，并在管理实践中应用管理原理与原则，使管理成为在理论指导下的、规范化的理论行为。因此，科学性是管理必不可少的基础，管理者如果缺乏科学的管理知识，就会像哈罗德·孔茨说的那样："医生不掌握科学，几乎跟巫医一样了。高级管理人员不掌握管理科学，则只能是碰运气、凭直觉，或用老经验。"如果有了系统化的管理知识，管理者就有可能在严谨、量化、合乎逻辑的科学归纳基础上，对组织中存在的管理问题提出可行的、正确的解决办法②。

2. 艺术性

管理是一种随机性很强的创造性工作，必须在客观规律的指导下实施随机应变的管理。管理者在实际工作中，面对千变万化的管理对象，因人、因事、因地制宜、灵活多变、创造性地运用管理技术与方法解决实际问题，从而在实践与经验的基础上，创造了管理的技术与技巧，这就是"管理是艺术"的含义。管理艺术性强调，管理在实践中靠的是人格、魅力、灵感与创新。在现实生活中，单有管理理论知识不能保证实践的成功，事实上也不存在固定不变的管理模式，只有审时度势，结合实际应用，灵活运用管理理论才能获得管理实践的成功。

3. 科学性与艺术性的关系

管理的科学性表现在管理活动的过程可以通过管理活动的结果来衡量，同时它具有行之有效的研究方法和研究步骤来分析问题、解决问题。管理的艺术性表现在管理的实践性上，在实践中发挥管理人员的创造性，并因地制宜地采取措施，为有效地进行管理创造条件。图1-2解释了两者互为条件和转化的关系。

管理的科学性和艺术性是相辅相成的，对管理中可预测可衡量的内容，可用科学的方法去测量；而对管理中某些只能感知的问题，某些内在特性的反映，则无法用理论分析或逻辑推理来估计，但可通过管理艺术来评估。最富有成效的管理艺术来源于对它所依据的管理原理的理解和丰富的实践经验。

1.1.2.3 管理的人性

在处理和协调人、财、物的关系中，起核心作用的是人，人可以充分发挥财和物的价值，发挥的效果如何，人在其中起着极其重要的作用。由此看出，管理的最根本任务就是对人的管理。因此，管理还需要有人性，即要以人为本。

---

① 刘勇. 改革开放后中国哲学社会科学话语体系的科学性的研究［J］. 宁夏社会科学，2021（6）：54-62.

② 王俊珂. 论管理的科学性与艺术性［J］. 中小企业管理与科技（上旬刊），2010（35）：62.

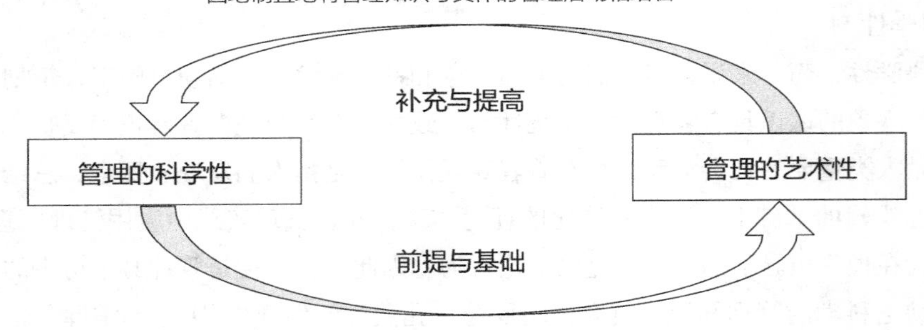

图 1-2　管理的科学性与艺术性关系

人性的本质就日常用语上有狭义和广义两方面：狭义上是指人的本质心理属性，也就是人之所以为人的那一部分属性，是人与其他动物相区别的属性；广义上是指人普遍所具有的心理属性，其中包括人与其他动物所共有的那部分心理属性。管理上的人性取狭义的内涵。

两千多年前，古希腊学者亚里士多德提出了“理性人”的人性论，认为人的本性就在于人类过着有理性的群体生活。这种理性使人能够辨别善恶，形成一致的思想意识，进而可以过着城邦形式的优良生活①。英国经济学家边沁、阿弗里德·马歇尔、凯恩斯等都从不同的角度阐述了“经济人”的观点。边沁认为痛苦和快乐是人的两个最高主宰，也是决定其行为的动力，而快乐和幸福的基础在于利益。马歇尔认为，政治经济学“是研究在人的日常生活事物方面最有力、最坚决地影响人类行为的那些动机”。他主张在管理中，以“满足”或“牺牲”经济利益来促进或制约人的行为。

与“理性人”和“经济人”的人性论不同的是，马克思主义的创始人提出了“社会人”的人性理论。马克思说：“人的本质不是单个人所固有的抽象物，在其现实性上，它是一切社会关系的总和。”①所谓人的本质是一切社会关系的总和，指的是人的本质或者说人的特性就在于其意识和行为受现实社会关系的制约，并体现了现实的社会关系。管理实践上，人是复杂的，“复杂人”似乎比理性人、经济人和社会人更接近人的本性。

管理的科学性不仅要求正确认识人的特性，而且要求正确地认识和把握人的基本属性，正确地认识人的各种需要，正确地认识具体人的具体素质结构。管理的科学性要求对人的认识全面化、具体化，同时对人的认识的全面化和具体化也日益对管理的科学性提出了更高的要求。只有基于对人的基本属性和各种需要及具体人的特性的认识，才能对管理的科学性提出全面而周详的规定，才能促进管理科学性的稳步而持久的发展。

① 孙韶林．管理的科学性与人性的认识［J］．齐鲁学刊，2002（03）：63-68.

1.1.3 管理演进要素

管理演进是社会发展众多因素促成的。特别是工业化的逐步发展，科学管理得以诞生，同时管理成为支撑工业社会繁荣的重要支柱。社会形态、科学技术、国际竞争、人自身的发展和经济、物质繁荣，都促成了管理理念、理论技术和工具的发展，反过来又会影响这些发展。

科学技术推动了人类的发展。近几百年来世界各国不断发展科技，由此推动经济。而科技不断地发展促使企业或公司规模不断扩大、要素不断增多、结构更加复杂，相应的管理也出现了变化。表1–2是随科技发展所带来的生产方式和管理阶段的变化。

管理演进要素表 表1–2

时间	起因	时代特征（推动因素）	管理学
18世纪60年代	第一次科技革命（工业1.0时代）	机械自动化（蒸汽驱动的机械制造设备的出现）	古典管理理论阶段
19世纪70年代	第二次科技革命（工业2.0时代）	电气化（电力生产大规模出现，进入大批量生产的流水线生产阶段）	行为科学理论阶段
20世纪60年代	第三次科技革命（工业3.0时代）	数字化（电子技术、IT等的出现，大规模生产自动化进一步提高）	现代管理理论阶段
21世纪	第四次科技革命（工业4.0时代）	智能化（基于大数据和物联网融合的系统在生产中大规模使用）	

下面简单介绍管理学理论的发展阶段。

1.1.4 管理演进路径

对于管理理论的发展，东西方有不同的进路。西方管理思想与管理理论的发展史，大致可以分为四个阶段：

（1）早期管理思想：17～18世纪，西方社会生产力迅速发展，社会的基本组织形式迅速从家庭转向工厂。社会化生产的发展和现实的经济需要，促进了管理思想的演变和发展。亚当·斯密在其巨著《国民财富的性质和原因的研究》中阐述了分工理论和利己主义的人性观，对后来西方管理思想的发展也产生了深远影响。罗伯特·欧文不仅高度评价人的因素在工业生产中所起的巨大作用，而且把这种主张加以实施，开展了大量的实践活动，被誉为“人事管理的先驱者”。

（2）古典管理理论：古典管理理论产生、形成于19世纪末到20世纪30年代。它主要包括由美国的泰罗及其追随者们所倡导的“科学管理理论”、法国的法约尔所提出的“一般管理理论”及德国的韦伯提出的“行政管理理论”。尽管这些不同的管理理论产生于不同的国家，但它们都有一个共同的特征，即强调用“科学”的方法进行管理。三种理论的共同特点是强调科学性、精密性、纪律性角度，而对人的因素注意较少，把工人主要看成是机器的附属品。所以，古典管理理论虽然在提高劳动生产率方面取得了相当的成绩，却激起了工人的反抗。后来，一些西方管理学者意识到企业的生产不仅受物理、生理因素的影响，而且受社会、心理因素的影响，逐渐出现了行为科学学派。

（3）行为科学管理理论：出现于20世纪30年代，主要是从人的需要、欲望、情绪、动机等心理因素的角度研究人的行为规律，并借助这种规律性的认识来预测和控制人的行为，以实现管理的目的。行为科学基本上可以分为早期和后期两大时期。从人际关系和人的行为上激发生产者的动力，不断提高劳动生产率。

（4）现代管理理论丛林：第二次世界大战后，随着社会生产力和科学技术的迅猛发展，出现了许多各具特色的现代管理理论，由于这个阶段的管理理论没有一个主流的、较为统一的理论学派，而是呈现出百花齐放、百家争鸣的态势，故孔茨称之为“现代管理理论丛林”。这一时期的管理理论学派主要有管理过程理论学派、社会系统学派、决策理论学派、系统管理理论、经验主义学派以及权变理论等[①]。

东方管理理论则经历了三个阶段：

第一阶段从20世纪70年代中期至80年代中期，大体上的意思为“古为今用、洋为中用、融合提炼”；

第二阶段从20世纪80年代中期到1997年，可以总结为“理论创新、独成一家、走向世界”；

第三阶段为1997年至今，可以总结为“发展学派、创新体系、扩大影响”（苏东水，2014）[②]。

管理理论是有关管理得到普遍承认的理论，是经过普遍经验检验并得到论证的一套有关原则、标准、方法、工具。

表1-3是近20年来学者们从各个角度研究中国本土管理的成果。

学者们对“中国情境”的解读[③]　　表1-3

主题	作者	篇名	年份	类型
研究策略	徐淑英、张志学	管理问题与理论建立：开展中国本土管理研究的策略	2005	理论分析
本土管理	祝波善	全球化与本土管理	2006	理论分析
知识溢出	吴波	FDI知识溢出与本土集群企业成长——基于嘉善木业产业集群的实证研究	2008	定量实证
人际关系	薛珅	中国人际关系本土化研究述评	2008	理论整合
建立条件	王立	中国本土管理理论建立的前提条件探析	2009	理论分析
实践管理	吕力	人类学视野下的本土管理实践	2009	理论分析

① 李晨．西方管理理论的发展与流派［J］．商场现代化，2006（33）：79.

② 苏勇，段雅婧．当西方遇见东方：东方管理理论研究综述［J］．外国经济与管理，2019，41（12）：3-18.

③ 陈春花，宋一晓，曹洲涛．中国本土管理研究的回顾与展望［J］．管理学报，2014，11（3）：325.

续表

主题	作者	篇名	年份	类型
心理资本	杨锐	本土心理资本对职业生涯发展影响的实证研究	2009	定量证实
研究方法	吕力	“中国管理学”研究的方法论问题	2009	理论分析
研究范式	李平	中国管理本土研究：理念定义及范式设计	2010	理论分析
研究进程	梁觉、李福荔	中国本土管理研究的进路	2010	理论分析
社会资本	高静美、郭劲光	社会资本：理论回顾与本土研究	2010	理论整合
本土意识	郭毅	活在当下：极具本土特色的中国意识——一个有待开发的本土管理研究领域	2010	理论分析
研究进展	包国宪、王学军、贾旭东	全球视野下的中国管理本土研究新进展——中国管理国际学术论坛观点综述	2010	理论整合
他者与他者化	郭毅	论本土研究中的他者和他者化——对中国共产党成功之道的探讨为例	2010	案例分析
理论构建	王立、孙乃纪	本土管理理论构建方式的讨论	2010	理论分析
反生产力行为	陈春花、刘祯	反生产力工作行为研究述评	2010	理论整合与分析
员工敬业度	赵欣艳、孙洁	员工敬业度研究综述与展望	2010	理论整合与分析
战略管理学	武亚军	中国战略管理学的近期发展：一种本土视角的回顾与前瞻	2010	理论整合与分析
领导力	曹仰锋、李平	中国领导力本土化发展研究：现状分析与建议	2010	理论整合与分析
研发范式	吕力	中国本土管理学何以可能——对“独特性”的追问、确证与范式革命	2011	理论分析
案例方式	于鸣、岳占仁	本土管理案例的再出发	2011	访谈与理论整合
社会网	李智超、罗家德	透过社会网观点看本土管理理论	2011	理论分析
管理元素	乐国林、陈春花	两部企业宪法蕴含的中国本土管理元素探析——基于鞍钢宪法和华为基本法的研究	2011	案例分析
研究路径	谢佩洪、魏农建	中国管理学派本土研究的路径探索	2012	理论整合与分析

1.1.5 中国原创管理理论

管理理论是有关管理得到普遍承认的理论，是经过普遍经验检验并得到论证的一套有关原则、标准、方法、程序等内容的完整体系。虽说对于管理学系统的研究在西方发源较早，但是中国的管理思想也不甘落后，有蓬勃发展的趋势。表1-4是当代中国学者原创的管理思想。

中国管理原创理论 表1-4

管理理论	创作者	核心思想
和谐管理	席西民	基于“和谐”准则的管理思想体系
势科学	李德昌	以“理性信息人”为假设，讨论势的力量
道本管理	齐善鸿	结合“道”的理念，关注精神管理，挑战传统的强势管理
善本管理	傅红春	超越了神本、物本和人本理念，实现道德与幸福的统一
东方管理	苏东水、苏勇	起步于1976年，强调人性、整体与共生的东方管理思想
和合管理	黄如金	结合中国实际，吸收西方管理理论和管理实践中的有益内容，兼收并蓄，创新发展具有中国特色的管理科学
管理科学中国学派	刘人怀、孙东川	推动实现管理科学的中国模式
中医取象思维	文理	借鉴中医的“望闻问切”
谋略管理	林子铭	鬼谷子“谋略管理”
秩序管理	谭人中	解决“混乱”体系的秩序管理手段
中道管理	曾仕强、宋湘绮	中国管理艺术和“感悟思维”
物理事理人理①	顾基发	“知物理、明事理和通人理”思维模式，提出典型的协调关系工作模式
中医取象思维	文理	借鉴中医的“望闻问切”，设计企业问题诊断表
中国式管理	王利平	“中魂西制”的理论体系
C理论	成中英	以东方“天地人和”为基点，取百家精华为统筹，融科学、哲学为一体
中国式管理	王利平	“中魂西制”的理论体系
新科学管理	张新国	“过程”为焦点，“流程”为核心的管理原理
流程牵引理论	卢锡雷	组织以流程为牵引动力，整合资源，达成目标。赋予流程新地位和价值
归零理论	中国火箭院	双归零、技术五条+管理五条
EBPM	王磊	流程系统规划
本质理论	林鸣等	既认识工程的本质属性，又把握本质方法，恰当运用科学、合理的管理方法和技术，有效实现整个管理链受控

注：本表根据学者的论文和著作整理。

刘文瑞在《管理学在中国》中详细评述了中国原创管理的状况。总体来说，中国式管理在实践中的发展要先于学术上的发展。其成功在普及和培训，其不足在学术和理性。实践中的发展，也不是张謇那种读足了书而发愤救国的壮举，而是类似于当上皇帝的刘邦看到儒家礼仪维护自己权威的现实用途。在学术界，论对传统文化的信仰，比不上民国时期孔教会的陈焕章，论对国粹的理性研究，比不上梅光迪和吴宓等人的学衡派。甚至对中国式管理质疑和反对者，也多比不上民国倡导西化的陈序经和胡适。所以，中国式管理在这十几年的大发

① 顾基发．物理-事理-人理（WSR）方法论：系统科学与工程研究［M］．上海：上海科技教育出版社，2000.

展，主要靠经济迅速增长的拉动和推进，而不是一种超越前人的自觉和升华①。

所以，如何将国人的思想和觉悟超前提高，及将管理者如何自我成就这种思想警示世人，值得研究。直白地说，中国原创管理源自实践不足、理论高度不足、应用辐射能力不足、工具普及性不足，是应当十分令人警觉的。

1.2 管理评价

1.2.1 理论局限

1.2.1.1 现有管理局限

1. 认识不精准

没有很好地理解管理，对于管理相关概念的理解、相关理论及规律的认识产生了偏差，这些认知上的偏差，可能会导致管理行为的偏差，从而影响管理的绩效。抑或是对管理内容的理解较为宽泛、模糊，管理者对员工应尽的职责没有进行清晰的划分，使得管理界限不清、责任不明，管理存在真空地带。

2. 计划不精准

管理计划缺乏系统性和灵活性，系统性要求管理既要有长期计划也要有短期计划，同时要定期（不定期）对计划进行纠偏，灵活性要求设定计划时要考虑不可抗力和返工现象，设定计划留有余地。

3. 动态管理不精准

管理面对环境变化快，动态是基本特点。在工作过程中的信息收集、问题发现，往往会因为理论和方法未能构设动态机制，存在滞后的现象，解决问题的进程往往会延误。

4. 实施不精准

在实施过程中，存在计划和实际脱离的情况。管理者拟定了工作计划，但执行过程中计划无法实现，更有甚者不按计划实施，并造成浪费，所致后果是实施结果与预计结果产生严重偏差。

5. 检查不精准

检查流于形式，只在大方向上进行检查，比如是否延误工期，基本外观是否一致等，却常常对一些可能造成事故的小细节忽略或检查出来后不重视，只检不“控”，缺乏反馈，缺乏改善动作。

6. 考核不精准

考核是工作过程中的重要监督手段。一些评价，缺少数据说话、管理时不运用较为精准的考核方式等特点，往往造成不公平的现象。

---

① 刘文瑞．管理学在中国［M］．北京：中国书籍出版社，2018：67.

7. 持续改进缺乏

高质量发展的前提是高质量，高质量来自于“持续改进、不断提升”。反思文化和建立基准是两个基本条件，在管理理论和方法上都缺乏可行的研究与积极的推行。

正是因为以上局限才导致管理仍是粗放式的，粗放式的管理使得资源的利用效率不高，施工质量一般，产品还不够精细，质量稳定性仍有待提高。但由于社会的急剧变革，粗放式管理已不能满足社会的需求，管理必须更加精准、有效，节约资源，减少浪费。

1.2.1.2 追求精准的发展

1. 建筑业的明显特征

世界建筑业，都面临这样的风险：①动态激变环境，政治、经济、社会等多种因素不断变化、程度激烈。例如突发的新冠肺炎疫情对建筑行业的影响极为重大；建筑原料的减少和成本的提高也对建筑行业产生影响。②多次持续决策、中途多因素导致变更、多主体利益均衡、多主体过程参与。例如，业主单位需要抢工期，将工期大幅压缩，使得施工单位的施工方式进行改变，省略或不保质保量地完成前一道工序即开始下一道工序，对建筑的质量有着极大的影响。

工程产品是人工造物的成果，构成了世界的人工自然，是典型的“过程的集合体”①，这一点与制造业有不同之处。另外，建筑业的生产特点，是一种介于离散性和连续性之间的“间断离散”，其原材料、主生产流程和临时施工措施的组装、拆解等操作，均属于间断离散，需要独特的生产管理方式。如何对这么一个极其庞大的、离散的组织进行管理，如何统筹管控各个单位、各道工序之间的关系，非常需要一个具有系统性的理论模型将整个建设过程中所有的零碎部分恰当地整合在一起。

2. 粗放管理

一方面，工程材料的管理已经造成了极大浪费。2020年全国建设业产值达到了26.4万亿元规模，且仍呈增长趋势。作为支柱产业，水泥、钢材、木材、水资源消耗，大体量的工程拆除废料、泥浆及工程废弃料等数量巨大，能源损耗也非常巨大。尤其是，消耗比、能耗比等效益指标跟先进国家相距甚远。近年来我国水泥、钢铁和铝材三大产业的资源消耗、能源消耗总量和CO_2排放总量依旧保持增长的趋势，导致我国环境承载和资源供给压力不断增大。

另一方面，当前很多工程项目施工过程都暴露出安全意识不足、生产效率偏低、组织架构存在缺陷等问题，这些存在的问题已经严重干扰到企业的工程质量和最终的工程营收额，给建筑行业的发展带来极大的负面影响。例如：2017年西安地铁电缆不达标、2018年某知名房企4个月内全国在建工地发生6起质量安全事故、济南章丘某楼盘4栋楼因混凝土强度不达标拆除重建、2019年青岛地铁施工方自爆质量问题等一系列事件引起大家的广泛关注和热议，损失惨重。面对这样的问题，学界和建筑界并没有坐以待毙，而是积极寻求一种适应新时

---

① 中共中央马克思恩格斯列宁斯大林著作编译局．马克思恩格斯选集，第四卷［M］．3版．北京：人民出版社，2012.

代、新发展、新理念的建筑施工模式。经过科学分析和论证后，“精益建造”开始得以确立，并被应用于工程项目管理领域①。

3. 追求精准的发展

古人认为：“天下事无不可为，但在人自强如何耳。”这告诫我们，从事职业活动务必坚持干精活、出精品的态度，细之又细、慎之又慎。一颗螺丝钉不拧紧，可能影响整台机器正常运转；一份文件处理出了差错，可能造成失误甚至泄密的严重后果。任何“差不多”的标准、“马大哈”的态度、大而化之的作风，都可能带来“失之毫厘，谬以千里”的严重后果。同当今建筑业的粗放式管理一样，易产生严重的后果，这也是建筑业迫切需要改进、能够改进的管理问题。

现今，各行各业追求“提升品质、降低消耗、绿色建造、客户满意”渐成常态。随着大数据、云计算和人工智能等新一代信息技术的成熟，服务数字化、数字服务化的发展趋势愈发明显，我国政府也日益重视运用大数据技术精准地了解建筑业的实施情况。精准不仅仅是技术手段，更是管理追求，是实现管理目标的信仰。而互联网、大数据技术蓬勃发展，互联网+建筑业、建筑业大数据、施工设备互联网数据平台、数字化转型，推广EPC总承包、取消造价咨询企业资质、总承包资质改革等管理变革，为追求精准的管理者们提供了新的思考和有效手段，目前主要为大数据驱动和人工智能算法两种方法，以大数据驱动下建筑业需求精准管理为例，主要路径如图1-3所示。

基于大数据技术对建筑服务需求精准管理的幂数效应，可以建构由建筑业需求精准感知、建筑业需求精准聚类、建筑业需求精准测量、建筑业需求精准满足以及建筑业需求精准监测等五个部分组成的管理框架。

下面列举基于装配式建筑项目的EPC总承包管理模式构建，说明目前精准追求下的项目现状。

装配式建筑项目应用EPC总承包管理模式，业主提出投资意图、目标和要求，并对总承包商的文件进行审核。总承包商负责项目的设计、生产、施工、运维工作，并对项目的进

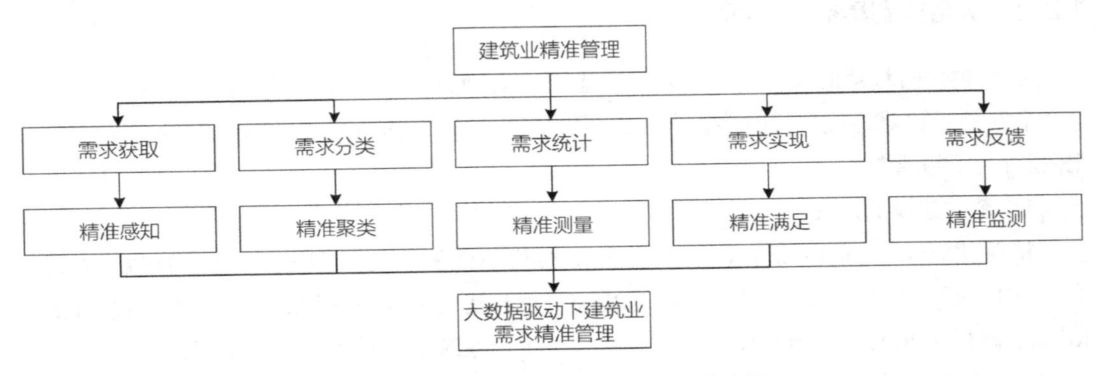

图 1-3 大数据驱动下建筑业需求精准管理框架图

① 王世鹏. 精益建造理论在住宅类施工项目应用研究［D］. 济南：山东大学，2020.

度、质量、费用、安全、信息沟通等全面负责。管理内容包括七个方面：组织模式、合同关系、信息管理、进度管理、质量管理、费用控制和沟通管理。总承包商建立BIM信息中心，为各参与方提供了协同交流的平台，从项目策划，直至设计、构件生产、装配施工、运行和维护各阶段的全过程信息能够及时传递和交互，提高生产、管理效率。基于BIM的装配式建筑项目EPC总承包模式框架体系如图1-4所示。

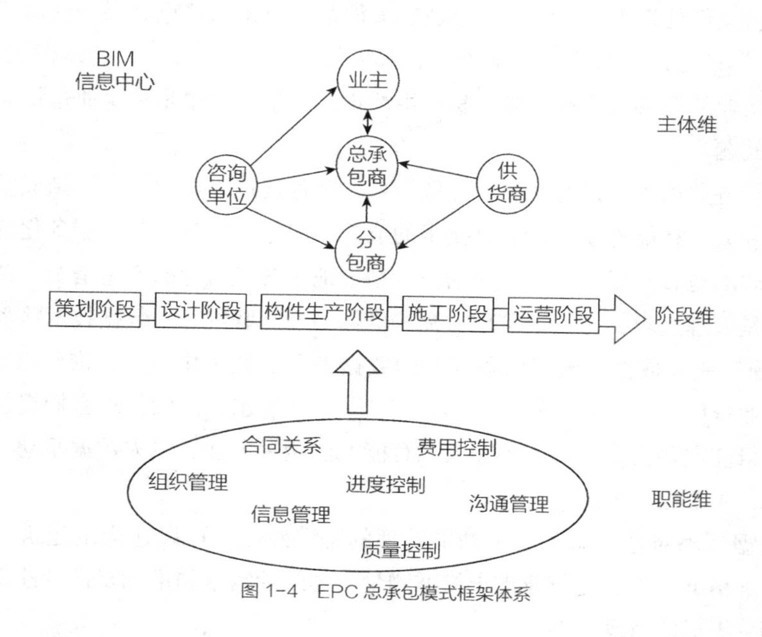

图 1-4　EPC 总承包模式框架体系

BIM技术与EPC总承包模式的核心理念相契合，都是项目全过程协同管理，EPC模式下，BIM技术贯穿项目全生命周期，将各专业各阶段信息整合到一个数据模型，在核心模型上进行各专业设计工作，各参与方通过一个信息交流平台进行交互和共享，保证信息传递的精准度，提高项目管理效率。

1.2.2　从粗放到精益、精细

建筑业在面对新的发展格局和竞争业态下，管理界和学界都意识到：传统粗放式的施工、管理已经很难适应现代时势要求，需要更加精细精益精准的方式才能支撑继续发展。

1.2.2.1　精益建设

1. 精益建设的定义

精益建设（Lean Construction）是随着时代不断发展的新型方式。美国精益建设协会（LCI）创始人Greg Howell和Glenn Ballard将精益建设视为一种新的建设管理方式。Lauri Koskela教授（2002）将精益建设描述为一种对生产系统的设计方法，目的是减少材料、时间和人工消耗，从而实现价值的最大化。William Lichtig（2006）认为精益建设的目的是完美地实现业主利益。精益建设发现，期望的结果会影响实现这些结果的手段，同时可用的手段也会影响最终的结果。而建筑业协会（CII）将精益建设定义为“一个在项目执行过程中消除浪费，满足或超越所有客户需求，以整体价值流为中心的追求完美的连续过程”（《CH建设项目团队中的精益原则》，见国际标准PT191）[1]。

2. 传统建设与精益建设

传统的项目建设中存在一系列问题，如各参与方缺乏沟通，为了赶进度或者争取自己的利益而加速工作；管理者努力寻找方法来提高生产效率，但是对项目的影响微乎其微；建立了整个项目的进度计划，定义了里程碑事件以及人物，却没有激励员工共同努力或定义出完成任务的最佳方法等。

而精益建设与传统建设有所不同，精益建设具有超强先进性，它强调主动控制流程，并且为计划体系建立测评指标，以保证工作流的可靠性以及项目结果的可预测性。其从工程项目的总体出发，统筹安排，而传统的项目管理致力于工作任务的改善，却忽略了项目总体绩效。传统的建设方法中，提倡对表现突出的员工进行奖励，这使得员工过于专注自身的任务，可能产生“损人利己”的行为。而在精益建设方法中，参与方关注的是项目整体绩效，而不再是各分包商的局部优化，所有的专业人员都会因为项目的成功受到奖励。精益建设构建了更好的短期计划和控制体系。精益建设强调“流”，不允许工作在流工程中被打扰。因此，员工之间需要进行真正的合作，共同努力以实现整体目标，而不仅仅只关注个人利益。精益建设更加关注“增值”，而不再是控制成本和进度的“节流”。它同样重视灵活性和知识传递，以应对不确定性和突发事件，这对于非常规和复杂项目来说十分重要。

1.2.2.2 精益建造

丹麦学者Lauris Koskela在1992年提出要将制造业已经成熟应用的生产原则包括精益管理等应用到建筑业，以提高建筑业的管理水平，并于1993年在IGLC（International Group of Lean Construction）大会上首次提出“精益建造”（Lean Construction）概念，随后世界上许多学者纷纷投入这一领域的研究。

国际上，已经对精益建造理论展开了多年的研究，取得不少成果。

Koskela（1992）[2]对传统生产理论进行分析研究后提出生产的TFV理论，认为人们对于生产过程的认知有三种观点：转化观点、流观点和价值生成观点，从而将精益生产的原则应用于建筑业，奠定了精益建造的理论基础，指出了建筑业同制造业存在的共通之处。

Ballard，Howell（2003）[3]借鉴精益生产的计划和控制技术，改进建筑生产计划和控制体系。认为应该将建筑生产看成一个复杂动态的过程，强调权力下放，计划应基于现场条件制定，并且计划周期以短为宜，在此基础上提出了最后计划者体系（Last Planner System）。

---

① [美]林肯·H. 福布斯，赛义德·M. 艾哈迈德. 现代工程建设精益项目交付与集成实践[M]. 何清华，董双，等，译. 北京：中国建筑工业出版社，2015.

② Kosketa，L. Application of the New Production Philosophy to Construction [R]. CA：Center for Integrated Facility Engineering，Department of Civil Engineering，Stanford University，1992：3–5.

③ Bertelsen S. Complexity：Construction in A New Perspectiv [A] //IGLC–11 [C]. Virginia：IGLC，2003：56–57.

Erol H（2017）[①]在研究过程中指出，精益建造的最终目的是希望能够降低资源消耗，不断提高生产率，进而进行健康和安全的生产建造。

而国内的研究相对较少，大多停留在学术层面，并没有得到有效实践应用及检验。

闵永慧等（2004）[②]在理论分析中指出，精益建造理论相比过去应用于建筑施工领域中的其他理论有着明显的进步意义，这种先进而科学的管理方式，会全方位地影响工程项目的施工管理过程，并且将会带来显著的正向影响。

中国精益建造技术中心把精益建造定义为（2010）[③]：综合生产管理理论、建筑管理理论以及建筑生产的特殊性，面向建筑产品的全生命周期，持续地减少和消除浪费，最大限度地满足顾客的要求的系统性方法。

李小康（2018）[④]基于TFV理论对精益建造管理的内涵与主要内容加以分析，结合具体管理内容与具体工具构建了工程项目精益建造管理水平评价指标体系，分析了工程项目精益建造管理水平评价指标体系的ANP结构。

综合多位学者的研究成果，精益建造可以理解为：精益建造是精益思想在建筑业中的应用，以顾客的需求为导向，运用各种精益管理工具对建筑产品的流程进行改进，消除浪费，以价值流生成为中心，追求完美以达到或超过顾客需求的建造模式。精益建造的特点、方法、工具、实践等在后文第8章中有详细介绍，这里就不加以赘述。

精益建设与精益建造相比，在应用范围、周期节点、细化程度等方面都有所不同，如表1-5所示。

精益建设与精益建造的区别　　表1-5

	精益建设	精益建造
应用范围	项目实施全过程阶段	项目施工阶段
周期节点	项目拆除复用	项目交竣工验收
细化程度	可细化为精确计算、精细策划、精益建造、精准管控、精到评价	可细分为浪费识别、全员参与和持续改进
参与人员	招标采购、设计规划、施工建设、运营维护等一系列人员	施工建设中涉及的各类人员，如钢筋工、模板工、水泥工等
管理方式	全过程总目标管理、流程管理	施工阶段分目标管理、工艺流程管理

1.2.2.3 精细化管理

1. 精细化管理的定义

“精细化管理”源自于企业的“科学管理”理论，精细化管理的实质就是它是通过对规

① Erol H，Dikmen I，Birgonul M T. Measuring the Impact of Lean Construction Practices on Project Duration and Variability：A Simulation-based Study on Residential Buildings［J］. Statyba，2017，23（2）：241-251.

② 闵永慧，苏振民. 精益建造的优越性分析［J］. 经济师，2006（10）：36-37.

③ https://baike.baidu.com/item/%E7%B2%BE%E7%9B%8A%E5%BB%BA%E9%80%A0/5410502?fr=aladdin.

④ 李小康，雷林，王晓鸣. 工程项目精益建造管理水平评价方法研究［J］. 工程管理学报，2018（5）：1-6.

则的系统化，运用程序化、标准化、数据化和信息化的手段，使组织管理各单元精确、高效、协同运行的一种管理方式[①]。从而形成一个完美的管理系统，降低企业成本，提升企业效率。

2. 精细化管理在工程中的应用——基于BIM技术的工程造价精细化管理

基于工程造价管理在建设项目实施中设计阶段、招标投标阶段、施工阶段、竣工验收阶段的现状分析，可以总结出目前工程造价管理活动中存在的一些具有代表性的问题：①缺乏行之有效的计量工具；②工程价格数据冗杂；③造价信息难以高效共享；④缺乏协同理念。而正是这些典型因素阻碍着造价管理价值的提升。

随着技术的发展，建筑行业也出现了数字化的应用——BIM。那么结合BIM的应用，对工程造价进行精细化的管理：①利用BIM三维建模功能改善工程量计算效率的问题，提高工程量计算效率；②BIM模型在三维模型的基础上，集成时间、成本要素所构建的五维模型，实质上将工程项目本身工期、费用相关数据进行有效整合，将相关数据进行集成管理；③将项目的建筑材料、人工工种、机械等价格信息进行积累与共享，提高造价信息的精准性及价值；④利用BIM建立项目成本数据中心进行信息互用与协同管理。

虽然随着技术的不断进步，国内建筑业以往一些粗放的现象有所改善，但在精细化管理方面依然还存在着很多不足：图纸深化设计能力较弱；统筹策划、计划能力较弱；缺少先进的建造技术；配套产业无法适应精细化管理要求，对精细化管理形成一定的阻碍；管理人员管理能力较弱；缺乏相对应的产业工人[②]。

1.2.2.4 准时生产（Just In Time，JIT）

1. JIT的定义

JIT是通过对生产工艺流程的整体把握和优化，全面系统地统筹协调各生产要素在组织生产活动中的供给需求关系，保证各要素按照流程运作的实际需求保质保量地参与到组织整体流程的运作中，从而实现组织流程运作的高效和有序，进而达到组织活动的最终目标。

2. JIT的发展与应用

第二次世界大战后日本的汽车工业从技术引进开始。当时世界主流的汽车生产方式是以美国福特公司的流水线生产为代表，通过大规模生产，在废品率一定的基础上降低单位生产成本和废品数量，从而实现降低成本。但这种粗犷的大规模生产方式并不适合刚刚战败还处在战后恢复期而且资源和劳动力原本就相对匮乏的岛国日本。为此，以丰田汽车公司大野耐一为代表的一些日本管理界人士决定采取一种高效灵活且极具市场竞争力的生产方式，这就是准时生产，准时生产集合了单件生产与批量生产的特点，实现在多品种小批量混合生产条件下生产高质量、低消耗的产品。JIT是一种以准时生产为目标、相关要素及时按需供给、不必要浪费的资源管理理论方法。随着日本企业的应用成功，在全世界范围内掀起了学习应用JIT的浪潮，JIT理论和其代表的看板管理方法广泛运用在各行各业，如农产品物流、库存

---

① 汪中求．精细化管理之基本理念［J］．中国商贸，2008，9（9）：116.

② 梁建平．建筑企业施工精细化管理研究［D］．杭州：浙江大学，2014.

管理、建筑原材料管理，并在海尔集团取得了相应的成果。

1.2.2.5 4M1E 到 5MECI

1. 4M1E

4M1E管理方法主要包括五个要素：人（Man）、机器（Machine）、物料（Material）、方法（Method）、环境（Environment）（图1–5）。

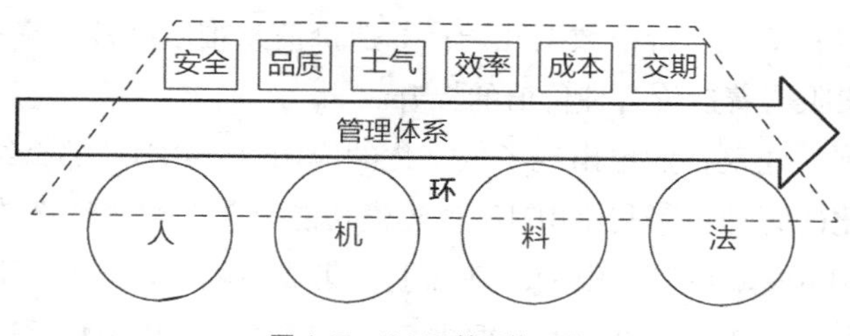

图 1–5 4M1E 管理体系图

在“人”这一要素管理方面，管理者应该从充分挖掘每个员工的特点，激发其工作潜能和竞争优势，使其能够最大限度地发挥个人能力，维持较高的工作热情和积极性，做到人尽其才，将人与人之间统筹协调，发挥出1+1>2的效果。

在“机”这一要素管理方面，管理者应该从两方面着手：一方面要对生产设备和辅助工具等进行定期检修，确保生产设备处于高效稳定运转状态，避免或降低机械故障为生产所带来的经济损失，控制生产产品的质量；另一方面要在条件允许的情况下加大设备的更新力度，尽量使用生产效率更高、质量更稳定的生产设备进行产品生产或者对整个生产流程进行完善，从而进一步提升生产效率和产品质量①。另外，管理者尽量不要将机器闲置下来，以造成额外的浪费。

在“料”这一要素管理方面，管理者应该加大对各生产环节的把控力度，加大对各生产环节或生产过程的了解情况，密切关注各生产环节的生产进度，确保各生产用料的计划性和实际生产维持相对匹配，确保各环节良好运转。

在“法”这一要素管理方面，管理者应该总结实际生产情况、分析生产产品质量要求，根据企业自身特性制定详细的生产管理方法和生产管理规章制度，确定适当的生产技术，使施工技术以及方法尽可能适合生产以及对人员的管理，以免造成不必要的误会或冲突，即人性与科学性相结合。并严格依照规程开展生产作业，保证产品生产进度和产品质量达到生产标准。

在“环”这一要素管理方面，管理者应该依照ISO14000环境管理体系以及企业自身情况综合分析现场生产环境实际情况，查找和排除可能会对员工安全、产品质量带来潜在威胁的影响因素，确保生产环境与生产需求相匹配。

---

① 李占武．提高和保证产品质量的有效方法——人、机、料、法、环同步进行［J］．中国高新技术企业，2013（21）：160.

2. 5MECI

随着建筑行业规模不断扩大，技术不断进步，传统的4M1E已经不能满足如今建筑行业在管理（Management）、检查（Cheak）、信息（Information）中的发展需要。

在“管理”方面，管理人员应该具备较好的知识素养，包括技术素养和经济管理素养，也要拥有较好的人格素养和能力素养。能统筹协调现场的已有因素，利用不断进步的技术和现有的管理思想对施工的安全、质量、进度等较为重要的方面进行管理调控。

在“检查”方面，管理人员要重视检查，不仅在工序完成后进行检查，在工作开始前、工作进行中都要制定有效的施工检查制度，采取有针对性的、经常性的检查活动，包括安全检查、质量检查，不断检查工程建筑物和施工过程中方方面面的问题并进行控制整改。

在“信息”方面，管理者需要围绕整个工程项目，利用信息管理系统把工程设计、施工过程和行政管理所产生的信息进行有序化的集成存储，按照工作流程采用数据后处理技术，促进各部门、各项目参与方的信息交流，满足工程项目在信息采集、数据处理及共享等各方面的信息化需求，为投资单位、设计单位、监理单位、政策制定者、政府监管部门、供应商、建造商等单位的管理工作提供信息依据。

综上所述，行业的发展对于管理者的要求不断提高，粗放式施工建造方式已经跟不上时代的脚步，我们应该尽快开展精益建设，在工程中贯彻精益的思想。

1.2.2.6 质量管理工具

在工程项目质量管理中，有许多种可以引用的方法，而从易学易用看，传播普及最广的只有七种工具，分别是调查表法、分层法、排列图法、因果图法、散布图法、直方图法、控制图法。在此介绍工程实践中最常用的两种方法：排列图法和因果图法。

1. 排列图法（帕累托图）

排列图法是用于寻找尽可能全面分析建设工程项目施工中所有可能产生的原因，工程项目的主要问题或影响质量的主要因素所使用的方法。

排列图由一个横坐标、两个纵坐标、若干个直方图形和一条曲线组成。左侧的纵坐标通常表示频数或件数，右侧的纵坐标表示累计频率，横轴表示影响质量的各种因素。排列图的作图步骤如图1-6所示。

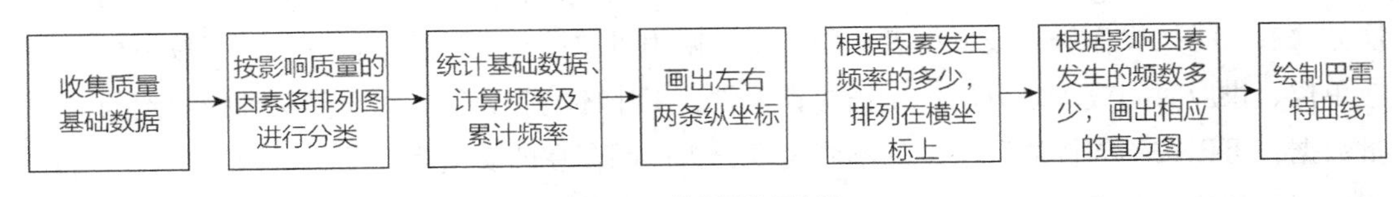

图1-6 排列图作图步骤

2. 因果图法（鱼骨图）

鱼骨图是1953年日本管理大师石川馨先生提出的一种既方便又有效的原因分析法，因其形状如鱼骨，叫“鱼骨图”又叫“石川图”。产品制造过程中发生的问题通常受到多因素的影响。通过5W1H的方式找出问题所在，并且把它们整理成层析分明、条理清楚的特性要因图。而鱼骨图就是一种能够快速发现问题“根本原因”的方法，也可称为“因果图”①。

下面列举鱼骨图在建筑机械损伤原因分析中的使用。主要分为图1-7所列的6个步骤。

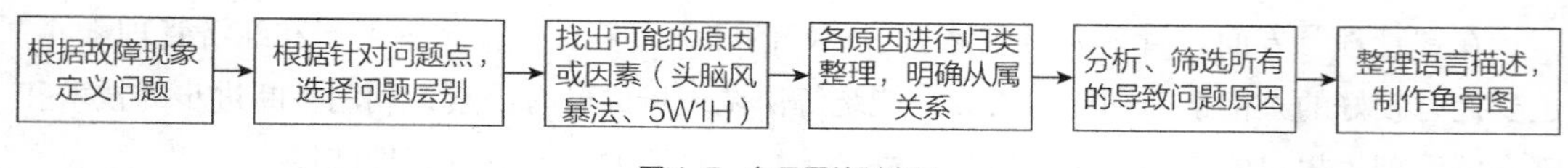

图 1-7　鱼骨图绘制步骤

将机械损伤的原因分为人的原因、机器原因、管理原因、环境原因等。经过分析后将其排列成图1-8所示的鱼骨图。

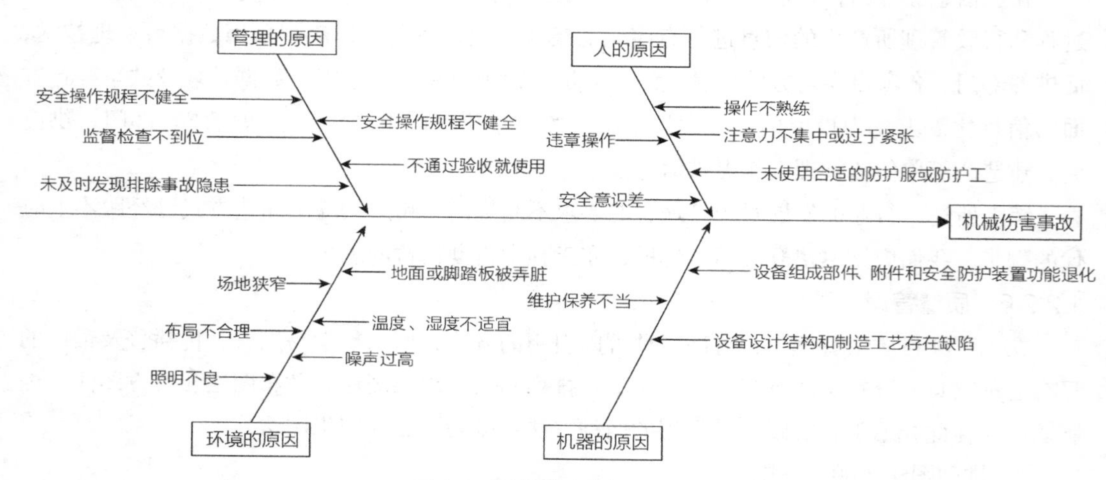

图 1-8　机械损伤事故鱼骨分析图

3. 其他方法

分层法是将调查收集的原始数据按不同的目的和要求进行分组、整理的分析方法，又称数据分层法、分类法、分组法、层别法。分层法是把性质相同的问题点，在同一条件下收集的数据归纳在一起，以便进行比较分析，分层的结果使数据各层间的差异显示出来，层内数据差异减少，其关键是使同一层内的数据波动小一些，各层间的数据波动大一些。常用的分层方法有：①按操作班组或操作者分层；②按使用机械设备型号、功能分层；③按原材料供应单位、供应时间或等级分层；④按检查手段、工作环境等分层。对于随机抽样得到的同一批数据，可以按不同性质分层，从不同角度分析产品存在的质量问题和影响因素，再进行层间、层内的比较分析，更深刻地发现和认识质量问题的本质和规律。

工程中还用到频数分布直方图法，频数分布直方图又称质量分布图。这种方法的原理是将在工程施工过程中，收集到的质量数据进行“等组距”分组，再将各组数据中某个数据出现的次数进行频数统计。以“组距”为横坐标，以频数为纵坐标，绘制直角坐标直方图。从

① 石社文．建筑机械伤害事故的分析［J］．建筑安全，2003（11）：9-10.

分析频数直方图入手，通过有关参数计算，得出施工质量管理能力指数C_p值。C_p值是衡量工程各个责任主体单位质量管理能力的一个综合指标，是施工质量管理能力的一个量化数据。C_p值越大，说明施工质量管理能力越强，反之C_p值越小则说明施工质量管理能力越弱。

控制图由美国休哈特博士（W. A. Shewhart）1924年首创，它是根据概率论数理统计学原理而制作的一种图形，其作用是从动态上反映过程是否处于正常稳定的状态，并且为保证过程在预期的时间内始终处于正常稳定状态而进行的统计控制。目前控制图一般用在对生产过程中产品质量状况进行实时控制。将控制图法应用于安全风险指标的统计分析，可以对风险指标的发展变化趋势作出科学的判断，评价系统的安全状态是否有明显好转或恶化，用以检验安全管理技术措施是否有效。

综上，在对工程项目整体分析后，利用以上多种方法进行合理、合适的分析，能够帮助建造业获得精益效果。

1.2.3 环境激变（从PEST到PESTecl）

变化的世界步入VUCA时代。即：V（Volatility，易变性）、U（Uncertainty，不确定性）、C（Complexity，复杂性）、A（Ambiguity，模糊性）时代。分析环境变化的模式有不少，其中PEST为常用模式。

PEST分析法广泛被应用于战略分析，主要是分析企业外部环境状况，即分析企业所处的外部宏观环境，包括国家层面的宏观环境和行业层面的环境，分析环境中对企业有影响的宏观力量。在分析时，由于行业和企业自身具有特定的特点、企业业务经营有不同需求、多种力量影响企业的发展现状也会不同等情况，宏观环境分析的内容会有所差异，但可以将宏观环境分类，目前学术界一般将宏观环境分析分为四类，即政治环境分析、经济环境分析、社会环境分析和技术环境分析。政治（Policy）、经济（Economy）、社会（Society）和技术（Technology）这四个分析角度是企业分析宏观环境所必须涉及的方面，是影响企业的主要外部环境因素，根据英文缩写，称之为PEST分析法。而随着时代的进步、技术的发展，除了PEST等方面的变化，自然环境（Environment）、竞争（Competition）、时空（Location）等变化也对建筑行业未来的模式产生影响，形成了PESTecl，因此基于PEST，进一步分析PESTecl。

1.2.3.1 政策（Policy）

政策包括关于创新创业、环保、劳动法、新技术的使用及相关法令法规等，也包括四库一网中的相关信息。不仅指目前出现的建筑业热点，还包括有史以来影响重大的决策。

2021年12月30日，根据《建设工程安全生产管理条例》等有关法规，住房和城乡建设部组织制定并发布《房屋建筑和市政基础设施工程危及生产安全施工工艺、设备和材料淘汰目录（第一批）》，防范化解房屋建筑和市政基础设施工程重大事故隐患，降低施工安全风险，推动住房和城乡建设行业淘汰落后工艺、设备和材料，提升房屋建筑和市政基础设施工程安全生产水平。

2021年12月22日，住房和城乡建设部组织中国联合工程有限公司等单位根据住房和城乡建设部《关于印发2019年工程建设规范和标准编制及相关工作计划的通知》（建标函〔2019〕8号），修订国家标准《建筑地面设计规范（局部修订条文征求意见稿）》，并向社会公开征求意见。

2021年12月12日，《“十四五”数字经济发展规划》提出“十四五”时期，我国数字经济转向深化应用、规范发展、普惠共享的新阶段。

2021年11月22日，住房和城乡建设部同国家发展改革委等6部门印发《绿色建筑创建行动方案》，将“提高住宅健康性能”列为重点任务，提出结合疫情防控和各地实际，完善实施住宅相关标准，提高建筑室内空气、水质、隔声等健康性能指标，提升建筑视觉和心理舒适性。研究起草《“十四五”建筑节能与绿色建筑专项规划》，将“提升绿色建筑发展质量”列为重点任务，提出要加强高品质绿色建筑建设，推进绿色建筑标准实施，加强设计、施工和运行管理，提高绿色建筑工程质量，对绿色建筑发展提出明确的目标要求和重点任务。

2021年6月17日，国家发展改革委、住房和城乡建设部发布《“十四五”城镇污水处理及资源化利用发展规划》，明确了“十四五”时期城镇污水处理及资源化利用的主要发展目标。

2020年7月28日，《住房和城乡建设部等部门关于推动智能建造与建筑工业化协同发展的指导意见》提到，到2025年我国智能建造与建筑工业化协同发展的政策体系和产业体系基本建立，建筑工业化、数字化、智能化水平显著提高，建筑产业互联网平台初步建立，产业基础、技术装备、科技创新能力以及建筑安全质量水平全面提升，劳动生产率明显提高，能源资源消耗及污染排放大幅下降，环境保护效应显著。推动形成一批智能建造龙头企业，引领并带动广大中小企业向智能建造转型升级，打造“中国建造”升级版。

2017年10月18日，中国共产党第十九次全国代表大会在北京召开。我国经济已由高速增长阶段转向高质量发展阶段，正处在转变发展方式、优化经济结构、转换增长动力的攻关期，建设现代化经济体系是跨越关口的迫切要求和我国发展的战略目标。必须坚持质量第一、效益优先，不断增强我国经济创新力和竞争力。

政府相继出台的与建筑业相关的系列政策，如推进智能建造、绿色环保工程、资质审批、工程总承包等，还有其他各方面的政策，都影响着我国建筑业的发展。

1.2.3.2 经济（Economy）

从国际环境看，自金融危机以来，全球经济总体处于弱复苏的新常态，美国经济开始复苏，新兴市场国家总体处于增长调整期，普遍面临较大的结构调整和经济下行压力，全球化开始退潮，地缘政治更加动荡，经济不确定性风险不断积聚。数字化浪潮正在席卷全世界，产业互联网、工业化“4.0”等概念正在促进全球工业制造行业的转型升级，并且不断产生创新产业和服务以及新的商业模式，这些发展正在对中国传统行业产生深刻影响。“绿色发展”“低碳经济”将成为全球未来发展的主要方向。能源与气候变化成为影响全球经济格局变化的重要因素。

从国内环境看，当前国际疫情呈加速扩散持续蔓延态势，世界经济贸易增长受到严重冲击，世界经济下行风险加剧，我国对外出口形势严峻；经过几轮扩内需政策的刺激，国内的经济已经开始回暖。居民与企业债务高企压缩政策空间，每次刺激的效果边际减弱。次贷危机后，我国经历三次加杠杆，经济增速也短暂回升，但最终会回落，每次刺激对经济的促进作用在边际减弱，同时居民与企业债务大幅攀升，出于防风险考虑，近年来政策都是采取宏观审慎的原则。

如何在这种环境下提升建筑行业的效率、效益，减少浪费，顺应国际国内经济环境的发展，精益思想的贯彻和精益建造的实行不失为一条出路。

1.2.3.3 社会（Society）

社会环境是组织生存和发展的具体环境，具体而言就是组织与各种公众的关系网络。人类通过长期有意识的社会劳动，加工和改造自然物质、创造物质生产体系、积累物质文化等所形成的环境体系、社会环境，一方面是人类精神文明和物质文明发展的标志，另一方面又随着人类文明的演进而不断地丰富和发展。社会文化环境包括一个国家或地区的居民教育程度和文化水平、宗教信仰、风俗习惯、审美观点、价值观念等系列人文特征。文化水平会影响居民的社会需求层次；宗教信仰和风俗习惯会禁止或抵制某些社会活动的进行；价值观念会影响居民对组织目标、组织活动以及组织存在本身的认可与否；审美观点则会影响人们对组织活动内容、活动方式以及活动成果的态度。

在建筑业社会环境中同样存在着系列的人文特征，由于居民不断提升的文化水平、审美观点与价值观念以及中国人“无房不成家”的风俗习惯等，逐渐表现出对住房需求的强烈关切，对建筑施工中高效的人力、环保的材料不断提高要求等现象，使得施工成本逐年升高，建筑行业、房地产行业急速发展。

回顾中国过去四十多年住房的历史变迁，改革开放以前，在计划经济体制时代是等国家建房、靠组织分房、要单位给房的情况，大部分老百姓的房屋都是国家分配的，仅少数居民拥有自己的房子，且住房面积小。20世纪90年代后，随着市场经济的发展、住房体制的改革，由商品房代替了福利房，在商品经济中，房子需要个人购买，房地产商为了吸引更多的人购买商品房，进一步加大了客厅、厨房、卫生间、阳台的空间设计，以提高住房的舒适性。21世纪后，随着社会的发展，一家一户的住房需求、住房模式越来越多样化，面临着住房的快速变革，大量存量的建筑物由于历史原因存在着各种各样的问题，如“三无”房屋、非法改造、非法扩建、装修拆改、房屋超出使用年限、房屋不保温不隔热、漏水等，需要更新改造适应新时代的特点。

1.2.3.4 技术（Technology）

随着科学技术是第一生产力的提出，中国建筑业技术在最近几十年也得到了迅猛发展，建筑业施工技术的提升减少了工作的浪费并且节约了时间，建筑业技术环境中最重要的是建筑业的信息化改造，使得传统的建筑业焕然一新，高科技新技术使得建筑成本降低、工期缩短、质量提高。我国建筑业的技术环境越来越好、愈加先进，同时我们也应该认识到中国建筑业的技术与发达国家相比还是有差距的。云计算、物联网、大数据、人工智能、移动网络、区块链等新技术的不断发展，BIM技术的不断提高，也为建筑行业提供了精益建造的可能。如图1-9所示，5G技术具有高速度、泛在网、低功耗、低时延、重构安全和万物互联等特性，在5G技术的广泛使用背景下，AI人工智能助力于工业化实现自动生产；VR技术助力

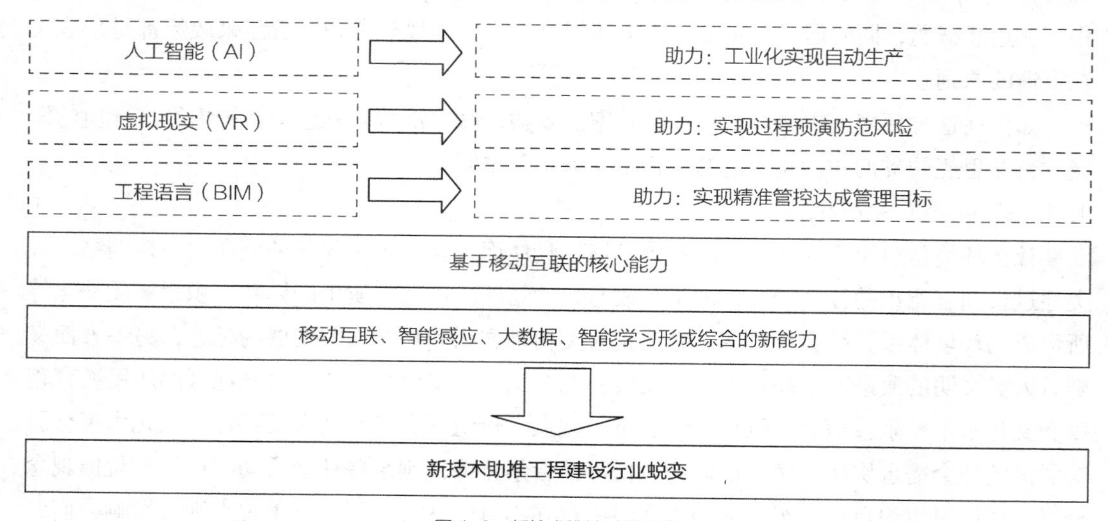

图 1-9　新技术推动时代改变

于实现过程预演防范风险；BIM语言助力于实现精准管控达成管理目标，这些新技术是基于移动互联的核心能力，同时与智能感应、大数据、智能学习等融合形成了新的能力，助推过程建设行业的蜕变。

1.2.3.5　自然环境（Environment）

环境保护、与自然和谐是人类与自然的相处之道，随着经济的高速发展，环境问题也逐渐增多。进行工程项目建设时，建筑会占据土地资源和自然空间，影响自然水文状态、空气质量，对环境产生负面影响，由于建筑对资源的大量消耗和生态环境的负面影响，施工方在建筑规划设计、施工、运行维护和拆除或再使用的全寿命过程中应考虑环境影响，促进资源和能源的有效利用，减少污染，保护资源和生态环境。

在我国现存的土地资源中，每年减少的耕地多数转化成建设用地，建设用地是用于建造建筑物、构筑物的土地，是城乡住宅和公共设施用地，工矿用地，能源、交通、水利、通信等基础设施用地，旅游用地，军事用地等。

据有关资料表明，20年前建筑业每年耗用木材已达到1875亿m^3，因生产建筑材料而消耗的矿产资源多达70亿t，建筑耗水占城市水用量的30.4%，并且对地下水资源也存在间接的影响。同时，建筑业对环境的污染非常严重。仅水泥、砖瓦、石灰生产过程中排放的CO_2就多达8亿t，水泥粉尘年排放量达1200万t，水泥玻璃行业的年废水排放量近12亿t①。

自然环境是人民赖以生存的资源。但是随着工业化的不断发展，越来越多的植被被破坏，环境被污染。我们在创造“金山银山”的时候也要保持“绿水青山”，发展低碳经济、走绿色发展道路、遵循循环发展。各类建设活动要在生产建造时，尽可能地减少资源浪费，减少对环境的影响，进行低影响度的开发。

---

① 杨杰，卢国华，王一军．建筑业与环境和谐发展分析与思考［J］．东岳论丛，2009，30（12）：190-192.

1.2.3.6 竞争（Competition）

市场环境竞争激烈。建筑行业市场规模容量大，企业数量多，处于完全开放的市场竞争状态。参与建筑行业竞争中的主要包含：具有大规模和高技术的大型国有建筑企业、灵活机动和适应市场发展的民营龙头建筑企业、参与高端建筑市场竞争的先进跨国建筑公司、工价低廉和施工团队反应快捷的中小分包企业。建筑行业未来潜在进入者的威胁较少，由于行业对施工资质和过往业绩有要求；同行之间的相互竞争处于核心位置。

工程垫资情况普遍，一方面，为了在激烈的建筑竞争市场中获得项目，建筑企业提供带资和垫资的优势条件获得建造项目；另一方面，垫资行为增加了承建商的成本压力，建筑企业为了获得利润会降低工程质量，企业为了快速回款而加快施工进度进一步降低建筑项目质量。因此，建筑行业垫资情况普遍存在是由激烈的行业竞争引发的[①]。

从业人员流动性高。由于建筑项目位置的不确定性，在全国各地每年都有相当多的建筑工程项目需要承建，建筑施工人员只能随着工程项目到处奔波导致建筑行业人员流动比较频繁，并且建筑行业的工作环境常处于露天和野外的艰苦施工状态。显然，建筑从业人员自身的诉求，建筑施工单位对技术人员的争夺，工作位置的波动和恶劣的施工环境，这些都进一步造成了建筑从业人员的高度流动。

1.2.3.7 时空（Location）

时空是一个综合的概念，不仅包括时间和空间，还包括其中与民风、民俗相关的文化建筑，工程的时空性被茅以升称之为“当时当地性”。工程受时间与地域（空间）的限制，相同的工程在不同的地域需要考虑不同的问题，在不同的时间也会面临不同的压力，时空要素的复杂多样，导致工程项目管理需要考虑的因素各不相同，管理人员在进行决策时应综合考虑，辩证对待，在工程实施过程中也应及时进行监测、纠偏，因时制宜，动态管理施工过程，保证工程质量和安全。

从古至今，我国建筑风格受不同时间、不同地域下的民风、民俗的影响巨大。不少因地方民俗文化需要兴建的各类设施，如古时候为满足戏剧文化生活的古戏楼，当下为与外地进行经济、文化交流兴建的会馆，还有为商业、庙会服务的店铺、茶棚建筑等。这些民俗文化建筑无论造型、结构、色彩、质料都体现了各个时期、各个地方的文化历史风貌和民间艺术风格。民俗、民风建筑是一个地区世世代代传袭的基层文化建筑，展现了民众口头、行为和心理表现出来的事物和现象，既蕴藏了人们的精神生活传统，又表现了人们的物质生活传统。按所在地民风兴建的某些建筑，具有民族性、地域性、承传性和变异性等特点，成为注目的文化建筑景观。

因南北地域文化差异，包括民风、民俗等各不相同，而影响工程项目成本的主要因素有征地拆迁费用、临时工程费用、工程废弃物外运费用、地方强制性收费、辅助措施费用、特殊施工增加费用、材料倒运费用等，以上7个因素就是由于南北方地形、经济实力、政策等内容的不同所产生的较大成本差别[②]。因此，为了准确掌握工程项目的真实成本，充分考虑

① 谢启辉．我国建筑行业发展现状及趋势［J］．居舍，2020（28）：9-10.

② 敬兴东．南北地域差异对工程项目成本的影响［J］．山西财经大学学报，2013，35（S1）：55.

地域差异以及民俗、民风对项目成本的影响是必要的，不可或缺的。

1.2.3.8 PESTecl 协同作用

“PESTecl”七大要素融合在一起，组成了错综复杂的工程外界环境，这些要素虽然不直接参与工程活动，但却时刻影响着工程活动的走向，潜移默化地改变着工程。对于一个工程而言，不违背生态环境、自然规律、时空条件是工程进行的前提条件，社会形态、国家政策是国家对工程宏观方向的调控，经济实力、竞争能力、技术水平则决定着工程的具体形式，如图1-10所示。高度概括的图中，外围表示外部环境因素，加上微观运作的“五机制”，企业决策者以“势”“链”“力”三线耦合到内部，设计控制模式使得企业得以健康发展。

在对工程施工进行管理时，必须综合考虑“PESTecl”，协调各个因素对施工流程的影响，优化工艺流程，发挥各地的环境优势，创造出各具特色的工程项目。在“PESTecl”的共同指引下，使得建筑物不仅仅是个工业输出产品，更是能流传下去的工艺品，是具有文化形态，与自然和谐、与人类友好、与社会相容的艺术。

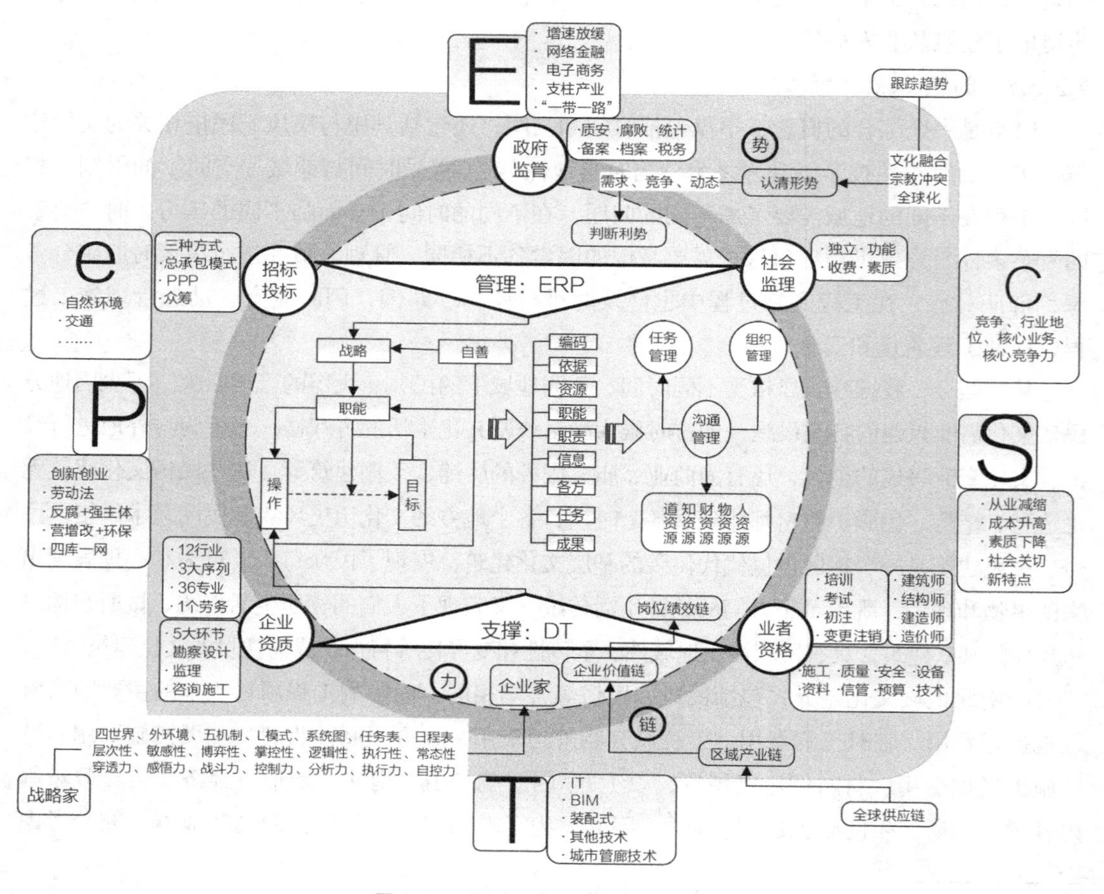

图 1-10　建设行业管理工作环境系统总图

第 2 章
管理拓展

本章逻辑图

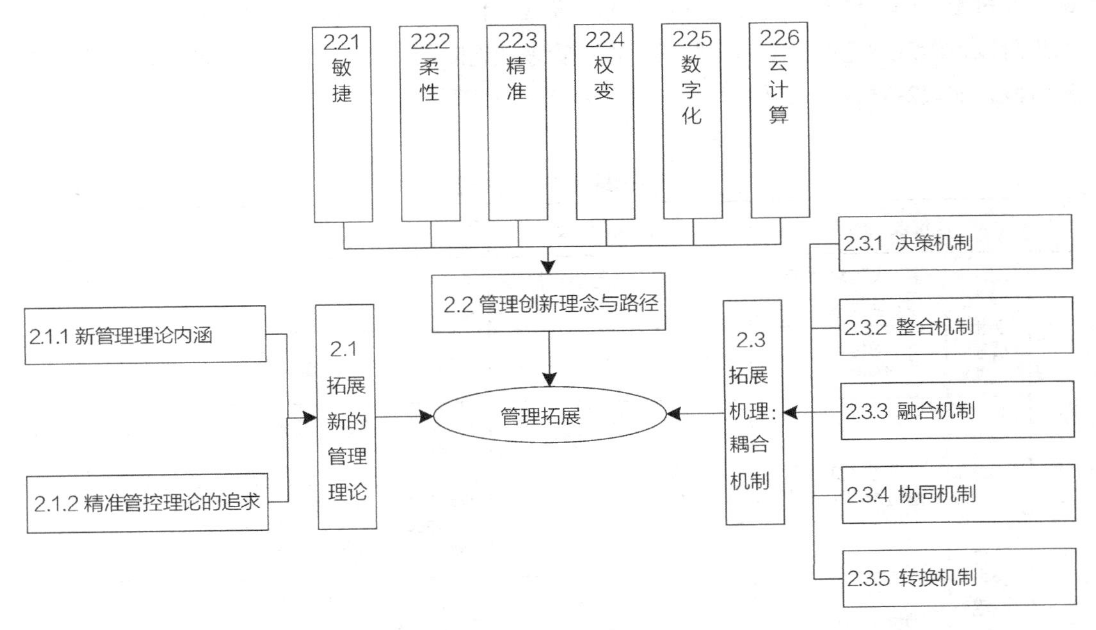

图 2-1　第 2 章逻辑图

组织的生命就是在因应变化、适应性变革中生存、壮大、衰亡的。对新管理环境、新管理理论、创新路径和方式，以及内部管控适应外部环境的耦合机制探讨，对于组织至关重要。

2.1 拓展新的管理理论

随着知识经济的出现和全球经济一体化的兴起，管理的内外部环境发生了巨大的变化，管理思想进入了新的时期，对管理理论和实践提出了新的要求，拓展新的管理理论迫在眉睫。敏捷化、柔性化、精准化、战略化、信息化、数字化等必将成为现代管理理论发展的新趋势。

2.1.1 新管理理论内涵

管理理论是一个知识体系庞大的学科群，它的基本目标就是要在不断急剧变化的社会面前，建立起一个充满创造活力的自适应系统，并从管理系统实践中逐渐形成一套完整的理论。经过漫长的历史发展过程，管理理论的发展历程可以清晰地划分为早期管理实践与管理思想阶段、管理理论产生的萌芽阶段、古典管理理论阶段、现代管理理论阶段与当代管理理论阶段，如表2-1所示。具体理论内容可参考1.1.4 管理演进路径章节。

管理理论发展历程表　　表2-1

	理论发展时期		主要理论阶段	代表人物、事件、著作
管理理论	管理学形成前	有了人类集体劳动开始到18世纪	早期管理实践与管理思想阶段	—
		18世纪到19世纪末	管理理论产生的萌芽阶段	亚当·斯密:《国富论》
	管理学形成后	20世纪初到20世纪30年代	古典管理理论阶段	1. 科学管理之父泰勒:“科学管理理论”、《科学管理原理》; 2. 管理理论之父法约尔:“一般管理理论”、《工业管理与一般管理》; 3. 组织理论之父马克斯·韦伯:“组织体系理论”、《社会组织和经济组织理论》
		20世纪30年代到20世纪80年代	现代管理理论阶段	1. 梅奥“人际关系理论”; 2. 马斯洛“需求层次理论”; 3. 赫茨伯格“双因素理论”; 4. 麦格雷戈“X理论-Y理论”
		20世纪80年代至今	当代管理理论阶段	1. 迈克尔·波特:“战略管理”、《竞争战略》; 2. 迈克尔·哈默:“企业再造”

早期管理实践与管理思想阶段，从人类社会产生到18世纪，人类为了谋求生存自觉不自觉地进行着管理活动和管理的实践，其范围是极其广泛的，但是人们仅凭经验去管理，尚未对经验进行科学的抽象和概括，没有形成科学的管理理论。管理理论产生的萌芽阶段，18世纪到19世纪的工业革命使以机器为主的现代意义上的工厂成为现实，工厂以及公司的管理越来越突出，管理方面的问题越来越多地被涉及，管理学开始逐步形成。古典管理理论阶段是管理理论最初形成阶段，在这一阶段，侧重于从管理职能、组织方式等方面研究企业的效率问题，对人的心理因素考虑很少或根本不去考虑。现代管理理论阶段主要指行为科学学派及

管理理论丛林阶段，主要研究个体行为、团体行为与组织行为，重视研究人的心理、行为等对高效率地实现组织目标的影响作用。进入20世纪70年代以后，当代管理理论阶段，由于国际环境的剧变，这时的管理理论以战略管理为主，研究企业组织与环境关系，重点研究企业如何适应充满危机和动荡的环境的不断变化。

在对百年管理思想史和管理实践的追溯中，我们逐步认识到当代新管理理论不仅要在不断急剧变化的现代社会面前，建立起一个充满创造活力的自适应系统，而且要使这一系统能够得到持续、高效率的输出，要有现代化的管理思想、管理组织以及现代化的管理方法和手段来构成现代管理科学。因此，创设新管理理论显然十分重要且必要，新管理理论应对20世纪百年丛林管理思想提出一个综合与协同的框架，应逐步由粗犷管理发展到精准管理，进而本书提出了“精准管控”的理论体系，构成新的管理理论与思想。

一方面随着国家新能源、碳中和战略计划的公布和实施，对“精准”思想的需求越来越迫切；另一方面时代不断发展进步，新技术呈“指数大爆炸”式增长，对“精度”的要求也越来越严格细腻，使得精准管控理论成为当代管理理论新发展的必然趋势，是建筑行业、企业管理的顺势而为。

精准管控理论体系，核心是“精确”“精细”“精准”“精益”与“精到”的管理过程，以流程牵引理论为切入点，采用有针对性的现代技术、方法等，实现对不同目标具有强有效性的管理，实现价值工程最大化。主要研究如何高效、精准、迅速地科学管理，同时对“成本”“质量”“安全”和“风险”等核心管理要素进行精准管控实施研究，使建筑行业中传统的粗犷管理达到优化和升级。

新管理理论——精准管控理论，是对20世纪管理思想的承继与新疆域的扩展，使我们能够站在巨人的肩膀上展望未来，也会启发我们对未来管理方向的思考，使管理理论的境界以螺旋式迭代上升①！

2.1.2 精准管控理论的追求

精准管控理论追求专业性、灵动性和系统性。

1. 专业性

精准管控使得过程控制成为关键，而要控制过程就必须对过程中的每一个动作控制到位，这除了需要执行力外，更需要执行这些动作的专业能力。它要求管理者必须对工作有深入了解，即具有严谨的科学技术应用，制定准确有效的策略和细致入微的操作过程，同时，它要求管理者能够有效地解决问题，并对未来做出准确预测，合理控制每个关键步骤等。

2. 灵动性

精准管控中的“精准”不是丝毫不差的意思，而是在确保目标可以实现的前提下，准确度在一定范围内有灵活性。精准管控依靠的是更加标准的措施准则，最终结果要以组织整体的管理建设水平与运营效果为参照，组织需要将全局作为一个整体，按照实际情况执行个性

① 张新国. 新科学管理［M］. 2版. 北京：机械工业出版社，2013.

化的统一标准，构建各具特色的精准管控体系。

3. 系统性

精准管控对管理工作提出了系统性思维要求。组织管理问题之所以重复存在，一个重要原因在于管理者的工作没有做到很好的衔接，而是处于断裂分层状态。要求管理者将项目视为一个整体，以整体最优为目标，从全局的角度来思考问题，并发掘发展机会。

"精准管控"理论以专业性、灵动性、系统性，实现其组织赋予的管理"使命"。

2.2 管理创新理念与路径

行业的平稳运行离不开科学的管理，但是管理的理念和方式并不是一成不变的，而是随着时代进步和行业变化而发生变化的。这就要求管理者注重理念创新，从旧习惯中开发新路径。本书认为新管理理论的创设需要敏捷、柔性、精准与权变等理念，同时结合数字化、新技术与云计算等路径，探索与创设出新的管理理论，从而保持建筑业持续高质量发展，如图2-2所示。

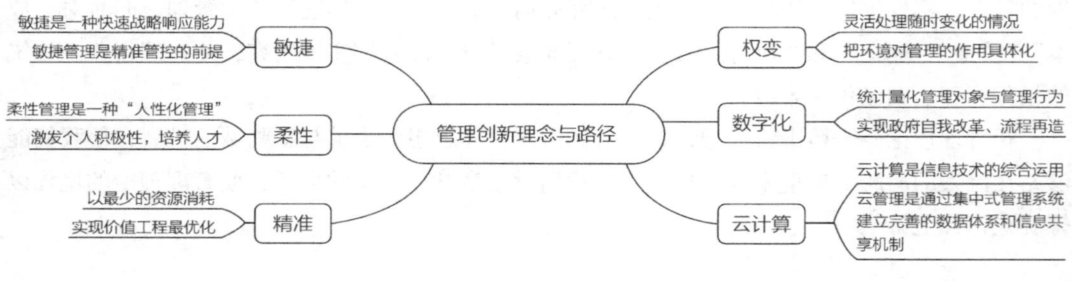

图2-2 管理创新理念与路径分析图

2.2.1 敏捷

1. 敏捷性

敏捷性最早出现在制造业中。敏捷性的追求在制造业企业管理、产业供应链优化、应急公共事项知识传递等领域应用已久，敏捷性①作为企业的核心能力，表现为静态的结果能力（动态反应能力）。从管理学的发展演化来看，敏捷性是实现"效率追求"目标的思想延伸和补充，具有"理论的正当性"。企业拥有能及时感知环境的变化并快速应对的能力即为企业敏捷性。

敏捷作为企业自身的一种能力，在动态的、不可预知的市场竞争中，敏捷性是一种快速

① 周宇，仲伟俊，梅姝娥. 信息系统提升企业敏捷性的机制研究［J］. 科学学与科学技术管理，2015，36（7）：70-83.

战略响应能力，也是一种在不确定的、持续快速变化的竞争环境中生存、发展并扩大其竞争优势的能力。

2. 敏捷管理

敏捷管理（Agile Management）也称灵捷管理（Celerity Management），敏捷企业的管理与传统管理的着力点是有所不同的，敏捷管理的支点是充分利用“机遇、人员和信息”的杠杆作用，其主要特点体现于管理职责、管理目标和管理手段的某些变化中。

当前的工程环境正处于高度不确定性、持续快速变化的竞争中，对精准管控提出了快速响应能力的要求，也就是敏捷管理的要求。

2.2.2 柔性

1. 柔性管理的起源

“柔性”是从两条途径引进管理中的。一条是从技术引入以柔性生产和制造为前提而提出的柔性管理，是从技术上引入管理的，其首创于日本丰田汽车公司，体现了应付变化的环境或环境带来的不稳定性的能力。另一条是：企业文化的途径，是以研究人们的心理和行为规律为前提而提出的，采用非强制方式，在人们心中产生一种潜在的说服力，从而把组织意志变成人们自觉的行动，最终提高管理效率，它强调的是企业精神价值观和员工凝聚力。柔性管理其实是上述两方面的有机结合。柔性管理中柔性的概念，是一种“以人为中心”的“人性化管理”，它在研究人的心理和行为规律的基础上，采用非机械的方式，从而把组织意志变为个人的主观能动性。柔性管理从本质上说是一种对“稳定和变化”进行管理的新方略。

柔性管理的最大特点在于不是依靠权力影响，而是依赖于员工的心理过程，依赖于每个员工内心深处激发的主动性、内在潜力和创造精神，主要强调其个人的主观能动性。传统的刚性管理方式已经不适用现在的企业管理和工程管理等，需要管理理念和管理方式的有效创新。实施柔性管理，不仅能弥补刚性管理的不足，还能贯彻以人为中心的理念。柔性管理通过创造舒适的工作环境，用现金福利等物质奖励能够直接有效地激发员工的工作主动性，使他们能够更好地完成工作。培训员工，使员工能够认同企业文化，寻求与企业共同发展，在一定程度上增强了员工工作的自觉自主性，使企业生产效率最大化。

柔性管理[①]是企业发展的必然趋势，逐步取代了以时间衡量工作尺度的评价方式，转变为以绩效和效益衡量。柔性管理能够满足知识社会的时代发展需求，从人的基本生理和安全需求，到社会需求、尊重需求以及自我实现的价值。

2. 柔性管理

柔性管理是随着时代趋势而产生的一种新的管理方式，它通过相应的制度和机制引导人力管理模式的创新，尊重员工意愿，明确价值地位，完善管理制度与激励机制，提高员工工作热情，充分发挥员工的主观能动性，协调员工与企业的劳动关系，充分发挥员工的工作能

---

① 韩晨，高山行. 战略柔性、战略创新和管理创新之间关系的研究［J］. 管理科学，2017，30（2）：16-26.

力，提升员工发展空间的同时，提升企业的流程效率和业绩发展。与此同时，柔性管理不是对刚性管理的否定，在人力资源中实现柔性化需要两者的合理平衡，根据企业的实际发展情况，建立符合企业发展的科学柔性管理的具体措施，充分发挥柔性管理的积极作用。

2.2.3 精准

1. 精准概念

精准管控中的“精准”不是固定数值的“固执”，而是在确保目标可以实现的前提下，准确度可以在一定阈值内波动。精准管控是在既有资源约束条件下，准确制定目标，并以目标为导向，流程牵引理论为切入点，结合目标要求达到的程度变化，精准识别关键节点，采用针对性的科学技术、方法和理论，将任务和资源等要素与其一一对应，使目标和结果之间浪费程度不断降低，以最少的消耗达成必要的功能，实现价值工程最大化，从而提高管理效能和保质保量。

2. 精准管控

精准管控依靠的是更加标准、更加专业、更加系统的措施准则，最终结果要以企业整体的管理建设水平与运营效果为参照标准，企业需要将全局作为一个整体，按照实际情况执行个性化的统一标准，构建具有应对“实际情况”的精准管控体系。

1）发掘和满足客户真正需求。精准管理根本目标是以客户需求为中心，这是管理的靶向。只有从需求到供给，才能更好地匹配资源，减少浪费。

2）注重精细化、专业化、简洁化。在目前实施精准管理还是强调工作要细致入微，注重那些从来没有考虑过的细枝末节之处，尤其是在施工阶段的隐蔽工程中。专业化强调专业技术成熟、设备操作精准、人员素质过硬，简洁化和精细化并不矛盾，简洁化强调流程中的工序不繁琐多余，流程中操作的必要过程还是要精细、再精细。如将港珠澳大桥的33个万吨海底沉管全部合拢，误差不超过毫米。

3）准确命中设定的各种管理目标。在投标报价中，报价和中标价的偏差大小决定了中标的可能性。在施工管理进度过程中，施工项目的准时交付关系到整个项目进展和风险收益。目前的项目管理工作，一定程度上存在着目标制定不合理、各管理部门工作衔接不到位、岗位职责落实紊乱等问题。以流程牵引理论与方法为指导，直面问题本质、直指目标本身、精准方案设计、精确资源到位、精确责任分配、精益成效取得。

2.2.4 权变

1. 权变概念

权变指灵活应付随时变化的情况。权：职责范围内支配和指挥的力量；变：性质状态或情形和以前不同。权变理论认为不存在一种对所有管理者都适用的一般理论，管理都是因时、因人、因条件而发生变化的。

2. 权变理论

美国内布拉斯加州大学教授卢桑斯（F. Luthans）在1976年出版的《管理导论：一种权

变学》[①]中系统地概括了权变管理理论中的权变概念。他认为：

1）过去的管理理论可分为四种，即过程学说、计量学说、行为学说和系统学说，这些学说由于没有把管理和环境妥善联系起来，其管理观念和技术在理论与实践上相脱节，所以都不能使管理有效地进行。而权变理论就是要把环境对管理的作用具体化，并使管理理论与管理实践紧密地结合起来。

2）权变管理理论就是考虑到有关环境的变数同相应的管理观念和技术之间的关系，使采用的管理观念和技术能有效地达到目标。

3）环境变量与管理变量之间的函数关系即是权变关系，往往每增加一个变量，项目管理的难度呈指数量级增加，这是权变管理的核心内容。环境可以分为外部环境和内部环境，外部环境又可以分为两种：一种是社会、技术、经济和法律政治等组成，另一种是由供应者、顾客、竞争者、雇员和股东等组成。内部环境基本上是正式组织系统，它的各个变量与外部环境变量之间是相互关联的。

权变理论为人们分析和处理各种管理问题提供了一种十分有用的视角。正如学者张新国教授精辟地概括，面对“多维度、高动态、复杂性”的管理环境，要求管理者根据组织的具体条件及其面临的外部环境，采用相应的组织结构、领导方式和管理方法，灵活地处理各项具体管理业务。这样，才能使管理者把精力转移到对现实情况的研究上来，并根据对具体情况的分析，提出相应的管理对策，从而使其更加符合管理活动的实际情况。

2.2.5 数字化

“数字经济发展速度之快、辐射范围之广、影响程度之深前所未有，正推动生产方式、生活方式和治理方式深刻变革，成为重组全球要素资源、重塑全球经济结构、改变全球竞争格局的关键力量。”[②]作为根本基础的数字认知和数字化转型升级，已经迫在眉睫。

1. 数字概念

数字化管理中的数字是指利用计算机、通信、网络等技术，通过统计技术量化管理对象与管理行为，实现研发、计划、组织、生产、协调、销售、服务、创新等职能的管理活动和方法。

随着5G、GIS、BIM技术的发展迅速兴起，数字化管理在“智慧城市”“智慧社区”“共享经济”等模式中越来越起到支撑作用。城镇化作为扩大内需、促进我国国民经济快速增长的重要源泉，2019年已经达到60.6%。传统的城市管理与运维发展模式已经无法支撑未来城市的发展需求。“十四五”规划也提出要“围绕强化数字转型、智能升级、融合创新，布局建设信息基础设施。加强能源、市政等传统基础设施的数字化改造”，由此，以CIM为基础

---

① F. Luthans，Linda T. Thomas. The Relationship between Age and Job Satisfaction：Curvilinear Results from an Empirical Study-A Research Note［J］. Personnel Review，1989，18（1）.

② 国务院. 国务院关于印发“十四五”数字经济发展规划的通知（国发〔2021〕29号）［EB/OL］. http://www.gov.cn/zhengce/zhengceku/2022-01/12/content_5667817.htm.

的新一代智慧城市、社区平台应运而生。

2. 数字化运用

2021年1月8日，面向普通用户的“杭州城市大脑数字界面”正式亮相，集成应用场景共38个、可办事项383项，只要下载一个APP，就等于将城市大脑打包装进手机，这无疑是城市大脑进化史上的又一里程碑。从治堵到治城、治疫，再到让每一位市民可用可得……杭州城市大脑这些年迅猛迭代嬗变，其功能逐渐覆盖到城市生活的方方面面。从杭州在全国率先实行的“最多跑一次”到现在杭州城市的数字化大脑发展逐渐成熟，市民办事效率越来越高效，生活幸福感越来越高。当然，这只是广泛应用中的一个小小例子。数字化运用将在“生产方式、生活方式和治理方式”三方式，“全球要素资源、全球经济结构、全球竞争格局”三重塑方面，全面渗透、深刻影响。

2.2.6 云计算

1. 云计算的概念

云计算是21世纪以来许多相关信息技术综合运用的结果，这些技术包括互联网、浏览器、糅合应用、无线宽带网络技术、服务虚拟化、平行计算和开源软件等。正是这些技术的发展和融合使得可提供计算力资源的云计算成为可能。云计算是一系列基于Web的服务，其目的是让用户以按需付费的方式获得多种实用的功能，而这些功能在以前是需要巨大的硬件/软件投资和对专业技能的掌握才能得到。从各种不同的定义中可以看到云计算有四个共同特征。

特征一是通过互联网按用户需要提供计算力资源服务。用户自主式地在互联网上选择自己信任的云计算服务提供商，提出所需的服务，例如ERP、CRM、SCM或财务信息管理系统、办公自动化管理系统或某种计算平台等等，如同进餐馆按菜单点菜。确定后，提供商即通过互联网把用户需要的服务，输送到用户的网络终端设备。并分配给相应的虚拟计算机桌面、服务器和数据存储器，使用户感到如同在真实的专用设备上工作一样。

特征二是通过虚拟化的资源池。云计算服务提供商将自己所有的硬件软件整合在一起，进行集群式集中管理，形成强大的计算力资源，与所有的用户共享。用户无须知道形成自己所需计算力资源的硬件和软件的物理位置，也无须知道相关的专业知识，只知道这些计算力资源从云计算的“某处”来的，云计算的“云”便是对“某处”的比喻。

特征三是通过虚拟化使计算力资源可以按照需要无限伸缩。用户在任何时候，都可向云计算服务提供商购买到任何数量的计算力资源。

特征四是通过互联网云计算提供商对客户使用计算力资源过程进行监管、计量，按需计费。因此对用户而言，云计算资源成本乃是一种可变成本，而非像以前那样是固定成本。

2. 云计算中的管理运用

云管理（Cloud Management）是借助云计算技术和其他相关技术，通过集中式管理系统建立完善的数据体系和信息共享机制，其中集中式管理系统集中安装在云计算平台上，通过严密的权限管理和安全机制来实现的数据和信息管理系统与过程。

云计算的服务管理模式，大体有以下三种：

一软件即服务（Software-as-a-service）模式。正因为云计算提供商的“应用与应用环境开发层”，可在虚拟机上运行各种不同的信息管理系统（即软件），并可按需不断拷贝，所以云计算服务提供商即可对外提供软件服务。用户无须在自己的数据中心存储和维持这个系统的应用程序，只需通过互联网购买即可完成自己的任务。

二平台即服务（Platform-as-a-service）模式。正因为云计算提供商的“数据存储与数据库管理层”也是在虚拟化环境中组建的，其能力也可按需伸缩。所以云计算服务商即可向用户提供所需计算平台的服务。用户在互联网上购买所需的平台服务，并在虚拟机上利用该平台来创建和开发某种新的特殊的应用程序，无须为利用该平台而购买昂贵的设备和软件。

三基础设施即服务（Infrastructure-as-a-service）模式。因为云计算服务提供商把自己的物理计算资源虚拟化为抽象的资源池，可以同时使用各种不同的应用系统。所以云计算服务商就可以将自己的数据中心同时提供给不同的用户使用。用户在虚拟机上使用数据中心，不用考虑在企业内再创建和维护同样的数据中心。从云计算服务模式可以看到，基于云计算服务的信息化管理与以前传统的信息化管理是完全不同的两种思路，必然对目前占主导地位的信息化技术和信息化管理系统带来巨大的冲击。云计算与其他新生事物一样，在推行之初必将受到巨大的阻力和压力。但历史表明这些压力和阻力都将被化解，谁都阻挡不了时代滚滚向前的巨轮[①]。

2.3 拓展机理：耦合机制

管理理论的拓展，首先是外部环境与内控设计的耦合，其次是原有体系的承继与新疆域的扩展。体现在决策、整合、融合、协同和转换等方面，可归纳为图2-3。

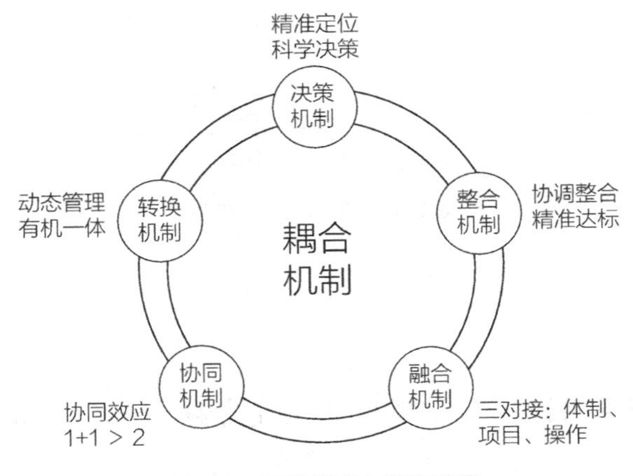

图 2-3 管理拓展耦合机制示意图

① 周三多，陈传明，贾良定．管理学——原理与方法［M］．6版．上海：复旦大学出版社，2014.

2.3.1 决策机制

决策机制是指决策组织机体本身固有的内在功能，即决策组织本身渗透在各个组成部分中并协调各个部分，使之按一定的方式进行的一种自动调节、应变的功能。决策机制通过决策组织形式、决策体系、调控手段等互相衔接、精准定位，设计形成一套管理机制，从而为新管理理论的拓展奠定科学决策基础。

1. 决策理论

决策理论是把第二次世界大战以后发展起来的系统理论、运筹学、计算机科学等学科综合运用于管理决策问题，形成一门有关决策过程、准则、类型及方法的较完整的理论体系。决策理论是有关决策概念、原理、学说等的总称。决策理论已形成了以诺贝尔经济学奖得主赫伯特·西蒙（Herbert Simon）为代表人物的决策理论学派。决策机制分析图如图2-4所示。

2. 决策机制

1）诊断问题，识别目标。

2）拟定方案，可行性研究。

3）根据实际情况，选择最优方案。

4）选择实施战略，流程管理层层分解。

5）自善机制，控制风险。

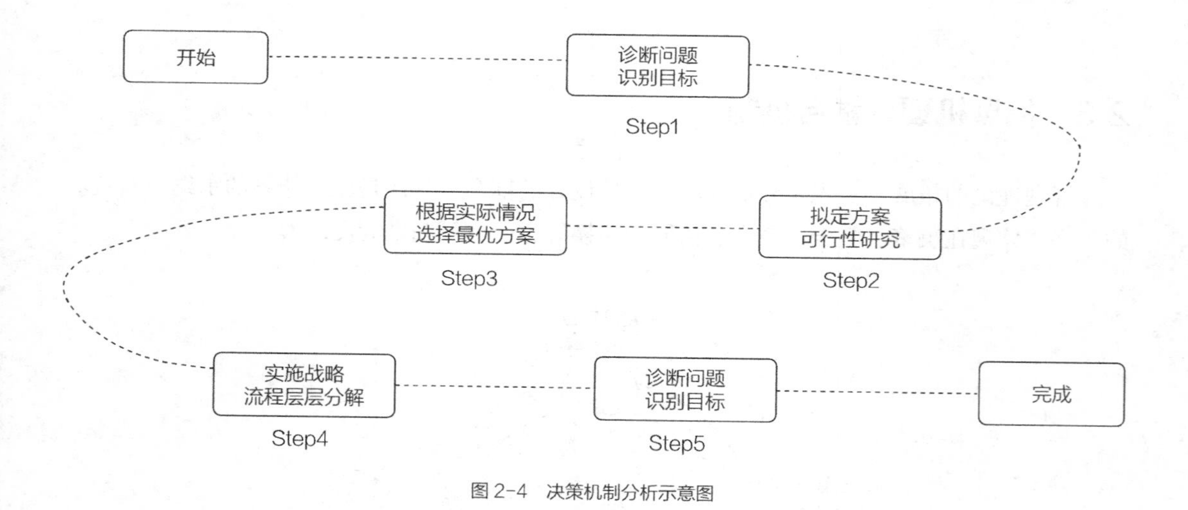

图2-4 决策机制分析示意图

2.3.2 整合机制

整合机制是在工程项目管理、企业管理中，通过整顿、协调、合并重组等工作产生一系列的整合作用使目标精准的完成。将零散的东西或者任务通过某种方式而彼此衔接，从而实现信息系统的资源共享和协同工作，其主要的精髓在于将零散的要素组合在一起，并最终设计形成有价值有效率、精准达标的一个整体机制，为管理理论的拓展奠定协调整合基础。

1. 协调

当今，时代正经历百年未有之大变局，新冠肺炎疫情盛行，企业面临产业链和资金链的双重压力，少数企业在外部环境和内部环境的高压下破产倒闭，被大企业重组或收购。虽然公司并购很流行，并有获得企业战略竞争优势的潜力，但外部环境的变化会影响企业所采取的并购战略的类型。协调柔性可调和创新资源争夺的矛盾，协调企业内部创新资源和创新活动，给予管理创新这种会被忽视的创新形式更多实施的可能性，从而促进管理创新行为的展开。公司用可协调战略来提高其为股东创造价值的能力，增强市场影响力；克服市场消除壁垒；降低新产品开发成本和加快进入市场的速度；实现产品和项目的多元化；重构企业的竞争力；发展新的技术能力和创新能力；组织产业链和价值链的协同等。

2. 有效整合

有效整合的特征：①通过保持优势取得高协调效应和竞争优势；②迅速有效的整合，降低可能产生的费用；③购得具有互补性的公司，并且避免了超额支付；④较易以低成本获得融资；⑤低风险和避免高负债带来的负面效应；⑥在市场上保持长期的竞争优势；⑦产业链和价值链的协同作用明显。

2.3.3 融合机制

融合机制是指以一定的运作方式把产业的相关生产要素甚至是企业联系起来，使它们协调运行而发挥作用，达到不同生产要素在社会、产业、资源等各层面充分整合协调、相互促进、完全融合。通过体制、项目、操作三对接，形成各要素的有序结构，为管理理论的拓展奠定各机理融会贯通的基础。

1. 体制对接

流程型组织结构中流程型组织是连贯的，体制是健全的，这样在项目管理过程中可以强化目标。流程型组织本身是一个自我完善的系统，同时体制对接也是自善系统的边际约束。

2. 项目对接

目前项目管理上存在项目对接难，责任不到位等现象。通过“流程牵引”的方法，追踪确定到端与端的衔接，精准定位到项目流程中的具体过程，从而实现项目的对接。

3. 操作对接

流程是任务的有序组合，流程划分的层级中，最后不可再分的就是操作层级，操作层级的对接，在流程的整体对接中是关键一环，操作的成熟对接不仅仅决定着流程工作的效率，而且能够避免重复成本的浪费，控制风险。

2.3.4 协同机制

协同机制是指按照实际情况建立相应的协调机制，主要涉及领导、组织、执行、督察、考评、奖惩等方面的制度建立与运行。通过协同效应、互相配合，发挥“1+1>2”的效果，为管理理论的拓展奠定协助会同的基础。

1. 协同效应

协同效应原本为一种物理化学现象，又称增效作用，是指两种或两种以上的组分相加或调配在一起，所产生的作用大于各种组分单独应用时作用的总和。协同效应常用于指导化工产品各部分组合，以求得最终产品性能增强变优。

协同论认为整个环境中各个系统间存在着相互影响的关系。例如，企业组织中不同单位间的相互配合与协作关系，以及系统中的相互干扰和制约等。

协同效应，简单地说，就是“1+1>2”的效应，也可能是“1+1>10”的量级效应。协同效应可分外部和内部两种情况，外部协同是指一个集群中的企业由于相互协作共享业务行为和特定资源取得更高的赢利能力，内部协同则指企业生产、营销、管理的不同环节中，共同利用同一资源而产生的整体效应。

2. 协同系统

协同系统是经营者有效利用资源的一种方式，是多部分子系统的作用升华。安德鲁·坎贝尔等[①]（2000）在《战略协同》一书中提出：“通俗地讲，协同就是‘搭便车’。当从公司一个部分中积累的资源可以被同时且无成本或低成本地应用于公司的其他部分的时候，协同效应就发生了。”他还从资源形态或资产特性的角度区别了协同效应与互补效应，即“互补效应主要是通过对可见资源的使用来实现的，而协同效应则主要是通过对隐性资产的使用来实现的”。企业可以通过共享资源、战略协调、垂直整合、联合力量等方式实现协同。

20世纪60年代美国战略管理学家伊戈尔·安索夫（H. Igor Ansoff）将协同的理念引入企业管理领域，协同理论成为企业采取多元化战略的理论基础和重要依据。首次向公司经理们提出了协同战略的理念，他认为协同就是企业通过识别自身能力与机遇的匹配关系来成功拓展新的事业，协同战略可以像纽带一样把公司多元化的业务联结起来，即企业通过寻求合理的销售、运营、投资与管理战略安排，可以有效配置生产要素、业务单元与环境条件，实现一种类似报酬递增的协同效应，从而使公司得以更充分地利用现有优势，开拓新的发展空间。安索夫在《公司战略》一书中，把协同作为企业战略的四要素之一，分析了基于协同理念的战略如何像纽带一样把企业多元化的业务有机联系起来，从而使企业可以更有效地利用现有的资源和优势开拓新的发展空间。多元化战略的协同效应主要表现为：通过人力、设备、资金、知识、技能、关系、品牌等资源的共享来降低成本、分散市场风险以及实现规模效益。多元化公司品牌效应的主要来源就是协同效应。

2.3.5 转换机制

转换机制是指连续不断地投入人、财、物、技术、信息等各种生产经营要素，通过生产经营活动，产出一定物质产品和税利的功能体系，形成有机一体，从而为新管理理论的拓展奠定动态管理的基础。转换过程，从价值形式看，是资金运动和价值增值过程；从实物形式看，是将各种生产要素物化为一定数量的适销对路产品的过程。

---

① [英] 安德鲁·坎贝尔等编著. 战略协同（第2版）[M]. 任通海等译，北京：机械工业出版社，2000.

1. 可实现动态管理

在精准管控上，可视化地了解到自己的任务和被授权限，以及同事的任务，极大地实现了管理的互动，同时可以及时了解应该在什么时点提交哪个任务的成果，提交给哪个相关方。战略有了落脚点、团队从概念到运作实现实时动态可视，这是管理者孜孜以求的目标，在精准管控转换机制的作用下才能够很好地实现。

2. 有机一体化

转换机制实现组织、任务、资源、信息等的一体化。企业的要素是多种多样的，侧重点也不同，但是，既往诸多要素中，始终没有体现精准管控的核心作用，导致企业管理者“困惑”很多，尤其是当遇到经营不顺的时候，更加抓不住关键点。而以精准管控为核心，能够使项目实施达到“纲举目张”的效果，较好地实现有机一体化的管理目的。

第 3 章

建立精准管控理论的意义

本章逻辑图

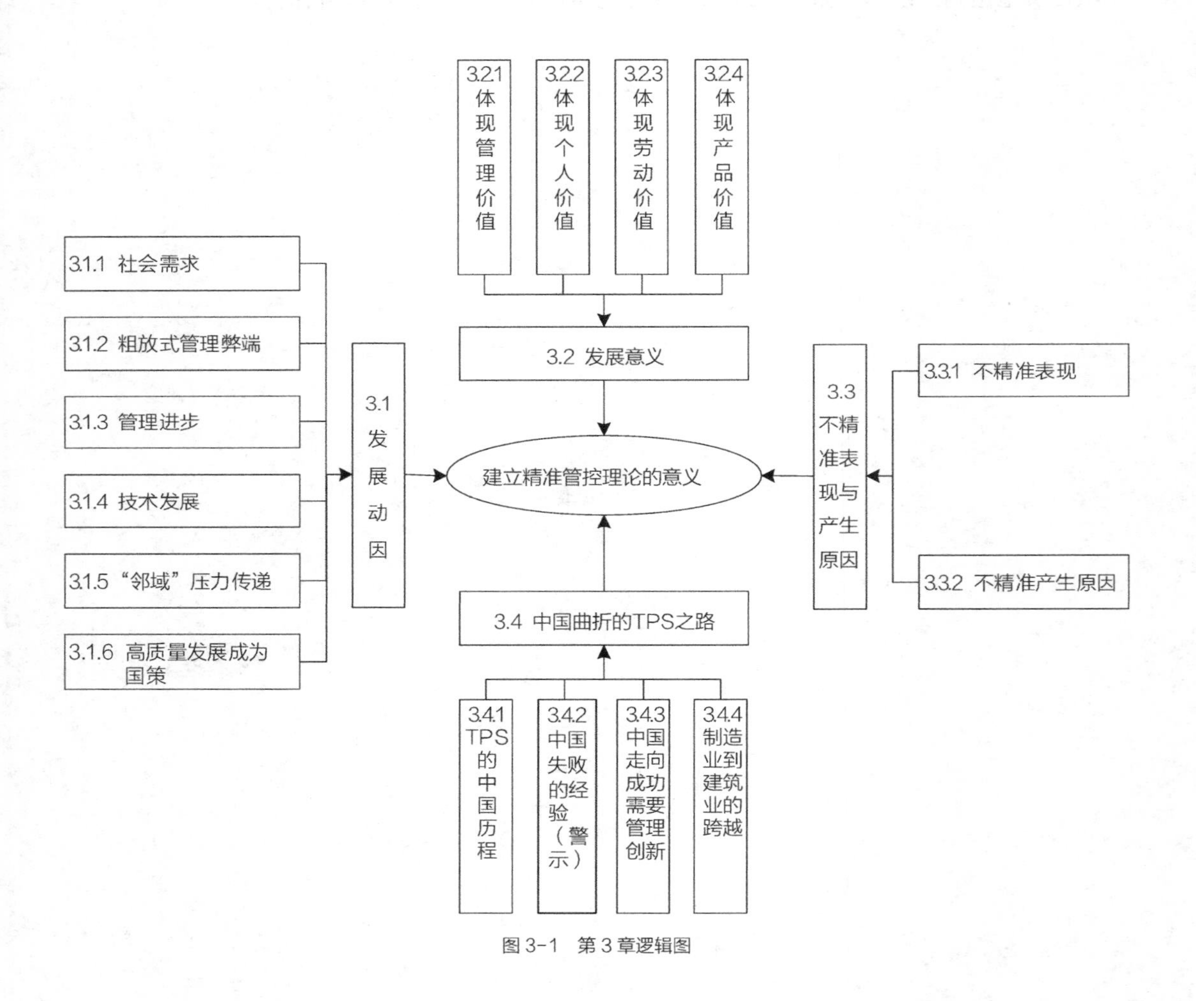

图 3-1　第 3 章逻辑图

努力开拓创新，在技术领域已经蔚然成风，但是在管理领域仍然举步维艰。从管理演进到拓展路径，是时候在新管理理论创立上系统梳理动因、意义和障碍因素，为其创设打好基础了。

3.1 发展动因

3.1.1 社会需求

党的十八届三中全会对全面深化改革作出了新部署，特别提出了“推进国家治理体系和治理能力现代化”新目标，十八届五中全会又进一步指出：“加强和创新社会治理，推进社会治理精细化，构建全民共建共享的社会治理格局。”这不仅为解决当前一系列社会问题、转型政府管理体制、提升政府社会治理水平指明了方向，也为政府从公共行政迈向公共服务提供了有效途径。

不可否认，政府的“精细化管理”运动，对于维护社会稳定、促进经济发展发挥了重要保障作用，但随着现代社会治理复杂性的增加，也暴露出一系列新问题，例如一味追求“精细化”带来了“过制度化”。在社会快速转型的背景下，政府过程的“精细化”并没有实现治理结果的“精准化”，当代社会治理需要政府、公共组织和居民之间的协同合作，构建管理有序、强化整合的治理机制，从而实现精准施政，做到有的放矢。推进“社会治理精细化，构建全民共建共享的社会治理格局”的总目标，不仅要求政府施政过程的“精细化”，实际上更加强调社会治理结果的“精准化”①。应该指出：不直接参加生产的管理人员数量极其庞大（编制内外的公务人员加教育卫生等事业单位人员达到8000万人），也是粗放管理的典型表现，本质上大大降低了全社会效能。

除了政府治理“精准化”以外，目前国际国内，各行各业也都开始进行“精准化”管理，“精准打击”“精准定位”“精准给药”“精准扶贫”“精准推送”“准时生产”“个性教育”“点点服务”等一系列“精准化”管理词汇频频惹人关注，“精准化”管理思想已经渗透到医学、军事、教育、工程、农业等各行各业，也关系到防疫、引流、销售、扶贫等生活中的点点滴滴，具体案例后续逐步展现。在全球快速转型的社会背景下，谁能准确地识别社会问题，以民众满意为导向，做到对症下药，尊重社会的多元化和差异性需求，谁才能在激烈的竞争中脱颖而出。

3.1.2 粗放式管理弊端

1. 国内外对比三大史实

1）1978年国内外对比

这是一个石破天惊的事实。“文化大革命”后的1978年，中央决定派人出国看看，由副总理谷牧带队，选了20多位主管经济的高级干部，出访西欧五国。他们看到的1978年劳动生产率对比的事实是：

“西德一个露天煤矿，年产煤5000万t，只有2000名职工，最大的一台挖掘机，一天就产40万t。而国内，年产5000万t煤大约需要16万名工人，相差80倍。法国一个钢铁厂年产钢350

---

① 王阳. 从“精细化管理”到“精准化治理”——以上海市社会治理改革方案为例［J］. 新视野，2016，4（1）：54-60.

万t，职工7000人；而武汉钢铁公司年产230万t，有6.7万人。我们与欧洲的差距大体上落后20年。"①

2）中美效能对比

现代产业效能的对比，落差同样是十分惊人的。我们的管理进步，空间巨大，如图3-2所示。

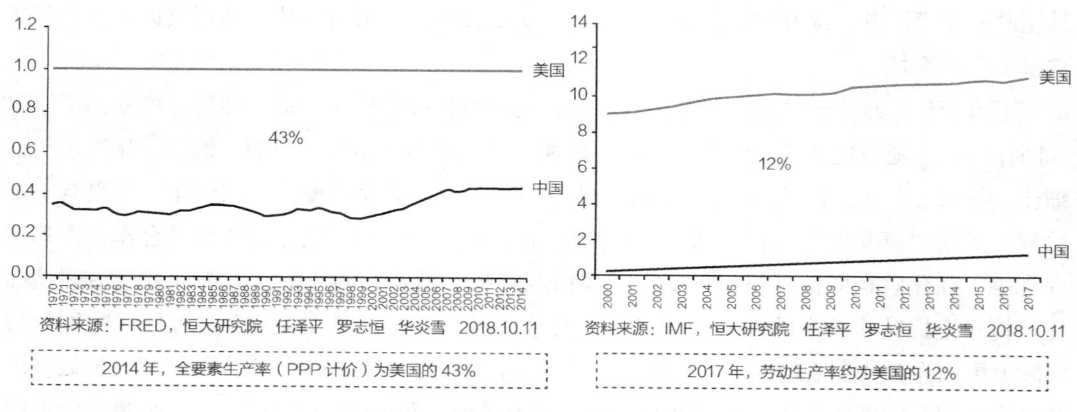

图 3-2 中美生产要素与劳动生产率对比

3）建筑业粗放型管理

全球增长率效能对比曲线，建筑业处于低位，如图3-3所示。

在过去的20年里，粗放型"量"产与高质量发展之间存在矛盾，全球建筑业的总体劳动

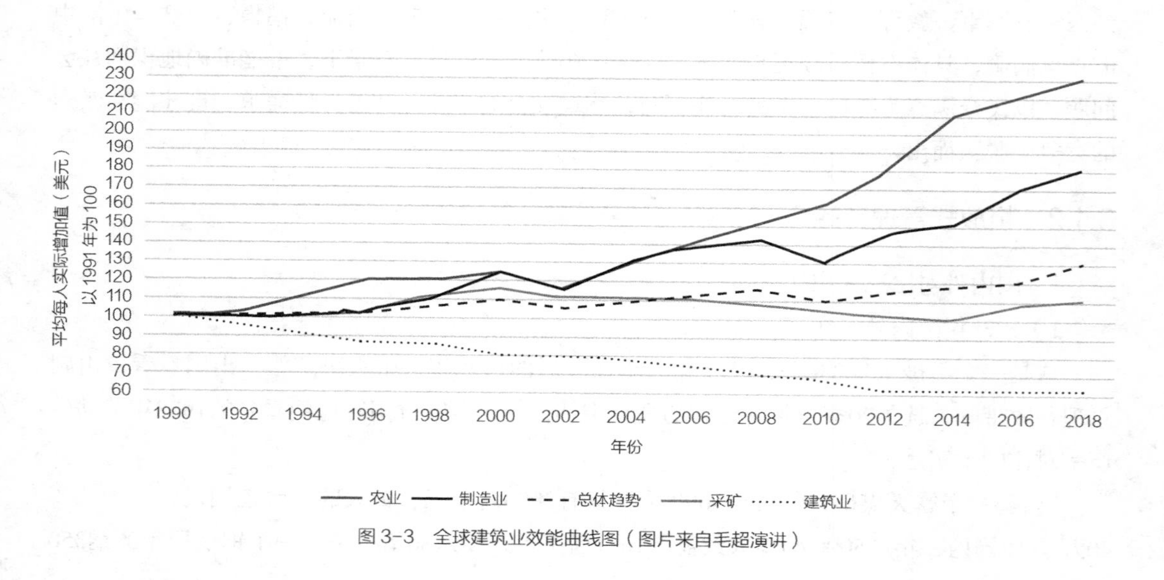

图 3-3 全球建筑业效能曲线图（图片来自毛超演讲）

① 梁衡．1978年以后中国人再次睁开眼睛看世界，是又一次思想大解放——40年前开启国门的那一刻［N］．北京日报（ID：Beijing_Daily），2018.

生产率年增长率不到1%。显著落后于世界总体经济2.8%的年增长率，而落后于制造业3.6%的年增长率。其深层次的困境和现象有三点：

① 工人老龄化：我国进城务工人员平均年龄44.8岁，2019年出现了负增长。在全球拥有超过1.8亿的从业人员；日本在过去的20年中，技术型建筑工人的数量下降为从业人员的28%。

② 行业创新度低：科技创新投入仅有1%左右；汽车、飞机制造创新投入3.5%~4.5%。

③ 行业协同分散：传统参与方的流水串联工作。

建筑业在内的诸多行业，目前仍然处于粗放式管理阶段。

2. 粗放式管理的特征

粗放式管理作为一个抽象的概念，并不构成一种具体化的管理机制，而是指对于管理行为及其特征的抽象和归纳，其中主要的特性包括：定性描述、规则松散、约束软弱、过程混乱、标准不一、形式主义、表面文章、粗枝大叶、大而化之、顺其自然等。主要表现在成本控制、人员管理、资源投入、质量监控等方面，在这些方面，虽不乏具体而明确的管理方式，但终归是一种"未经充分打磨"的粗放式管理，其特征具体体现在以下几个方面[①]：

1）结构上，粗放式管理结构松散，缺乏明确的分工及责任体系，管理职权较为模糊，管理制度规则较为混乱，对于"做什么"和"怎么做"没有明确的规范，多数情况下取决于个人的经验和偏好，难以将其固化为具有确定性且操作性强的知识。

2）形式上，粗放式管理重结果而轻过程，缺乏明确的经济思维或成本意识，行动上不拘小节，缺乏精心设计、理性筹划。由于管理的专业化程度低，形式主义问题较为严重，存在大量流于形式和表面文章的问题。

3）广度上，粗放式管理缺少必要的分权意识，也缺乏科学而合理的分工协作，常有的表现就是管理人员事无巨细、大包大揽，极大地加重了管理的负担。

4）深度上，管理的基础是信息，任何信息都是有成本的，由于缺乏足够的资源、知识和技能，管理者无法充分掌握社会事实及其细节。由于可获得信息的短缺性，管理者难以深入掌握实际情况，而不得不经常依赖于个人直觉和经验来处理问题，最终形成大量"拍脑袋"的决策。

5）手段上，粗放式管理在解决问题方面缺乏科学性和专业性，解决问题的手段和方法大多是大而化之、模糊不清、文不对题。由于管理工具选择不恰当和不匹配，造成了"不该干的事干太多，应该干的事没干好，干过的事治标不治本"等现象。

6）理念上，粗放式管理背后是模糊整体性的思想，长于全面归纳而不善于局部分析，缺乏长远的或细致的操作性规划，奉行的是"差不多"和"大概齐"的管理理念，管理态度上缺乏专注、专业和投入，管理过程缺乏稳定性和持续性，常常会出现朝令夕改的情况。

在现场复杂性程度较低的环境下，由于任务较为简单，粗放式管理能够应付其管理的职

---

① 韩志明. 从粗放式管理到精细化治理——迈向复杂社会的治理转型［J］. 云南大学学报（社会科学版），2019，18（1）：107-114.

责。但粗放式管理模糊化的管理方案、碎片化的管理机制和大大咧咧的管理姿态，显然已经难以满足复杂社会的治理需求。这就迫切需要管理形态的转型，逐步实现高度精准的治理。

3.1.3 管理进步

从前文梳理的管理理论的演变过程中看，不难发现目前的管理趋势正往精细化、精准化管理方向转变。“精准化”的概念和理论发端于西方社会，是西方理性化思维和科学化观念长期发展的结果。20世纪50年代，“精准化”的思想在日本的工业制造企业中盛行，后逐步运用到企业管理中。从泰勒的“科学管理”到戴明的“为质量而管理”，再到今天的“精细化管理”，“精准化”的内涵日益丰富，其核心内容是管理过程的精确化、数据化和可视化，最终的目标是要降低企业成本，提高企业运转的效率，改进产品和服务的质量，加快交付速度。这些精准化思想都不同程度取得了显著的管理绩效。20世纪七八十年代以来，“新公共管理运动”席卷全球，流程管理、六西格玛、精益管理等思想的提出到逐渐成熟为精准管控理论做足了铺垫，将这些思想进行体系化、系统化，精准管控理论也应运而生。

3.1.4 技术发展

随着数字化时代的到来，网络信息等技术的普及，既对管理集成化、信息化的治理提出了新的要求，也为准确化、可及化、便捷化的全覆盖式管理创造了条件。

一方面，精准化管理对管理技术的专业化、科学化提出了新的要求。随着市场经济的深入发展，社会分工和组织专业化程度也日益增进，管理者只有运用专业化管理队伍和采取科学化的管理手段，才能及时有效地满足管理需求。

另一方面，新兴技术的产生为精准化管理提供了支撑。其中，基于网络信息技术产生的移动互联、物联网、区块链等技术的出现，能够满足精准管控所需要的去中心化、高开放性、高透明度等要求；传感技术等信息收集技术，方便准确地、及时地采集现场数据；ERP等信息集成技术，实现信息的快速精准传递与汇集……各类新兴技术百花齐放，共同构建起了精准管控理论所需的技术体系。具体的技术体系在后文将逐一展现。

3.1.5 “邻域”压力传递

从大工程观视角看来，“领域”主要是指制造业，而本质来说，建筑业也属于制造业，只是生产的产品和过程有诸多特殊性，因此制造业的一些思想、发展也同样会“压迫”、推动着建筑业的变革。

制造业是国民经济的重大支撑行业。《先进制造伙伴计划》（美国，2011）、《先进制造业国家战略计划》（美国，2012）、《工业4.0》（德国，2013）、《中国制造2025》（中国，2015）、《日本制造》（日本，2016）的出现，标志着以制造业升级换代为主要表现的全球竞争格局基本形成。精益生产是詹姆斯·P. 沃麦克等专家总结日本TPS（丰田生产方式或精益生产方式）生产管理基础上提出的，精益生产是从最初生产系统的成功实践延伸到企业的各项管理业务，同时从最初的具体业务管理方法上升为战略管理理念，升级为精益管理。“精益管理的目标可以概括为‘企业为顾客提供满意产品和服务的同时，把浪费降到最低程度’，其核心内容是消除浪费”[①]。这里的浪费，是一个包含广泛含义的浪费。

建筑业的建造虽然跟制造业有很大差异，但是也有相似之处。借鉴制造业的思想方法和工具，是摘掉响应新技术环境适应慢的“帽子”的手段，是提升建筑业管理效率的重要途径。

当下，“智能制造”一词可算是制造行业的一大热词。智能制造（Intelligent Manufacturing，IM）是一种由智能机器和人类专家共同组成的人机一体化智能系统，它在制造过程中能进行智能活动，诸如分析、推理、判断、构思和决策等。通过智能机器的辅助，去扩大、延伸和部分地取代人类专家在制造过程中的脑力劳动。它把制造自动化的概念更新，扩展到柔性化、智能化和高度集成化。

毫无疑问，智能化是制造业的发展方向，也同样是建筑业的发展趋势。现实实践向建筑业提出了诸多改进需求，主要包括：①智能环境政策评估与决策；②智能设计与策划；③智能生产；④智能物流；⑤智能运维；⑥安全监控与节能运行。

如何实现智能化以满足生产需要？首先需要精准。智能是建立在精准的基础上的，只有有了精准的基础数据，计算机才有分析的可能，只有数据库积累足够大，计算机才能够实现智能决策。在广受关注的智能生产环节，全方位的系统监管、过程管控可视化，必须建立在三大技术基础上：“无线感测器、控制系统网络化、工业通信无线化”，这也是当前精准管控的核心方向和任务。

3.1.6 高质量发展成为国策

宏观的因素复杂度超出了我们的研究能力，姑且不谈。在银行存贷、城市化、开发产值、高校人数、专利、论文等领域普遍存在片面追求规模的问题，其弊端也逐渐显现。我国建筑业低效的几组微观数据：①摩天大楼总数全球第一（CTBUH，2020.9），66幢“烂尾”；②2014~2019年的五年内，三家基建央企，新签合同翻倍、营收增长超37%，净利润低于3%；③500强企业数超美国成为第一，盈利水平约为美国一半（36中/70美），甚至低于41亿美元的均利润，是中国企业拉低了平均水平；④500强企业中美对比：数量（124中/121美）；销售收益率（5.4%中/10.5%美）；平均净资产收益率（9.8%中/17%美），并且，中国有9家公司亏损；⑤牛津大学对中国2008~2018年间95个公路和铁路项目的研究结论：55%的项目收益率低于1。据研究，2014年中国全要素生产率（PPP计价）为美国的43%[②]；2017年，中国劳动生产率约为美国12%[③]。另外必须指出：中国财政自给率低于50%的省份占了大部分。尽管因素十分复杂，但其结论是异常危急的，泡沫繁荣必须当机立断，断然采取彻底改变的行动。

---

① 文川，王凤兰．精益企业之TPM管理实战（图解版）[M]．北京：人民邮电出版社，2017.

② 资料来源：FRED. 任泽平，罗志恒，华炎雪．恒大研究院，2018.10.11（载于泽平宏观）.

③ 资料来源：IMF. 任泽平，罗志恒，华炎雪．恒大研究院，2018.10.11（载于泽平宏观）.

中央的一系列会议和文件以及考核新政，明确、坚定地传递了改变如此严重的状况，发出了高质量发展要求的信号。党的十九届五中全会更是把推动高质量发展作为“十四五”时期经济社会发展的主题，片面追求数量、规模扩张的发展模式不会也不应该继续存在。国策已然形成。

寻求实现高质量发展的路径，构建提高企业运营效率范式，就成为学术界、实业界亟待思考、研究和建模的事情。

3.2 发展意义

精准管控理论最核心的作用是通过一系列管理手段有效控制生产过程，减少（消除）浪费，更好地体现出生产过程中管理、个人、劳动、产品四大对象的价值，从而进一步提高企业竞争力，改善粗放式生产现状，推动建设行业高质量快速发展等，如图3-4所示。

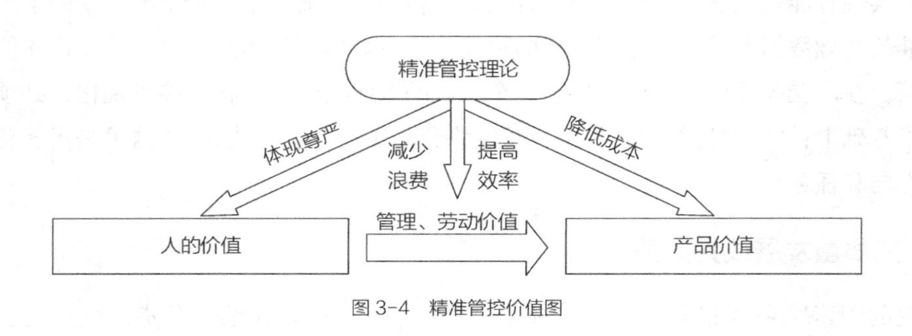

图 3-4 精准管控价值图

3.2.1 体现管理价值

管理的具体内涵前文已有具体阐述，是协调他人活动达成目的的过程，而在这个过程中，往往伴随着浪费，浪费越少，管理的价值响应就越能得到提高。

大野耐一最早提出了七种浪费：过量生产的浪费、等待的浪费、不必要动作的浪费、运输的浪费、过度加工的浪费（或者不适当加工）、不必要库存的浪费、不合格品的浪费；随着社会发展，约翰·比切诺在此基础上又总结添加了高效地生产错误产品的浪费、没有充分利用人的潜力的浪费、多余的信息和沟通、时间的浪费、不恰当系统的浪费、能源和水的浪费、自然资源的浪费、波动的浪费、“没有跟踪到底”的浪费、知识的浪费等[①]。也可从工程九要素（规律、原料、场所；劳动、工具、管理；规则、审美、条件）角度系统地理解浪费：即知识传递不畅的浪费、不必要库存的浪费、场地占用过多的浪费；多余劳动力的浪费、工具闲置的浪费、组织层级过多的浪费；政策解读不清的浪费、材料应用不当的浪费、

① ［英］John Bicheno，Matthias Holweg. 精益工具箱（第4版）［M］. 王其荣译. 北京：机械工业出版社，2016.

不合格工序的浪费等。这些浪费不仅仅会引发成本的增加，还会造成时间、空间、资源、信息、知识等各要素的大量消耗，而精准管控理论正试图通过精准覆盖，减少、解决以上浪费现象。

利用精准管控理论，可通过管理手段，精确计算工作量、需求量及库存量，减少不必要库存、场地占用过多等浪费；通过精细策划，择优选择工艺方案、合理安排岗位职责，减少人员潜力、信息沟通过程、组织层级过多等浪费；通过精益实施/建造，准确实施工艺流程，减少不必要动作、因质量问题引起返工等浪费；通过精准管控，实时管理、调整实施过程，减少资源、时间、空间等浪费；通过精到评价，及时自善，纠正偏差和失误，减少不合格品补正的浪费，并将成功经验积累下来，减少知识重复积累的浪费。综上，精准管控理论可极大地减少浪费，凸显出管理过程的价值所在。“消除一切浪费”正是精准管控的核心价值所在。

3.2.2 体现个人价值

20世纪30年代通用电气著名的“霍桑实验”，是一个关于照明对于生产率影响的研究，在研究过程中，提高照明，生产率提高；继续提高照明，生产率继续提高；然后，降低照明度，结果令人惊讶的是生产率还是提高。实际上，工人们不是对照明度作出反应，而是对研究者们对他们的高度关注作出反应。霍桑实验证明人是“社会人”，是复杂社会关系的成员，因此，要调动员工的积极性，还必须要从社会、心理的角度进行考量，当管理者对某名员工进行关照时，员工会感受到平等感，会感受到工作的尊严和价值。

精准管控理论将每个人都作为关注重点，将每一位员工的能力和责任进行匹配，对每一个工作都进行精细化管控，让员工们感受到公开、公平、公正的氛围，从而调动员工积极性，最大限度地体现人的价值。这本身就是管理的“人本”理念的体现。

3.2.3 体现劳动价值

评价效率高低是参照单位时间完成的工作量，一方面，精准管控可以减少无效时间，另一方面，精准管控可以提高生产量。

斯道克和豪特的经典著作《与时间竞争》(*Competing Against Time*)中指出了四个“反应规则”，它们是基于波士顿咨询公司研究提出的。

1）0.05~5规则：在很多行业，产生增值的时间实际上只占总时间的0.05%~5%。

2）3/3规则：不进行任何增值活动的等待时间可以分为三种类型，每一种类型大约占到1/3，分别是：等待一批产品完成的时间，等待“实物和信息”返工的时间，等待管理层下达移动一批产品决定的时间。

3）1/4–2–20规则：总的完成时间每减少1/4，生产率会提高一倍，成本降低20%。

4）3×2规则：运用基于时间的竞争策略的公司，其业务增长率和利润率将分别是行业平均值的3倍和2倍。

精准管控理论能够通过研究规则1）和规则2），有效减少不必要的时间浪费，缩短不产生增值活动的工时，达成规则3)，提高生产率，从而实现工作效率的提高，最大限度地体现劳动的价值。

3.2.4 体现产品价值

精准管控理论是一个将价值最大化、浪费最小化的全过程控制理论。精准管控理论通过识别项目建造过程中的非增值活动，并通过精确计算、精细策划、精益建造、精准管控、精到评价的理论、方法、技术和工具优化工程的设计、策划、建造等过程，尽量减少或消除浪费，提高资源的利用率，降低建造成本。

另外，传统粗放式项目的成本控制习惯于对某个点的成本进行控制，而精准管控理论强调对整个流程的精准管理，并非局限于其中某一个或某几个过程与活动。只有考虑到各个活动之间的关联性，注重各个环节以及环节与环节之间的关系，把握关键因素，从部分与整体的角度出发进行精准成本控制，才能对传统粗放式项目成本控制方式进行彻底改进，再在此基础上采用精确计算的方法和技术对成本进行预测，对可能存在的成本风险进行规避。

此外，精准管控理论还强调参与主体之间的信息交流，借助信息化技术实现信息共享，避免由于信息传递错误或延迟产生的成本浪费。

精准管控理论通过全面、精准地对建设行业进行管控，减少浪费，降低成本，保质保量地完成产品，最大限度地体现产品的价值。

总之，减少浪费，也是人作为自然之子，体现与自然和谐的基本“伦理”。

3.3 不精准表现与产生原因

3.3.1 不精准表现

1. 行业背景的宏观角度

建筑业是国民经济的支柱产业，建筑业对社会经济的发展、城乡建设和民生改善作出了重要贡献，但建筑业仍存在大而不强的问题，主要表现为：政府监管机制不健全，市场信用配套机制不完善；生产建造方式落后，工程建设组织方式碎片化；工程质量安全事故时有发生，市场违法违规行为较多；企业核心竞争力不强，工人技能素质偏低[①]。

同时传统的管理模式受经验主义主导，造成项目管理方式普遍是粗放式的，项目管理过程中各阶段、各部门，甚至各任务之间都是相对独立的，许多项目数据信息难以及时传递，从而产生数据“孤岛”。粗放式管理模式造成项目管理效率低下；进度管控困难；质量安全检查，整改难、监控难；施工现场各种资源浪费，成本高、管控难、失控等问题。

1）建筑市场不规范

工程招标投标中的行政干预、地方保护、部门分割和行业垄断行为较严重，虚假招标、

---

① 吴慧娟. 建筑业改革与全过程工程咨询［A］. 2018建设监理创新发展交流会，2018.

暗箱操作、幕后交易等违法违纪现象屡见不鲜；工程立项审批不严，业主行为制约不力，导致压级压价、索要回扣、垫资施工和拖欠工程款等现象；行业主管部门在审批企业资质时把关不严，导致市场竞争主体良莠不齐；缺乏严格的市场准入制度，供需关系失衡，导致施工队伍间恶性竞争；监理地位不稳，难以履行监管职责；社会监督不能发挥良好作用等等。

2）管理机制不完善

企业的规范化、制度化管理薄弱，部分规章制度流于形式；制度线条太粗、弹性太大，缺乏严密性和量化考核标准，没有可操作性；对国家的技术性法规理解不深，执行打折扣，造成产品质量差，企业信誉下降；对国家的经济法规掌握不到位，缺乏对合同的深入分析，索赔得不到法律支撑，无法维护自身利益。

3）管理上形式主义

很多企业往往片面地追求建立企业制度和企业文化，制定了一大堆制度，但实际上却并未付诸行动，或者说根本无法施行。企业往往根据眼前的需要，一时一个风，抓质量时，就强调质量就是生命；抓安全时，就强调安全重于泰山；抓增速时，则又强调速度高于一切等，把管理当作一种作秀和表演，没有一套切实有效的管理办法和操作步骤。

4）管理满足于“差不多”的标准

满足于“差不多”是粗放型管理的一个重要特征，这种管理模式违背了精细化管理准确、科学的管理要求。“差不多”在企业的管理用语中频频出现，也在管理实践中得到了具体的执行，对产品合格率、每道工序的能力和成本等情况都缺乏精确有效的管理数字，在差不多、大概的管理中，保持着一种自我良好的感觉。

实际上，粗放型管理是我国特定历史条件下的一种产物，根本不能适应企业长远发展的要求，随着市场的逐渐成熟和市场竞争的日趋激烈，粗放型管理必须转变为精细化管理，否则企业就没有生存的余地[①]。

5）技术创新相对滞后

国内众多建筑企业在同一层次竞争，企业技术水平档次差距不大，技术特点、特色不明显，同质化显而易见。目前，知识资源是技术创新的第一要素，传统的生产要素（劳动力、土地、资本）已逐渐失去主导地位，前沿科技成为创新竞争的主要焦点。对建筑业来说，降低材料和劳动力成本来提高建筑产品竞争力的发展空间已经在逐渐缩小。强化“精准定位”，以针对性强的技术创新为核心市场竞争力，才能提高竞争层次，形成独具特色的竞争优势，提高建筑生产的附加值。与高新技术接轨已经成为建筑业持续发展的必然选择。

6）社会职能难以摆脱，员工整体素质不高

我国国有建筑企业的社会职能长期以来难以彻底摆脱，离退休人员逐年增加，企业统筹外支出绝对数额居高不下，企业需要分流的人员，特别是富余人员数量偏多，合理的人员流动机制没有真正建立起来；员工队伍规模偏大，整体素质不高；计划经济条件下的管理方法和经营理念没有真正树立起来，没有真正确立正确的市场观念，危机意识、竞争意识普遍不强。

---

① https://www.docin.com/p-641736438.html.

7）新兴技术、新一代信息技术运用不到位

现阶段我国有很多懂项目管理的人，但是以信息化手段推动项目管理的人不是很多，既懂项目又懂信息化手段，能够研发出项目管理软件的人就更少了。未来发展的趋势是用信息化手段管理项目，项目管理人员除了要擅长项目管理知识外，还要对信息化的知识充分了解。近年来，信息技术几乎渗透到所有产业领域，信息产业的创新能力和发展水平成为衡量一个国家现代化水平与综合国力的重要标志。作为创新速度最快、通用性最广、渗透性最强的高新技术之一，信息技术当前正孕育着新一轮的重大突破，呈现出高性能、宽领域、多方向的发展特点。新一代信息技术是主导科研、创新、增长和社会变革的主要动力。发展新一代信息技术，有助于增强我国科研前瞻性和预见性，把握信息技术发展的战略主动权。

2. 成本、质量、安全等管理要素的角度

粗放式的成本、质量、进度、安全管控，使得建筑资源的浪费、企业利润率降低，而低下的施工技术和管理水平，又会直接影响工程质量，使建筑寿命缩短；同时信息传达不精准也会导致施工现场的安全问题频发，对人员安全、施工进度等都是极大的隐患。

从成本来看，部分施工企业没有充分意识到成本控制的重要性，没有将成本控制工作落到实处，成本控制的体系不够完善，致使工程项目施工过程中出现了很多浪费，增加了工程项目的成本。这必将导致施工企业利润减少，也会降低施工企业的竞争力，从而阻碍企业的长远发展。其不精准主要体现在以下几个方面：

1）前期目标成本不明确：凭着经验预估值，预估结果模糊。

2）责任成本不精确：实施过程中互相推诿，考核无依据。

3）物料管控不科学：材料浪费较为严重，物料堆放不合理，发生二次搬运。

4）成本管理意识缺乏：没有全面了解施工成本管理的责任，严重阻碍施工成本事前评估中的分析和控制；建筑公司忽视建筑成本的管理，给项目带来了高昂的成本和沉重的负担。

5）成本管理体制不完善：缺乏具体的程序和业务费用的预算编制、成本核算和成本控制，以及缺乏统一标准，使得企业成本管理混乱和效率低下、成本管理的内容混乱，管理过于狭窄。

从质量上看，其不精准主要体现在以下几个方面：

1）目标导向不明确：没有将业主方的需求与公司战略目标结合作为导向，没有树立“用户第一，顾客满意”的质量观念，以应付检查和满足某项最低标准为任务进行管理建造。

2）控制手段非动态：过多的关注事后控制，等产品成型或联合检查时才发现缺陷，此时付出的费用远比事前事中控制要多。

3）识别评价不精准：改善问题时未对影响因素进行精准评价，无法识别核心关键因素，时常以管理者自身经验为导向，抓关键因素时“囫囵吞枣”任意抓，导致资源分配不均匀，解决了表面问题，却未触及核心问题，既浪费资源又难以根除问题。

4）管理手段太粗略：管理手段单一，流程不清晰，组织结构冗余，职能重复，指令交叉传达等顽固的传统管理问题导致上层决策不统一，信息传递有误、失真，基层工作效率低下。

5）事后评价不及时：工程竣工后，企业未对项目进行良好的复盘、考核评价，导致老问题一直悬而未决，新问题层出不穷。

从进度上看，其不精准主要体现在以下几个方面：

1）目标分解不明确：在进度滞后的情况下找不到直接的负责人，各部门人员之间相互推诿，最终不了了之。由于没有明确的责任又缺乏合作精神，项目成员的积极性不高，对进度目标的达成漠然。

2）事前控制手段不到位：在事前没有很好地进行分析，制定应急计划，等事情发生了才进行补救。

3）缺乏适度灵活的计划：承包商制定的工程施工总进度计划过于严格、死板，缺乏适度灵活性。在工程建设过程中，如果出现市场变动、资源变化、重大自然灾害等意外情况，就需调整工程进度，而原先的总进度计划就会制约进度的调整，这就导致现实状况与工程施工的总进度计划脱节，影响工程的进度。

4）管理手段粗略：项目各部门、各人员间不能有效地统一集中管理，没有能够及时提供准确、完善信息的共享交流大平台，无法满足企业对工程项目管理进度、质量控制等方面的高要求。管理组织上不能够保证进度目标的实施，人浮于事，重关系轻能力现象严重，导致执行效果差。项目成员只关心自己利益，而忽视项目目标的顺利实现。

从安全上看，多数建筑企业的安全管理依然是粗放型的，粗放型的工程安全管理对工程本身的质量、进度、成本都会产生严重的连锁反应，不仅会对企业自身的名誉造成重大影响，甚至还对社会公众财产与人民生命安全造成极其恶劣的影响。其不精准主要体现在以下几个方面：

1）组织架构不合理：现有的项目式组织形式横向联系差，缺乏弹性，相关部门协调能力弱，同时施工现场安全管理的权责未能一一对应。

2）安全问题分析不深入：对于安全任务的识别、核心关键点的把控有所缺失，时常以管理者自身经验为导向，未准确分析其根本问题，导致资源分配不合理，解决了表面问题，却未触及核心问题，既浪费资源又难以根除问题。

3）控制手段非动态：过多地关注事后控制，等产品成型或联合检查时才发现缺陷，此时付出的学费远比事前事中控制要多。

4）安全评价不准确：工程竣工后，企业对项目的安全未进行深入客观的评价，导致以往的安全问题一直悬而未决，新问题层出不穷。

5）管理手段太粗略：管理手段单一，流程不清晰，组织结构冗余，职能重复，指令交叉传达等顽固的传统管理问题导致上层决策不统一，信息传递有误、失真，基层工作效率低。

3.3.2 不精准产生原因

1. 语义学原因

“语言是人类的世界”。语言的创制完备、传播变异、理解歧义等都是语义学领域存在精准表达和传递信号“困难”的地方。语义学是数理逻辑符号学分支之一，关于符号或语言符号（语词、句子等表达式）与其所指对象关系的学科[①]。语言学科中语义学研究的目的在于找出语义表达的规律性、内在解释、不同语言在语义表达方面的个性以及共性，而由于不同的表达，就存在对事物不精准的理解。

语义学关注语言的情景描写，研究对象是词语和句子的意义，是语言使用即具体的使用事件，对语言表达的描写涵盖了从个体情感到语篇的不同方面[②]。其主要是对客体情景的描写，汉语实词以及不同句式，如“被”字句、及物或不及物句等。

例：①嘉兴某工地Ⅰ标段施工过程中发生了塌方，造成了3人轻伤，1人重伤；②小张在嘉兴某工地Ⅰ标段的塌方中被砸伤了，医院鉴定为轻伤。

其结果是，类似例①的主动句与例②被动句，正是主客体情景不同，“小张”是说话人的好朋友或者是正在谈论的对象，通常会选择被动句。因此，语义描写既包括客体情景，还涉及认知主体如何观察或组织这一情景，是语义描写的规律性表达[③]。

再例如：③马某让秘书去买肯德基；④王总在凌晨12：30通知秘书：明天会有检查人员到现场进行钢筋工程质量验收。

例③从语义表达的共性上，通俗会理解成“买肯德基的食物作为一餐进行享用”，但从个性上，考虑到马某这个主体，也可以理解为“购买肯德基这个产业”，而由于存在个性与共性的不同理解，对该事项的下一步行为就会出现偏差。例④中的“明天”值得探究，由于王总是在凌晨12：30进行的通知，到底“明天”是日历中的下一天，还是就是当天，由于客体情景的不同，需要对日期进行进一步确认，确保能在正确的时间进行准确的质量验收。

由此可以看出，大多数不精准产生的原因就源自对语义表达规律性的认识不足，对其深刻内涵的理解不到位，以及对语义的表达缺乏个性与共性的认识，未考虑语言的当时当地性。

特别值得研究的是语义学的模糊，尤其存在于跨文化、跨语言的工程环境中。体现在文本理解的歧义、沟通交流的歧义，这些还不包括更严重的规范体系的差异、图表符号含义的差异、管理体制的差异。

2. 管理学原因

管理学是一门综合性的交叉学科，是系统研究管理活动的基本规律和一般方法的学科。管理学是适应现代社会化大生产需求产生的，它的目的是：研究在现有的条件下，如何通过

---

① Recanati F. Pragmatics and semantics [A]. In R. Horn & G. Ward (eds.) . The Handbook of Pragmatics [C]. Oxford：Blackwell Pub-lishing，2006：442-462.

② Langacker R W. Subjectification，grammaticization，and conceptu-al archetypes [A]. In A. Athanasiadou，C. Canakis & B. Cornillie (eds.) Subjectification：Various Paths to Subjectivity [C]. Berlin & New York：Mouton de Gruyter，2006：17-40.

③ Cann R. Formal Semantics [M]. Cambridge：Cambridge University Press，1993.

合理的组织和人、财、物等因素的配置，提高生产力的水平。

管理学主要研究管理规律、探讨管理方法、构建管理模式，从而取得管理效益最大化。但大多数建设项目在管理规律、管理方法、管理模式上的理解与使用都过于片面和不精准。

1）管理规律

管理规律是人类在管理过程中获得的真理性认识，明确地认识管理规律，不仅能使我们对“人与自然之间以及人与人之间的关系”有更加深刻的理解，而且也对我们树立科学的管理观和形成正确的管理方法论具有积极的促进作用。

而对于管理对象特点、规律性、内在联系的不精准把控，就导致了管理的不精准现象。精准地把握管理规律是进行有效管理的必要前提。具体的管理实践，应根据不同管理对象的具体特点，从管理现象和管理活动的内在联系、相互作用中去把握它们各自不同的规律性。例如，上述的管理机制不完善、责任不明确的表现，就是对管理规律的把握不够。当前，现代科学技术理论、方法、手段在管理过程中的普遍应用，一方面正不断地改变着人类生产、生活方式，深刻地影响着人类对生产、生活管理的行为和意识；另一方面它又为人类进一步探索和把握管理活动的内在规律，改造客观世界和主观世界提供了前所未有的有利条件和广阔前景。

2）管理方法

管理方法是指用来实现管理目的而运用的手段、方式、途径和程序等的总称。管理的基本方法可以分为人才管理、科学管理、目标管理以及系统管理。对于管理方法不精准的运用主要有两方面的原因：

一方面，现代管理方法把传统管理方法中的定性描述拓展到管理的定量计算上，把定性分析和定量分析结合起来使管理“科学化”。而大多数建设企业在分析时仅仅用定性或定量方法，导致结果过于片面，不科学、不精准。实践证明，定性分析和定量分析是不可偏废的两个侧面。离开定性分析，定量分析就失去灵魂、迷失方向；而任何质量又表现为一定数量，没有数量就没有质量，没有准确的数字为依据就不能做出正确的判断。

另一方面，没有很好地运用管理方法，实现管理标准化，就会导致目标定位、目标分解、责任划分、事前事中事后控制不精准，也不能充分发展各级领导和专业管理人员的作用，调动与发挥全体员工的主动性、积极性和创造性。管理上形式主义，管理满足于“差不多”标准的现象就是由于管理工作缺乏标准化，没有按照管理活动的方法、规律，未把管理工作中经常重复出现的内容规定成标准数据、标准工作程序和标准工作方法，未作为从事管理工作的原则。

3）管理模式

现代意义上的管理，都要通过管理模式来进行。管理模式是在管理理念指导下构建起来，由管理方法、管理模型、管理制度、管理工具、管理程序组成的管理行为体系结构。

大多数建设企业未转型为“流程型组织”，实行“扁平化”架构，仍使用传统的“等级式”“职能制”管理架构治理模式，导致管理中存在“层次重叠、冗余多、组织机构运转效率低下”等弊端，对快速变化的市场反应迟钝。从而管理的方法、制度、工具、程序等都较为落后，缺少标准化、精准化的管理手段。

3. 工程语言及图形

工程语言是工程师工作、交流不可缺少的工具，也是进行工程教育的内容和途径。用以表述、记载、传递工程内容和工程知识的术语、符号、图表、动态等则形成了专门的“工程语言”。工程语言进化经历了漫长的过程，几乎是与工程演化历史并行而进的，工程语言中的自然语言、计算机语言、工程术语、规范、符号体系、图样图形都科学规范与精准。

然而，对工程语言的内涵、外延、功用、方式等研究，仍未形成较为聚焦的知识领域或子领域。由于缺乏整体的研究，较少有关于工程语言的系统阐述，导致大多数人容易忽视对工程语言的理解与运用，从而产生理解与使用的不精准。

3.4 曲折的TPS之路

TPS，即丰田生产方式。需要保持警觉的是，时至今日，国内还没有实践TPS成功的典范；也缺乏具有震撼力的深刻反思和教训总结；仍然有很多谬误与讹传以及来自非第一手的知识传播；没有原创的，具有普适性、系统性的成功经验总结。为此，有必要讨论曲折的TPS中国路。“深刻剖析阻碍中国企业学习、模仿和实践丰田生产方式成功的根本因素。”[①]以期在建筑业跨界构建“精准管控”理论时汲取到必要的经验。

TPS的成功需要社会环境、心理因素、管理氛围和企业家韧性，精准管控同样如此。

3.4.1 TPS的中国历程

TPS（丰田生产方式）令世界侧目有三个理由：消除浪费创造利润、成套方法和普适行动准则。尽管TPS仍在发展之中，最终必然会成为一个庞大和复杂的思想与技能体系，但是已经接受了检验并具有推动管理进步的巨大作用。TPS符合中国人精益求精的“工匠”追求，是中国制造业苦苦追寻所要找的生产方式。也是中国建筑业改进创新的基础。

引入TPS过程中，走在前面的有，取得短暂成功的长春一汽变速箱分厂（1978年）和半途而废的沈阳金杯汽车厂，前者还曾掀起了机械行业学习TPS的高潮。后反复多次，也有诸多研究团队深入原厂参观学习、探讨交流，取得了不少的进展。遗憾的是，最终都没有取得良好的效益。“究其原因，高层领导对于失败没有严肃、认真地剖析问题，从高层自身寻找无法使TPS生根的主要原因，遇到挫折总想借助外力寻求技术和方法的帮助，无法找到真实病根。”当前，中国虽然已经成为制造业大国，但是几乎没有可以被完全认可的TPS成功典范。“虚心学习，努力实践TPS，结合中国国情逐步创建自己的生产方式，是彻底改变中国企业效率低、效益差落后面貌的正确选择。”[②]

① 郭振宇. 为什么中国没有实践丰田生产方式成功典范［J］. 工业工程与管理，2008，13（6）：94-98.

② 同上。

3.4.2 失败的经验（警示）

就中国建筑业而言，被扣上“粗放管理”的帽子，也不全无道理。建筑业依靠“高速发展阶段、政策鼓动、廉价劳动力、资源过度开采、环境保护力度不足”等因素，保持持续的规模增长和有利可图。然而成功的表象和存在问题的尖锐性，不免让人战战兢兢如履薄冰，一个庞大的影响国计民生的支柱产业，如何能够保持健康运作、持续稳定，无论如何在深层次是不能缺乏理论引领、方法支持、工具支撑的。

1. TPS 成功的要素与中国企业的情况对比

1）TPS是丰田公司企业求生和另辟蹊径的产物。

2）中国缺少像丰田佐吉那样的发明家、企业家，参与一线，与工人在一起，对社会、对人生、对工作、对工人有感情和透彻地感悟。

3）中国企业缺少丰田公司的企业宗旨或企业精神。中国企业的宗旨或精神多是文人、专家脱离实践的条文，文字华丽、面面俱到、格式雷同、内容空洞。

4）TPS的精髓，一言蔽之，就是最大限度地调动和发挥作业者的智慧和创造力。在对工人角色定位方面，丰田和我国企业有所不同。

5）中国绝大多数企业对一线工人实行的是“计件工资制”。靠激励工人个体实现多劳多得，摈弃过去的班组合作模式。单纯增加产量的后果是，彻底瓦解工人的整体观念，造成生产过程不均衡，不好连接，也可能产生过多半成品与库存。

6）中国企业人力资源管理多主张“末尾淘汰制”。单纯的惩罚，让人们失去尊严，丧失对企业的忠诚度。在制造领域，纯熟的技术工人培养机制未能完整建立。

7）中国企业多盲动、浮躁，企图一步到位求功心切的心态，注定让自己总是停留在学习的最低层面上，不易获得成功。

8）丰田认为造车先造人，生产的本质实际上是人才的培养。

以上不难看出，尽管受当前社会体制、机制影响，但是企业缔造者和领导人的意识、观念、处世、言谈、举止、行动，决定了企业的精神、伦理、道德、责任，特别是对待员工的态度与关系，决定着企业的命运，也决定了实施TPS的成败。

2. 曲折的效仿之路

郭振宇提出中国学习TPS失败，既有浅层次的原因，更有深层次的原因。

浅层次的原因有：

1）领导角色不够明晰。没有坚持一把手工程，领导只布置、少检查、不到现场，领导需要减少官僚味，参与其中。

2）人员素质。企业管理人员、作业人员素质偏低，不能及时发现并解决出现的问题。

3）系统观。未把TPS当作一个系统来学习，不能采取各取所需学习和实施个别的一些方法、技巧。

4）器物观。只把TPS当技术、方法学习和模仿，没有把它当成一种经营理念、哲理来贯彻。失败案例表明，TPS的确不是单纯的技术系统，也不是一系列的方法和技巧。TPS是企业管理的哲理，但又不是简单的理念，而是更高层次的“道”和“禅”，需要高层领导用心去揣摩和领会，只看书和听讲座无济于事。另外，生产一线的确存在“只可意会不可言传”的技巧，需要长期、苦心的钻研、磨炼和实践。

5）长期持久的韧性。没有认识到仿效丰田生产方式是一个长期学习与实践的过程，没有认识到实践的艰巨性。丰田公司创立TPS，至今历经60年，如今还在不断发展，要有耐心、韧性，持续改进，不断学习。当然，这些还都不是直接影响丰田生产方式成功的最根本原因。

深层次的原因有：

1）受各种思潮影响，中国的多数企业家、企业领导人还缺少崇高的社会责任感，心中没有员工为大的观念，没有视员工为公司资产，对他们几乎只有吸取而没有投入。

2）绝大多数中国企业没有经历过丰田公司20世纪50年代初的令人刻骨铭心的濒临倒闭、裁员和罢工风潮，对追求企业管理效率和效益有梦寐以求的渴望。

3）企业领导除第一代像鲁冠球那样是亲身艰苦奋斗成长起来的，很多没有一线艰苦磨难的经历。

4）“重资本，轻劳工”根深蒂固，也是中国当前难以搬掉的两大拦路虎。《劳动法》尚未完全发挥效力。员工的正当权益有时难以保障。这样，调动员工积极性和提高生产率的种种设想、措施，由于无法得到员工的积极响应与真诚奉献，终成泡影。

5）工业工程是科学管理的必有阶段，需要加强产业工人的培养教育，同时企业要承担维护劳动者合法权益的重任。

3.4.3 中国走向成功需要管理创新

随着快速发展和高利阶段结束，建筑业步入平稳低速微利阶段；业界认清了红利削弱的现状；廉价劳动力、高资源消耗、高环境损害、不可持续性；国际国内的竞争加剧；新技术迭代和渗透影响新方式。这样的外部竞争环境下，中国学界、业界、教育界要走向成功，亟需在以下几个方面加快管理创新。

1. 建设公平、法治的经营环境

中国错过了学习和试用工业工程、TPS最好的时机，中国当前社会与经济体制的多重矛盾，都使企业很难获取TPS成功。迫切需要建设公平、法治的经营环境。

2. 彻底改变管理理念

现在的企业伦理和管理制度有悖于TPS。劳动者正当权益难于维护和保证，如果不能得到彻底改善或解决得不好，中国短期内很难再出现如当年一汽变速箱厂和鞍钢那样的学习榜样。

3. 加强基础管理

很多建筑工地，甚至连看板、U形布局、多工序操作和标准作业等技巧都还没有掌握，没有应用，更谈不上基础管理的体系化。

4. 探索新管理模式

社会制度与约束体制的完善，企业社会责任和道德意识的增强，是实践丰田生产方式的两大支柱①。

3.4.4 制造业到建筑业的跨越

实现从制造业到建筑业的理论跨越，是本书的初衷。两者的逻辑对比如图3-5所示，第一阶段以生产环节切入，第二阶段逐步发展为全面精益管理，是时候创立有中国特色的建筑业精益建造理论与方法，实现全产品、要素、主体和过程的精准管控。

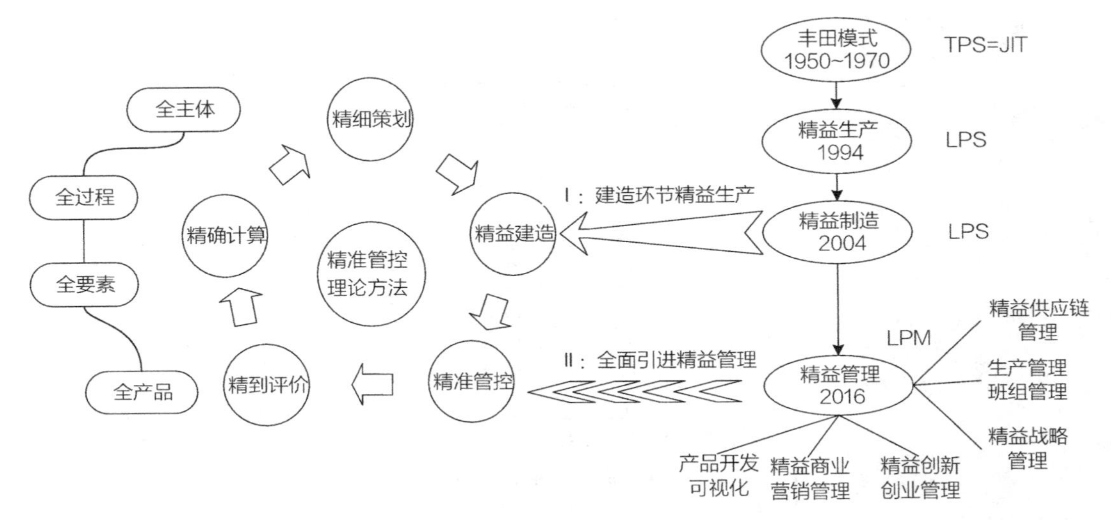

图3-5 精准管控思想跨界逻辑图

① 郭振宇. 为什么中国没有实践丰田生产方式成功典范［J］. 工业工程与管理，2008，13（6）：94-98.

第 4 章
精准管控理论构想

本章逻辑图

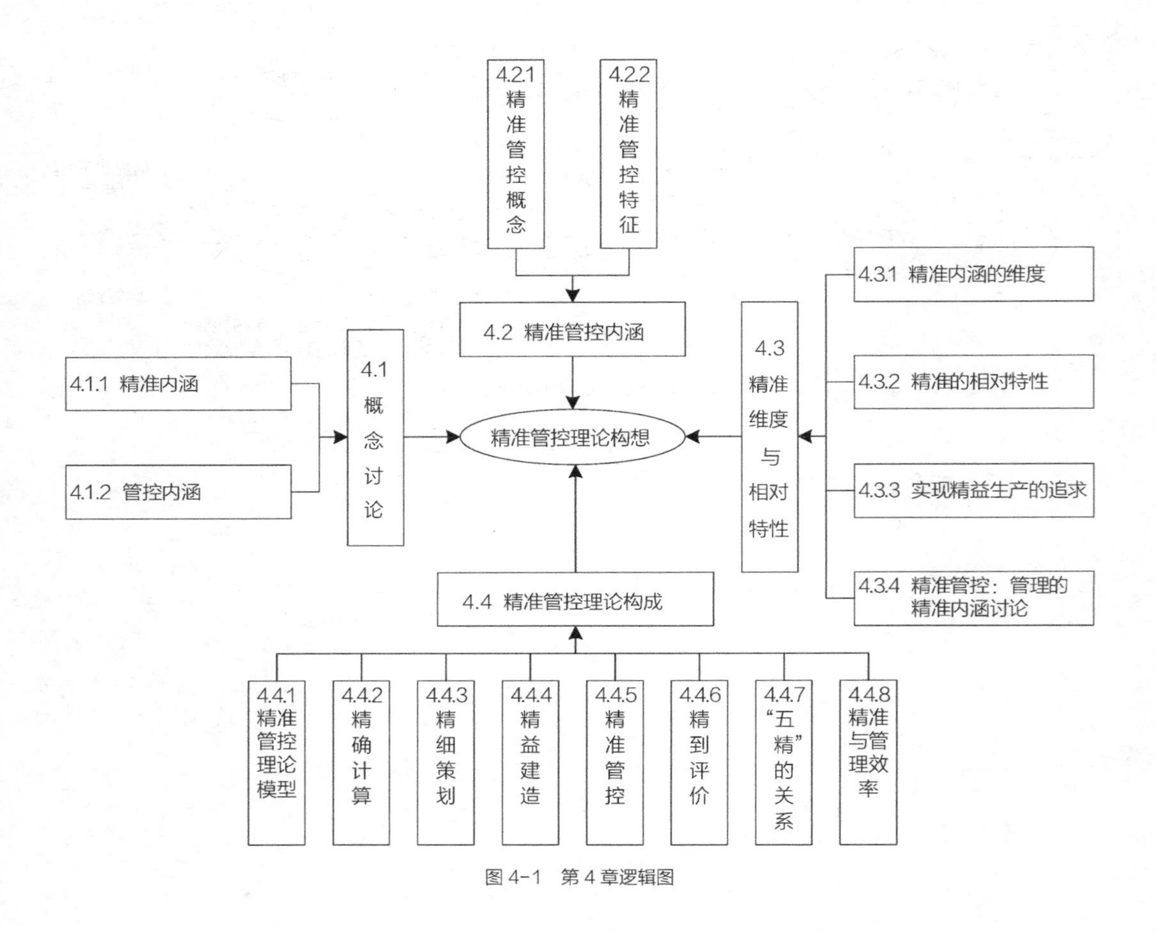

图 4-1　第 4 章逻辑图

远离投机主义，回归管理的基本面，面对真实竞争场景，保存核心，夯实基础，是创新的真正出发点。精准管控的构建，基于这样的追求。

4.1 概念讨论

4.1.1 精准内涵

4.1.1.1 什么是精准

精准即“非常准确”。“精”本义指经过加工、挑选、提炼的东西，最好的、完美的。“准”就是要量化、细化、可操作化。“精准”在广义上定义为极其准确、丝毫不差。在建筑业的定义中“精”主要指简单化、方便操作，让目标和结果之间的时间成本、资金成本、风险成本等不断降低，从而提高管理的效率以及结果质量；“准”主要是指结果定义的清楚，比如各种管理问题的真正原因、解决措施、行动方案、责任归属等，影响销售结果的各种因素、解决措施、行动方案、责任归属等①，从而产生更高的效益。

如表4–1可知，“精细”“精确”“精准”大意相同，但又不尽相同。精细是将人或物进行细致的区分，再进行深入研究，例如一对一营销模式。精确是指在精细的基础上，利用一些手段进行量化以及及时掌握有用信息，使做事更加高效化。而精准需要拥有系统思维，进行统筹规划，合理配置资源，实现低成本、高效率、高效益。

精细、精确、精准辨析表　　表4–1

	精细	精确	精准
概念不同	精美细腻；精明能干；精密细致	极准确；非常正确；精密而准确	精炼、准确，时间概念中、空间位置上精细练达的准确
应用范围不同	精细常用来形容产品的做工，如艺术品的精细微妙	精确一般用于形容数据上的精确，如：卫星的速度需要精密而准确，误差小，精确到小数点后几位	精准一般为时间概念上的明确、空间位置上的准确。如射击时需要精准靶向目标
引申意味不同	精细在文言文中有精明能干、细致入微、清醒苏醒的意思	精确常常可以引申为专心坚定，精确笃志	精准可引申为做事有充分把握，命中目标，提高效率

归纳以上，用图4–2对精准内涵辨析释义，有助于全面理解“精准”的本义是非常准确、非常正确。

图4–2　精准内涵辨析图

① 卢锡雷. 流程牵引目标实现理论与方法——探究管理的底层技术［M］. 北京：中国建筑工业出版社，2020.

在内涵使用的维度上，精准是十分宽泛的，例如：我国在2015年12月15日提出的"十三五"脱贫攻坚项目中，提出"六个精准"，即"扶贫对象精准、措施到户精准、项目安排精准、资金使用精准、因村派人精准、脱贫成效精准"，可见其适用"人、户、事、物、因由、效果"，在后面讨论维度时还将展开。

必须指出，非常精确、非常正确的"精准"始终是相对的，于管理科学的应用尤为如此！

4.1.1.2 为何要追求精准

为何提倡精准，精准的好处在哪里？我们可以从建筑行业中的粗放管理、粗放施工对比进行说明。

粗放管理结构上，结构松散、缺乏明确的分工及责任体系、管理职权较为模糊、管理制度规则较为混乱，对于"做什么"和"怎么做"没有明确的规范。比如，政府管理过程中经常出现"多头管理""政出多门""九龙治水"的情况，管理过程的组织协调较为缭乱，经常出现各种摩擦和冲突，严重影响政府的行政效率。

粗放管理理念上，粗放式管理背后是模糊的"浑然一体"的哲学，眉毛胡子一把抓的归纳而不善于细部解剖、分析，缺乏长远的或细致的操作性规划，奉行的是"差不多"和"基本上"的管理理念，管理态度上不专注、不专业、不投入，管理过程缺乏稳定性和持续性，常会出现朝令夕改的情况，管理停留在较为空洞的理念与口号层面，难以通过切实的执行来贯彻和落实，难有良好结果。

粗放管理形式上，粗放式管理缺乏统筹、缺乏对结果的预见、忽视细化的过程，缺乏明确的经济思维和成本意识，行动上不拘小节、不计成本、不惜代价，缺乏精心设计、理性筹划。管理过程看上去雷厉风行，效果显著，实际上充满了漏洞和瑕疵，导致决策拍脑袋、行动拍胸脯、结果拍屁股的现象时有发生。由于管理的专业化程度低，形式主义问题非常严重，大量流于形式和表面文章的问题存在，尤其是缺乏高效的管理控制体系，与制度规范配套的监督和约束机制，容易滋生浪费问题和腐败问题等。

粗放管理手段上，粗放式管理在解决问题方面缺乏科学性和专业性，大多用大而化之、模糊不清、文不对题的手段和方法去解决问题。由于对问题缺乏专业分析，解决问题停留在事实的表层，且倾向于采取简单粗暴的解决办法，比如"一刀切"的办法。由于管理工具选择不匹配、不恰当，造成了"不该干的事干太多，应该干的事没干好，干过的事治标不治本"等情况。管理评价缺乏量化的衡量指标，难以对管理过程及其结果进行科学评价，难以形成良好的激励①。

粗放管理在理念上，无论是国家政治还是建筑行业，都需要精准对其进行管理，立足科学、信奉理性、整合资源、减少浪费。在过程上，首先，精准化管理不仅重视结果的品质，还强调治理过程的重塑，建立全覆盖无死角的制度规范，实施严格的标准化治理，具有很高

---

① 韩志明. 从粗放式管理到精细化治理——迈向复杂社会的治理转型［J］. 云南大学学报（社会科学版），2019，18（1）：107-114.

的透明度和可见性；其次，精准化管理需要精明能干的管理者，对管理者的专业素质和能力提出了更高的要求，要求形成匹配精细化治理的价值和行为；最后，精准化管理倡导多元化的立场，强调社会主体的广泛参与，整合多种社会资源和社会力量，实现多元协同共治。

由此可见，追求精准化管理从局部效益到整体效果都远远好于粗放管理。

4.1.2 管控内涵

管控的内涵，可分管理和控制来理解。

管理在上文中提到，是一定组织中的管理者，通过实施计划、组织、领导、控制等职能来协调他人的活动，使别人同自己一起实现既定目标的活动过程，是人类各种组织活动中最普通也最重要的一种活动。

控制则是指为了确保组织内各项计划按规定完成而进行的监督和纠偏过程。具体地说，控制就是通过不断地接受和交换组织的内外信息，按照预定的计划指标和标准，调查、监督实际经济活动的执行情况，发现偏差，及时找出主要原因，并根据环境条件的变化，采取自我调整的措施，使企业的生产经营活动按照预定的计划进行或适当修改计划，确保企业经济目标实现的管理活动[①]。

由此，**“管控”**概括为：在一个行业或一组团队成员中，为实现既定目标，在既有框架下对特定资源和行为所进行的约束和组织，并且赋予一定的权力，进行现场管理和控制，作为实施管控行为的保障，使得管理活动成果质量得到保证[②③]。

4.2 精准管控内涵

4.2.1 精准管控概念

精准管控是以科学管理为基础，在精准定位的基础上，通过定量和定性相结合的方法对目标进行精细分析，根据目标的不同将任务和资源等要素精确分解到具体的节点上，排斥大而化之、笼而统之的工作方式，采用有针对性的现代技术、方法和理论等，使目标和结果之间的浪费不断降低，以最少的消耗达成必要的功能要求，满足顾客需求，实现对不同目标具有强有效性的管理，实现价值工程最大化，从而提高管理效率、保证最终质量。

精准管控的核心内涵是在融合精益生产“利用精准的管控来减少建造中的浪费，强化、精简组织结构”的同时“不断改善项目的质量、成本、风险和进度”，“精”就是切中要点，

---

① 孙永正．管理学［M］．北京：清华大学出版社，2007.

② 刘泉，黄丁芳，钱征寒．全域空间覆盖与有限要素管控——日本景观规划对国土空间规划中总体城市设计的启示［J/OL］．国际城市规划：1-11［2022-01-17］．DOI：10.19830/j.upi.2021.375.

③ 付梦娣，田俊量，任月恒，等．三江源国家公园功能分区与空间管控（英文）［J］．Journal of Geographical Sciences，2019，29（12）：2069-2084.

抓住运营管理中的关键环节。“准”就是管理标准的具体量化，不偏不倚，实施组织、考核、督促和执行。该思想的精髓强调充分发挥人的潜能，用流程牵引进行精准靶向指引，力求一次性做好项目，对各个节点进行管理，最大限度地提高项目效益，保证项目质量①。

“消除一切浪费”是精准管控的手段，精准管控思想体系的根本目的在于构造持续生存能力，通过不断创新和保持优良品质融透客户价值，获取生存资源，体现自身能力，完成自身使命。

4.2.2 精准管控特征

1. 相对性

相对性就是说，衡量一件事物时得有一个标准，且这个标准会随着环境改变而改变，使得衡量这个事物时呈相对性，有条件的、受制约的、特殊的，应保持灵活适应性。如同精密仪器同样存在“公差”，精准管控中的“精准”不是丝毫不差的意思，而是在确保目标可以实现的前提下，准确度可以在一定范围内波动。相对性是动态性、灵活性，尺度适宜以及整体与局部关系的体现。4.3.2节中专门讨论。

2. 符合性

信息技术中，符合性（Conformance）指黏附度的状态或动作都遵循特定的规格、标准或原则。对于不同项目而言，目标、资源、技术条件本身就有不同，“精准”需要符合自身的要求，也要做到不超纲、遵守原则，在一定的情境下做符合该情境的事。

3. 定量性

对同一个事物评价，定量的表达相对于定性的表达而言更能够提高其准确性②。例如在工程中我们可以通过运用统计、分析技术对风险识别报告中的各种风险出现的概率分布情况进行分析，衡量每种可能发生的风险发生的频率和幅度及对企业的影响程度。

4.3 精准维度与相对特性

4.3.1 精准内涵的维度

精准在各个方面都有体现，比如逻辑维度、时间维度、空间维度、价值维度、主题维度、资源维度、信息维度、属性维度、要素维度等。前述和13.3节讨论的“精准扶贫”就涉及了多维性，是个很形象的例子。

1. 逻辑维度

凡事有前因后果，工程任务的开始结束，承继的古往今来，案件的来龙去脉，都是逻辑维度的表现。逻辑维度中的精准表现为逻辑清晰，实质上就是这种关系的明了、清楚、正

① 卢锡雷．流程牵引目标实现的理论与方法——探究管理的底层技术［M］．北京；中国建筑工业出版社，2020.

② 陈细辉．基于流程牵引理论的建筑工程安全精准管控实施方法研究［D］．2021.05：17.

确，管理中逻辑混乱的事例不胜枚举。概念清晰、逻辑明确，是管理有效的基础。

2. 时间维度

时间是世界上唯一一个最大统一性和普及性的物理量。时间维度的精准指与时间相关的所有事物、事件。包括时间起点、终点、时长和时间节点，有点和段，有时间消耗、时间浪费、时间滞后等概念。管理上多方协同时要求精准的实时响应；重大事件上的时间卡点，如我国澳门回归的时间点、我国探月工程嫦娥一号、每次火箭发射的时间点都精准地体现；时间定额是在正常和合理使用机械的条件下，完成单位合格产品所必需的工作时间。在工程项目的进度管理中就有明确的开工时间、竣工时间以及各种工作相互交接的时间点，合理地安排项目时间是项目管理中的一项关键内容，也是精准管控思想的体现，合理地安排时间，保证项目的按时完成、资源的合理分配，发挥最佳工作效率。时间精准是管理的基本要求。

3. 空间维度

空间尺度的精准，也是管理的基本要求。在用于场地测量、区域定位、货物放置位置等方面广泛存在。点、线、面、体、地、空、天、海等的空间都属于人类活动范围，水平度、垂直度也是工程产品必然涉及的内容。

在追求空间维度精准上，人类不遗余力、持续进步。通过北斗、GPS、GIS、高德地图等技术手段实现精准定位，能够进行高精度的时间传递和高精度的精密定位。军事上，导弹定位也是越来越精确，杀伤力大增。

4. 价值维度

精准的价值：每件事物都有其价值，准确地评估其价值，才能在最恰当的时机发挥其最大价值，获得最大收益为潜在或实际客户提供、解决、传递有价值的思想，便是最精准管控的价值观。价值可分为功能价值、体验价值、信息价值以及文化价值等。价值的定位主要表现在使用各种新兴技术满足客户的需求，让客户有更好的体验以适应快速转变的时代环境，增加回报、提升利润、生产有个性的产物或带来归属感。

5. 主题维度

主题维度的精准表现在各种项目的适宜性、各类策划的相应性和各种建筑的匹配性等，如：养老院的建筑定位应是更加便捷、安全，购物区、生活区配置完善；医疗设备齐全；建筑压迫感低，营造更加安全、亲和的氛围。乐园主题的精准，比如上海迪士尼乐园的主题是集梦幻、想象、创意和探险等为一体，为游客带来最佳的旅游体验，迪士尼乐园主要分为六座小主题乐园，“米奇大街”“奇想花园”“探险岛”“明日世界”“宝藏湾”“奇幻童话城堡”就是精准契合梦幻想象等主题；对于人文环境的精准契合：苏州博物馆是古建筑与现代山水、当地环境以及历史人文相结合的产物，建筑造型与所处的环境自然融合，空间分隔独特，建筑材料考究以及内部构思奇特，极大限度地把自然光引入室内。不同的建筑物有不同的主题需求，在进行规划时应精准定位，把控偏差。

6. 资源维度

资源的精准是要适宜，既不能过剩又要减少浪费。比如原材料价格是随市场不断浮动的，想要精确的计算价格，就需要在精确资源的基础上，实施集中采购模式。可再生资源和不可再生资源的精准利用，也就是工业材料、水资源等的使用应充分发挥其价值，在减少浪费的基础上获得最大的收益。JIT（准时生产）即精准计算的资源，在恰好的时点到达生产现场。

企业管理领域的资源一般有人（人力资源）、财（涉及资金资源）、物（包含物料、设备、仪器所有物资）、知识、渠道，思想也是重要资源。

7. 信息维度

信息维度方面就是信息点对点的准确传达和及时反馈，要通过正确的平台，在准确的时间，对正确的人发布明确的信息，如不应在工作群发布日常八卦信息。点对点式，找某一个人交代某一项任务，在网站上准确地输入一个词查询相关的信息都是点对点式的信息交流；点到点发布，日常在微信群或者QQ群@某人；反馈式即阅读通知，日常QQ邮件的回执或者是钉钉消息的“已读”都是一种对于发布者信息查阅的反馈。信息发布的精度是沟通顺畅的基础，精准的消息发布能提高沟通效率。信息维度精准包含信息内容、受众、路径、工具、反馈、频度等度量。

8. 属性维度

事物的属性是分类的依据，也是管理交叉和容易混乱的方面。属性维度来说，就是权责分明、各司其职、管理模式多样、项目性质明确、功能齐全、分类清晰。财务会计的职责是组织企业的会计核算工作，提交企业财务报告，然后完成财务报表的分析以及拟定年度资金预算、筹集方案，审核各部门月度资金使用计划。项目经理的职责是对项目目标进行系统管理；主持制定并落实质量、安全技术措施，负责相关的组织协调工作，对各类资源进行质量监控和动态管理。组织必须分清每个成员的权重，将其职责进行精准划分，不至于各个成员职务不清楚，得了荣耀人人争着，落了责任事不关己，将其属性进行区分有利于精准的管控。管理模式包括分权管理、结果管理、目标管理等类型，多样的管理模式也可以进行交叉融合使用，不同级别使用不同的管理模式，有效提高管控的效率。项目性质包括新建项目、扩建项目、改建项目、迁建项目、更新改造项目和恢复项目，按照投资的效果分类可以明确地反映出之后的投资方向。项目的功能包括绿化功能、使用功能、美观功能和价值功能等，不同项目侧重点不同，精准地抓住各个项目的定位，有利于项目目标的实现。分类可以按照不同属性进行，如材料类属，色泽、硬度、水理性质等。

前已指出精准的应用对象十分宽泛，可以是人、事、物，维度上就具有广泛的场景。

9. 要素维度

要素不仅指构成系统的组成部分，也常常指输入条件，任何目标的达成，是由完成任务一步一步达到的，每一步必须有输入要素。企业依赖资本、资源、组织、业务、内控要素，项目核心为2TQ2CIS要素，流程管理中任务需要输入九要素，质量5MECI等，在本书多处进行了论证。要素的精准是确保进程推进和获得优良结果的基本条件。

资源与要素既有联系，也有所不同。资源是直接的生产要素，要素则偏重指系统构成的元素。资源通常需要计量计价，要素则未必能量化。

4.3.2 精准的相对特性

精准是相对于粗放式管理、管理过程的繁琐、精确度、精密度等来说的。

精准与粗放式管理：粗放式管理即在经济投入、成本控制、人员管理、质量监管等生产环节中没有一套合理有效的运行体制，管理中只是为了完成某一既定目标，而没有一个科学有效的过程。

精准管控与误差有密切关系。借助物理测量上精确度、精密度和准确度的概念有助于理解精准管控的相对性。

精确度：测量的准确度与精密度的总称。在实际测量中，影响精确度的可能主要是系统误差，也可能主要是随机误差，还可能两者对测量精确度影响都不可忽略。如仪表的精确度简称精度，又称准确度。精密度：反映测量偶然误差的大小。即用同一测量工具与方法在同一条件下多次测量，如果测量值随机误差小，即每次测量结果涨落小，说明测量重复性好，称为测量精密度好，或称稳定度好。准确度：获得的测量结果与真值偏离程度。根据误差理论可知，在测量次数无限增多的情况下，可以使随机误差趋于零，而获得的测量结果与真值偏离程度——测量准确度，将从根本上取决于系统误差的大小，因而系统误差大小反映了测量可能达到的准确程度。管理上通常是定性和定量结合的"测量"，误差判别也不是都可以数量化的。

精准的相对性，还表现在"当时、当地"和动态的特点。不同的时间断面和属地区域，精准度是不一样的，发达地区和发展中及落后地区，对于同一个事物的精准度，可能是完全不同的，可以理解为随技术先进程度、管理要求程度、客户需求严苛性采取了不同的精准要求。我国的标准体系中，一般"精准"程度（严格程度），国家标准≤省级标准≤地方标准（行业标准/协会标准）≤企业标准。所谓动态，也就是精准程度是发展的，这就具有了不同阶段的精准性。

管理科学，追求精准，绝对不是以追求"绝对真理"（如果存在）的方式进行的。除了管理科学的复杂性和决策"满意"原则之外，在演化的角度、持续改进的角度和成本的角度，都明显存在"精准"的相对性。这一点在管理实践中，是务必需要谨记和奉行的。

4.3.3 实现精益生产的追求

制造业的精益制造到建筑业的精益建造，核心是生产环节，即精益生产。实现精益生产的追求要求落实为以下八点：一是对于事物或任务的命名等要简单、便捷且唯一，有利于后期计算机化的管理；二是对于任务的相关依据要准确、细致、有针对性；三是相关的资源要充足；四是任务的组织要明确，权重清晰、事权责利匹配；五是相关人员的职责要清晰、量化可测、及时准确；六是精益项目的信息要准确、清晰、真实可靠且具有及时性；七是对于各方主体的沟通方式要确定、顺畅且主体明确；八是成果明确且具有可视化、数字化等特点。

以精益生产和六西格玛管理的结合为例，了解如何产生成果，从客户主体的需求入手，在提高客户满意度的同时，更好地了解自身相关任务依据，组织权重清晰，人员清楚了解自身责任，相关资源分析时，所拥有的信息要及时完备，拥有的资源要充足，以达到提高核心业务能力，进而提高企业赢利能力来满足公司目标和顾客需求。使产品可视化，从而使企业获得竞争力和持续发展能力。对比如表4-2所示。

精益生产（Lean Production）是以生产过程中的各个工序、生产人员组织为基本控制点，最大可能地消除生产过程中的时间、成本等各种浪费，减少库存并缩短整个生产周期，实现企业以最少费用准时化生产的目标。

六西格玛管理从顾客的角度观察分析问题，通过改进产品、优化流程，消除生产流程中的各种变异，从而提高产量与质量，同时也使生产过程中的不合格品、生产费用大大减少，在满足顾客需求的同时，提高企业的市场竞争力和盈利能力。这种方法由定义（Define）、测量（Measure）、分析（Analysis）、改进（Improve）、控制（Control）五个阶段组成的结构化的改进模型为核心。

精益生产与六西格玛管理对比表　　表4-2

名称	精益生产	六西格玛管理
相同点	1. 顾客驱动，关注客户满意度；2. 以流程为中心；3. 关注财务成果；4. 注重持续的系统整体性改进；5. 重视改变思想观念和行为方式；6. 强调团队内互相协调、合作；7. 注重人、系统和技术的集成	
不同点	1. 注重整体流程系统性的改善； 2. 强调柔性、灵活性； 3. 强调节流； 4. 从消除浪费的角度达成目标	1. 侧重于具体环节项目的改善； 2. 注重规范性； 3. 使用量化的统计方法分析、改善问题； 4. 强调开元与节流； 5. 从减少波动的角度达成目标
优势	1. 持续的全面创新与变革； 2. 强调连续流动和拉动； 3. 与相关利益主体全面合作； 4. 整体优化，追求尽善尽美； 5. 见效快	1. 应用大量统计工具，能精确界定问题； 2. 对流程进行彻底改进和设计； 3. 持续改进
不足	1. 过多依赖经验管理，缺乏定量分析； 2. 对波动处理不力，难以"精益"	1. 不直接关注流程效率，无法在短期内显著地提高流程效率或减少成本； 2. 不鼓励创新与变革
直接目标	1. 消除一切浪费、降低成本； 2. 缩短流程周期，增加影响力； 3. 多品种小批量生产，增加柔性	1. 消除偏差，优化流程； 2. 降低成本，提高财务收益； 3. 提高质量，增加价值
关注焦点	价值流	问题

通过对精益生产与六西格玛管理进行对比分析可知，虽然两者在各方面具有一定的差异，但是它们的根本目的都是一致的，即：通过实施管理模式，使企业能够获得更好的经济效益。

精益生产是一种最大限度消除浪费、优化流程、减少生产时间、降低费用、准时制造的方法，它关注的是成本和速度。六西格玛管理是以数据和事实为基础，通过消除流程中各种变异、持续改进流程，进而实现顾客的满意，它关注的是质量和价值。而精益六西格玛不是将精益生产与六西格玛管理进行简单相加，而是有机结合、相互补充，旨在通过消除浪费来创造效益，通过减少波动来创造价值。

4.3.4 精准管控：管理的精准内涵讨论

精准管控理论是一种体系性思维，是集成了科学计算的精准、过程策划的精准、实施生产的精准、偏差侦测和纠正的精准、绩效成果评价的精准等的一系列方法、技术。是基于精细化、精益化、精确化管理和精益生产等技术之上的全程闭环自洽的管理理论。

精细化管理就是摒弃过去传统的粗放式管理模式，将具体、明确的量化标准渗透到生产管理的各个环节之中。精细化管理最基本的特征就是重过程、重细节，更加注重每一个人、每一件事、每一个细节、每一份资源。

精益化管理是在精细化管理基础之上，更深层次的追求规范化、程序化和数据化管理，落实效益的一种管理新境界。实施精益化管理，因地制宜，根据不同企业制度制定适合的精益推行方式，结合自身行业的实际情况，对精益化管理深入研究、实践，形成一套系统的更加适合行业和企业发展的精益方法。

精确化管理指的是既有具体、明确的量化标准又在每个阶段实施管理控制。强调的是管理控制用数据说话，并且这个精确不能大而言之，不能由“大概”“可能”等词去实施管理。要有很精确的数据去说明问题、实施考核、进行控制。相对于精细化管理、精益化管理而言，精确化管理是从管理实施的角度提出的要求，管理实施过程中，借助的工具、手段是精确化的。

精准化管理是一个以量化管理为基础，以不断改进为循环，以项目团队为单元的管理运营系统，“精”主要指简化、易操作，让目标和结果之间的时间成本、资金成本、风险成本等不断降低，从而提高管理效率和结果质量；“准”主要是指结果定位的清楚，比如各种管理问题的真正原因、解决措施、行动方案、责任归属等，影响结果质量的各种因素、解决措施、行动方案、责任归属等，“准”就是要量化、细化、可操作化。精准化管理是企业从经验型管理向规范化管理转变的最有效体系之一，对于成长型企业的规范化、持续化作用显著。

而精准管控是一种更加全面、精准的管理模式，在一种务实的管理思想的指导下，准确制定目标，并以目标为导向，结合目标要求达到的程度和效果，精准识别关键节点，采用针对性的现代技术、方法和理论，将任务和资源等要素与其一一对应，排斥大而化之、笼而统之地抓工作，减少目标和结果之间的浪费，以最少的消耗达成必要的效果，实现工程价值最大化，从而提高管理效率和结果质量。

不难发现，这些“精”字招牌的方法都是精准管控的内容组成部分，服务于企业的各个阶段的管理，增强各个部门之间的联系，目的都是为了帮助企业减少浪费、降低成本、提升效益、创造更多的利润。

4.4 精准管控理论构成

4.4.1 精准管控理论模型

创建精准管控理论的初衷源自“精细化治理的社会需求、粗放式管理的粗陋浪费、管理理论的精准化趋势、信息技术的日新月异、‘邻域’的迅速崛起”。尤其是根植于支柱产业的深层焦虑：建设工程行业该如何可持续发展？如何与国际竞争状态接轨？如何改变持续低迷的利润率状况？“社会治理精细化”的会议精神，制造业的JIT思想资源，研究流程和创建流程牵引理论的感悟……为我们指明了方向。

4.4.1.1 精准管控理论内容模型

精准管控并非空穴来风，其产生扎根于丰厚的管理思想土壤。

精准化管理的概念，最早起源于被誉为科学管理之父的Winslow Taylor。1911年，Winslow Taylor（1911）发布了世界上第一本精准化管理的著作《科学管理原理》。Winslow Taylor 在《科学管理原理》中提出了专业分工、标准化、最优化等科学管理思想，第一次用科学的手段去分析动作管理，指出要提升管理效率就需要量化指标，为后来的精细化管理提供了思路。

William Edwards Deming（19世纪50年代）的观点是，“以质量而管理”的质量管理理论。直到丰田公司率先启用精细化生产，即要求企业建立标准化的任务和流程及“JIT”“零库存”“看板式生产”的管理方式，全面调动员工参与的积极性，运用看板简化描述操作流程，杜绝员工失误，最大程度节省资源降低成本，由此精细化管理被全世界所关注。

Daniel T. Jones（1999）[①]在《改变世界的机器》一书中详细介绍了丰田的生产方式，也即精细生产。

迈克尔·乔治（2005）[②]提出了“精益六西格玛”，首次将六西格玛与精益生产结合起来，针对六西格玛的局部性，精益生产通过对流程管理，为六西格玛提供整体框架，最大程度减少浪费，达到更佳的管理效果。

汪中求教授（2005）[③]在《细节决定成败》中第一次指出：精细化管理是一类与过去粗放式管理方式相当不同的管理系统，它试图通过使用特定的规则和方法把管理做到精细。

本书基于建造业的全过程核心流程，提出精准管控理论由“精确计算、精细策划、精益建造、精准管控、精到评价”五大部分组成。涉及量/价计算、要素结构化、精益建造、流程体系、关键绩效管理、优度信度效度等工具、方法，内含PDCA完整循环，是一个逻辑自洽、内容闭环的完整模型，如图4-3所示。精准管控理论作为原创新理论，除了完整的理论层次，还完善了工具、方法两大层面，并紧密结合新时代技术，是一个集成成熟方法的新理论，其优势在于：①内容的系统性与完整性；②是一个完整的自洽体系，支持持续改进；

---

① ［美］James P. Womack. 改变世界的机器：精益生产之道［M］. 北京：机械工业出版社，2015.

② ［美］Michael L.George. 精益六西格玛工具实践手册［M］. 北京：机械工业出版社，2015.

③ 汪中求. 细节决定成败［M］. 北京：新华出版社，2004.

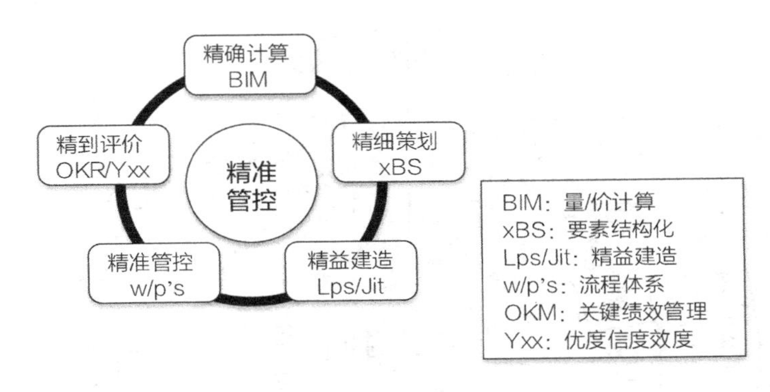

图 4-3　精准管控理论内容构成模型图（框内为工具）

③阐述了内在动力；④指引了目标方向；⑤体现了与外部环境的融合性；⑥结合了作为新技术的支撑条件；⑦体现了现代管理理论的前沿性。

以流程牵引理论与方法为指导，直面问题本质、直指目标本身、精准方案设计、精确资源到位、精确责任分配、精益成效取得。具体体现为通过对施工过程中的工序以及环节遵循科学原理进行优化与整合，通过各工种之间的搭配以及工程人才之间的学科知识交叉来实现多工种人员相互协调配合的管理效果，最终达到工程要素精准管控。

4.4.1.2　精准管控理论逻辑模型

精准管控的理论逻辑在于构成管理“预”的价值；形成管控闭环、持续改进的可能；确立各阶段的目标和价值的独立性及与其他阶段的关联性；工具创新能够促使各阶段达到精准化。如图4-4所示，从项目开始前的精确计算、精细策划，预测项目基础条件、资源和风险；到项目实施中的精准管控、精益建造构成一个小闭环，实施与管控并行；精到评价体现在项目过程中的及时修正与项目或企业管理过程中的反馈、反思与改进。

4.4.1.3　精准管控理论应用场景

精准管控理论核心内容如图4-5所示，由思想精髓、精准维度、项目管理场景、企业管理场景四部分构成。

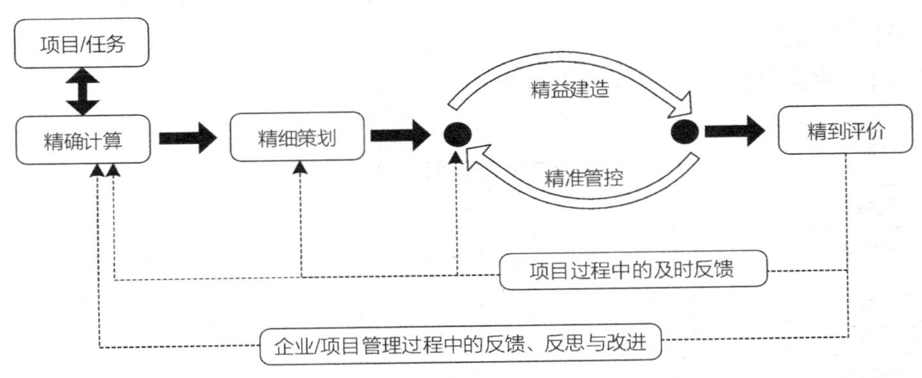

图 4-4　精准管控理论逻辑模型图

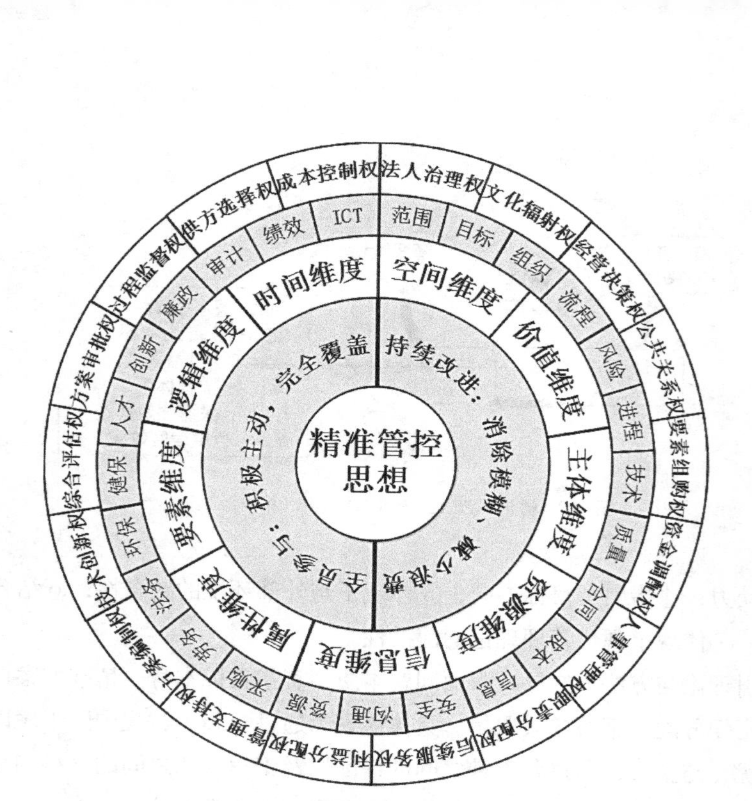

图 4-5　精准管控理论应用场景与内容维度图

1. 思想精髓

全员参与：积极主动、完全覆盖；持续改进：消除模糊、减少浪费。

2. 精准维度

精准管控理论精准维度见表4-3。

精准管控理论问题维度表　　表4-3

01 逻辑维度	02 时间维度	03 空间维度	04 价值维度	05 主体维度
06 资源维度	07 信息维度	08 属性维度	09要素维度	

在5.3节中构想的精准维度雷达图，可用于表达分析判断各应用场景内要素的评价结果。

3. 项目管理场景

精准管控理论项目管理的具体职能内容见表4-4。

精准管控理论项目管理场景表　　表4-4

01 范围管理	02 目标管理	03 组织管理	04 流程管理	05 风险管理
06 进程管理	07 技术管理	08 质量管理	09 合同管理	10 成本管理
11 信息管理	12 安全管理	13 沟通管理	14 资源管理	15 采购管理
16 劳务管理	17 法务管理	18 环保管理	19 保健管理	20 人才管理
21 创新管理	22 廉政管理	23 审计管理	24 绩效管理	25 ICT管理

4. 企业管理场景

建筑企业管理普遍采用多层级管理，集团、分/子公司、项目部、班组到岗位的组织结构体系，其维系核心是职权的“精准”授予和均衡，因此，权力分配是其重点。精准管控理论企业管理具体的职能内容见表4-5。

精准管控理论企业管理场景表　　表4-5

01 法人治理权	02 文化辐射权	03 经营决策权	04 公共关系权	05 要素组购权	06 资金调配权
07 人事管理权	08 职责分配权	09 后续服务权	10 利益分配权	11 管理支持权	12 方案编制权
13 技术创新权	14 综合评估权	15 方案审批权	16 过程监督权	17 供方选择权	18 成本控制权

4.4.1.4　智能建造系统模型

精准管控理论立足于建设工程行业，融精准管控理论逻辑模型中的“五精”与内容地图中的“四部分”入工程全周期过程，顺应时代特征与行业发展趋势构建了建筑智能建造系统框架，形成闭环系统，逻辑循环自洽。**“精确计算”**包括产品数据、资源数据、管理数据、工程知识，将其整合于建筑模型中进行虚拟建造，检验基础数据的正确性；**“精细策划”**包括组织、WBS、管理流程体系、工艺技术方案、资源、应急、商务、创杯、创新策划，表达在工艺流程与建造任务清单中，将其反映在模型中，进行工艺过程的仿真，检验策划方案的可行性；**“精益建造”与“精准管控”**建立在智能装备、智能生产与可视施工基础上，推行10S管理和全要素管控，同时实施过程的侦测和智能感知，进而研判分析实时纠偏，构成精益施工管理；**“精到评价”**主要内容包括产品交付、资金的动态过程对比、客户满意度、创新力等评价，并结合当今ICT环境，对沟通、反馈、反思系统的评价，从而促进决策管理，进而完善知识管理、工程设计、工艺设计、仿真优化的同时进行精到评价，还包括对环境与作业管理的评价。该**模型**将组织使命转化为行为导向，关注环境与行动（作业的协调性）和供应链，以创造价值满足客户的理念，采用集成交付和精益建造技术，实现工程产品设计与施工过程设计并行的策略，同步应用VR、MR等技术实施工艺和管理仿真达成优化而化解系统风险，积累项目知识，促进企业升级进步。模型可作为建企升级的指导方向。对工程项目施工、EPC项目管理等同样适用，如图4-6所示。

4.4.2　精确计算

精确计算包含科学计算（如设计结构计算等）和管理诸要素计算。本节仅讨论后者。

精确计算是指通过一定的计算方法最后得出一个最优的计算结果。主要包括量的精确计算，工程量的精确计算；责的精确计算，责权分明，各司其职，每个人拥有同等的权利与责任，精确的责任有利于提高企业的产出效益和员工工作效率；时的精确计算，时间定额的精确计算，每一个任务节点有精确的规定，相关人员才有压力，精确的时间规划对后续的精细策划起着指导性的作用；域的精确计算，空间和定位的精确计算；资源的精确计算，对于可再生资源和不可再生资源的精确计算有利于节约资源、降本增效的推进，实现效益最大化，

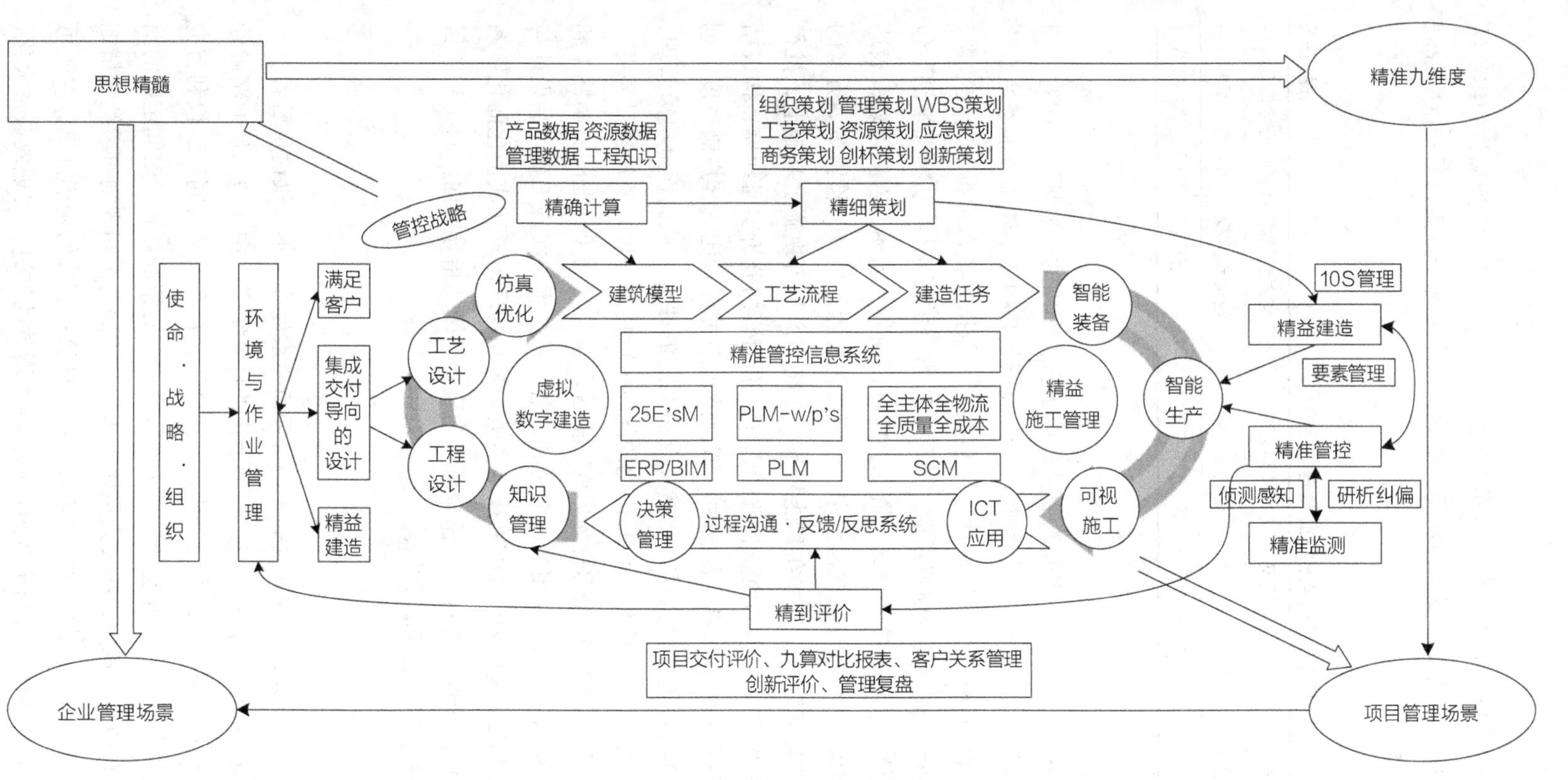

图 4-6 基于精准管控理论的建筑智能建造系统框架图

比如采取就地取材等方法节约资源；价的精确计算包括成本、费用以及产品价值等的精确计算，适应市场环境的变化，实现精确的资源利用；质量的精确计算，对产品的质量进行精确度量；响应速度的精确计算，对于可能存在的风险及应对措施有细致的了解与把控；逻辑的精确计算，每项任务流程逻辑是否合理，若存在不合理需要进行流程优化或者流程再造，以达到任务目标。

精确计算具体方法主要有定性和定量结合法、启发式算法、分支定界法、割平面法、整数规划法和动态规划法等，主要技术有传感技术、BIM技术、区块链技术等。精确计算的流程是先进行原始资料的收集再运用科学的方法，得到相对应的计算结果，进行自善流程的考核评判，对于最初的计算目标有一个反馈，也对后续相关的内容提供借鉴方案。详见6.3精确计算方法与6.4精确计算流程。如表4–6所示，为精确计算类型。

精确计算类型表 表4–6

序号	名称	内容
1	量的精确	项目的需求量与工作量精确计算，项目计划合理科学制定
2	责的精确	人才与岗位职责匹配度精确计算，个体能力素质和岗位职责要求的同构性
3	时的精确	时间精确计算，包括完成合格产品的所有时间；进度计划合理制定、确定设备数量和人员编制，规划工作面积。起始与终结时间、时段、节点时间等
4	域的精确	空间、定位精确计算；GPS和GIS的应用，对地理位置与作业位置的精确定位等
5	资源精确	生产要素精确计算，人力资源需求量、物料资源和机械设备需求量等
6	价的精确	价格的精确计算，及时、准确地制定采购计划降低采购成本、提高采购作业整体效率、精准控制价格
7	质量精确	产品质量精确度量，从人员、设备、物料、方法、环境、管理、检查、信息8个角度对产品质量精确把控
8	响应精确	响应速度精确计算，从反馈沟通效果的好坏反映响应速度是否高效
9	逻辑精确	任务要素精确计算，任务执行的规律和规则合理、通畅，主要包括内容逻辑（如由下而上由内而外）、时序逻辑（如先后并串）、价值逻辑（如大小主次）等逻辑关系，以及客观的逻辑和主观的逻辑等

4.4.3 精细策划

“凡事预则立，不预则废”。策划需要精细、全面是组织对未来事务的全盘筹划的综合工作，是体现组织核心能力的重要渠道，需要统筹与全局观。起始于对未来的全面预见、预测、预判，权衡决策，并最终接受实际进程的检验。

“策划是预测与盘点的均衡决策”。首先，策划是一种决策：这个决策关系到后续的行动，是行动计划。其次，策划的前提是一种预测，在预见、预判、预测的基础之上，才有可能进行未来行动的筹划，没有“精准”预测，将不会有良好的绩效。再次，策划是对既有资源的清底盘点，任何未来行动的目标都需要基于既有资源与未来资源的整合，如资源不能持续匹配，实现目标的进程必将中断。最后，是全盘统筹考虑的均衡，因由预测而建立的目标

（体系）需要借助资源整合能力（既有与未来的整合）才能实现，两者间的权衡、耦合不可或缺，此中领导者的风格也显露无遗：激进和保守、稳健与冒险。

精细策划具有程序化、规范化、明确性等特点，在施工项目全过程管理中发挥着至关重要的作用。精细策划模式下，可以明确不同要素的掌控要点，并做好彼此之间的密切衔接，使各个专业施工主体协同度得到提升，在统筹规划中消除施工中的浪费和隐患问题。精细策划模型应用于精细化管理，使得在成本控制、资源整合和人员协调等方面都起到积极作用，有助于构建一个科学的项目管理体系。

精细策划在建造业中的应用主要有：组织策划、管理策划、WBS策划、工艺策划、资源策划、应急策划、商务策划、创杯策划、创新策划九大策划；在项目管理中，策划内容细化为25项策划。详见7.3精细策划的种类与成果。

4.4.4 精益建造

精益建造由精益生产和精益制造延伸而来。

在精益建造中“精”表示精简、精细、精确、精到；“益”表示更加、优化。中国精益建造技术中心把**精益建造**定义为：综合生产管理理论、建筑管理理论以及建筑生产的特殊性，面向建筑产品的全生命周期，持续地减少和消除浪费，最大限度地满足顾客要求的系统性的方法。精益建造的核心研究主题有以下十个方面：基础理论研究；生产计划和控制研究；产品开发和设计管理研究；建筑生产系统设计；建筑企业文化和创新；项目供应链管理研究；预制件和开放型工程项目实施研究；项目管理和信息系统结合；安全、质量和环境；合同和成本管理。精益建造综合了生产管理理论、建筑管理理论以及建筑生产的特殊性，面向建筑产品的全生命周期，持续地减少和消除浪费，最大限度满足顾客要求的系统性的方法；与传统的建筑管理理论相比，精益建造更强调面向建筑产品的全生命周期，持续地减少和消除浪费，把完全满足业主需求作为终极目标①。

精益建造的思想与技术已经在英、美等多国得到了广泛的实践与研究。也取得了建造时间缩短、工程变更和索赔减少以及项目成本下降等显著效果。与此同时，这些企业在精益建造的实践中积累的业绩数据又成为精益建造研究和发展的源泉，通过分析和研究这些数据，进一步完善和发展精益建造，成为精益建造经久不衰的原因。

精益建造是工程实施的最重要环节，管理信息的80%、发生资金的85%、人员和材料大量流转均发生在工程实施期间，安全和质量事故的呈现则100%发生在现场。精准管控理论采用扩展了的10S管理，实施该环节。详见第8章。

4.4.5 精准管控

精准管控是在既有约束下，准确制定目标，并以目标为导向，结合目标要求达到的程度和效果，精准识别关键节点，采用针对性的现代技术、方法和理论，将任务和资源等要素与

① 朱建君. 建设项目精益价值分析与优化方法研究［D］. 江苏：东南大学，2011.

其一一对应，使目标和结果之间的浪费不断减少，以最少的消耗达成必要的功能，实现价值工程最大化，从而提高管理效率和结果质量。

精准管控具体体现为通过将施工过程中的工序环节按照一定的科学原理与手段、管理、控制进行优化与整合，通过工种之间的搭配以及科学技术人才之间的学科交叉，来实现多工种工作人员相互协调配合的管理效果，最终达到工程要素精准管控。

目前的项目管理工作，一定程度上存在着目标制定不合理、各管理部门工作衔接不到位、岗位职责落实紊乱等问题。以流程牵引理论为指导，结合WBS分解、10S管理法等方法，在质量量化管理工具、准时化施工（供应）、大数据分析技术、信息集成应用平台、无人机技术、智慧工地智能化技术等工具的基础上（详见9.3精准管控方法）直面问题本质、直指目标本身、精准方案设计、精确资源到位、精确责任分配、精益成效取得。

4.4.6 精到评价

精到评价是对实现的目标进行量化反馈的过程。将项目整个过程中该评价的部分，如评价主体、评价目标、评价对象、评价指标、评价标准、评价依据和评价方法几部分依据定性评价、定量评价、定性和定量结合评价、九算对比法与管理复盘法等评价依据都评价到位，达到对精确计算、精细策划、精益建造、精准管控各个阶段实施过程中的量、责、时、域、资源、价、质量、响应速度、逻辑是否精确进行评价，以及多方面的产品、资源、管理数据有效利用的效果进行评价。精到评价的核心作用便是提供项目/企业管理过程中一定的反馈与改进的途径，具有借鉴性意义。详见第10章精到评价相关内容。

精到评价是衡量在项目全生命周期中实施了精确计算、精细策划、精益建造、精准管控整个流程之后，整体项目成本、进度、质量等要素的提升情况。是对“四精”总体实施效果的评价，衡量其是否做到“精确”“精细”“精益”与“精准”，以及在做到“四精”之后是否达到预定的“降本增效”“持续减少和消除浪费”“社会化、规范化水平”等目标。

评价对于复杂的组织综合工作是否精细进行全盘统筹策划，使得组织管理工作井然有序，各项工作衔接紧密，整体工作效率有效提升。评价在建筑施工过程中是否精益到项目全生命周期进行建造实施，是否达到持续的减少和消除浪费的目标。评价在项目建造全生命周期中是否精准进行人、材、机以及任务和资源等要素的有效管控，从各工程要素管控效果评价精准管控实施效果。

因此，通过连续科学的精到评价，能够及时反映管理的现存问题，找出其薄弱环节，进而采取精准高效的方法与措施针对问题来解决问题，使组织获得持续改善和进步。

4.4.7 “五精”的关系

“五精”是一个整体，既相互独立又相互关联、相互影响，环环相扣，缺一不可，相互作用，形成管理闭环。首先，明确项目任务进行精确计算，掌握精确数据，从而获取充足的资源、精确的资料信息；其次，就可以进行精细策划，明确项目目标与计划安排之后实施精益建造，在项目建造过程中实施精准管控；最后，对精准管控下的精益建造以及项目全生命周期管理效果进行精到评价，将项目管理实施过程中遇到的困难、疑惑以及最后的解决思路做一个反馈，为项目或企业管理过程提供反思与改进思路。

如4.4.1精准管控理论模型及图4-7所示阐述的精准管控理论模型内外部要素及五精关系可知：首先，外部资源输入，需要通过耦合机制，转化为内部可控制条件，才能输出所需成果，如内圈揭示；其次，在这个过程中，精确计算、精细策划、精益建造、精准管控以及精到评价这五“精”形成了一个管控的闭环，环环相扣，每一个环节都会相互影响。没有计算准确就会影响后期的精细策划，若是精细策划不够精细，没有事事周到地策划到每一项内容以及预测每一项内容可能出现的风险，并做出应对的方案，就会影响精益建造的实施；若是精益建造在建造的过程出现误差、偏差等便是精准管控的不到位；若是精准管控不到位会影响最后的精到评价，不能准确评估其项目价值，也不能给后期类似项目提供借鉴，没有实现项目利益最大化；若精到评价不到位就不能及时准确反馈相关信息给相关项目，影响提供相应的改进思路，部分关键点会有偏差，不能做到事事准确。复杂的互相关联关系如图4-7所示。

由外部资源输入耦合到内部管理控制的全过程中，“五精”全程“环绕”。“五精”模型构成管理“预”的价值；形成管控闭环，是建筑工程项目实施持续改进的基础；通过各阶段目标和价值的确立，实施“五精”促使各阶段达到精准化的基础（图4-8）。

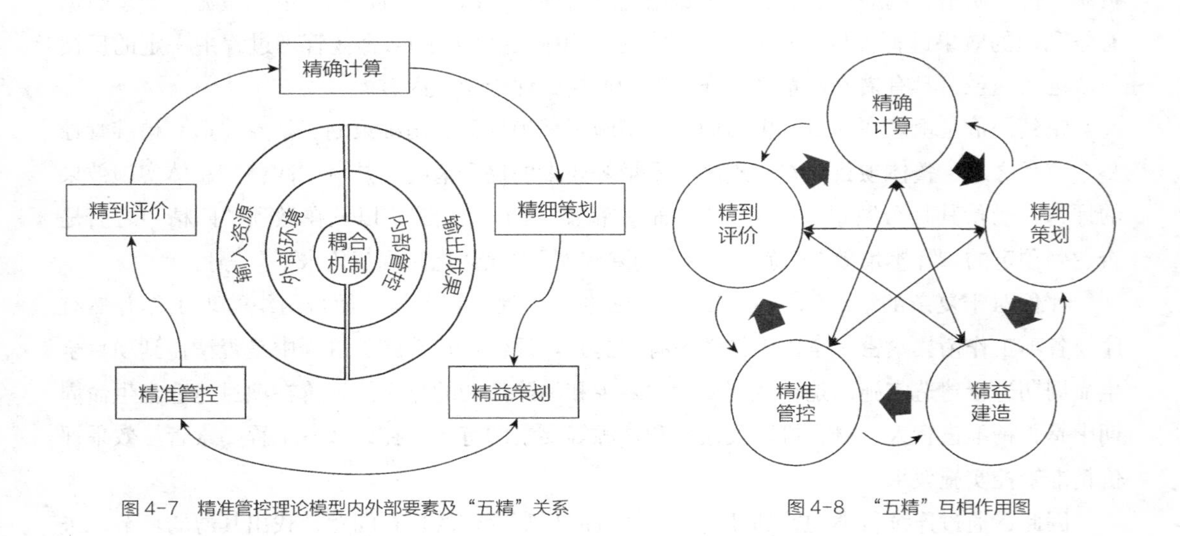

图 4-7　精准管控理论模型内外部要素及“五精”关系　　图 4-8　“五精”互相作用图

4.4.8　精准与管理效率

管理的效率与任务的成熟度高低有关，任务成熟度的高低是保证任务能否有效被执行的基础，任务成熟度高有利于提高任务完成的效率，同时提高管理的效率。对目标、组织、资源、职责、沟通、信息、绩效等方面进行一个精准的把控可以提升管理的效率。

1. 精准与目标

明确的目标有利于项目的实施，运用现代技术将项目目标可视化、数字化，明确整个实施流程，有利于提高管控的效率。

2. 精准与组织

任务的组织要明确，权重清晰、事权责利匹配，责权分明，各司其职，每个人拥有同等的权利与责任，精确的责任有利于提高企业的产出效益和员工工作效率。

3. 精准与资源

资源的精准就是要适宜，既不能过剩又要减少浪费。在资源量充足的情况下，有利于提升管控效率，将各类可再生不可再生资源发挥到最大价值，杜绝浪费的现象，实现效益最大化。

4. 精准与职责

责任主体明确，减少工程事故的发生，每个人身上的责任是不可精准量化、精准测量的，但是分清主次，落实“精准”的奖罚，则有利于提高管控的效率。

5. 精准与沟通

在工程项目实施的过程中，信息沟通是否到位是项目能否准时完成以及项目质量是否完好的关键。对于沟通方面的精准管控首先要有明确的沟通对象、沟通主体，再有确定的沟通方式，最后是顺畅的沟通过程。

6. 精准与信息

工程过程信息的明晰、及时、真实，有利于后期的管理，进行信息的准确传达和及时反馈，避免出现由于信息沟通不到位而导致的工期延长现象。

7. 精准与绩效

绩效是对成绩和成效的综合衡量，对于项目来说，将项目实施进度内，各个工作人员的工作行为、方式、结果及其产生的客观影响作一个评估，将绩效可视化，提高员工的上进心，提高管理效率，以达到精准管控的目的。

第2篇

精准管控理论原理

第 5 章
精准管控原理工具

本章逻辑图

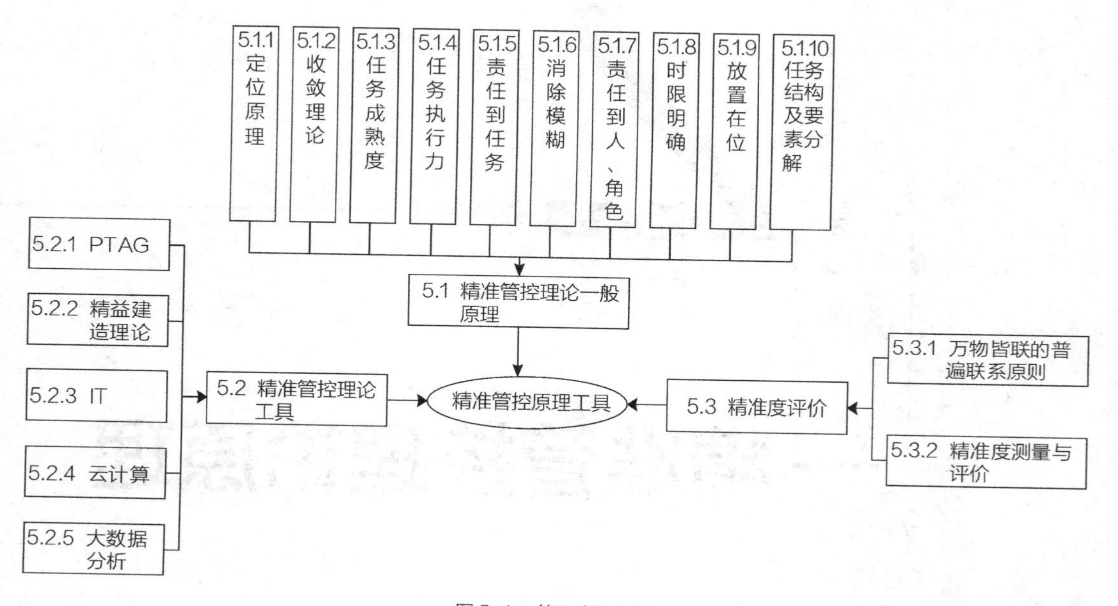

图 5-1 第 5 章逻辑图

精准管控基于动态、行为的任务进程，其**实现需要基于可行的管理原理和工具**，前文介绍了精准管控理论的“五精”构成、逻辑、内容、智能建造模型，本章聚焦原理、工具及精准度评价，对此进行系统介绍和分析，说明如何具体实现。

5.1 精准管控理论一般原理

5.1.1 定位原理

精准定位是指对要实现目标的管控点进行精准定位。通过对管控点进行细化或者增加管控点或者增加项目的检验方（多个检验方检测，不同检验方在检验过程中的侧重点各不相同，从而达到管控点足够多且全面的效果）的方式达到精准定位的目的。

例如，在对建筑工程项目成本的精准管控中可对目标进行精准定位（对完成项目的各个目标任务进行分解，应用WBS和OBS精准定位各任务对应的负责人，从而达成精准划分目标的责任成本，使得每个部门或员工都有明确的成本责任，达到精准定位成本管控点的效果）以及物料分类的精准定位（对物料分类的精准定位可节省物料取用时间，方便寻找物料放置位置，缩短物料搬运距离，减少物料损耗，从而达到节省成本的效果）等。

定位是一个概括性的概念，核心意思是对“针对性”的确定，其对象可以是具体的项目要素，也可以是宏观战略层面的组织要素，甚至可以是约定的某个目标的不确定要素。

5.1.2 收敛理论

收敛是一个经济学、数学名词，是研究函数的一个重要工具，是指会聚于一点，向某一值靠近。收敛类型有收敛数列、函数收敛、全局收敛、局部收敛等。

延伸到管理学上，收敛是指设立“管控”节点（阈值），如同设置关卡，使得车流人流汇聚到某个卡点实施检查，起到“收敛、聚拢”的效果。

依据定位原理设立“管控”节点，将其他相关项目汇聚到“管控”节点，对汇聚到“管控”节点的项目实施检查，起到“管控”节点“收敛”的效果。对各管控节点设定一个极限最高值（如精准度达到99%），逐渐靠近这个值，从而达到“管控”节点“收敛”的效果，同时设定一个极限最低值（如精准度达到60%），在精准度达到60%~99%范围内才能算是有精准的趋势[①]。

5.1.3 任务成熟度

任务是管理的基本单元。

1. 成熟度概念

成熟度即研究对象与其设定完美状态的相对值。其主要内涵有两点：其一是确定对象的完美状态（基于当前认识的设定，相对的完美状态）；其二是确定对象的目前状态，以及与完美状态的对比差距。通常，研究对象的成熟度会有一个或多个衡量的分维度。可以用百分数来衡量，也可以用等级来衡量，其判断标准之间有一定的对应联系。

管理学中的成熟度是指人们对自己的行为承担责任的能力和愿望的大小。它取决于两个要素：工作成熟度和心理成熟度。

---

① 樊晋玉．海杂波背景下有限时间收敛制导控制研究［D］．哈尔滨：哈尔滨工程大学，2019.

2. 任务成熟度及其内容

任务成熟度是指任务设置情况与其完美状态的相对值。我们把一项任务所包含的要素进行分解，对每一项要素进行完善，通过对任务各要素完善的程度判断该项任务的成熟度。流程牵引理论将任务划分为九要素，即任务名称、编码、依据、资源、组织、职责、信息、各方、成果，任务的成熟度取决于任务九要素的充分拥有程度，判断一项任务的成熟度如何，应该看它是否具有能够体现任务独特性（唯一性、针对性）的名称；是否有适用计算机管理的唯一编码；布置任务的依据是否充分；完成该项任务所需要的资源是否准备充足；任务制定的组织、职责分配和责任落实、角色分派及权限授予是否到位；该项任务所涉及的指标、要求、优先序分配是否充分、均衡；完成该项任务所需要的信息是否充分，包括既往类似任务相关信息的提取以及在完成任务过程中产生的信息有哪些；任务各相关方是否明确、互联，有议事准则；任务的成果是否明确、表达清晰。对九要素的具体内容进行分析，将各要素与其完美状态对比，判断任务的成熟度是否达到要求。若任务设置不成熟，可对各要素内容进行精准定位管控，寻找是哪一要素脱离完美状态最明显，从而有针对性地对要素进行管控、改进，最终达到任务的精准制定。任务成熟度（多维度）评价可以用雷达图表示，可十分形象生动地帮助实现改善，以达成精准管控。

任务成熟度与组织执行力关系密切，其高低直接影响执行力的好坏。

5.1.4 任务执行力

任务执行力也即执行力，指的是贯彻战略意图，完成预定目标的操作能力。它是把企业战略、规划转化成为效益、成果的关键。执行力包含完成任务的意愿、完成任务的能力、完成任务的程度。对个人而言执行力就是办事能力；对团队而言执行力就是战斗力；对企业而言执行力就是经营能力，也可统称为“竞争力”。而衡量执行力的标准，不同的对象有不同的标准，对个人而言是按时按质按量完成自己的工作任务，胜任力是个人执行力的重要保证；对团队而言就是团队中的每个人在按时按量完成自己的工作任务的同时完成团队的目标，包含协作等能力；对企业而言就是在预定的时间内完成企业的战略目标，其表象在于完成任务的及时性和质量，但其核心在于企业战略的定位与布局。精准管控依赖于任务执行力的大小衡量和建设力度上，是个基本原理。

5.1.5 责任到任务

每一项任务都应由对应的人来完成，任务完成与否的责任可能由任务直接执行人或者与直接执行人有间接关系的人来承担连带责任，对一项任务的责任进行划分，将责任与任务绑定，可以达到在分配任务的同时将责任也同时分配出去，一项任务可能对应多份责任，同时一份责任可能来自于不同的任务，将责任分配到任务可以保证责任的精准划分。任务完成的全过程都有人负责，这是管理在追求精准授权方面的最高境界。

5.1.6 消除模糊

汉语词典里消除有使不存在，除去（不利事物）的意思；模糊是精准的反义词，意思是不清楚、不明显、不分明；消除模糊意味着除去不清楚、不明显、不分明，也即达到精准。在精准管控理论中切记要消除管控内容的模糊，消除模糊能够使要做的事情高效、优质地完成，模糊不清的东西往往会出现各种各样的问题，不同的人对模糊的事情（描述）都会有各自的理解，执行标准不同，就会造成混乱现象的出现，导致所要做的事情低效且难以符合实际地去完成，从而造成偏差，使任务难以完成，影响执行力。完成任务如果用流程来表达行事方式和用图/表表示执行依据，形成"流程体系、标准体系和范本表单体系"，避免直接面对大量模糊不清的文本，甚至还需要花很多时间梳理才能完整掌握文本内容①。应用"流程体系、标准体系和范本表单体系"将任务有逻辑、规范化、有规划地描述清楚，从而避免任务表达模糊不清的现象产生。消除模糊是精准管控的常用原理。

5.1.7 责任到人、角色

低效往往源于权责不清。组织的运营是由人在进行的（随着技术进步，机器更多地代替人承担机械、重复、危险的任务），同时应当明确其担任的角色。责任到人、角色分明是将某项任务所需承担的责任同任务一样落实到指定的人，对于同一项任务，其承担责任方可能不唯一且责任分散，那么在同一项任务中由哪些人和角色承担多大比例的责任要划分清楚，将责任精准到个人或角色中。例如在脱贫攻坚战中，责任分配最鲜明的特点是层层签订"责任书"，中西部22个省级（自治区、直辖市）党委和政府主要负责同志向党中央、国务院签订脱贫攻坚责任书，通常解读为"立军令状"，地方各级层层效仿，逐级签订脱贫攻坚责任书②。避免出现问题后责任无从追究，出现责任推诿现象，造成责任人逃脱责任，还可能出现误判，导致无辜者受到牵连。

角色是承担活动而被授予权力和限制的人。可按RACI分成四类九种③：（A）审批、决策；（C）审核、建议、申请；（R）执行、制定；（I）发布、知情。角色与岗位、职责的关系，不在此展开详细讨论。

矩阵型组织中，责任到人和明确角色，就是件十分"艺术"的事，值得关注。

5.1.8 时限明确

时限是最重要和普遍的目标之一。时限也即完成某项任务的时间限制，对于分配的任务往往是有时间限制的，没有时间限制的任务意味着这项任务没有完成目标或者完成目标不清

---

① 卢锡雷．流程牵引目标实现的理论与方法——探究管理的底层技术（第二版）[M]．北京：中国建筑工业出版社，2020.

② 周飞舟，谭明智．"责任到人"的治理机制及其作用——以脱贫攻坚战为例[J]．学海，2020（3）：49-58.

③ 王磊，等．流程管理风暴：EBPM方法论及其应用[M]．北京：机械工业出版社，2019.

晰，无论是前者还是后者对于完成任务而言都是没有任何意义的，没有时间限制的任务将无法高效完成，会造成拖延、忘记、不想做等问题出现，从而造成任务无法被完成的局面，那么这种任务将是无效任务，既浪费资源、成本，又浪费时间，而且还容易产生纠纷①。因此，一项任务的下达还需对其时间进行精准确定，控制完成时间，也可理解为在任务精准分配的要素中应该包括对任务时限的确定，没有时限的任务是不完善的任务。时限包括最终时限和节点时限，也称里程碑。精准管控在时间上通常跟进度、进程、形象进度衔接，是"时的精准"原则之一。

5.1.9 放置在位

放置是搁置、安放的意思，放置在位是将人物事搁置、安放在其应该存在的位置。可以从三个角度理解。条理化是放置在位的表象，也是精准管控的原理之一。

首先是组织层级的人，每个组织层级都有其对应的权力和责任，不应越权指挥，岗位在哪儿，职责就在哪儿，应严格遵守在岗时间，履行岗位职责，避免因为无法寻找到岗位对应负责人造成进度拖延的现象，同时也排除制定任务前未安排分项负责人的情况，从而对任务的完成实现精准管控的效果。例如在项目开工前应确定人员组织架构，以项目经理为领导，项目副经理和项目总工程师为二级管理层，带领技术部、质安部、材料部、设备部、计划部、财务部、施工部等部门进行施工管理，部门之下又设置了施工班组，班组人员在相应部门的领导下严格遵守上岗时间完成自己的任务。

其次是现实生活中的物质，物质应该放在它该在的位置上，方便精准寻找需要的东西，避免因凌乱放置而浪费时间去寻找，对寻找东西的时间精准管控，例如工程项目进行施工总平面图布置时，应合理布置生产区、生活区、办公区，且生产区中材料的堆放地点应进行合理规划，对各类材料、设备、仪器、标识进行分类放置，有序规划现场，使施工现场人员能够迅速定位材料位置，避免造成现场取材的混乱现象。

最后是事情（任务），前文已在成熟度、责任和执行力方面进行了讨论。"事有人做，人有事做"和"交给对的人做对的事情"，都是事正确放置在位的体现。例如柱子的现浇，必须先绑扎钢筋，再支模板，最后再浇筑混凝土，事情的先后顺序不得倒置，且必须正确的人做正确的工作，绑扎钢筋的应是钢筋工，不可让支模板的人员来进行钢筋绑扎，专业的人做专业的事，才能确保过程精准、结果高效。

精益制造中诸多原则都是针对放置在位设定的，如果定位精准是顶层原则，那放置在位就是操作层面的原则。

5.1.10 任务结构及要素分解

任务属性、分类和逻辑关系，是任务结构的重要内容，任何一个目标其任务结构都必须清晰明确，方能顺利、高效实现。WBS（Work Breakdown Structure）是一个极好的思想精准

---

① 孙峰，王路. 柜台交易影像资料保存时限亟待明确［J］. 金融博览，2017（5）：64.

管控的辅助工具，在后面还会详细讨论。

前文已经从任务成熟度的角度，分析了任务要素的完善性。任务要素有层级性，可以分解。任务要素分解也即对影响一项任务的制定所包含的要素内容进行分解，要对任务进行精准管控需将每一项任务所包含的要素进行分解，明确任务各要素。流程牵引理论所指称的九要素，也即任务名称、编码、依据、资源、组织、职责、信息、各方、成果，是一级要素，要达到更具可实施性以达高效实施的效果，就必须将每个要素进一步分解，所有任务要素只有分解到与任务“颗粒度”（细度）相适应，才有利于任务的完成。从任务结构到任务要素精准化，是获得人事物资源与目标良好匹配取得管控效果的必然手段。

5.2 精准管控理论工具

精准管控理论源于既有理论和工具的启发和实践困惑的需要，在适用领域和场景，整合集成上进行了综合创新。精准管控的实现需要应用一系列的理论工具做支撑。本节概述各理论工具并阐述其支撑精准管控实现的方式，及其优势与不足。

5.2.1 PTAG

5.2.1.1 理论概述

PTAG（The Theory and Method of the Process Traction to Achieve the Goal）是“流程牵引目标实现的理论与方法”的英文首字母简写，简称“流程牵引”理论，阐述为：“组织以流程为牵引动力，整合资源，达成目标。”

组织行为都是有目的性的，将所需资源在以流程为动力进行牵引，进行归拢、聚集、整合、融通，指向并实现目标、创造价值。组织存在的基础就是创造价值。组织包含政府、企业、个人、项目等作为主体的个人或者团体。流程牵引目标实现的理论与方法阐释如图5-2表示。

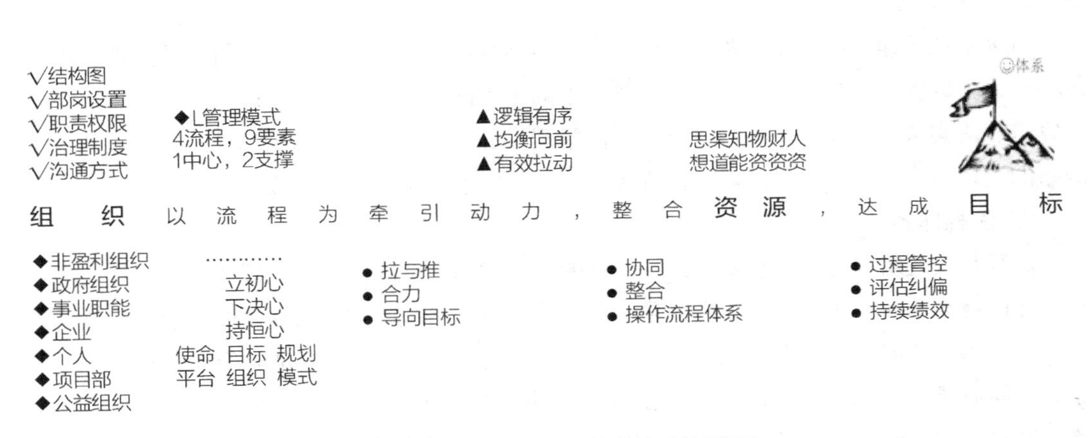

图 5-2 流程牵引目标实现的理论与方法阐释图

5.2.1.2 L模式

L模式是流程牵引理论的核心内容。“L”是流程“Liu”第一个拼音大写字母。该模型完整地表述了流程型企业的组织范式，使学界提倡的以流程为主导的企业形式能够真正具有操作性，具有开创性的意义。

“L模式”概括起来由“承于战略的目标体系”“四类流程组成的流程体系”“九要素组成的要素体系”“以沟通管理为中心的运营体系”和管控、支持信息平台系统组成的“支撑管控体系”**五大部分**构成，其构成内容如图5-3所示。

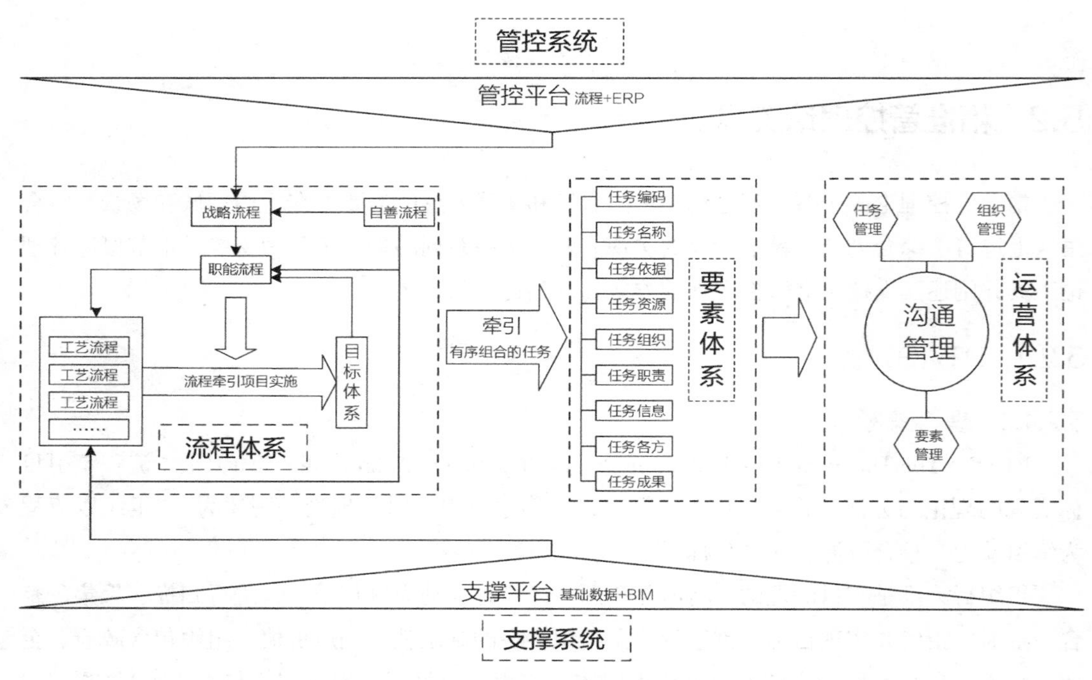

图5-3 流程牵引“L模式”简图

1. 目标体系

目标是从使命、战略延伸和细化而来的，概括具体指标构成的纲领性目的的文件，因其复杂性，构成体系。目标的精准管控是管理上的重点问题，从目标方向确立、指标制定、分解宣贯、落实考核，构成了目标管理的专门学问，各个环节的精准管理和控制，关系到组织战略的实现程度。以目标导向设计流程体系，流程体系确保目标的达成。

2. 流程体系

流程是描述组织行为的重要方式，职能的层级和幅度构成复杂的流程体系。现代大型复杂企业的特点是业务领域广泛、多元化、业务关联多；组织结构层次和幅度复杂；跨地域分布，管理半径范围宽泛，需要按照自己的使命、战略和目标，建立起适合组织自身的流程体系，方能有条不紊地实现管控。总流程体系包括战略/目标流程、职能/管理流程、工艺/操作流程和自善/纠偏流程，是保障实现组织既定目标而行动的方式——流程体系。

3. 任务要素

流程由任务的有序组合构成，每个任务的完成，需要很多要素，前已详细讨论——任务/流程九要素、任务成熟度、执行力。任务要素的管理，实际上正是管理者最重要的工作内容，也是最大的难点所在。

4. 沟通管理

现代管理确认，沟通是管理工作最重要的内容之一。沟通的目的是达成各个方面的共识。“L模式”中，沟通管理成为管理的核心内容，是基于本研究的深化、认识上的突破以及管理实践中的经验积累和教训。精准沟通（如一对一、有反馈的沟通）是实现管理高效的重要途径。信息技术为沟通创造了良好的条件。

5. 支撑管控

决策需要数据支撑，管控需要信息平台。建设行业以BIM为基础数据支撑、ERP为管控信息平台。信息化建设成为复杂管理必不可少的平台，生产自动化建立在基础数据的支撑之上，管理控制建立在企业管理信息平台之下，两个系统融合成为“大象能否跳舞”的基本形态。四大流程体系、九大要素体系管理是一个十分复杂的管理工作，需要一个系统的综合管理平台进行全面、自动的管理，综合的ERP系统是一个较好的工具；另一方面，决策管控需要结构复杂的海量建筑产品数据（基础数据、过程数据、成果数据）支持。目前，管理提供数据支撑的较好工具手段是BIM。BIM是针对行业而言的特殊、有效的信息管理工具，使得产品的基础信息和状态信息的归集、分享、变更、可视化、形象化、标准化，成为高效协同的重要工具。

我们认为：任何企业的运营，虽然事无巨细、繁杂多变，“L模式”将所有事项、所有要素以高度的概括力囊括其中，体现了模型的高度和深刻性，也充分体现了“系统管理”的思想，这是第一个重要特点。同时，四流程、九要素、一中心、两平台，非常好地阐述了一个内控的闭环系统，这是第二个重要特点。另外，管理的内在逻辑，较好地反映了企业组成要素的内在关系，这是第三个重要特点。显然，这样构建了一个充分简洁的模型，该模型为创业者提供了较好的思维方式，为运营者提供了较快的管控工具。不仅有帮助思考的价值，极具指导实操的作用。

5.2.1.3 任务九要素

将任务的要素归纳为九大类，叫作“任务九要素”，如图5–4所示。

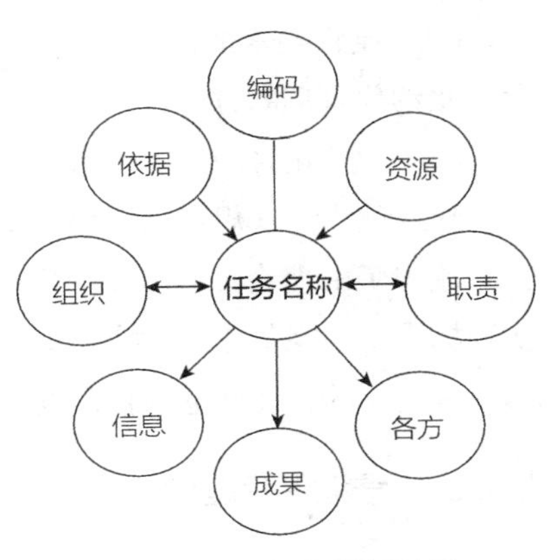

图 5–4 任务的一级要素示意图

这里九要素即流程牵引理论提出的“任务九要素”，分别为名称、编码、依据、资源、组织、职责、各方、信息、成果，对九要素的精准化追求分别体现为：

（1）名称：能够体现任务属性，快速识别任务类型。

（2）编码：具有唯一性且简便，可借助计算机进行复杂任务的管理。

（3）依据：体现任务依据的准确、细致，具有针对性的执行标准。

（4）资源：充分且足量。

（5）组织：能够实现权责清晰、事权责利匹配。

（6）职责：明确、量化可测、即时准确。

（7）信息：明晰、及时获取、真实。

（8）各方：确定各方沟通方式、协调顺畅、主体明确。

（9）成果：明确、可视、数字化。

5.2.1.4 理论优势

目前，流程牵引理论已经形成了集理论、方法、工具于一体的管理思想体系，通过大量的实践及应用案例证明，流程牵引理论作为精准管控理论工具有以下优点：

（1）明确流程是企业的核心要素。有助于精准抓住企业运作的主要矛盾，尤其是提高作为企业主要形式的项目实施的效率，具有重要意义，抓住主要矛盾即可确定管控的对象。

（2）通过对流程的梳理，精准认清企业流程再造的重点，对重点采取管控措施，提高再造的成功率。流程再造应该着重在跨组织的职能流程，聚焦直接影响组织内部绩效的相应流程。应当从自善流程入手，改变监督体系，消除风险隐患；从职能流程入手，改变角色定位和授权（权限）体系。

（3）将流程划分为四类，针对不同类别的流程采取适用的管控手段，在流程的进一步研究和应用中发挥作用。流程图编制是一种强有力的工具，采用该理论所描述的方法，将网络计划技术、WBS技术和OBS及系统流程要素综合起来，作为大型重点项目管理的重要工具，具有有效的作用。

（4）通过“流程牵引”，使制度成为目标考核实时化和客观量化的依据，也即，精准有据可循、精准目标定位、精准考核，对管理理论的深化和解决实践问题具有重要意义。

（5）流程要素的分析和同步分解技术，成为管理协同的落脚点和节点，给协同带来不同传统管理的效果。

（6）流程作为连接结构与功能的重要范畴，为优化决策提供了途径。寻找满意的路径，成为管理工作者最重要的工作。

（7）流程要素的高度集成性，解决了企业要素之间不匹配的因素，符合当今企业规模化、集约化管理的方向。

（8）规范化管理是组织追求的重要目标，而流程规范化管理是“数个统一”的最核心之一，这样就为寻求规范化管理，找到了入手的切入点。

流程牵引理论具有高度的概括力，将能够实现系统工程思想的落地，为提高管理效率，实现标准化、规范化，对接利用先进的信息技术提供基础性的思想和方法，是管理的底层技术，是重要的管理理论创新，也是一种典型的精准管控理论工具。

5.2.2 精益建造理论

精益建造是精准管控理论“五精”的一个重要环节，是本理论的重要基础。精益建造源于精益思想及其生产方式，被视为一种提高建筑产品质量与生产效率的最有效的方式。因此，引入精益建造理论，能促进建筑业管理方式及生产方式向精准管控的变革，对于我国建筑业的发展具有重要意义。

5.2.2.1 理论概述

1992年，Lauris Koskela提出，将制造业已经成熟应用的生产原则包括精益管理等应用到建筑业，以提高建筑业的管理水平，并于1993年，首次提出“精益建造”（Lean Construction）概念。其具体涵义在第1章有所阐述，可见1.2.2.2精益建造章节。

精益建造产生于制造业中的“精益生产”。“精益生产”首次由丰田提出，它是指大批量、标准化的生产方式，该理论使得日本丰田在汽车行业占有了一席之地。精益管理理论在制造业的成功应用，提醒了一些建筑人员将“精益”与建筑业进行联系并积极探索，不断地将精益生产、精益管理引进生产效率低、质量把控难的建筑业，基于提高施工管理水平的考虑，精益建造思想应运而生。

5.2.2.2 关键技术

精益建造理论包涵许多精益原理和方法，而在实践中，每个基本原理又可以衍生出很多相对具体的实践工具，从而共同构成精益建造的应用体系。精益建造应用体系依据准时化技术、5S现场管理、价值工程、并行工程以及全面质量管理等技术，该思想体系运用全新的技术和理念，可以实现施工管理的高效，实现项目价值最大化。

精益建造的核心理念就是JIT准时化生产，适时适量地建造高质量建筑或服务。准时制建造要求建造的各个环节严格按照计划的要求准时完成，并在完成后进入下一施工阶段，并没有时间浪费在中间衔接环节。

5S现场管理是现场施工管理与精益建造技术的融合，是根据施工现场的实际情况，通过规范管理的方式，明确可行的计划。施行5S管理可以有效地减少各类浪费，最终实现建筑质量的提高、建筑成本的降低、工期的缩短，提高建筑生产效率，并能使企业的形象和员工的精神面貌得到极大提高。

价值工程（Value Engineering，VE）的最主要作用，就是在达到既定目标效果的背景下，以团队智慧和活动达到成本费用的最低。价值工程要求团队全部成员的参与，包括活动流程的制定者、组织者、执行者等，在全部成员的互相配合下，实现价值最大化。

并行工程是在进行建筑施工的过程中，提高各种生产资源的利用效率，并行建造，降低资源闲置的成本。

全面质量管理是对于施工环节中，各个流程以及中间的衔接进行全面掌控的管理技术。全面质量管理需要对每一个流程进行把握，根据每个环节出现的问题视具体情况进行相关处理，对存在的质量问题进行追踪以及时解决；对于出现的质量疑难问题，组织技术力量和人员进行攻克，相互协作，及时处理。

当然，不是每个实施精益建造的工程项目都需要用到精益建造应用体系中的所有关键技术，只要适用于项目本身的特点并且能够达到精益建造最终目的即可。

5.2.2.3 理论优势

从广义上看，“精益思想”在建筑业加以改造和应用，形成“精益建造”可以彻底消除建筑施工过程中的浪费和不确定性，最大限度地满足业主要求，从而实现建筑企业的利润最大化。从狭义上看，精益建造的实施不仅可以提高工程质量、降低施工成本和缩短工期，提高管理效率，达到精准管控，而且可以减少建设过程中存在的浪费，提高业主满意度。

精益建造以精益生产原则为指导，对建造管理过程再设计，以最低成本、消耗最少资源、高质量满足业主为条件移交项目的新型项目管理模式，是精准管控理论的重要工具之一。

5.2.3 IT

1. 概述

IT（Internet Technology）是互联网技术的英文简称，指在计算机技术的基础上开发建立的一种信息技术[①]。互联网技术通过计算机网络的广域网，让不同的设备相互连接，加快信息的传输速度和拓宽信息的获取渠道，促进各种不同软件应用的开发，改变人们的生活和学习方式。互联网技术的普遍应用，是进入信息社会的标志。

2. 分类

（1）硬件，主要指数据存储、处理和传输的主机以及网络通信设备。

（2）软件，包括可用来搜集、存储、检索、分析、应用、评估信息的各种软件，包括我们通常所指的ERP（企业资源计划）、CRM（客户关系管理）、SCM（供应链管理）等商用管理软件，也包括加强流程管理的WF（工作流）管理软件、辅助分析的DW/DM（数据仓库和数据挖掘）软件等。

（3）应用，指搜集、存储、检索、分析、应用、评估使用各种信息，包括应用ERP、CRM、SCM等软件直接辅助决策，也包括利用其他决策分析模型或借助DW/DM等技术手段来进一步提高分析的质量，辅助决策者作决策（强调一点，只是辅助而不是替代人决策）。

3. IT 在精准管控中的应用优势

应用IT能够广泛搜索所需信息，并对信息进行存储，从而能够从中检索到任何时候任何情况下的信息，不会出现遗漏的情况，保证信息的完整度，同时还能对信息进行精确分析、应用以及评估，因此，使用IT对人们进行相关内容的精准管控是非常有效的工具。

快捷、准确、共享、永存、无时空局限、持续发展是IT技术的最大优势。

5.2.4 云计算

1. 概述

云计算（Cloud Computing）是分布式计算的一种，指的是通过网络“云”将巨大的数据计算处理程序分解成无数个小程序，然后，通过多部服务器组成的系统进行处理和分析这些

① 周旸著．企业冠军之道 企业做大做强到做久的路径［M］．北京：中国财富出版社，2016：20–25.

小程序得到结果并返回给用户。这项技术能在很短的时间内（几秒钟）对数以万计的数据进行处理，从而达到强大的网络服务①。概括来说，云计算具有很强的扩展性和需要性，可以为用户提供一种全新的体验，云计算的核心是可以将很多的计算机资源协调在一起，用户通过网络就可以获取无限的资源，获取的资源不受时间和空间的限制②。

2. 应用优势

云计算在网络上进行，在“云”端进行大量的数据共享、数据交换、数据存储，用户能够及时获取所需资源，配合任务对资源进行整合，“云”端信息较多，因此，用户通过对信息进行筛选可以精准地得到匹配信息。

5.2.5 大数据分析

1. 概述

大数据（Big Data），指无法在一定时间范围内用常规软件工具进行捕捉、管理和处理的数据集合，需要新处理模式才能具有更强的决策力、洞察发现力和流程优化能力的海量、高增长率和多样化的信息资产。

2. 特征

（1）容量（Volume）：数据的大小决定所考虑的数据的价值和潜在的信息。

（2）种类（Variety）：数据类型的多样性。

（3）速度（Velocity）：获得数据的速度。

（4）可变性（Variability）：妨碍了处理和有效管理数据的过程。

（5）真实性（Veracity）：数据的质量。

（6）复杂性（Complexity）：数据量巨大，来源多渠道。

（7）价值（Value）：合理运用大数据，以低成本创造高价值。

3. 应用优势

由大数据的特征可以得知，对海量数据处理的前提是需要收集海量数据，并对数据进行存储、挖掘，对大数据的应用能够帮助我们快速精准地预测未来趋势和行为，找到各方关联性、聚类、概念描述以及检测偏差的目的，从而达到精准管控的效果。

通过数据挖掘可以有效地对未来发展趋势和行为进行预测，进而做出基于知识的、前摄的决策。数据挖掘功能主要有以下五类：

（1）自动预测趋势和行为

在传统的数据分析中，往往需要进行大量手工分析工作，因此，数据分析的发展受到了很大的限制，但是随着计算机技术的不断发展，基于数据本身可以快速地得出相应的结论。比如，对于市场的预测，通过原有的促销数据、数据挖掘可以很好地找出最具有价值的客户，通过对于该部分客户进行营销可以使营销效果最大化。另外，还可以对指定事件的反应

---

① 许子明，田杨锋．云计算的发展历史及其应用［J］．信息记录材料，2018，19（8）：66-67.

② 赵斌．云计算安全风险与安全技术研究［J］．电脑知识与技术，2019，15（2）：27-28.

群体进行预测，比如预测破产等。

（2）关联分析

在数据库中，数据关联是非常重要的，其关系到可被有效发现的知识 。如果两个变量或是多个变量之间存在着一定的关系，他们之间就具有关联性。关联性分为三种，分别为时序关联、简单关联和因果关联。关联分析的主要目的是为了发现数据库中潜在的关系网。由于数据库数据量的巨大，数据之间的关联函数难以有效得知，但是通过关联分析后其生成的规则可信度就会大大提升。

（3）聚类

聚类其实就是数据库中的数据子集。可以使人们对于客观现实的认识不断增强，是偏差分析和概念描述的前提。聚类技术主要分为两类，即数学分类学和传统的模式识别方法。Mchalski在20世纪80年代初提出了聚类技术的概念，并认为其划分要点为：不仅要考虑对象之间的距离，还要描述其具有的内涵，使传统技术的片面性有效避免。

（4）概念描述

概念描述分为两种，分别为区别性描述和特征性描述，前者对不同对象之间的区别进行描述，后者对某类对象的共同特征进行描述。在对一个子集的特征进行描述时只涉及该子集中所有对象的共同特征。区别描述的方式非常多，比如常见的遗传算法、决策树方法等。

（5）偏差检测

数据中时常会出现一些比较异常的记录，这部分数据的研究有非常重要的意义。偏差数据中蕴含着很多潜在的知识，比如不满足规则的特例、分类中的反常实例、量值随时间的变化和观测结果与模型预测值的偏差等。偏差检测在进行的过程中可以通过参照值与观测结果对比的方式来进行。

5.3 精准度评价

精准度评价是精准管控的重要内容，可有定性和定量的评价方法。定性包括关联性、完备性、准确性、流程优度等指标，定量包括任务完成率、资源匹配率、人员到岗率、流程效度等指标。精准管控的改进基于精准度评价，是动态过程，精准度评价是确保管控成功的重要手段。本节首先讨论关联性评价，针对精准度评价主体人、事、物三者关联程度的准确性、完备性，分析对项目目标顺利实现的影响，然后讨论精准度的测量与评价。

5.3.1 万物皆联的普遍联系原则

这里的万物皆联是指精准管控要素（人、事、物）之间具有普遍关联性。参看图5-5，管理要素的复杂关联关系，精准管控既涉及单类要素，如人—人、物—物、事—事，也涉及不同类别之间，如人—事、人—物、事—物。一个“联”字，道尽了精准管控的内容和难度。

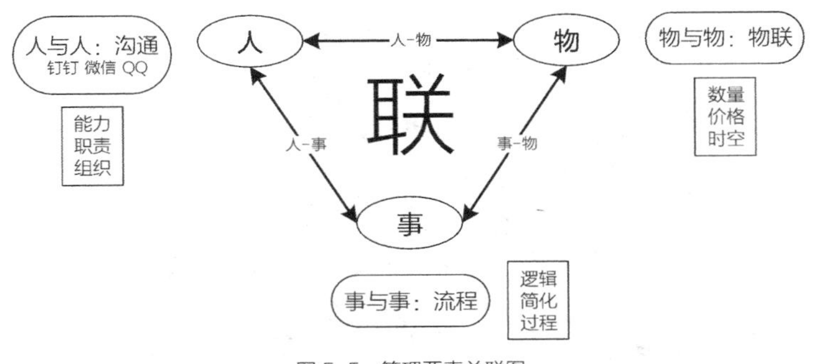

图 5-5　管理要素关联图

信息传递，人与人之间的关联性是通过沟通体现的，目前主要有钉钉、微信、QQ等信息平台，多人构成组织，人有各自的职责和能力，人与人之间对某件事物的沟通，对事物的运作过程纠偏，出现问题发表各自看法，从而达到对事务的精准管控；人与事之间具有关联性，人去完成事情是两者之间产生关联的方式，人完成任务（事情）的过程是对任务过程管控的途径；事与事之间的传递构成流程，一事成另事始，事件相互之间在完成顺序上有一定的逻辑关系，事与事之间清晰的逻辑关系可以达到对事情出现问题以后采取有效管控手段的目的；事与物之间同样具有关联性，做某件事情会用到某件物品亦或做某件事就是为了生产某件物品，这是物与事之间的关联关系的产生方式，事与物的关联可以在任何一项出现问题时及时采取管控手段，阻止事故扩大；物与物之间同样有关联关系，我们称之为物联，如今信息技术发达，物与物之间也能传递信息，通过运用信息手段实现关联，我们把这种方式称为物联网，物联网具有实时性，体现了精准的特性，从而在出现问题时及时采取管控手段；同样，人与物之间也具有关联关系，日常生活中，人与物时刻在产生联系，例如，我们使用电脑进行创作的过程就是人与物产生关联关系的过程，人跟随自己的意愿使用外界的物，从而实现人对物的主观管控，这一过程的实现即是人对物的精准管控。精准管控要素之间具有关联性，因此，在对精准度进行评价时要考虑多方面的因素，是来自多方面的综合评价。

科技史的发展，在寻求“联”的精准化道路上，曲折前行、成果丰硕。书信驿站、1835年电报机、1865年无线电、1876年电话、1920年广播、1939年黑白电视、1954年彩色电视机、1984年互联网、2007年智能手机、1999年中国互联网、2010移动互联网，从单向联系到即时互动通信、从固定地点到移动目标、从单调到声色形齐动，打破了距离、时间的限制，使联系更便捷、安全、点到点。精准在进步，“元宇宙”在发展。

5.3.2　精准度测量与评价

精准度的测量与评价是对精准管控程度或效果的评价，是精准管控的一种自善手段，是纠正偏差取得项目成功能力的体现。精准管控具有丰富的内容，也有多元的维度，理论上分析，所有企业运营、项目管理的要素，都应当进行精准度测量和评价。

评价和测量方法，通常通过问卷调查、随流程测试及进行数据收集分析实现，具体要根据应用场景、不同因素进行有针对性的设计。评价结果可以借助雷达图形式来表达，如

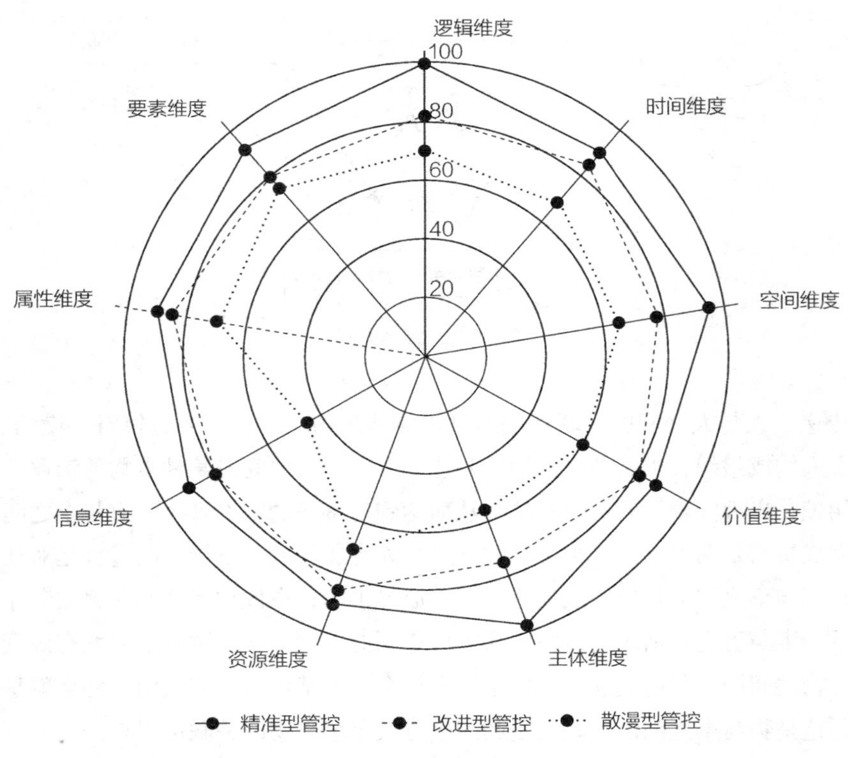

图 5-6 构想的精准维度雷达图

图5–6所示。

在建筑业，精准度测量与评价体现在项目管理的要素维度。本书研究中，项目管理全部要素有25个（具体内容见表4–4），核心要素有7个：2TQ2CIS，即进程、技术、质量、合同、成本、信息和安全管理。其中质量、成本、安全等管理要素的精准度评价将结合工程实际，在后文中详细讨论与介绍。限于篇幅，本节以信息管理为例，详尽阐述信息精准度测量与评价。

信息精准度的测量与评价从信息传递及信息的详尽和重要程度来划分，从信息的传递角度考虑则是最终的信息接收者能够接收到的信息量的估算，并根据估算结果评价其接收的信息量是否完善，如若不能达到一定的值则需对信息重新接收，直到满足要求；从信息的详尽和重要程度来说，首先需保证任务信息的详细和完善，再将详细的信息总结概括并理解其中含义，最终抓取核心信息。

1. 精准管控“信息漏斗”

“信息漏斗”是精准管控信息可追究的体现（图5–7），任务信息传递到最底层执行人员，最后被完全接纳吸收了多少，中间损耗了多少，这个过程经过哪些人的参与，梳理参与人员，从而对任务信息的发源地进行追究，进而继续完善任务信息的接收程度，从而达到参与过程中全员接收相关信息的目的。对于思考者来说，布置任务时，其想到的信息是100%的内容，而其在表达的时候可能只是80%的信息，而对于接收者来说，可能接收到了原始信息的60%，最后进行理解消化吸收，可能达到40%，最终记到脑海中的可能只剩下20%了。

根据“信息漏斗”现象，对于所传达任务的精准度测量与评价，主要可以通过发放问卷调查等形式进行，任务布置者将任务划分为几个模块做成题目的形式分发给任务接收者，并可以要求接收者说明自己对于任务的理解，任务布置者根据接收者的回答与自己发布任务的含义偏差情况进行统计评价，从而得出任务接收者是否完全理解任务的结论，并根据理解偏差有针对性地进行任务补充。

2. 精准管控“信息塔”

“信息塔”是精准管控信息可追溯的体现（图5-8）。“信息塔”的底层是任务信息从较详尽的信息收集开始，对任务信息进行详尽的描述，保证信息的完整性、全面性，“信息塔”的中间层是将信息聚类、概括起来，把分散的信息进行归类统计，明确信息来自哪些方面，最后塔尖是核心信息，是比较重要的信息，从概括信息中提取核心信息，抓住核心是解决问题的关键所在，核心信息是我们获取过程的高度概括，能够在解决问题过程中节省时间、提高效率，且一旦核心信息出现不理解的情况可以顺着“信息塔”向下追溯核心信息来源，从概括信息到详尽信息去理解核心信息究竟要表达什么样的含义。“信息塔”的思想，既要求信息的提取、加工应当遵循“精准”分类的原则，又满足决策、管控、操作层次对信息质量和细度的不同要求，是实现精准信息管理的典型原则之一。

大数据技术与管理统计分析手段，为信息的精准性提供了数学方法，使决策的精准得到保证。

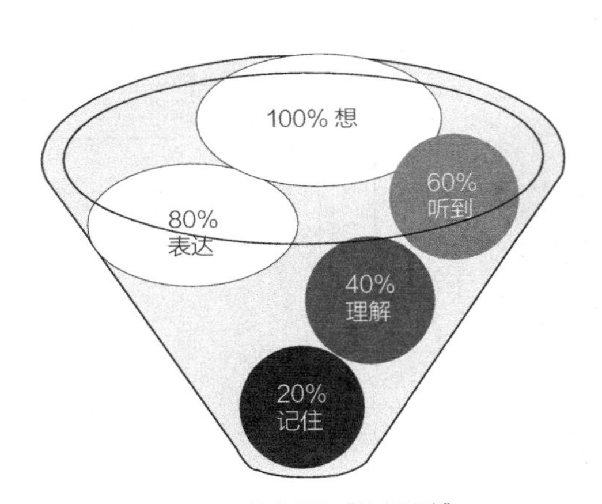

图 5-7　精准管控“信息漏斗”

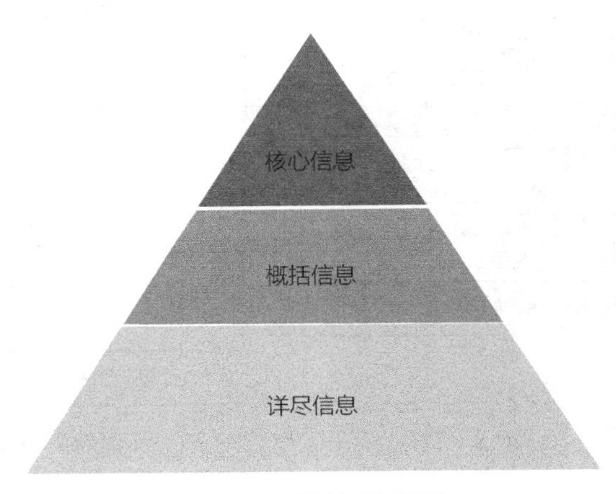

图 5-8　精准管控“信息塔”

第 6 章

精确计算

本章逻辑图

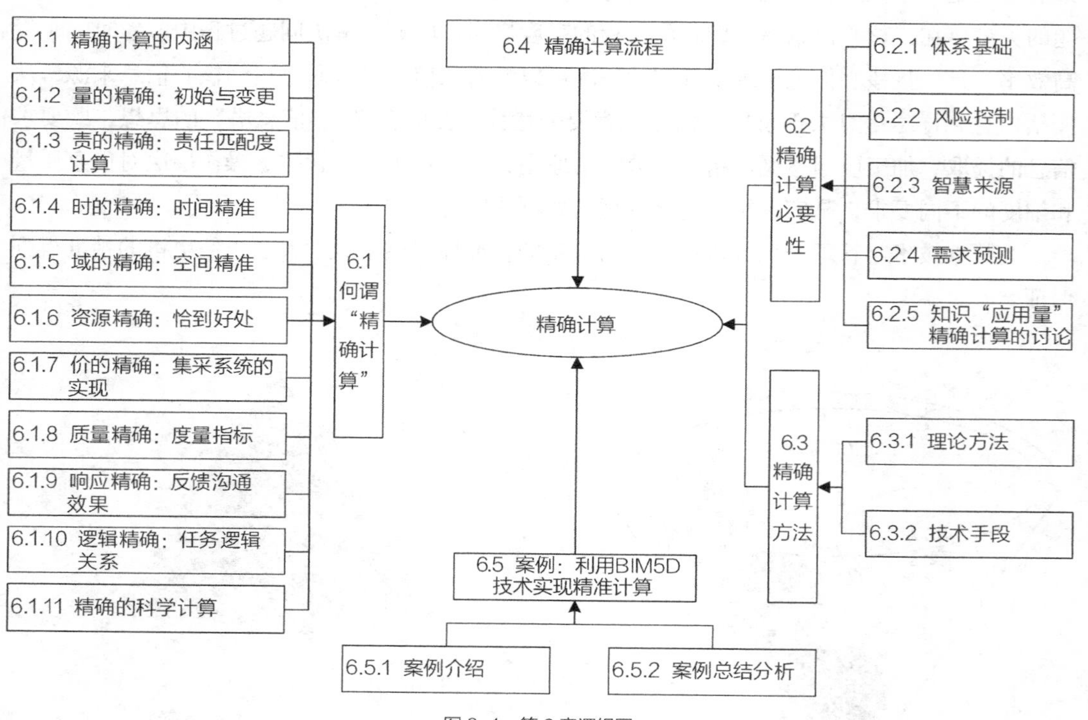

图 6-1　第 6 章逻辑图

6.1 何谓“精确计算”

6.1.1 精确计算的内涵

“精确”的含义是极准确，非常正确，精密而准确的。“计算”有“核算数目，根据已知量算出未知量，运算”和“考虑、谋虑”两种含义。两者组词，“精确计算”不是简单地进行准确的数学计算，而是需要对产品数据、管理数据、状态/过程数据、呈现数据等数据类型（图6-2）以及工程知识进行恰到好处、准确的计算与策划，包括但不仅限于量、责、时、域、资源、价、质量、响应速度、逻辑等多方面的产品、资源、管理数据的精确计算。精确计算的结果以各种各样的数据表呈现。

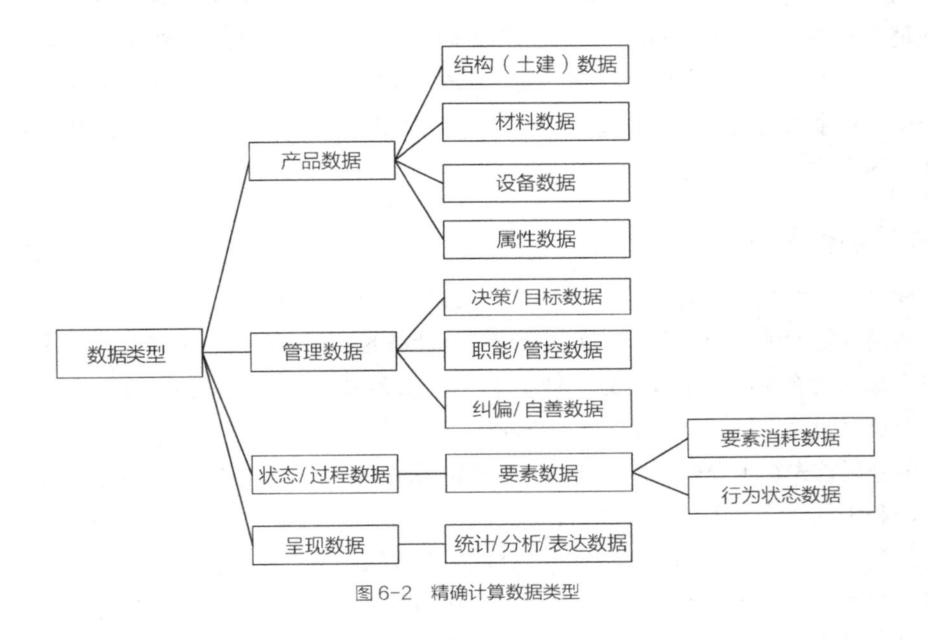

图6-2　精确计算数据类型

6.1.2 量的精确：初始与变更

无处不在的度量衡是工程开展的基础。量的精确在于需求量和工作量的精确计算。量的精确计算既是时间、空间、资源等其他要素精确计算的基础，也是后续策划、实施、管控与评估环节的基础，是精确计算环节中的重中之重。目前由于产品项目规模不断扩大，项目的需求量与工作量难以精确计算引起产品项目的计划制订不合理、不科学，最终导致项目不能按要求完成，严重延期现象时有发生。因此，量的精确计算显得尤为重要，需要参考过往类似经验、工作分解结构等多方面因素共同进行考量。

另外，关于量的精确，在计算过程中一定要注意量的计算是一个动态变化的过程，一方面在执行任务的过程中，外界环境在不断变化，工作量的多少也会随之改变，另一方面随着技术的发展，工作量的计算标准也是在变化的，所以说量的精确计算不是一劳永逸的工作，应当根据现实环境的变化重新进行测算。初始工作量经过变更后往往不等于完成工作量。

6.1.3 责的精确：责任匹配度计算

责的精确在于人资与岗位（角色）的匹配度计算。精确地对人力资源价值及岗位职责进行评估，根据个体能力素质、胜任能力及岗位职责要求，将人员安排在最合适的岗位上，保持个体素质与岗位要求的同构性，可以提高人员产出效率，有效完成组织目标，达到“人适其事、事得其人”的理想状态。“企业想要持续增长，就要从单纯依赖市场需求拉动向注重内部组织能力驱动转型，而打造组织能力的关键在于选人。”“招聘不到很好的人才、选错人带来的损失触目惊心，不合适的人对企业造成不可估量的伤害和损失，这些是被许多企业严重忽视的问题，它们正在侵蚀着企业的利润。”[①]

精确的责任匹配一方面作用于员工，对员工的满意度、组织承诺、绩效表现、离职倾向等方面都有所影响。心理学的研究显示，当人们从事一项适合并且感兴趣的工作时，满足感更大、满意度更高。另一方面，只有员工的心理需求得到满足，才会投入更多的时间与精力在工作中，将个人发展与企业的进步联系在一起，能够高效甚至超额完成既定的任务，这正是企业所渴求的[②]。

6.1.4 时的精确：时间精准

时间精准，是指与时序相关的先后逻辑关系，以及时间度量，包括时间长短、时间节点、时间消耗等指标上的精准。时间是全球统一计量的一个物理量。时间精确计算，包括完成合格产品的所有时间；进度计划合理制定、确定设备数量和人员入编，起始与终结时间、时段、节点时间等。Just In Time是管理目标。

时的精确首先在于合理统筹任务的先后逻辑关系，确定**任务时序**。时序是时间上的先后顺序，流程中的时序是不可以颠倒的，例如一根柱子的施工流程，先绑扎钢筋，再支模板，最后浇筑混凝土，这个施工的流程就有严格的先后逻辑关系，这就要求有严格“精准”的时间算量。其次，在于确定时间长短、节点、消耗等时间度量指标的精准。**时间度量**是指合理规划项目的起始与终结时间，确定每一项任务的持续时间，确定前后任务相互搭接或交接的节点时间，保证在一个项目全生命周期上没有时间的浪费与进度的延迟，提高项目管理与实施效率。最后，在于计算精确的**时间额度**。时间额度是指在正常和合理使用机械的条件下，完成单位合格产品所必需的工作时间，是按照产品工序加工完成一个合格产品所需要的工作时间、准备时间、休息时间与生理时间的总和。根据时间额度可以安排进度计划，进行成本核算，确定设备数量和人员编制，规划工作面积等，精确的、合理的时间额度对后续的精细策划有着重要指导作用。

在任务时序、时间度量与时间额度的精确上，应根据本企业的生产技术条件和实际情况而定，合理的时间精确能调动工人的积极性，促进工人技术水平的提高，从而不断提高劳动

---

① 李祖滨，刘玖锋．精准选人［M］．北京：电子工业出版社，2018.

② 谢强．基于ANP的企业人岗匹配模糊综合评价研究［D］．天津：天津商业大学，2012.

生产率。有条件时，企业应当创建《时间定额》。

6.1.5 域的精确：空间精准

域的精准即空间精准、定位精准，精准定位一方面是对地理位置的精确计算，另一方面是更精细作业位置的精确计算。顾客不会为货物的反复运输（二次搬运）付费，也不会为错误运输地点的重复工作付费，因此，精确定位能够有效缩短重复运输的距离、减少错误运输地点的发生，提高生产率和质量。准时投料至所需域（工序），对于建筑业极有价值。

通过超级计算机、卫星定位系统、遥感摄影、室内导航等技术，实现精确计算与精确定位地理位置。精度具备从传统的数米误差缩小到亚米级甚至厘米级精度的精准定位能力。地理位置的精确计算是万物互联基础、机器自主决策依据，是工程构建的核心基础数据。

作业位置的精确计算，包括医疗领域的坏死部位精确定位、工业领域的零件探伤定位、工程领域的构件检测定位等，此类精确计算常采用超声波、红外线等波长定位方法对作业位置进行毫米级甚至纳米级的精确定位。对作业位置的精确计算是精密作业的重要环节，直接影响到后续工作的进行。计算机算法改进，是精准域计算的快捷途径。

6.1.6 资源精确：恰到好处

流程牵引理论指出资源包括“人、财、物、知识、渠道、思想”。精确计算各种资源需求量，可以在此基础上通过合理的工作计划安排“削峰填谷”，使各种资源处于一个平稳的状态，减少过多和短缺的浪费现象。管理上，精准寻求“刚刚好的恰到好处”！

劳动力要素，可以减少窝工和低效。物的要素常包括物料资源和机械设备，对物的要素进行精确计算，一方面可以确保工作的顺利进行，另一方面减少库存量，减小场地，降低成本。资金的精确直接影响成本和投资效益。知识、渠道和思想资源，尚未引起足够重视，实际上这些资源的预估和判别，恰恰是产生巨大效益的来源。

资源浪费的另一个表现是过量生产，过量生产就是制造得过多、过早，或者为“以备不时之需”而生产，从而导致了资源的浪费。大野耐一认为过量生产是所有浪费中最恶劣的，生产目标应该是仅生产需要数量的产品，使用仅生产需要的资源，准时提供，质量完好①。

6.1.7 价的精确：集采系统的实现

价的精确指的是对人财物价格进行精确的测算。劳动力市场、物料市场和金融市场的价格都影响着建造成本。物料成本包含原材料采购成本、运输成本、库存成本、物资现场管理费，其中采购成本所占的比例是最大的，而采购成本正是由材料价格所决定的，因此，精确地计算价格是成本计划及控制的基础。

通过系统实施集中采购对掌握动态的物料市场价格有诸多优势：①保持量采议价优势；②保持压货付款优惠；③便于积累价格数据；④能够及时分析和比价；⑤优选供应商，获得

---

① [英] John Bicheno，Matthias Holweg. 精益工具箱（第4版）[M]. 王其荣译. 北京：机械工业出版社，2016.

质优价廉的良好服务；⑥能够及时补货，稳定供应渠道；⑦减少和控制寻租。集采体现了管理对价的精准追求的价值探寻和实现的技术路径。

6.1.8 质量精确：度量指标

质量精确是对产品质量进行精确度量。质量管理方法——6σ管理法的中心思想便是：如果你能"测量"一个过程有多少个缺陷，你便能系统地分析出怎样消除，尽可能地接近"零缺陷"。6σ的一个显著特征是对数字的偏好，大量使用统计工具，测量过程的变异程度并试图缩小变异，致力于将其变动范围迁移到顾客要求的规定范围内——3.4×10^{-6}。因此，产品质量的精确度量，并与目标质量进行比对，是开展质量管理的第一步。

如何对质量进行精确度量？根据欣克利（Martin Hinckley）的观点，达成完美质量的途径有三条：降低产品设计和流程设计的复杂性；减少变异；预防与减少差错[①]。在建造施工过程中，这三种途径都存在着8个问题源头：人员、设备、物料、方法、环境、管理、检查、信息，对于建筑制造这个复杂的过程，想要解决好质量问题，必须在上述所有方面都进行精确度量与把控。

6.1.9 响应精确：反馈沟通效果

响应速度是判断反馈沟通效果的重要指标，响应速度越快表明反馈沟通时效越高。在每个行业的供应链中，为了实现共同的目标，各环节间都应进行紧密合作，高效沟通。一般来说，对响应速度进行精确计算并严格管控能够实现供应链的两项共同目标：提高顾客服务水平，即在正确的时间、正确的地点用正确的商品来响应消费者需求；降低供应链的总成本，增加零售商和制造商的销售和获利能力。

如何测算响应速度？快速响应（Quick Response，QR）是制造业中的准时制。通过精确计算制造商、批发商和零售商的供应时间，对各参与方进行严格要求，从而使得库存水平最小化。它是美国零售商、服装制造商以及纺织品供应商开发的整体业务概念，目的是减少原材料到销售点的时间和整个供应链上的库存，最大限度地提高供应链管理的运作效率。快速响应现已应用到各个领域，企业快速响应时间越短，越能把握更多商机，从而给企业带来更大的利润。管理沟通上的响应通过如"铃响三声必接电话""30min送达""24h回访""一周内处理完毕"等制度时限条款，督促执行。

6.1.10 逻辑精确：任务逻辑关系

逻辑精确指的是基于精确计算任务要素，使其逻辑合理、通畅。逻辑指的是任务执行的规律和规则，在精准管控体系运行过程中，每一个阶段都涉及相关逻辑。逻辑的精确、合理关系到流程优化和任务组织顺畅，是任务能否成功运行的关键。

任务的基本逻辑有FFSS形式（Finish to Start，Finish to Finish，Start to Finish，Start to

---

① [英] John Bicheno，Matthias Holweg. 精益工具箱（第4版）[M]. 王其荣译. 北京：机械工业出版社，2016.

Start），就建筑行业而言，逻辑本质上是针对建筑结构物建造过程及自身目标的设计和规划的路径，具有内容逻辑（如由下而上、由内而外）、时序逻辑（如先后并串）、价值逻辑（如大小主次）等逻辑关系，兼具客观的逻辑和主观的逻辑特性。在梳理任务的基本逻辑时，只有将逻辑建立在精确计算得到的基础数据之上，才有确保逻辑精确的可能。

6.1.11 精确的科学计算

对于以建设工程为主要业务的组织来说（勘察、设计、施工、监理、房地产开发等企业事业单位），除了前面介绍的几种管理内容的精确计算，还有非常重要的一类工作，就是科学计算的精准精确性。包括以下几大类：

勘察计算：高程、坡度、土体密度、土体粒径、颗粒级配、孔隙率、含水比、饱和度、塑性指数、液性指数、承载力、泊松比等勘察指标计算。

设计计算：混凝土轴心抗压、抗拉强度设计值，钢筋抗拉、抗压强度设计值，轴向力设计值，弯矩设计值，扭矩设计值，剪力设计值，有效预应力等设计指标计算。

安全措施计算：脚手架连接节点荷载设计值、脚手架受弯杆件弯矩设计值、脚手架抗倾覆力矩设计值、脚手架立杆轴向力设计值等危大工程项目安全指标计算。

这些科学计算的计算精确与否同样关系到项目的工作量、工作逻辑、工程成本。本著讨论的是如何用管理的手段，保障科学计算的精准，以确保安全性、经济性、易建性和适用性。科学计算本身，不属于本著讨论范围。

6.2 精确计算必要性

6.2.1 体系基础

精准管控体系是一个由流程为牵引动力、环环相扣的管控体系，每一环节都必不可少。

精确计算是精细策划的依据，精细策划包括对对象、规模、时间、地点、准备工作、资金预算等要素的计划安排，而编制计划需要基础数据的支撑，否则计划将失去科学性与可行性。精确计算是精益建造的指导，精益建造过程中，具体应在何时、何地投入多少量进行建造，需要精确计算的指导。精确计算是精准管控的方向，精准管控是对工程进行实时的检测与监控，发现偏差并及时纠正，而精确计算的结果便是检测的对照与控制的方向。精确计算是精到评价的参照，在工程结束后对工程进行精到评价与绩效考核，考评的基础为精确计算的结果，若没有最初的计算结果做参照，便无法对考评结果进行合理评价，更谈不上精到评价了。

综上，若没有最初的精确计算确定工程的量、责、时、域、资源、价等要素，就无法为后续流程提供依据，精准管控体系便没有了基础、失去了方向，精准管控的实施将寸步难行。正是由于精确计算提供了管控基础，才能支撑起整个精准管控体系，可归纳为图6-3。

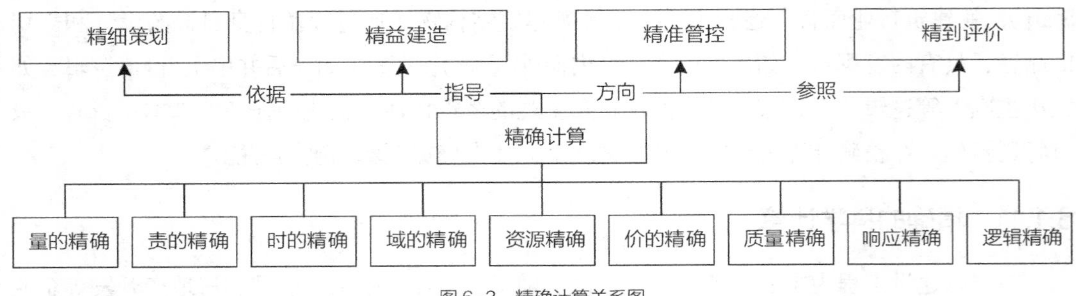

图 6-3 精确计算关系图

6.2.2 风险控制

精确计算除了为精准管控体系内部结构提供基础，还能为体系抵抗外界风险提供依据。风险，就是生产目的与劳动成果之间的不确定性。企业在实现其目标的经营活动中，会遇到各种不确定性事件，这些事件发生的概率及其影响程度是无法事先精准预知的，这些事件将对经营活动产生影响，从而影响企业目标实现的程度。

通过精确计算和科学分析，可以合理消除部分风险中的模糊性，有效避免风险的发生，例如：通过责的精确计算，可以实现“人适其事、事得其人”，避免人责不匹配导致的管理风险。对于大部分客观存在、不可避免的风险，可以依据预测结果，制定应急预案，尽可能降低风险造成的不良影响，例如：对资源的精确计算、集中采购可以有效降低部分原材料涨价带来的经济风险。另外，还可通过对过往类似项目的精确计算，估算本次项目的风险期望，从而做好应对措施，例如：依据风险估算值制定合理的机动时间、周转资金，避免由于风险导致不利事件的发生造成更大的影响。

6.2.3 智慧来源

当下智慧城市、智能建造已成为热点，何谓智慧，众说纷纭，但有一点可以确定，想到达智慧、智能层面，必先实现精确计算。计算的结果是数据，是将物理世界的行为轨迹、生产流程、资金链条等数字通过数学运算、统计分析转化为数字世界的产品、资源、管理等数据，是连接起物理现实世界与数字世界的一座桥梁，是迈入数字化的第一步。计算的精确与否决定着数字化的根基是否牢固。之后才能将数据进行整理，按照规则排布，使其具有一定的功能，变成信息；将信息进行集合，形成体系，便得到了知识；灵活运用、处置知识，最终方可形成智慧。数字、数据、信息、知识、智慧五大要素，环环相扣，层层递进，缺一不可。因此，建设行业要想实现智能、拥有智慧，必先经过精确计算环节，如图6-4所示。

6.2.4 需求预测

通过对工程的精确计算，可以精确预测需求，包括实施目标需求预测、供应限制预测、压力与风险预测等，具体预测过程见图6-5。首先，组建预测分析团体，在决策时各方都需

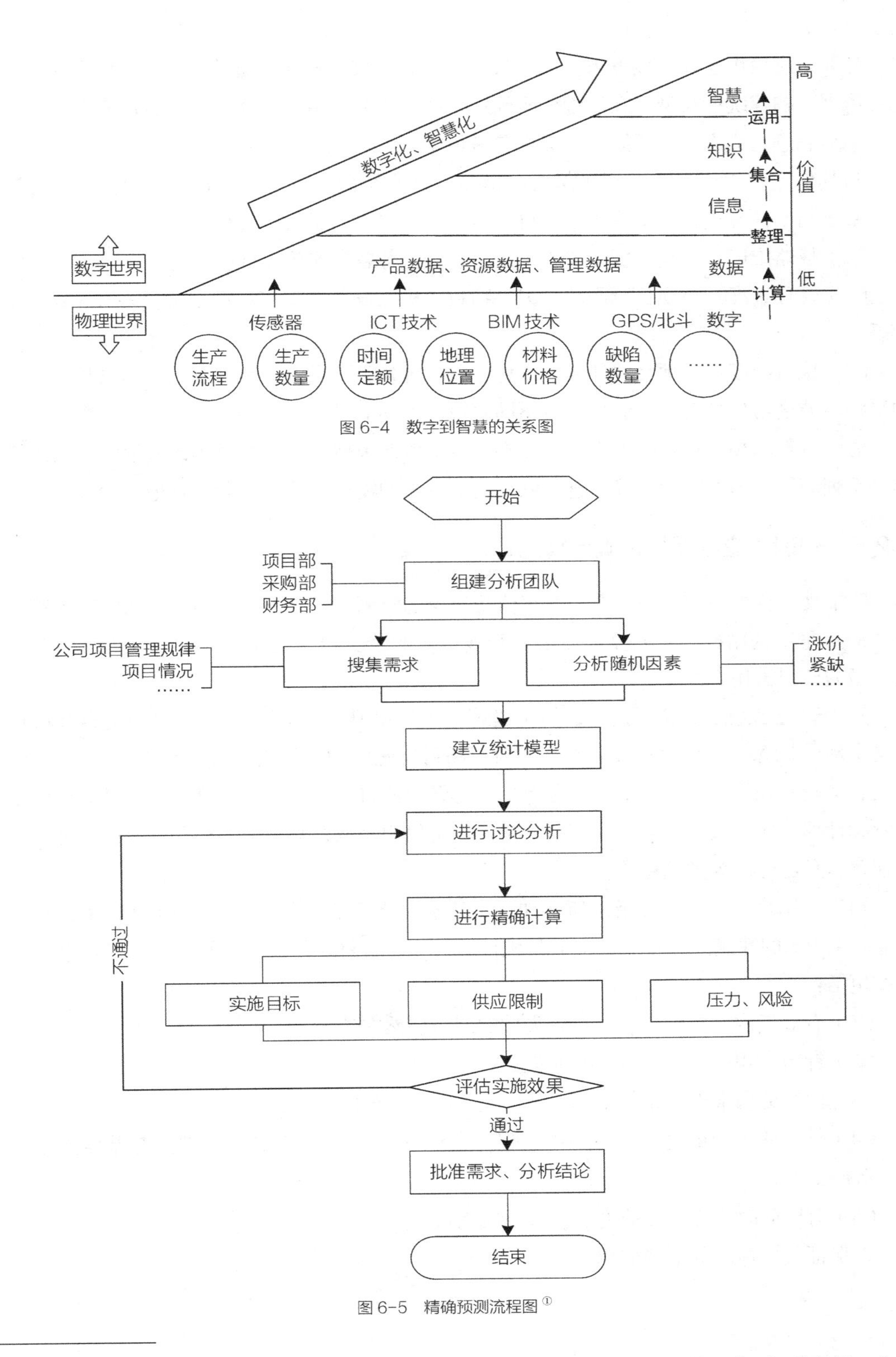

图 6-4　数字到智慧的关系图

图 6-5　精确预测流程图①

① [美]Paui A.Myerson. 供应链精益管理：技术赋能，打造低成本、高效率供应链体系 [M]. 徐钰译. 北京：人民邮电出版社，2020：112-114.

要从专业角度给出建议。接下来，通过收集历史需求数据和其他随机因素，为精确计算提供充足依据，构建统计模型。在讨论分析确定预测方法后，精确计算项目的目标需求、供应限制、本金利息与成本，为后续决策提供参考依据。

与其他流程相比，需求预测需要更精准，以消除企业短期、中期和长期存在的浪费现象。基于精确计算进行的精确预测，可以对项目的以下三个维度进行影响。

（1）战略维度：影响进度、成本、质量、安全等各类实施目标的制定。

（2）管理维度：对项目所需的人力、物料、机械设备进行估算，影响后续的计划安排与部署。

（3）执行维度：对项目的任务、压力、风险等各类要素进行精确预测，影响具体工作中的采购、调度与任务安排，满足项目不同阶段的不同需求。

总之，需求预测在各个维度的误差都会导致资源浪费、产品交付延误或取消、成本增加等一系列问题，通过精确计算，进行满足精准预测的需要，帮助企业更好地减少浪费。

6.2.5 知识“应用量”精确计算的讨论

除前文讨论的内容之外还有一个很值得讨论的资源——知识“应用量”的精确计算，知识“应用量”的精确计算对企业发展、行业进步起着决定性的作用。此处仅进行简单的讨论，做抛砖引玉用。

知识管理已经不是新鲜话题，但是建筑企业的知识“应用量”，对于企业运营和项目管理是个新的概念，进行讨论极有意义。对于项目实施的知识预先准备、筹集、储备、分发、培训、更新、积累，有重要的指标性意义。尽管无法将知识“完全”量化，但是对应用量的预测和计算，应是重要内容。建筑行业是知识密集型领域，知识是一种重要资产，也非常容易理解，且已经广为人们接受。

知识应用量包括项目涉及的所有知识，技术规范只是其中一部分。图6–6是根据建设标准通（APP）的建筑工程技术规范数量统计的。作为最重要的依据和知识，技术标准的精准管控包括：

（1）有效期内的标准（经常遇到失效的规范仍然在清单内）；

（2）针对工程所在的行业和专业类型；

（3）内容的精准性、条款引用，特别是强制性条款的引用；

（4）针对跨行业的企业，应当以工程所在行业为优先（准），如果遇到有差异甚至矛盾时，务必如此；

（5）有疑问时，必须跟业主、监理及时沟通。

以保证技术标准的准确应用。

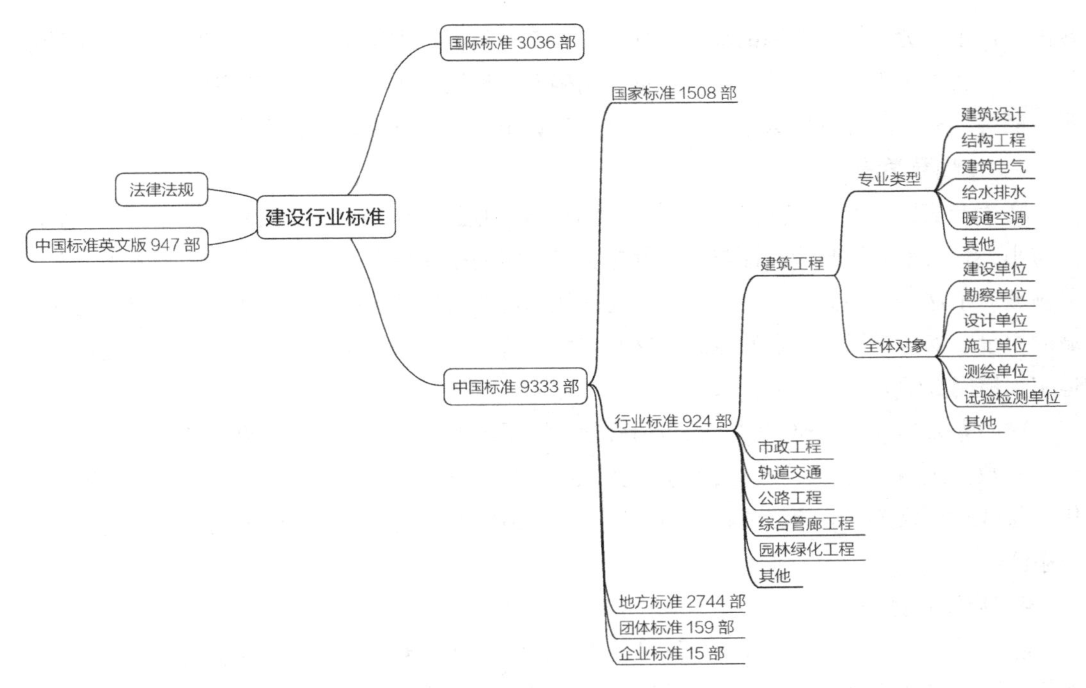

图 6-6　中国建设行业技术标准不完全统计（截至 2021 年 6 月 30 日）

6.3　精确计算方法

6.3.1　理论方法

管理学上的精确计算需要借助各类数学方法。数学方法即用数学语言表述事物的状态、关系和过程，并加以推导、演算和分析，形成对问题的解释、判断和预言的方法。管理学并非都能严格采用数学方法的严谨，因此也发展出了本学科的研究和评价方法，以适应不同性质和不同复杂程度的管理事务，对运用数学方法的要求和可能性不尽相同。

建筑业常用的精准计算方法有以下几种：

1. 经典数学法

经典数学是研究数量、结构、变化、空间以及信息等概念的数学方法，是建筑业最常用、研究最广泛的数学方法。研究者通过试验与测量，研究出各要素之间的关系，总结出原理性的数学公式，比如：材料的屈服强度计算公式、剪切破坏计算公式、地基承载力计算公式等。结合这些数学公式，配合现场测得的数据，便可精确地计算出建筑的各项产品数据和现场资源数据。

2. 统计数学法

统计数学是数学的一大分支，主要通过利用概率论建立数学模型，收集所观察系统的数据，进行量化的分析、总结，并进行推断和预测，为相关决策提供依据和参考。

统计数学在建筑业中常用于计算管理数据。面对一项还未开始的项目，我们如何精准地预测其成本、劳动力等资源的投入，如何估算工程量以分配工作任务，这就需要运用统计数学。管理者通过不断地试验、统计数据，精确合理地测得工作中的时间定额、劳动定额、工量定额等，后期配合基础数据，便可精准地计算出项目的管理数据，作为管理决策的依据。

3. 模糊数学法

在生产实践、科学实验以及日常生活中，人们经常会遇到模糊概念（或现象）。例如：大与小、轻与重、快与慢、深与浅等都包含着一定的模糊概念。随着科学技术的发展，各学科领域对于这些模糊概念有关的实际问题往往都需要给出精确的定量分析，例如建筑行业领域的质量、安全、绿色等定性概念，这些定性的管理数据同样需要得到精确计算，这就需要运用到模糊数学方法进行解决。

这一类数学方法将模糊的概念运用科学的、系统的数学方法进行计算，把定性的概念用定量的数据进行表达。好处是定量研究对定性研究进行补充，定性研究对定量研究进行强化。通过此类数学方法能够精确地表达生产、生活中的模糊概念，消除表述中的不确定性与模糊性。

4. 启发式算法

随着科技的逐步发展，数学计算过程中考虑的指标越来越多，数据库也越来越庞大，当涉及指标较多或处理数据较多时，传统的数学算法很难计算出对应的精确解，因此，启发式算法便逐步火热起来。启发式算法是当前大数据时代中计算管理数据的主要方法之一。

启发式算法是一个基于直观或经验构造的算法，在可接受的花费（指计算时间和空间）下给出待解决组合优化问题的每一个可行解，该可行解与最优解的偏离程度一般不能被预计。现阶段，启发式算法以仿自然体算法为主，主要有蚁群算法、模拟退火法、神经网络等。启发式算法可以在可接受的计算成本内去搜寻最好的解，虽不一定能保证所得的最优解，但在很多特定领域、特定场合可以快速找出精确的相对较优解，便于解决实际问题。

6.3.2 技术手段

精确计算的实现是通过各类技术手段，从原始时期的结绳计数、石子计数、刻画计数到算筹计数、算盘计数再到当下的计算机计算，在基础数学理论的支撑下，利用不同的技术手段能够提升计算的效率与精确性。传统的技术手段就不再赘述，此处重点介绍目前较为热门的信息通信技术（ICT）背景下的先进技术手段和一些工程领域较常用的技术手段。

1. 信息通信技术

信息通信技术（Information and Communication Technology，ICT）是指对数据进行采集、处理、分析，采用光、电作为传播介质进行数据、图像、音视频的传输服务。信息通信技术是21世纪社会发展的最强有力的动力之一，将迅速成为世界经济增长的重要动力。随着ICT技术的创新和运用，ICT产业不仅成为科技创新的核心力量，也是经济发展的重要动力。

近年来热度颇高的云计算、5G、物联网、大数据、AI等都属于ICT范畴，尤其是云计算的整合管理、大数据分析技术，对传统的计算方式产生了颠覆性的影响，ICT技术在各类算法的指导下，为精确计算提供了技术支撑，让我们在庞大的数据中提炼出精准的结果。

以大数据为例，在前期选址过程中，需要充分考虑区域的人口构成、流动趋势、收入、消费水平等多方面的因素。利用大数据，综合分析所选地区的数据信息，并与同类型的城市进行有效比较，从而制定合理的产业定位，挖掘出海量数据之中的潜在价值信息，有针对性地制定营销策略。

2. 传感技术

传感技术是模拟信号自动精确计算、转化为数字信号的技术，能够方便快捷地获得所需数据。传感技术可以感知周围环境或者特殊物质，有气体感知、光线感知、温湿度感知、人体感知等，把模拟信号转化为数字信号，传递给中央处理器处理，最终结果形成气体浓度参数、光线强度参数、范围内是否有人探测、温度湿度数据等，并显示出来。

传感技术靠各类传感器获取信息，有各种物理量、化学量或生物量的传感器。在接受信息后依据数学方法进行信息的处理，信息处理包括信号的预处理、后置处理、特征提取与选择等，信息处理后便可显示出精确的数值。

3. BIM应用

BIM（Building Information Modeling）技术是Autodesk公司在2002年率先提出的，已经在全球范围内得到认可，它可以帮助实现建筑信息的集成，从建筑的设计、施工、运行直至建筑全寿命周期的终结，各种信息始终整合于一个三维模型信息数据库中，设计团队、施工单位、设施运营部门和业主等各方人员可以基于BIM进行协同工作，有效提高工作效率、节省资源、降低成本，实现可持续发展。

BIM是建筑工程领域独特的精确计算工具，通过建立虚拟的建筑工程三维模型，利用数字化技术和数学算法，为模型提供完整的、与实际情况一致的建筑工程信息库，精准计算出建筑物的实际几何信息、专业属性及状态信息，还包含了非构件对象（如空间、运动行为）的状态信息。

4. 常用计算方法

管理学上，数学计算和评价方法是结合的，如造价计算、网络评审技术、价值工程VE、信度计算等，计算和评价结合理解，对于认知核心要素、主要矛盾、重要权重、任务逻辑都有很大帮助。

造价计算贯穿于工程建设的全过程，主要包括投资估算、设计概算、施工图预算、竣工决算等。投资估算根据情况的不同，分为单位投资扩大指标法、指数估算法、比例估算法、概算指标法等；设计概算包括概算定额法和概算指标法；施工图预算根据项目的不同，分别采用相应方法进行编制，主要方法有固定预算、弹性预算、增量预算、零基预算、定期预算与滚动预算等；竣工决算时需要对项目各过程进行审查，审计方法主要包括全面审计法、分组计算审计法、重点抽查审计法、标准图审计法、筛选审计法、分析对比审计法等。

除了不同的造价计算方法会对精确计算结果产生影响外，工程建设过程中计划的准确落实也影响着工程的造价，网络评审技术、价值工程VE、信度计算等都是保障计划落实的有效手段。

（1）网络评审技术是对规划项目计划的管理技术，管理者需要弄清项目的哪项工作需要在什么时候完成，以及还剩下哪些工作需要完成，并可评估工作是提前还是滞后，是一种理想的控制工具，通过对计划的把控实现工期成本的优化。

（2）价值工程是一门新的管理技术，是一种以提高产品价值为目标的定量分析方法，力求用最低的寿命周期成本实现产品的必备功能，从而提高价值的一种有组织、有计划的创造性活动和科学管理。

（3）信度计算即可靠性验证，它是指采用同样的方法对同一对象重复测量时所得结果的一致性程度。信度指标多以相关系数表示，大致可分为三类：稳定系数（跨时间的一致性）、等值系数（跨形式的一致性）和内在一致性系数（跨项目的一致性）。通过信度计算进行纠偏，保证投资估算和竣工决算的一致性、成本的最优化、工程利益的最大化。

除此之外，还有很多已经熟知的建筑工程常用计算方法，这里不作详细介绍，如PDCA、SWOT分析、AHP、熵权、综合模糊评价、流程绩效计算等，在其他章节都有提及。

6.4 精确计算流程

前面对精确计算进行了概括性的介绍，下面将进行概括串联，介绍精确计算的具体使用流程，如图6-7所示。

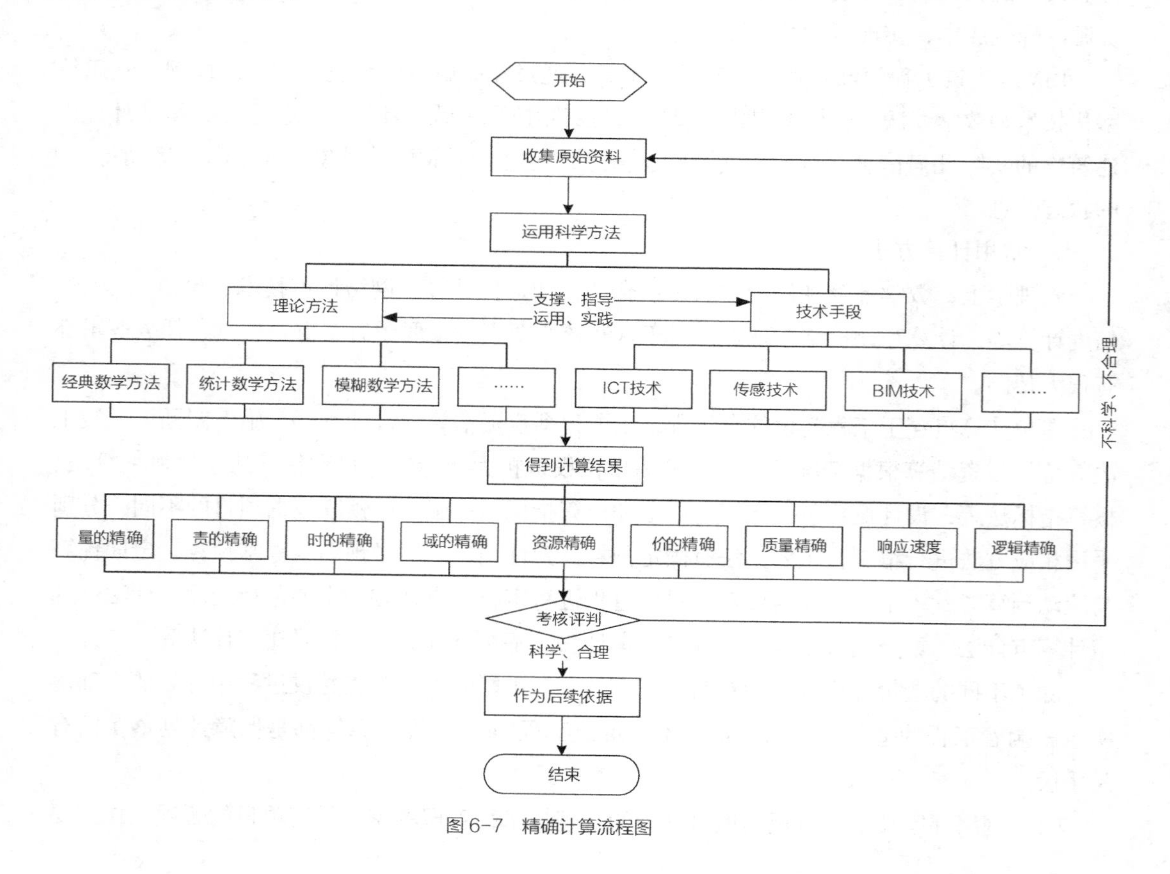

图 6-7 精确计算流程图

精确计算的首要步骤是对原始资料的收集，原始资料是计算的依据，包括调查报告、试验结果、类似案例等相关内容。依据原始资料的特性，选取适用的科学方法，科学方法包括理论方法与技术手段，以理论方法为支撑，指导技术手段的实施，技术手段是对理论方法的践行。通过科学方法的精确计算，得到精确的量、责、时、域、资源、价、逻辑，为后续决策、实施、管控、评价提供依据。

6.5 案例：利用 BIM5D 技术实现精准计算

下面介绍一项利用广联达BIM5D技术实现数项精确计算内容的实际案例①。

6.5.1 案例介绍

G公司承建的X项目，占地面积约为43380m²，总建筑面积为20.76万m²，其中地上建筑面积为15.77万m²，地下建筑面积为4.09万m²。项目由五栋住宅和一栋配建组成。住宅地上33层，地下2层，主体为框架剪力墙结构。工程地处厦门，环保要求高，特别是对生活生产垃圾的处理、污水处理、围挡设置、场地规划、场地绿化、选购机械设备等各个方面提出系列规定，确保各环节符合环保要求。

在本项目建筑管理的过程中，将主要针对传统项目管理模式带来的材料浪费、信息采集不及时、进度管理滞后、成本高而效率低的问题进行改善。G公司决定尝试采用数字化手段和BIM技术，做到项目精准化管控和竣工数字化移交。经多方比对，最终选择了广联达BIM5D软件。

本项目利用广联达BIM5D根据现场工程部的流水施工平面图，对5D模型进行流水段的划分，流水段划分后，软件自动统计每个流水段包含的工作内容和工程量，实现按部位精准、快速提量。本项目还用到了BIM5D高级工程量查询功能，按照构件类型进行工程量查询和汇总。按月度、季度提量。每天需要向项目监理及甲方反馈项目现场报量需求，通过BIM5D可分别基于实际进度与计划进度统计出每月实际完工与计划进度、完工情况，最后以统计物资量、清单量等方式呈现出来，以服务各种需要。

关于资源估算问题，本项目运用Revit建立好模型，利用GFC插件导入GCL实现二次加工，在其中添加建筑的属性信息，结合BIM模型上记载的模板、钢筋、混凝土等与模型有关的定额资源用量信息，可以快速、准确地估算现场所需的实际资源用量。尤其是过去估算较为困难的钢筋量，广联达BIM钢筋算量模型创建后，可自动结合新规范、11G新平法规则，实现后期快速、灵活、准确提量。

本项目在BIM5D的施工项目质量与安全管理中，根据项目质量安全生产管理条例，建立质量安全巡检制度，结合BIM综合管理平台进行管理，将定期检查的质量安全生产相关的人

---

① 杨海乐．广联达BIM5D在施工项目管理中的应用研究［D］．北京：北京化工大学，2020.

员、检查记录、巡检图片等进行上传。首先，通过手机端跟踪质量问题，快速精确定位，将问题展示在PC端的BIM模型中；然后，向相关责任人推送质量安全问题数据，构建闭环流程，全面落实质量安全问题。还可利用Web端统计分析问题，基于项目隐患级别、问题发生地点、问题分类、整改情况、时间段等各个维度，结合手机端所采集的涉及安全问题、质量问题的数据全面分析质量安全方面存在的问题，在项目竣工后根据过程数据分析形成问题库，为后续工程参考提供依据。

通过本项目利用BIM实现的部分要素精确计算实现了以下成果：

1）做到材料的节省：砌筑材料浪费减少8%，精准提量辅助分包日常材料管理，材料损耗减少10%，返工造成的材料浪费减少80%；

2）工作效率得到相应的提升：算量效率提升50%、表单提交效率提升50%、汇报资料准备效率提升5倍、沟通成本降低20%；

3）相关数据积累质量安全问题2000条左右、工艺工法库100条左右、进度照片5000条左右、模型库5个、输出工作包5个；

4）另外，在土方合理倒运费用节约120万元，各专业穿插工期节约70天；在砌体工程方案优化中费用节约60万元，节省工期30天，混凝土工程量提取误差<0.5%。

6.5.2 案例总结分析

本案例在收集基础资料后，利用BIM5D技术，实现项目的量、时、域、价、资源等各项内容的精确计算。通过对各内容的精确计算为后续策划、管控提供了数据支持，为采购、施工所需的工、料、机做出了科学预测，有效规避了风险。另外，依据该工程数据建立了质量安全问题库，对项目的“知识”进行了积累，为类似项目提供参考依据，实现了一定程度上的智慧，为项目实现精准管控开了一个好头。

第 7 章

精细策划

本章逻辑图

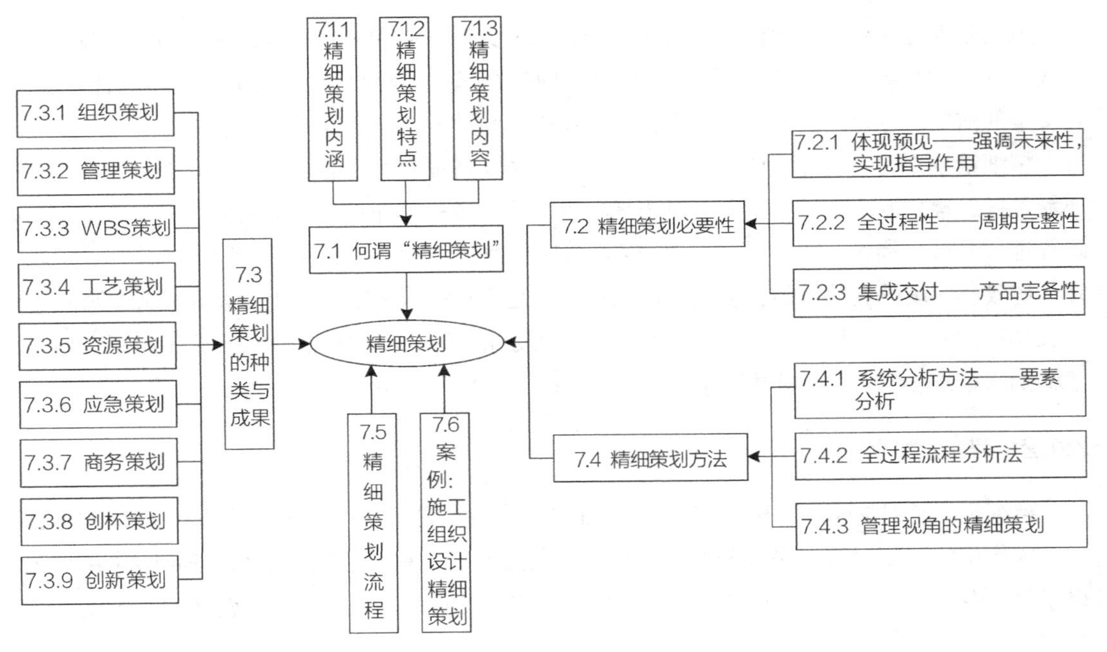

图 7-1　第 7 章逻辑图

“凡事预则立，不预则废”，策划是落实具体的“预”：预见、预测、预判、预案、预演、预防。策划是想象力与知识、经验的结合渠道，精细策划是取得预期效果的必要步骤。

7.1 何谓“精细策划”

7.1.1 精细策划内涵

“精细”现代汉语中有“精致细密”之意。精细化管理是指在项目施工过程中，应按照所选的施工方案，严格依据成本计划实施和控制，包括对现场的控制和各项管理费用的控制，必须对每个过程的关键环节采取针对性的控制措施。精细化管理从精细策划开始。

策划在我国春秋战国时期已十分兴盛，迄今已有悠久历史。“策划”一词，在《后汉书·隗嚣传》中：“是以功名终申，策画复得”，其中“画”与“划”相通互代，“策画”即“策划”，意思是计划、打算。还有一说是出自《文选·晋纪总论》中：“魏武帝为丞相，命高祖为文学椽，每与谋策画，多善”，指积极主动地想办法、定计划，是一种策略、筹划、谋划或者计划、打算。

策划是人类一种具有优势性的思维特质，它是针对未来和未来发展所做的当下决策，能有效地预测和指导未来工作的开展，以取得良好的成效。因而，策划为决策提供取舍方案，是决策的前提，也是实现预期目标、提高工作效率与效益的重要保证。

精细策划指的是管理主体，了解政策法规、产品特征和客户需求，充分调查市场及相关环境条件，遵循专业方法或规则，对未来项目实施的进程中即将发生事情的成本、费用和风险等进行系统、周密、科学的计算和预测，并制订科学的可行性方案，以期达到防范风险、降本增效、实现盈利的目的，从而价值增加、满足客户需求的整个过程。策划的成果形式为《策划书》，在建设工程管理中，体现为《设计任务书》《工程勘察任务书》《施工组织策划方案/设计》《房地产营销策划书》等。

7.1.2 精细策划特点

精细策划是对战略和目标落实分解细化的过程，也是让企业的战略规划能对接每个环节并发挥作用的筹划过程，是提升企业整体执行能力的一个重要途径。精细策划具有明确性、程序化、专业化、协同性、有效性、系统性等特点，其目的是提高企业运营绩效，实现未来全面、协调和可持续发展的目标。

精细策划的目标具有明确性的特点。建筑工程项目涉及不同的专业，在施工内容上存在一定的差异，精细策划将不同专业、不同阶段的目标明确，有助于达到预期的建设效果。

精细策划的执行过程具有程序化的特点。按照策划中的步骤，以流程为牵引动力，整个执行内容更加清楚、执行要求合理、执行工作更加专业化且过程更加透明化。

精细策划的执行过程具有专业化的特点。策划往往涉及跨领域、多专业的知能结构，要求策划人员具有复合型的专业能力，或者策划团队成员有强互补性的知能结构。精细策划强调一个“细”字，使得策划过程控制成为关键。策划者欠缺专业技术和管理能力，精细策划就很难有好的成果。专业化也对策划者提出了持续学习的要求，吸收消化新技术发展和新的管理理念更新，才能保证策划方案既有前沿创新又能稳妥安全。

精细策划的过程具有协同性的特点。精细策划遵循多要素、多主体、全过程协调同步的原则，采取统筹管控的方式，在策划过程中将总体与分部，管理与技术，流程与责权，工艺、材料、设备和人员等进行基于产品整体交付的协同，使得策划方案切合实际，知照各方。

精细策划的结果具有有效性的特点。策划成果是策划方案（策划书），有效性是其基本要求，不能持有效性的策划就是失败的方案，需要重新策划。要确保方案有效，必须技术工艺上可行，能够针对项目的实景实况，对产品实现有指导实施的功能，还必须具有防止一些意外发生的措施设计。精细策划则具有切实可行、密切针对、充分指导和有效防范的功能。

精细策划的思维具有系统性。时代发展促成了建设项目的规模扩大、功能复杂、形式繁多、高精尖特长、湾城区园街，需要在系统工程思想指导下对工程系统进行科学管理。在整个策划过程中，要求管理者以不同角度完善整体视野，从全局的角度来思考问题。系统性体现在宏观理念的“与自然环境的和谐性、以人为本的友好性、社会发展的包容性”，微观准则的“功能整合的简约性、结构布局的简单性、实施过程的简化性”，可归纳为“三和三简”的“和简”原则。贯彻到策划对象的“全要素、全主体、全过程”中，细致到颗粒度匹配、权责均衡、资源配置合理，为实施创造良好的条件。

元宇宙技术的日渐成熟，为策划方案的预演创造了条件，应当利用VR/AR/MR等技术，进行策划方案的预先演练，逼真地效仿“实景实况”的工程工艺和管理流程，检查策划案中的不尽合理之处，修正风险隐患之点，优化消除浪费存在环节，以增强整体管控能力，降低项目实施的风险，为企业创造良好的经济效益。做到“有广大”，而尽在“细微”处。

7.1.3 精细策划内容

策划是贯穿、融合于全过程的，是动态的。精细策划体现在精确计算、精益建造、精准管控和精到评价各个方面，其策划内容包括精确计算中的建筑模型，精细策划中的工艺流程、建造任务，精益建造中的精益施工管理，精准管控对精益建造过程中的施工、生产等进行监测与管控，精到评价中的知识管理以及从ICT应用到决策管理发生的过程沟通、反馈反思等，不断改善，形成闭环。策划在PDCA逻辑中属于P的任务。策划内容因管理模式、主体不同而有所差异。如下鲲鹏建设集团的《五项策划》，属于较典型的工程项目施工策划方案内容。

第1项施工策划，内容包括：

1.1施工部署：1.1.1管理团队组织与阶段性配置；1.1.2施工流水分区和施工流向图；1.2施工组织方案；1.3施工进度计划（里程碑）；1.4班组数量与人员计划；1.5机械配置；1.6分包策划：1.6.1多方案成本策划、现场策划；1.6.2周转材料计划表。

第2项商务策划，内容包括：

2.1分包招标计划；2.2物资设备招标与采购计划：2.2.1物资设备计划表；2.2.2合同准备、各专业界面设定、目标要求合同条款、价格、计价方式、付款方式、奖罚条款；2.3创效（开源）策划；2.4风险防范策划。

第3项资金策划，内容包括：

3.1成本策划；3.2收支方案策划；3.3现金流测算。

第4项现场策划，内容包括：

4.1各阶段平面布置；4.2临建策划；4.3 CI策划。

第5项质安策划，内容包括：

5.1质量、亮点创优策划；5.2安全、危险源控制策划；5.3标化观摩策划。

下面仅对工艺流程、建造任务、设计管理的策划进行详细介绍。

1. 工艺流程

工艺流程亦称“加工流程”或“生产流程”。指通过一定的生产设备或管道，从原材料投入到成品产出，按顺序连续进行加工的全过程。一个完整的工艺流程，通常包括若干道工序。如镶贴砖石工程中，一般要经过拌合砂浆、砖块浸水、打底、贴砖、平缝、表面清扫等工艺过程。

工艺流程策划是项目从开工到竣工的全生命周期的策划，包含输入资源、活动、活动的相互作用（即结构）、输出结果、顾客、产生价值六方面要素。工艺流程中最重要的部分便是工艺设计，工艺设计指项目实施过程中的各项内容的设计，设计过程要考虑工程项目的合理性、经济性、可操作性、可控制性各个方面，是建设项目的核心。

2. 建造任务

项目的建造任务是通过一系列管理手段与建造技术，建造出在预算内按时完成并符合质量要求与甲方满意的工程项目。建造任务包括项目进行施工前、施工时、施工后的所有任务：可行性研究报告、合同管理策划、信息管理策划、组织策划、组织协调管理策划、进度管理策划、成本管理策划、质量管理策划、综合事务管理策划等等。

可行性研究报告通过项目的内容和配套条件，如市场需求、资源供应、建设规模、工艺路线、设备选型、环境影响、资金筹措、盈利能力等，从技术、经济、工程等方面进行调查研究和分析比较，并对项目建成以后可能取得的财务、经济效益及社会影响进行预测，从而提出该项目是否值得投资和如何进行建设的咨询意见，为项目决策提供依据的一种综合性的分析方法。可行性研究具有预见性、公正性、可靠性、科学性的特点。

合同管理策划是为了保障工程项目正常的施工生产和经营秩序，维护企业合法权益，加强对工程合同的制定和管理，健全合同管理制度，及时处理合同履约过程中出现的各种情况和问题，提高合同终止后的资料归档的高完备性、准确性，确保建设工程的质量与安全，提高工程项目经济效益。

信息管理策划是为了规范建设项目信息管理，对信息记录进行有效控制和管理，确保信息的适宜性、充分性、准确性和及时性，促进项目部政策的生产经营秩序，防范风险。

组织策划有利于组建合理高效的工程项目管理班子，确定组建工程项目管理班子的工作标准，规范项目关键岗位人员配备，进一步提高施工现场管理水平，确保工程质量和安全。

组织协调管理策划是为指导项目部协调参与各方的工作与管理，实现工期、质量、安全目标和降低成本，使得工程项目的施工能够顺利实施。

进度管理策划主要是为了确保工程施工进度计划编制的合理性、有效性和动态性，保证施工过程各阶段工作顺利有序地开展，避免进度脱节，满足及时纠偏和控制的要求。

成本策划是为了提高对工程项目成本及资金的管理科学性，规范和指导施工全过程的成本及资金管理工作，降低施工成本，平衡资金收支，提高经济效益。

质量管理策划是为了规范和指导施工质量管理的策划工作，加强工程施工质量的管理，做到事前策划、过程控制和纠偏，确保工程施工质量达标。

综合事务管理策划是为了规范和优化工程项目综合事务的运作机制，明确施工现场综合事务的管理责任。

3. 设计管理

设计管理是设计和管理，根据使用者的需求，有计划有组织地进行研究与开发管理活动。积极调动设计师的开发创造性思维，把市场与消费者的认识转换于新产品中，以更合理、更科学的方式影响和改变人们的生活，进行的一系列设计策略与设计活动的管理，为企业获得最大限度的利润，包括工艺设计、工程设计。这几个过程中都需要策划，设计管理的策划立足于九阶十二段，包括监管、监理（监督）策划。

九阶十二段是一个集城市规划、土地管理、策划决策、融资采购、勘察设计、营建监管、运营维护、审计评价、拆除复用为一体的建筑产业链，整个过程都有策划的需求。九阶十二段是制定工作标准的基础，也是确定取费额度的基础。

城市规划包括总规、区规、详规；土地管理包括储备、获取、整理、交易；策划决策包括投资意向与决策、项目立项、立项审批；融资采购包括融资、采购交易“招投标”；勘察设计包括勘察、设计“初步、技术、施工”；营建监管包括营建施工（策划与准备、现场施工、预制运输装配、竣工“交工、竣工、验收、备案、结算”），监管（监督、监理、过程审计）；运营维护包括运营、维护；审计评价包括审计、项目评价；拆除复用包括工程改造、工程拆除，土地、材料、设备、场所重复利用、绿色建筑。

九阶十二段中每个阶段都是不可或缺的关键环节，是共生伴随的，并不独立存在。设计管理的策划立足于九阶十二段，有利于对市场、管理、营销等各个方面进行了解，完成分工合作过程中的定位和协作任务的安排，使得设计管理上升为一种使组织高效和管理优化的手段。

7.2 精细策划必要性

7.2.1 体现预见——强调未来性，实现指导作用

工程项目精细的策划是工程项目成功的基础与关键，工程项目的管理正在从粗放型向精细化管理转型[①]。精细策划以流程为牵引动力，每一过程环环相扣，具有预见性，对整个项

① 寇红勇. 论前期策划对建筑工程项目的重要性［J］. 山西建筑，2017，43（5）：247-249.

目的实施过程起指导性作用。

精细策划的预见性主要体现在：从事前、事中到事后的整个过程，对象涉及点：人、材、机、料、法等；线：关键性或具有风险的工序；面：具有隐患风险的地方。项目实施前，预测可能出现的风险以及实践中遇到的问题，在施工进度计划以及相关材料的成本等方面做具体的策划方案，以此在实施中期和后期出现偏差时，进行及时的修正与控制。

精细策划的指导性作用主要体现在：它是项目施工过程中的依据和红线，保证组织管理工作井然有序，避免“头痛医头、脚痛医脚”现象的出现，项目经理部全体人员对项目施工过程进行全面管理，发现有不合适的地方都可以要求整改，不存在“这不是我的工作，我不管”现象的发生，全力以赴达到精细策划的要求，且比策划时期要做得更好[①]。社会效益方面，项目经理部严格按照精细策划内容目标去施工，利用好当地的资源，减少建筑材料的浪费，降低对现场环境的污染。经济效益方面，对实际成本进行把控和严格的审核，达到策划的成本目标要求。

精细策划是一个工程项目成功的前提和保障，在精细策划中对现有项目可能产生的风险进行评估，实施防范方案，对相关环境进行了解，对产生的偏差进行纠正，对最后的目标进行把控，对未来的趋势进行预测，是项目实施的基础与标准。

7.2.2 全过程性——周期完整性

精细策划阶段包括围绕工程建设项目开展的前期研究和决策，以提供技术、经济、管理、组织有关方面的服务。是以工程项目为策划对象，以业主的总体目标为策划目标，以资料和信息为策划基础，以科学论证和分析为策划手段，以决策和实施为策划内容，以预先设想和考虑为策划结果的全过程流程，如图7–2所示。

精细策划中的项目策划是以法律法规和有关方针政策为依据，结合实际建设条件和社会经济的发展趋势，围绕方案、时间、成本、项目组织、项目采购等全过程展开。明确项目实施过程中各项任务实施的行动准备和办事规程，以及具体的操作步骤和流程，确保预期目标的顺利达成，在项目实施的全周期中起指导性作用[②]。

精细策划具有全过程性的特点，按照全过程流程梳理精细策划的项目管理包括编制建议书、估算项目投资、工程勘察、方案设计、初步设计、招标文件、招标过程、资料管理、工程变更、施工管理、竣工资料管理、竣工验收与结算、移交和决算、绩效评价，最后是资产管理。精细策划全过程性保证了整个项目周期中发挥策划作用，为项目的实施提供可行性较高的规划路径。

---

① 张收雄．房屋建筑工程施工精细化管理的前期策划与实践活动［J］．城市建筑，2020，17（26）：183–184.

② 杨先锋．全过程工程咨询服务策划研究［J］．建设监理，2020（5）：15–17，20.

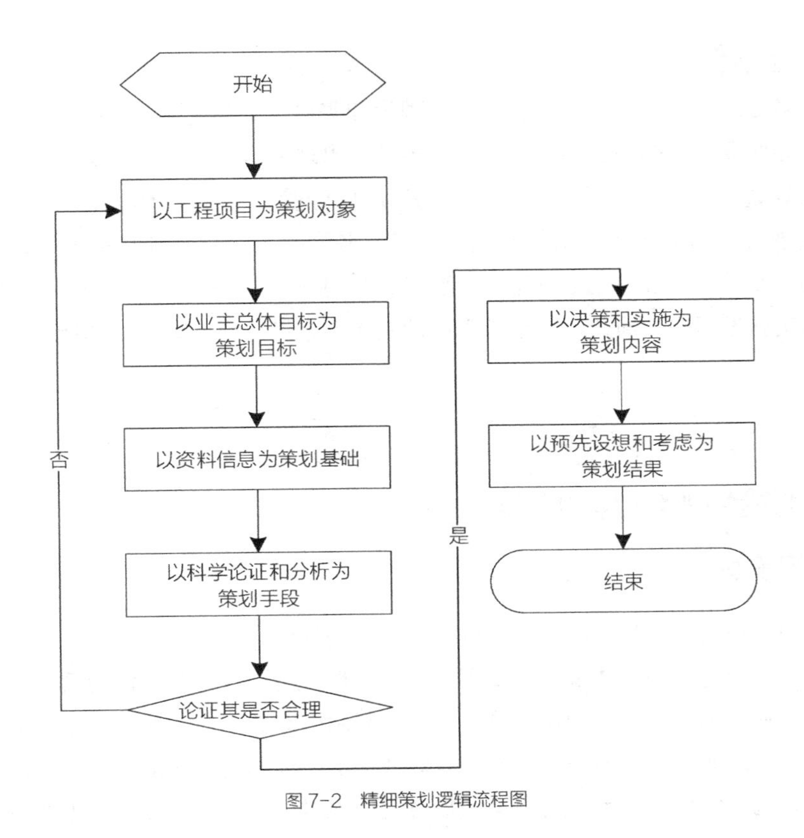

图 7-2　精细策划逻辑流程图

7.2.3　集成交付——产品完备性

精细策划具有集成交付的特点，将各方联系在一起，形成多方合作关系，组建协作团队，由分专业细作转向各专业合作，是保证产品完备性的必然条件，精细策划具有持续集成（Continuous Integration）、持续交付（Continuous Delivery）、持续部署（Continuous Deployment）的特点。持续集成强调项目人员提交了新方案之后，立刻进行构建、测试。根据测试结果，可以确定新方案和原有方案能否正确地集成在一起。持续交付在持续集成的基础上，将集成后的方案部署到更贴近真实运行的环境（类生产环境）（Production-like Environments）中。比如，完成测试后，可以把方案部署到连接数据库的环境中进行更多的测试。如果方案没有问题，可以继续手动部署到生产环境中。持续部署则是在持续交付的基础上，把部署到生产环境的过程自动化。

精细策划能有效解决由于社会经济实力和技术水平的不断发展，现代建设工程项目的规模、复杂性和不确定性激增的问题，项目具有高度的政治、经济和社会敏感性，工程建设子系统和社会大系统之间相互影响日趋复杂，各参与方之间的冲突和索赔问题大量产生，超出传统工程项目交付和项目管理范畴的问题，实行精细化策划使得工程建设各个子系统之间的关联性加强，通过沟通和协作促进问题的有效解决和绩效的持续改进，减轻或消除不同参与方之间的对立状态，各参与方利益互动明显，促进整个项目团队的成员相互信任，促进现代工程项目的顺利实施[①]。

在复杂多变的项目环境中，只有立足于理论和实践角度充分理解精细策划集成交付的思想理念，才能保证产品的完备性，减少返工现象的出现。

精细策划整合了人员、系统、业务结构和时间经验，组建基于信任、协作和共享的项目团队，实现各参与方的风险共担和收益共享。各参与方可以在项目的各个阶段进行信息和知识的分享，最大程度地减少返工和浪费，降低成本，缩短工期，达到最优的项目目标。在项目实施过程中，通过对精细策划中的关键要素进行有效管控，才能实现项目价值最大化。

7.3 精细策划的种类与成果

7.3.1 组织策划

组织策划是指由某一特定的个人或群体按照一定的工作规则，组织各类相关人员，为实现某一项目目标而进行的，体现一定功利性、社会性、创造性、时效性的活动。策划贵在创新，创新是策划的本源。策划的最大价值，不是复制已有的东西，而是采用超常规的战略思维，找到一条新的通向目标的最佳路径。时效性要求在策划过程中把握好时机，重视整体效果，处理好时机与效果的关系。组织策划是对组织中组织结构、任务分工（部门岗位设置）、管理职能分工、工作流程等内容进行策划。

1. 组织结构策划

对于一般项目，确定组织结构的方法为：首先确定项目总体目标，然后将目标分解成实现该目标所需要完成的各项任务，再根据各项不同的任务，选定合适的组织结构形式。对于项目建设组织来说，应根据项目建设的规模和复杂程度等因素，在分析现有的组织结构形式的基础上，设置与具体项目相适应的组织层次。

组织结构设计的目的是建立高效的信息化管理网络，提高管理效率，增强管理的刚性需求。组织目标、环境、社会等因素变化使得组织结构形态发生变革，如图7–3所示。

直线型组织结构是最早的也是最简单的组织结构形态，自上而下形成直线，不设职能机构；职能型组织结构产生于19世纪末，以直线型组织结构为基础，设有相应的职能机构；事业部型组织结构最早始于1924年美国通用汽车公司，是一种高度集权下的分权管理体制。

21世纪，全球经济化趋势愈加明朗，大熔炉中任何一个组织都无法独立存在，需要共处、共生、共进，竞争合作。加之信息技术的广泛应用，资源易获得、知识更新迭代加速，人的因素立于组织核心地位，发挥着关键作用。在这样复杂多变的环境下，新型组织结构形

① 何清华，何祎林，高宇，等. 集成项目交付（IPD）模式合同条件研究［J］. 工程管理学报，2018，32（1）：1–6.

态不断产生，有矩阵型、超事业部型、网络型、控股架构型、虚拟型、学习型、流程型等，其中矩阵型与流程型组织形态受到广泛认可。部分组织结构如图7–4所示。

各组织结构形态优势、劣势、适用情况，如表7–1所示。

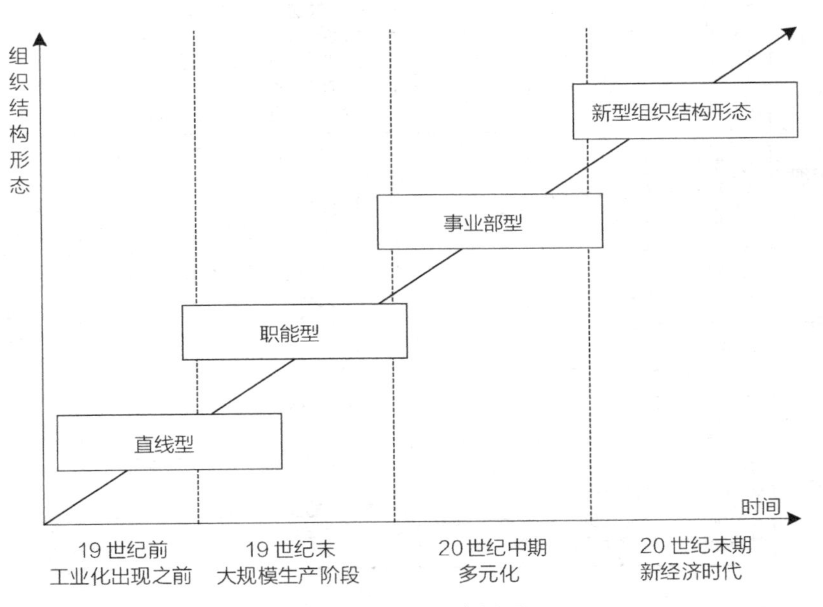

图 7–3　组织结构形态变迁图

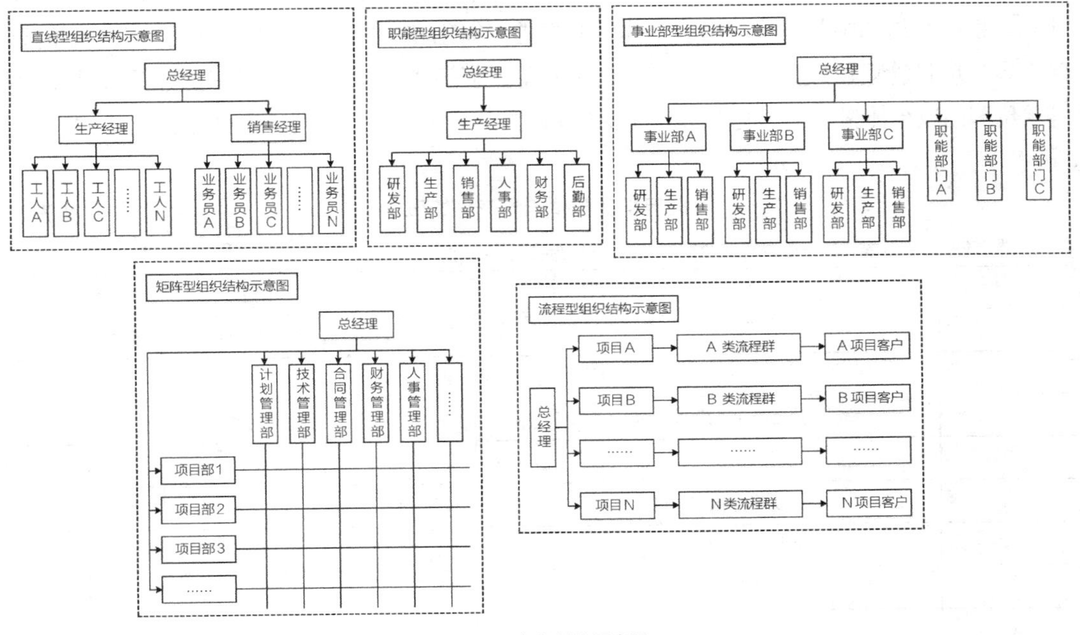

图 7–4　组织结构示意图

组织结构特性表 表7-1

组织结构形态	优势	劣势	适用情况
直线型组织结构	1. 结构比较简单 2. 责任与职权明确	1. 所有管理职能都集中由一个人承担 2. 部门间协调差	适用于生产、管理工作简单的小型组织
职能型组织结构	1. 实现职能部门内部的经济规模 2. 促进知识和技能的纵深发展 3. 促进组织实现职能目标	1. 对环境变化反应迟缓 2. 可能导致决策堆积于高层 3. 部门间横向协调性差 4. 导致缺乏创新 5. 对组织战略目标认识有限	适用于只有一种或少数几种业务的组织
事业部型组织结构	1. 能快速适应环境的变化 2. 利于提高顾客满意度 3. 权力下放，利于提高整体效益	1. 丧失了职能部门内部规模经济 2. 业务之间协调性差 3. 不利于能力和技术的纵深发展	适用于提供多种业务的大型组织
矩阵型组织结构	1. 易于满足顾客的多重需求 2. 促进业务间资源共享 3. 适应不确定环境中的频繁变化和复杂决策的需要 4. 为职能和业务两方面技能的发展提供了机会	1. 员工面临双重职权关系，容易产生混乱感 2. 需要频繁协调 3. 依赖于员工的理解 4. 需要维持纵向职能部门、横向业务部门的平衡	适用于拥有多种业务的中、大规模的组织
流程型组织结构	1. 客户导向，端到端业务流程清晰，反应时间有效缩短，快速决策 2. 更加关注顾客满意度 3. 部门间障碍减少，管理与运营成本降低，避免了割裂式绩效评价	1. 管理者和员工的角色转变困难 2. 对管理者和流程责任人的综合素质要求偏高	适用于稳定、规模大（或项目型）的组织

2. 任务分工策划

在组织结构策划完成后，应对各单位部门或个体的主要职责进行分工，形成如表7-2所示的组织责任矩阵，明确各部门的职责与任务。项目管理任务分工是对项目组织结构的说明和补充，将组织结构中各单位部门或个体的职责进行细化和扩展，也是项目管理组织策划的重要内容。项目管理任务分工体现组织结构中各单位部门或个体的职责、任务、范围，从而为各单位部门或个体指出工作的方向，将多方向的参与力量整合到有利于项目开展的合力方向。

项目相关单位组织责任矩阵 表7-2

P—主要责任/主持召集，S—提供支持/参与，R—审核/监控，A—批准

序号	工作分解	相关单位					
		业主	PM	总包	供应商/分包	监理	设计
项目总体管理							
1	编制项目的综合管理计划	A	P	S	S	S	
2	工程例会	……					
3	进度监控报告	……					
4	现场施工组织						
5	现场管理						
6	……						

续表

序号	工作分解	相关单位					
		业主	PM	总包	供应商 / 分包	监理	设计
合同/招标/采购管理							
1	招标计划、内容（标的）范围编制	A	P	S	S		S
2	招标文件/其他相关手续	……					
3	招标文件审核	……					
4	考察/询价/评标						
5	定标						
6	合同商签						
7	合同管理						
8	供货催交						
9	合同管理收尾						
10	……						
成本控制管理							
1	编制成本分解结构（CBS）	A	P	S			
2	成本估算、预算	……					
3	编制资金使用计划	……					
4	审核月进度款请求						
5	变更的审核批准						
6	成本预测/汇报/绩效分析						
7	工程结算/保修期成本管理						
8	……						
质量控制管理							
1	编制质量管理计划	A	R	S	S	P	S
2	施工单位（供应商）质量管理体系及落实情况	……					
3	工程实体施工（含材料进场设备）	……					
4	施工过程质量控制（重点旁站）						
5	质量问题整改监控						
6	施工质量情况报告						
7	分部分项质量验收						
8	……						
进度控制管理							
1	编制整体施工进度控制计划	A	R	P	S	S	
2	编制短期进度计划表	……					
3	施工进度跟踪对比/报告	……					
4	施工进度协调会议						
5	进度更新/维护						
6	……						

续表

序号	工作分解	相关单位					
		业主	PM	总包	供应商 / 分包	监理	设计
				风险控制管理			
1	编制风险管理计划	A	P	S		S	
2	识别施工过程风险因素	……					
3	风险分析	……					
4	风险应对措施						
5	风险监控						
6	……						
				信息/沟通/资料文件/报告管理			
1	建立信息管理档案	A	P	S		S	
2	沟通管理计划	……					
3	文件管理控制要求	……					
4	文件标准格式、模板						
5	工程综合管理报告						
6	会议纪要、分发						
7	各项验收报告						
8	操作/维护手册						
9	工程资料档案						
10	竣工图						
11	项目总结						
12	……						
				安全、文明、环保管理			
1	现场安全文明施工计划		A	P	R	S	
2	安全文明施工体系建立、落实情况		……				
3	安全文明施工检查		……				
4	问题整改、检查						
5	事故汇报、应急反应						
6	安全文明施工报告						
7	……						
				验收、交付使用、工程保修			
1	消防、规划、卫生、绿化等验收		P	S	S	S	
2	工程实体、资料移交		……				
3	工程资料提交城市建设档案馆		……				
4	工程质量保修						
5	……						

3. 管理职能分工策划

管理职能分工与任务分工一样也是组织结构的补充和说明，体现在对一项工作任务，组织各任务承担者管理职能的分工，与任务分工一起统称为组织分工，是组织结构策划的又一项重要内容。

一般地，管理可分为策划（Planning）、决策（Decision）、执行（Implement）、检查（Check）四种基本职能。管理职能分工表就是记录对于一项工作任务，如表7-3所示，在进行管理职能分工策划时就需要形成这样一张主要任务管理职能分工表。它以工作任务为中心，规定任务相关部门对于此任务承担何种管理职能。对于岗位，细致的策划要达到对“角色和权限”的四类九种划分，详细可参照RACI方法[①]。

主要工作任务管理职能分工表　　表7-3

职能代号：I—信息，P—策划，D—决策，E—执行，C—检查。

<table>
<tr><th>阶段</th><th>编号</th><th colspan="2">工作任务</th><th>集团、公司、领导</th><th>项目部经理</th><th>专业工程师</th><th>档案管理员</th></tr>
<tr><td rowspan="13">工程施工准备阶段</td><td>1</td><td colspan="2">编制项目管理大纲</td><td>D</td><td>PE</td><td>I</td><td></td></tr>
<tr><td>2</td><td colspan="2">三通一平（或七通一平）</td><td>C</td><td>DC</td><td>IPE</td><td></td></tr>
<tr><td>3</td><td colspan="2">确定工程承包商、材料供应商</td><td>……</td><td>……</td><td>……</td><td></td></tr>
<tr><td>4</td><td colspan="2">签订合同</td><td>……</td><td>……</td><td>……</td><td></td></tr>
<tr><td>5</td><td colspan="2">地质勘查</td><td></td><td></td><td></td><td></td></tr>
<tr><td>6</td><td colspan="2">规划放线</td><td></td><td></td><td></td><td></td></tr>
<tr><td>7</td><td colspan="2">工程开工手续</td><td></td><td></td><td></td><td></td></tr>
<tr><td>8</td><td colspan="2">临建设施及临水、临电</td><td></td><td></td><td></td><td></td></tr>
<tr><td>9</td><td colspan="2">施工图会审</td><td></td><td></td><td></td><td></td></tr>
<tr><td>10</td><td colspan="2">“四新”工程技术、经济评估</td><td></td><td></td><td></td><td></td></tr>
<tr><td>11</td><td colspan="2">编制项目施工进度总体计划</td><td></td><td></td><td></td><td></td></tr>
<tr><td>12</td><td colspan="2">分包单位、甲供材料进场</td><td></td><td></td><td></td><td></td></tr>
<tr><td>13</td><td colspan="2">工程资金使用计划</td><td></td><td></td><td></td><td></td></tr>
<tr><td rowspan="5">工程施工阶段</td><td rowspan="5">14</td><td rowspan="5">质量控制</td><td>材料定板</td><td></td><td></td><td></td><td></td></tr>
<tr><td>材料进场验收</td><td></td><td></td><td></td><td></td></tr>
<tr><td>分部、分项工程验收</td><td></td><td></td><td></td><td></td></tr>
<tr><td>样板工程验收</td><td></td><td></td><td></td><td></td></tr>
<tr><td>施工质量问题、事故处理</td><td></td><td></td><td></td><td></td></tr>
</table>

① 王磊，等. 流程管理风暴：EBPM方法论及其应用［M］. 北京：机械工业出版社，2019.

续表

阶段	编号	工作任务		集团、公司、领导	项目部经理	专业工程师	档案管理员
工程施工阶段	15	进度控制	项目施工进度总体计划				
			单项工程进度计划				
			施工总进度计划				
			工程形象进度周报、月报				
			工期签证				
	16	投资控制	施工方案审核				
			工程设计变更				
			工程现场签证				
			年度、月度工程款计划				
			工程款支付				
			工程结算				
	17	合同管理	合同签订				
			合同台账				
			合同审核				
			合同存档				
	18	信息管理	往来文件管理				
			工程资料管理				
			工程档案管理				
			设计变更、工程现场签证台账				
			合作单位评估				
	19	组织协调	部门内部组织协调				
			公司内部协调				
			合作单位组织协调				
			政府职能部门协调				
			相关往来单位、机构协调				
			周边村民工作协调				
竣工交付阶段	20	竣工验收					
	21	交楼验收					
	22	售后维修					
	23	与物业公司交接					

上述的管理职能分工表能够明确各个管理部门的相关职责与任务，但在实际项目中，每个部门又有相应的组织结构与岗位职责。因此，在形成管理职能分工表的同时，还应形成每个部门的岗位设置及职责表，如表7–4所示。明确具体部门的组织结构与该部门设置的岗位情况及相应的职责，达到对组织的精细策划。

部门岗位设置及职责表 表7–4

<table>
<tr><td rowspan="2">基本信息</td><td>部门名称</td><td>工程审计部</td><td>部门编号</td><td colspan="3">000000</td></tr>
<tr><td>部门直接上级岗位名称</td><td>主管副总经理</td><td>所属单位</td><td colspan="3">××公司</td></tr>
<tr><td>部门使命</td><td colspan="6">依据公司的发展战略，在公司副总的领导下，建立健全项目施工管理、竣工验收、工程款预结算体系；负责项目的质量、进度、安全管理和成本控制，负责实施方案和进度计划、资金计划的编制和执行；保证公司的质量、安全和进度的目标，保证成本目标的实现及优化……</td></tr>
<tr><td rowspan="8">组织设置</td><td colspan="6">部门组织结构图：
工程审计部经理
↓
工程审计部副经理
↓
土建工程师 土建工程师 土建工程师 安装工程师 预算员 内业资料员 报建专员</td></tr>
<tr><td>岗位名称</td><td>编制（个）</td><td>岗位名称</td><td>编制（个）</td><td>岗位名称</td><td>编制（个）</td></tr>
<tr><td>经理</td><td>1</td><td>安装工程师</td><td>1</td><td>内业资料员</td><td>1</td></tr>
<tr><td>副经理</td><td>1</td><td>报建专员</td><td>1</td><td>……</td><td></td></tr>
<tr><td>土建工程师</td><td>3</td><td>预算员</td><td>1</td><td>……</td><td></td></tr>
<tr><td>……</td><td></td><td>……</td><td></td><td></td><td></td></tr>
<tr><td>……</td><td></td><td>……</td><td></td><td></td><td></td></tr>
<tr><td></td><td></td><td></td><td></td><td></td><td></td></tr>
</table>

4. 工作流程策划

项目管理涉及众多工作，相应产生数量庞大的工作流程，依据建设项目管理的任务，项目管理工作流程可分为投资控制流程、进度控制流程、质量控制流程、合同与招标投标管理工作流程等，每一流程组随工程实际情况细化成众多子流程，如表7–5所示。

表7-5 项目管理工作流程策划内容

项目管理工作流程	子流程
投资控制工作流程	投资控制整体流程 投资计划、分析、控制流程 工程合同进度款付款流程 变更投资控制流程 建筑安装工程结算流程
进度控制工作流程	里程碑节点、总进度规划编制与审批流程 项目实施计划编制与审批流程 月度计划编制与审批流程 计划编制与审批流程 项目计划的实施、检查与分析控制流程 月度计划的实施、检查与分析控制流程 周计划的实施、检查与分析控制流程
质量控制工作流程	施工质量控制流程 变更处理流程 施工工艺流程 竣工验收流程等
合同与招标投标管理工作流程	标段划分和审定流程 招标公告的拟定、审批和发布流程 资格审查、考察及入围确定流程 招标书编制审定流程 招标答疑流程 评标流程 特殊条款谈判流程 合同签订流程

7.3.2 管理策划

管理策划根据组织内外部的实际情况，权衡客观的需要和主观的可能，通过科学的预测，提出在未来一定时期内达到具体目标及实现目标的方法。管理策划以战略目标为导向，通过建立组织结构，设立管理机制，拓宽沟通渠道，制定绩效评价和利益相关方评价体系来实现高效管理。

管理机制是组织生存和发展的内在机能和运行方式，是决定管理功效的核心问题。管理机制的研究是为了揭示管理行为内在本质与规律，加强科学管理的依据，管理机制的转换与创新是组织（企业）改革的核心。通过管理机制的有效运行能够处理好组织内部人、财、物关系和责、权、利关系，并通过这些关系的相互依存、相互影响和相互制约，使组织具有适应外界变化而有效进行生产经营活动的机能和方式[①]。

管理机制主要表现为三大机制，运行机制、动力机制和约束机制，如图7–5所示。运行机制是组织基本职能的活动方式、系统功能和运行原理，其本身具有普遍性。动力机制是组织动力的产生与运作的机理。主要受利益、政令、社会心理等因素的影响，利益驱动是社会

① 陈茂明，代新．建筑企业经营管理［M］．北京：化学工业出版社，2008.

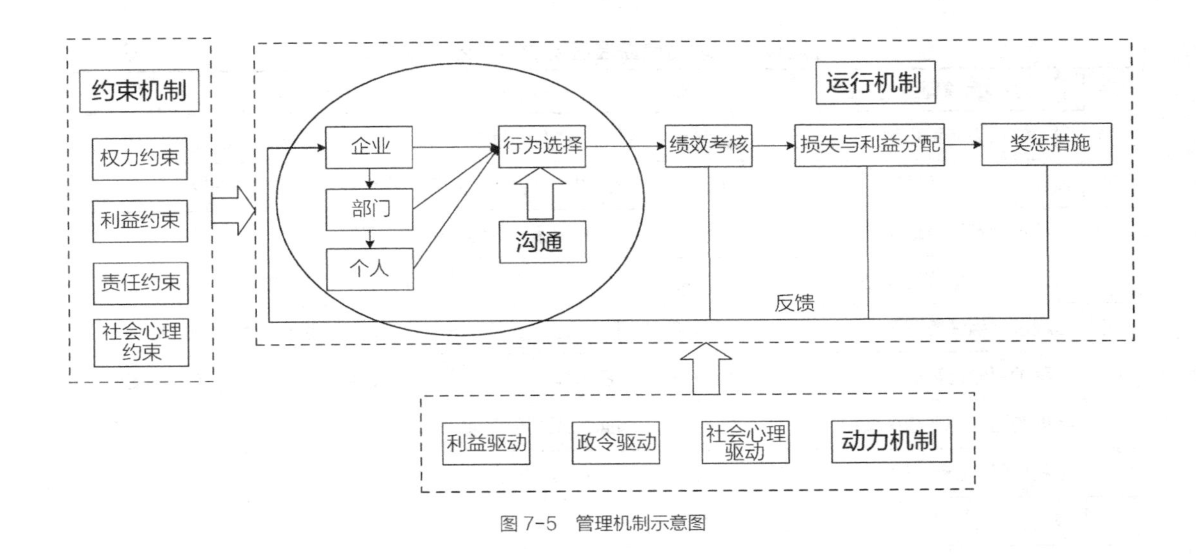

图 7-5　管理机制示意图

组织动力机制中最基本的力量，是由经济规律决定的。例如：在一个企业中，多劳多得，少劳少得，员工为了“多得”而“多劳”；政令推动是由社会规律决定的，例如：管理者通过下达命令等方式，要求员工完成工作；社会心理驱动是由社会与心理规律决定的，例如：管理者通过对员工进行企业文化宣讲，调动员工的积极性。约束机制是对组织的行为进行限定与修正的功能与机理。约束机制主要包括以下四个方面的约束因素：权力约束是要利用权力对组织运行进行约束，又要对权力的拥有与运用进行约束；利益约束是要以物质利益为手段，对运行过程施加影响的同时对运行过程中的利益因素加以约束；责任约束是通过明确相关组织及人员的责任，来限定或修正系统的行为；社会心理约束指运用教育、激励和社会舆论、道德与价值观等手段，对管理者及有关人员的行为进行约束。

除了建立行之有效的管理机制外，沟通也是影响管理策划有效实施的一大因素，沟通会对组织的行为选择产生影响，从而影响项目的成功。而沟通的顺畅依赖于有效的沟通机制，建立有效的沟通机制是管理的精髓，有效的沟通可以形成强大的合力，给企业带来信息顺畅流动的同时为组织的决策与执行力提供基本的保障，推动企业的发展。

尽快建立广泛的沟通渠道是有效沟通的前提，既要有正式的沟通渠道，又要有非正式的沟通渠道，既要加强纵向沟通，又要重视横向沟通；既要了解各种沟通方式的优点和缺点，又要有针对不同对象采取不同方式的灵活手段，才能使沟通机制的运行真正有效。在沟通机制的基础上建立激励机制，打通阻滞企业内部沟通的障碍。

管理机制和沟通机制是否有效实施决定着管理策划的效果，管理策划依托于机制进行，其主要内容如表7–6所示，包括综合事务管理、设计管理、沟通与协调管理等36项内容，对不同的策划进行责任部门的把控，核心内容的掌握，对每部分的策划明确“为什么要做，做什么，由谁去做，何时做，何地做和如何做”六大方面的问题。

建设工程项目精益建造管理策划内容表　　表7-6

序	项目管理策划内容	责任部门	核心内容
01	项目综合事务管理策划	行政部	行政、CIS、公关、后勤、标准化、信息化、会议、印章
02	设计（勘察）管理策划	工程部	设计进度、质量、费用、审查审批、交底、细深化
03	工程项目范围管理策划	工程部	审图、算量、纠错、变更、索赔
04	工程项目目标管理策划	经理部	目标制定、跟踪、研判分析、纠正、宣贯
05	工程项目组织管理策划	经理部	组织结构、任务和职能分工、部岗设置、管理制度标准
06	工程项目分包管理策划	经理部	分包选择、合同、费用签证、结算、质量、安全、进度
07	组织沟通与协调管理策划	行政部	沟通方式、更新通讯录、协调处理程序，八方主体，监理
08	工程项目实施流程体系策划	工程部	施组方案、施工许可、构建流程体系、更新、纠正改进
09	施工及工地风险与应急管理策划	工程部	风险、危大工程项目、应急预案、宣贯、演练
10	T工程施工进度管理策划	工程部	进度制定、执行、跟踪、动态管理、调整、进度款申报
11	T工程技术管理策划	技术部	技术、新技术应用、创新、BIM技术应用
12	Q工程施工质量管理策划	工程部	材料检验、质量、工艺质量、检查检验、评价、签认
13	C工程施工成本及资金管理策划	商财部	量价、成本管理、核算、进度款结算、支付款、索赔
14	C合同管理策划	法务部 工程部	商谈、送审、签批、跟踪、补充完善、核审量价、结算
15	I信息资料管理策划	工程部	信息分类、编码，收集、整理、存管用核借，档案对接
16	S工程施工安全管理策划	质安部	安全、组织、流程、检查、事故处理
17	试验检验管理策划	实验室 质安部	试验、优化、检验、建设、保养
18	施工实施现场管理策划	工程部	围护、保护、防护、形象、组织实施
19	绿色施工管理策划	工程部	绿色施工、消除浪费、可再生资源利用
20	劳务管理策划	商财部 工程部	实名、付薪、劳保、健保、安全、交底、培训
21	法务（政策）管理策划	法务部	政策、合同核审、纠纷处理
22	工地环境管理策划	工程部	环境保护、文明施工、污染控制、废弃物管理
23	工地健康管理策划	工程部 行政部	医疗、职业病防治、卫生防疫、场地管理
24	采购管理策划	商财部	供应商选择、动态评价、采购流程、廉政
25	材料管理策划	商财部	材料、库存、质量、计量、废料处理、消耗分析、成本
26	机械设备管理策划	设备部	设备、养护、使用、安全、费用、机效分析
27	其他资源管理策划	工程部 商财部	消耗、消除浪费、质量、成本
28	工程项目创新管理策划	经理部	新技术、新管理模式、创新（工法/专利）、知识保护

续表

序	项目管理策划内容	责任部门	核心内容
29	工程项目创杯管理策划	工程部	创杯、申报、归集资料，工业化、信息化应用
30	工程项目管理人才培养策划	经理部	发展规划、培训、培养
31	工程项目党群事务管理策划	经理部	党建、工、团、政事务处理
32	工程项目廉政管理策划	经理部	廉政、防腐、宣贯、处理、保密
33	工程项目合规审计管理策划	项目部	合规管理、审计管理
34	通信网络技术综合应用策划	行政部	IT、培训、信息安全、保密
35	工程项目绩效（考核）管理策划	公 司 项目部	绩效管理、考核、奖罚、兑现
36	客户服务及工程回访管理策划	集团公司	信息收集、客户价值、服务、投诉、维修、回访
假定组织结构为：项目部=经理部+行政部+商财部+技术部+工程部+质安部+设备部+实验室			

在项目精准管控中，管理策划发挥着非常重要的作用，主要体现在以下4个方面：

（1）为组织的稳定发展提供保证。未来的不确定性和环境的变化使组织面临各种各样的风险，良好的计划可以明确组织目标，科学的计划体系使各部门的组织工作能够有条不紊地展开，从而使主管人员能集中精力关注于对未来环境不确定性的把握，从而制定相应的对策，实现组织的稳定发展。

（2）为有效筹集和合理配置资源提供依据，降低风险。制定合适的计划，合理有效地利用人力、物力、财力，指导组织的经营活动顺利进行，从而取得良好的经济效益。同时，计划可以促使管理者更多地考虑未来环境变化可能带来的冲击，从而制定适当的对策，减小不确定性，降低组织运行过程中可能存在的风险。

（3）减少浪费。计划能够在实施之前的协调过程中发现可能存在的资源浪费和冗余，计划实施过程中可以减少组织的重叠性和浪费性活动。制定和执行计划的重要原则是实现目标，即如何做才能最有效，并且使这种做法在有保障的条件下进行。

（4）为检查、考核和控制组织活动奠定基础。在计划中设立目标和标准，反映到控制职能中，管理者就把实际的工作进度与计划目标和标准进行对照，以便纠正重大偏差，进行必要的校正，达到预期的目标。

管理策划成果：

（1）责任矩阵表

项目需要完成的任务千头万绪，参与项目的成员数目众多，因此，需要将任务落实到成员身上，确保每个任务都有相应的成员去负责和完成，这就是成员分工，责任矩阵就是用来进行成员分工的有效工具。以管理策划主要内容中的5项为例，绘制如表7–7所示的管理责任矩阵表。

管理责任矩阵表 表7-7

管理职能	工作内容	项目经理	项目副经理	总工程师	安全总监	工程技术部	质量检验部	安全环保部	组织设备部	设计合同部	财务会计部	综合办公室	中心实验室
工程施工进度管理策划	进度制定												
	进度执行												
	进度跟踪												
	进度动态管理												
	进度调整												
	进度款申报												
工程技术管理策划	基本技术应用												
	新技术应用												
	技术创新												
	BIM技术应用												
工程施工质量管理策划	材料进场、使用检验												
	工程质量检验												
	工艺质量检验												
	质量抽查												
	质量评价												
	工程签认												
工程施工成本及资金管理策划	工程量价												
	全过程成本管理												
	工程量核算												
	进度款结算												
	工程支付款项												
	工期、费用索赔												
合同管理策划	合同商谈												
	合同送审												
	合同签批												
	合同执行跟踪												
	合同补充完善												
	核审量价												
	工程结算												
信息资料管理策划	信息分类、编码												
	收集、整理、存管用核借												
	档案对接												

续表

管理职能	工作内容	项目经理	项目副经理	总工程师	安全总监	工程技术部	质量检验部	安全环保部	组织设备部	设计合同部	财务会计部	综合办公室	中心实验室
工程施工安全管理策划	安全措施												
	人员组织												
	安全流程												
	安全隐患检查												
	安全事故处理												

（2）管理流程体系图

管理流程体系依据管理知识的不同，国际上有美国项目管理协会、国际项目管理协会、英国商务部以及发展成熟中的中国体系。图7–6是一种综合的流程体系内容。

7.3.3 WBS策划

WBS工作分解结构是把项目工作按阶段可交付成果分解成较小的，更易于管理的组成部分的过程。WBS的基本定义：以可交付成果为导向，对项目要素进行分组，它归纳和定义了项目的整个工作范围，每下降一层代表对项目工作更详细的定义。WBS总是处于计划过程的中心，也是制定进度计划、资源需求、成本预算、风险管理计划和采购计划等的重要基础，同时也是控制项目变更的重要工具。

同步分解是协同最重要的原则之一，“xBS”是一种结构化的思维方法，对于整个项目管理，需要“xBS”，其他与W同步分解的有OBS（组织分解结构）、RBS（资源分解结构）、w/pBS（流程分解结构）、FBS（资金分解结构）和IBS（信息分解结构），在本著的12.1.5章节对其他“xBS”有详细的阐述。

1. WBS 分解原则

1）任务分层原则

根据项目体量的不同对其进行分解：①大项目→项目→阶段→任务→子任务→工作单元；②项目→阶段→子任务→工作单元；③单位工程→分部工程→子分部工程→分项工程→检验批。每个任务要求分解到不能分解为止。

对于建筑工程项目，通常用“建设项目→单位工程→分部工程→子分部工程→分项工程→检验批→构件→工序→操作”作为WBS的划分方法。在研究复杂项目管理时，还出现了“项目集、项目组、项目”的分层分级方法。项目实施时可参考建设工程分部分项工程划分的相关规范条文。

2）两周原则

两周原则指的是在任务分解过程中，最小级别的任务的工期最好控制在10~14个工作

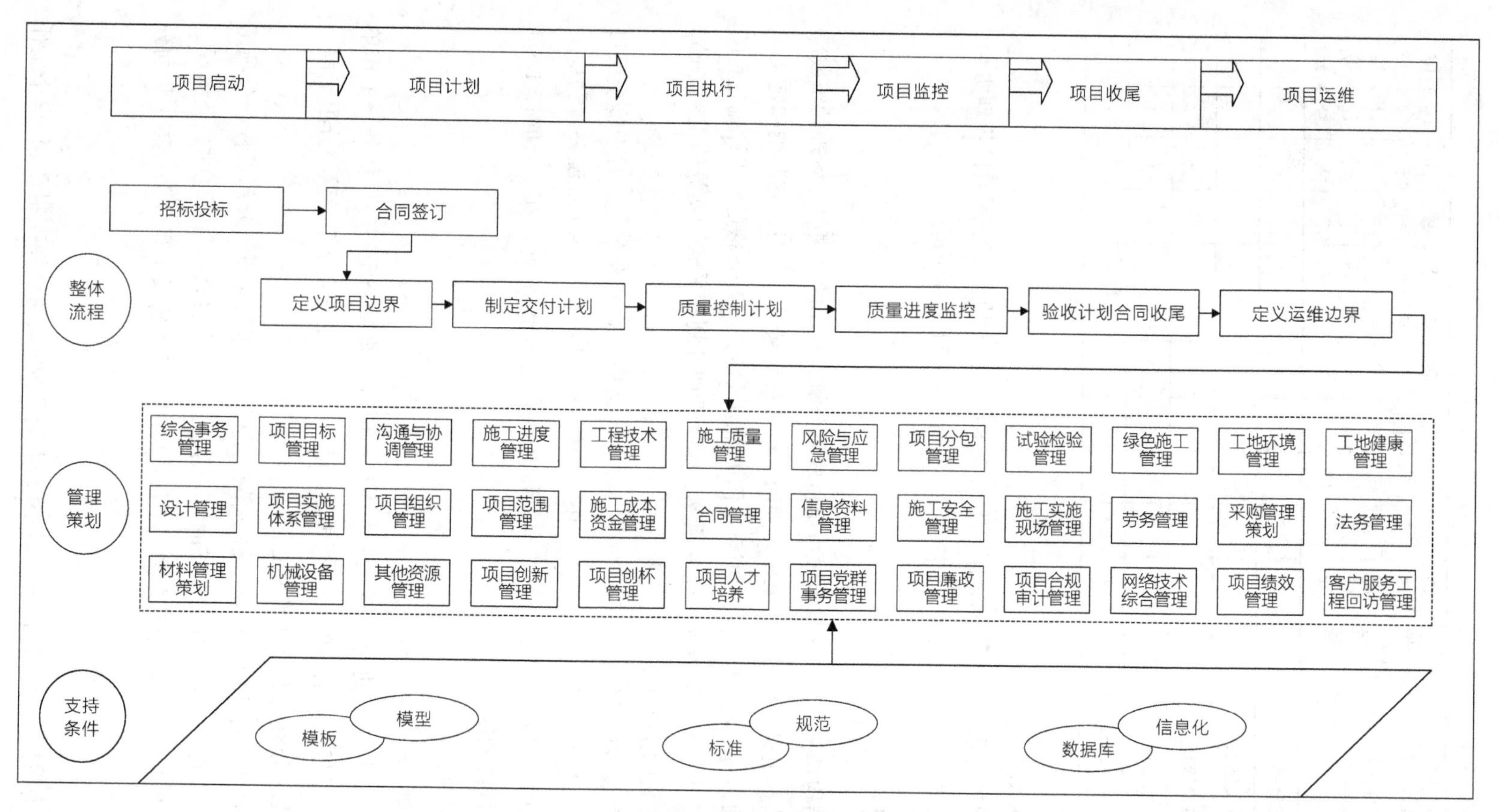

整体流程
项目启动
项目计划
项目执行
项目监控
项目收尾
项目运维
招标投标
合同签订
定义项目边界
制定交付计划
质量控制计划
质量进度监控
验收计划合同收尾
定义运维边界
管理策划
综合事务管理
项目目标管理
沟通与协调管理
施工进度管理
工程技术管理
施工质量管理
风险与应急管理
项目分包管理
试验检验管理
绿色施工管理
工地环境管理
工地健康管理
设计管理
项目实施体系管理
项目组织管理
项目范围管理
施工成本资金管理
合同管理
信息资料管理
施工安全管理
施工实施现场管理
劳务管理
采购管理策划
法务管理
材料管理策划
机械设备管理
其他资源管理
项目创新管理
项目创杯管理
项目人才培养
项目党群事务管理
项目廉政管理
项目合规审计管理
网络技术综合管理
项目绩效管理
客户服务工程回访管理
支持条件
模板
模型
标准
规范
数据库
信息化

图 7-6　管理流程体系图

日，目的是为了在项目执行期内更好地检查和控制。通过这一手段可以把项目的问题暴露在两周之内或更短的时间。如果某一任务的工期较长，建议对任务进行细化分解，以便符合两周原则。

3）责任到人原则

任务分解过程中，最小级别的任务最好是能够分配到某一个具体的资源。如果某一项任务的资源由若干个资源一起完成，建议对该任务再次进行分解，如果某一项任务出现问题，很难将责任精确定位到责任人。

4）风险分解原则

任务分解过程中，如果遇到风险较大的任务，为了更好地化解风险，应该将任务再次细分，更好更早地暴露风险，为风险的解决和缓解提供帮助。

5）逐步求精原则

高质量的任务分解需要花费时间，而在项目前期不可能考虑到后期非常具体的任务，因此即将开始的任务需要非常精细的分解，未来的任务可以分解粗放一些。等到执行时再进行细化分解。

6）团队工作原则

项目计划制定的主要责任人是项目经理，但不应该是项目经理一个人的工作。项目经理在制定项目计划过程中，尤其是关键过程中的任务分解和工期预估，一定要与项目成员一起进行。所在任务的执行和分解都应该征得大家的同意和确认，避免项目执行过程中任务分解方面的分歧。

2. WBS分解标准

根据PMI的《工作分解结构实践标准》，总结出了一些用于考察WBS策划质量的重要标准，如表7-8所示。

WBS策划质量评判表 表7-8

序号	标准	评判		
		优秀	合格	不合格
1	是否以可交付成果为导向			
2	是否定义了项目范围			
3	所有干系人是否明确了项目工作			
4	是否涵盖了100%的工作			
5	是否包含了需完成的所有可交付成果			
6	每个下级分解层级是否都包含了上级层级100%工作			
7	工作包是否有利于识别为交付工作包所需开展的任务			
8	是否以图形、文本或表格来呈现对项目范围的逐层分解			
9	WBS组件是否用名词和形容词命名			
10	是否为全部可交付成果的层级结构			

续表

序号	标准	评判		
		优秀	合格	不合格
11	每个组件是否都有一个WBS标识（编码）			
12	是否至少有两层，其中至少有一个分解层			
13	是否由工作的执行者创建			
14	干系人和专家是否已经参与WBS的创建			
15	是否随着项目范围的渐进明细而更新，直到确定范围基准			
16	是否随着项目变更控制而更新			

3. WBS 分解方法

WBS项目工作分解是一项非常严密的分析和推导工作，在分解时需要根据项目的特点进行分析、识别，逐步分解。制定工作分解结构的方法有很多种，主要包括模板法、自上而下法、自下而上法，其中最常用的是模板法和自上而下法。

1）模板法

即参考类似项目的WBS创建新项目的WBS。具体是以一个类似项目的WBS作为模板，根据新建项目的各种条件、情况，在模板上增加或减少该模板中的项目工作，从而生成新建项目的方法。

由于大多数工程建设项目都在一定程度上具有相似性，如果存在一个类似项目的WBS，那么就可将该WBS作为新建项目的模板，然后根据新建项目的各种独特情况的条件，增加或减少模板中的工作以生成适应新项目的WBS。

使用模板法可以减少在工作分解中的工作量，提高工作效率。但是模板法在我国工程建设项目的应用中存在着缺少模板的现象。造成这个现象的原因是由于我国工程建设项目应用起步较晚，比较完善的建设项目工作分解结构较少，有些企业进行项目工作分解后，未保留这些历史工程建设项目工作分解结构文件，使后人无法借鉴先前的经验。

2）自上而下法

这种方法是构建WBS的一种常规方法。具体是根据建设项目的目标和产出物逐层向下细分，分解得到下一层的子项目或项目要素，逐步给出实现项目目标、生成项目产出物的全部工作。简单地说就是从项目的目标开始，逐级分解项目工作，直到参与者满意地认为项目工作已经充分地得到定义。

该方法利用结构化和程序化的步骤与过程，最终分解得到一个全新工程建设项目的工作分解结构，因而可以将项目工作定义在适当的水平，对于项目工期、成本和资源需求的预估可以比较准确。

3）自下而上法

即从详细的任务开始，将识别和认可的项目任务逐级归类到上一个层次，直到达到项目的目标。在项目开始阶段，项目团队成员就尽可能地确定与项目有关的具体任务，再整合各项具体任务，归总到整体活动的上一级内容中。由于从底层开始，自下而上法创建的效果较好，利用该法来促进项目团队的协作。但耗费时间多，同时可能不能完全识别出所有任务或者识别出的任务过于粗略，过于琐碎。

4. WBS策划成果

由于每一个建筑工程项目，都有不同的建设内容，即使内容名称相同，其内涵也可能有区别，数量也不会相同，因此，WBS的清晰表达对于具有复杂性、单一性的工程建设管理的实施组织是非常重要的。WBS必须针对各自项目进行分解，这种强烈的针对性，是精细策划的前提，也是精准管控的基础，图7-7、图7-8是某高层住宅楼WBS项目分解图，先将某高层住宅楼项目分解成若干个阶段：前期、施工、运维、审计、拆除阶段；再将不同阶段的任务进行划分，任务再划分为子任务，以现场施工为例，对子任务的具体实施进行更细致的划分，现场施工的子任务又可划分为施工准备、施工管理、项目监督、竣工验收等子任务（图7-8），而施工准备和施工管理还可以进一步划分，将一个项目按照WBS分解原则逐步精准化，分解成责任到人的工作包。

将项目进行WBS分解之后，还需要编制项目WBS体系说明表，对项目实施的成本、进度、资源、负责人等进行安排，如表7-9所示。

某项目WBS体系说明表　　表7-9

一、项目基本情况

项目名称		项目编号	
制作人		审核人	
项目经理		制作时间	

二、工作分解结构

分解代码	任务名称	说明	工时估算	人力资源	其他资源	费用估算	工期	负责人	状态

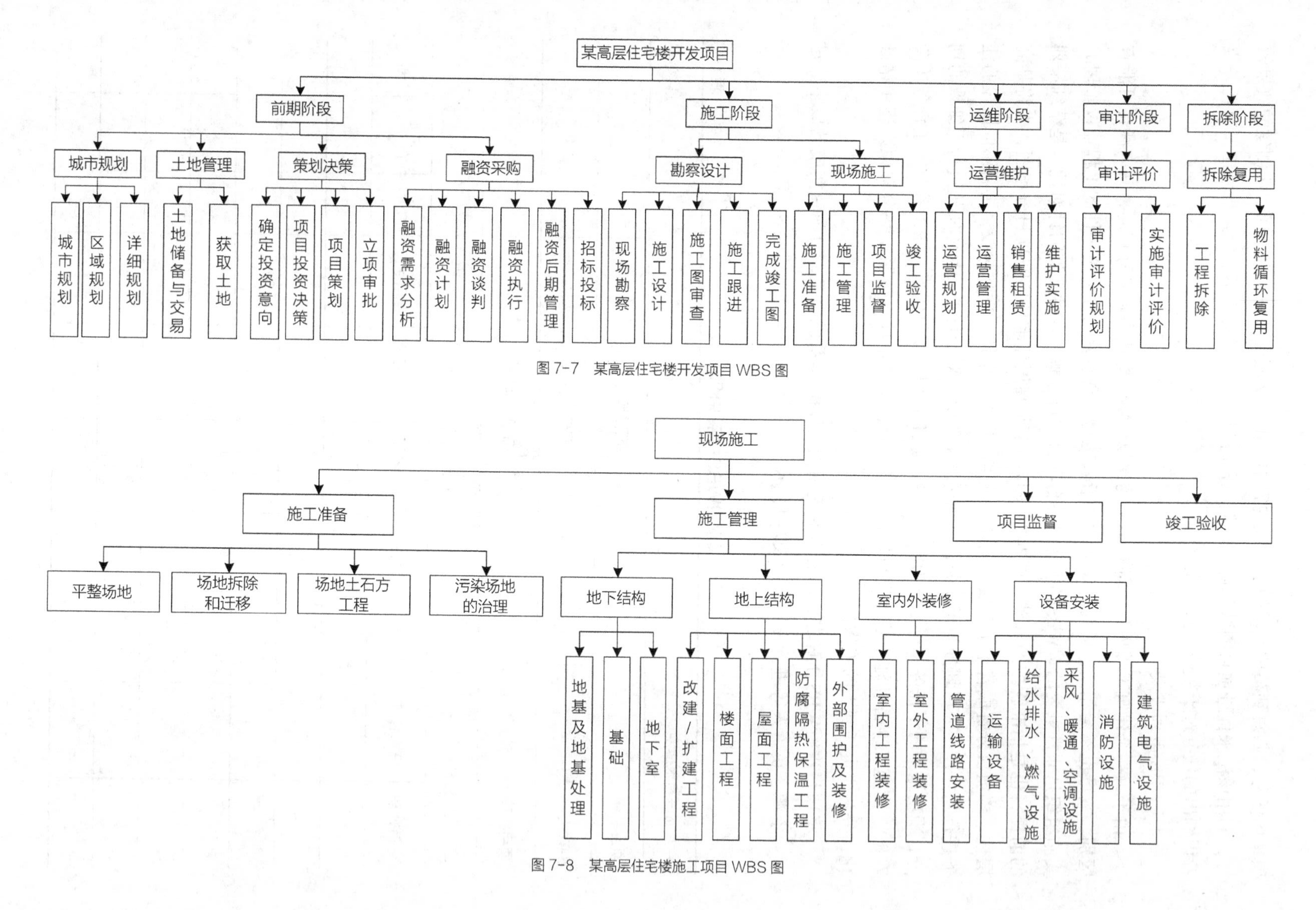

图 7-7 某高层住宅楼开发项目 WBS 图

图 7-8 某高层住宅楼施工项目 WBS 图

7.3.4 工艺策划

工艺策划主要针对产品的工艺进行规划，包括产品工序、使用设备、场地布局、产品物流等，前期会由项目工程师输入一份策划任务书，在里面明确产品的信息、项目的目标及生产工厂对策划的要求。制造业MES系统对建造业的工艺策划有极大的参考价值，MES是企业信息集成的纽带，是实施企业敏捷制造战略和实现车间生产敏捷化的基本技术手段。

国际制造执行系统协会对制造执行系统（Manufacturing Execution Systems，MES）的定义是制造执行系统传递信息，使得从下单到完成品间的生产过程能够最佳化，为企业实现一体化的设计与制造提供先进技术储备，支撑企业实施精益生产和精细化管理。

作为先进车间管理技术的载体，MES在帮助制造企业实现生产的数字化、智能化和网络化等方面发挥着巨大作用：①实时采集生产过程中发生的所有事件，整个工厂车间完全透明化；②避免人为输入差错，达到准确、及时、快速的数据反馈，使现场生产人员的精力集中在业务操作上，提高工作效率；③让产品在整个生产过程中变得清晰、透明，发现质量问题的原因，制定针对措施，解决质量问题，实现产品质量追溯，降低质量成本；④实时记录并监控生产工序和加工任务完成情况及其他情况，通过系统综合统计信息查询功能，及时发现执行过程中的问题并进行改善。MES可以为企业提供一个快速反应、有弹性、精细化的制造业环境，帮助企业降低成本、按期交货、提高产品的质量和提高服务质量。

因此，借鉴制造业MES系统的作用形式形成建筑业工艺策划内容，分为工艺布局、工艺路线、工装设计、定额制定、包装配送等环节。现将动车组的工艺策划与精益管理思想相结合，以此对工艺策划有更直观的认识。

工艺策划不当会造成以下问题，结合精益管理，可对其进行改进：

（1）工艺布局确定了生产线上的各工序作业与工装胎位安装的位置与数量、部件运输的路线，工艺布局规划不当，如上下工序之间场地间隔距离过远，工序路线迂回，会导致多余的过跨运输，多余的人员走动，多余的部件场地周转，资源浪费，成本增加，周期时间延长。

按工序与工艺流程进行布局，保证上下工序距离最近原则，减少过跨和不必要的运输产生的浪费。也可以通过将工序流转图/走动路线图引入工艺布局规划中，在工艺布局规划时标注各工序流转路线/走动路线图，明确各工序间的衔接关系及先后顺序，用于发现布局改善点，减少往返运输，使生产线更加流线化、合理化。

（2）工艺路线划分不当，如路线字数较多，会导致生产线上的运输浪费、路线迂回、周期时间延长、成本增加。

可以通过调整工艺方法，简化路线字数，保证物流路线顺畅，尽量减少迂回、交叉、往返运输。

（3）最初的材料定额制定不当会导致项目制造成本上的浪费，最初定额的制定与实际使用偏差较大，远高于实际使用，会增加成本。

那么在最初定额制定时利用科学化手段及数字化计算，得出相对准确的原辅材定额，从而提高原辅材定额制定的准确率。

（4）工装设计如不能实现多项目通用化、模块化，多项目快速切换，会打乱生产线布局，无法多项目共线生产，工装改制周期过长会延长生产周期，项目专用工装闲置增加成本浪费。

可以分析各部件的结构特点、装卡过程及工装布置，实现工装模块化、通用化；也可通过工装模块之间的相互转换、组合、位置/形状调整，实现工装的快速切换，实现各部件快速装卡找正。通过工装设计实现通用化与模块化，保证在生产过程中通过简单的快速切换实现不同车型、不同项目产品的共线生产。

（5）物料配送方案编制不当会导致生产线上的在制品浪费，以长大型材为例，物料包装如果没有合理配台，没有按合理方案进行包装，容易引起生产线上多余的倒运、长大型材吊头、反复运输等浪费。

可以通过制定合理的物料配送方案，针对物料包装方式，降低操作者搬运浪费，以长大型材包装方案为例，通过制定型材包装对照表和包装顺序图，要求供应商将一台车的各大部件型材按照组对顺序和型材叠放顺序一一对应[①]。

一个企业在市场经济体制下有效发展与壮大，投入与产出的价值比是关键。如何在投入合理的情况下实现产出的最大化、利润的最大化，工艺策划及管理很大程度上决定了企业的运营模式、生产组织形式及制造成本，从而决定利润的高低。通过在工艺策划阶段运用精益工具可有效降低生产线上的浪费与制造成本，保证产品从设计阶段到交付阶段的流畅性，减少非增值行为，从而最大限度满足客户需求。如表7–10所示，对项目中的基础工程、模板工程、钢筋工程、混凝土工程等进行施工工艺步骤的划分，形成项目施工工艺流程体系表。

项目施工工艺流程体系表 表7–10

序	步骤	施工工艺流程简述
1	基础工程	定位放线→复核（包括轴线、方向）→桩机就位→打桩→测桩→基槽开挖→锯桩→浇筑混凝土垫层→轴线引设→承台模板及梁底板安装→钢筋制安→承台模板及基础梁侧板安装→基础模板、钢筋验收→浇筑基础混凝土→养护→基础砖砌筑→回填土
2	模板工程	轴线投设→柱（剪力墙）模板制安→设置标高控制→二层梁模板制安→线管预埋验收→验收→依次推进
3	钢筋工程	熟悉图纸→钢筋下料→钢筋制作→钢筋绑扎（柱、墙、梁板）→验收
4	混凝土工程	作业准备→混凝土搅拌→混凝土运输→柱、梁、板、剪力墙、楼梯混凝土浇筑与振捣→养护
5	砌体工程	砌砖作业准备→砖浇水→砂浆搅拌→砌砖墙→验收
6	抹灰工程	门窗框四周堵缝（或墙身预留线管、槽、孔洞）→墙面清理→粘贴加强网→墙体基层处理→吊垂直、套方、抹灰饼冲筋→浇水湿润墙面→分层抹灰
7	楼顶水泥砂浆	基层处理→找标高、弹线→洒水湿润→抹灰饼和标筋→搅拌砂浆→刷水泥浆结合层→铺水泥砂浆面层→木抹子搓平→铁抹子压第一遍→第二遍压光→第三遍压光→养护

① 曲双，王亚男．精益管理在动车组工艺策划中的应用［J］．山东工业技术，2016（14）：202.

续表

序	步骤	施工工艺流程简述
8	饰件工程	（1）室外饰件：基层处理→吊垂直、套方、找规矩→贴灰饼→抹底子灰→弹控制线、排砖、贴样板块→面砖粘贴→回缝→清理墙面 （2）室内饰件：清理基层→弹线→刷水泥素浆→水泥砂浆找平层→水泥浆结合层→铺贴饰件→回缝→清理墙面
9	水泥砂浆刚性防水层	基层清理→通线确定砂浆厚度→刷素水泥浆结合层一道→扫帚均匀扫一遍→确保防水砂浆配合比符合要求→砂浆搅拌均匀→防水砂浆施工→有女儿墙的及卫生间沉箱四周混凝土与梁交接处必须做泛水坡

7.3.5 资源策划

资源策划是指经济的各种资源（包括人力、物力、财力）在各种不同的使用方向上的统筹调配与合理分配。由于资源的稀缺性要求人们必须做出选择，按照一定的规则或机制分配社会资源。生产领域的资源策划是指可供选择的生产要素资源在特定的社会机制作用下，不同产业或产业内部之间的分配、组合。

无论企业还是项目，我们接触最多的是“人力资源策划”，可见其重要性。企业人力资源规划主要表现在为实现企业的经营目标和经营计划提供重要基础。企业人力资源规划在企业经营计划中起着关键性的作用。企业的人员配置、职务管理和培训开发等工作必须与经营目标、经营计划决定的岗位设置、素质要求及各种协作、合作关系相匹配，企业对员工的激励必须与岗位目标相一致，在执行岗位任务过程中发挥人的积极性和创造性，企业员工的创造性是实现企业经营目标、经营计划的根本源泉，这就必须以相应的人员质量和数量为基础。

资源策划对于物力和财力的策划也十分重要。我们不仅要对人、财、物各个资源进行独立策划，还要对三者资源进行统筹策划，使企业的效益更上一层楼。表7-11是项目资料的策划表，在表中明确哪种类型的项目资源的计划时间、完成时间、落实情况以及负责单位。

项目资源策划表 **表7-11**

一、基本情况					
项目名称		项目编号			
编制人		审核人			
二、项目资源策划					
序号	资源名称	需完成工作	计划完成时间	落实情况	负责单位
1	钢筋	钢筋绑扎	……	……	……
2	……				
……					

表7-12是项目资源消耗历时表，可以准确地记录各项资源所消耗的时间，以及在一定时间内的消耗量和储备量。

项目资源消耗历时表

表7-12

一、基本情况			
项目资源名称	钢筋	项目编号	
制作人		审核人	
二、项目进度消耗			
事项	时间	消耗量	储备量
梁	……		
柱	……		
……			

7.3.6 应急策划

策划也是一种策略、计划、谋划和打算。应急策划是面对突如其来或潜在的危险，如自然灾害、重大事故、环境公害及人为破坏的应急管理、指挥计划等。应急策划包括应急预案、应急计划和应急方案等，对应急预案应进行操作演练。

应急策划有助于识别风险隐患、了解突发事件的发生机理、明确应急救援的范围和体系，让突发事件需处理的各个环节都有章可循，适用于全国各地区、各行业、各单位，在应对突发事件中发挥着极其重要的作用。

（1）可以科学规范突发事件应对处置工作，对突发事件做出及时的应急响应和处理，降低事故后果。应急策划预先明确了应急各方的职责和响应程序，在应急资源等方面进行了先期准备，可以指导应急救援高效、有序地开展，将事故的人员伤亡、财产损失和环境破坏降到最低。

（2）有利于避免突发事件扩大或升级，最大限度地减少突发事件造成的损失，是各类突发重大事故的应急基础。通过编制应急策划，可以对那些事先无法预料到的突发事故起到基本的应急指导作用，成为开展应急救援的“底线”。在此基础上，可以针对特定事故类别编制专项应急策划，并有针对性地开展专项应急准备活动。

（3）有利于合理配置应对突发事件的相关资源。通过事先合理规划、储备和管理各类应急资源，在突发事件发生时，按照策划中明确的程序，保证资源尽快投入使用。

（4）建立了与上级单位和部门应急救援体系的衔接。通过编制应急策划，可以确保发生超过本级应急能力的重大事故时，与有关应急机构的联系与协调。

（5）有利于提高社会居安思危、积极防范的风险意识。应急策划的编制、评审、发布、宣传、教育和培训，有利于各方了解可能面临的重大事故，采取相应的应急措施，有利于促进各方提高风险防范意识和能力。

（6）可以提高应急决策的科学性和及时性。突发事件的紧迫性、信息不对称性和资源有限性要求快速作出应急决策，应急策划为准确预测、判断事故发生的规模、性质、程度并合理决策应对措施提供了科学的思路方法，从而减轻其危害程度。

从日常开始预防应急事故的发生，做好准备，包括：对直属公司下属单位进行统计、相关应急事故进行策划、安全事故及专项策划进行调查等，如表7-13~表7-15所示。对直属公司下属单位信息进行统计，并实时进行相关信息的更新。做好应急事故的策划表，明确每个项目的相关负责人、可能发生危险的因素及所拥有的应急能力的评估。

直属公司下属单位统计表 表7-13

填表单位（章）： 填表日期： 填表人： 联系电话：

	所在地	工程项目	单位负责人	联系电话

项目应急策划表 表7-14

项目应急策划表		
一、项目概况		
二、工作小组人员		
成员1：	成员2：	成员3：
三、危险有害因素辨识		
因素1：	因素2：	因素3：
……		
四、应急能力评估		
优秀	良好	较弱
五、应急策划编制		
综合策划：	专项策划：	现场处置方案：
六、策划评审与发布		
内部评审意见		
部门会签		
外部专家评审		
实施文件		
其他		

安全事故及专项策划调查表 **表7-15**

填表单位（章）:　　　　填表日期:　　　　填表人:　　　　联系电话:

类别	序号	策划名称	制定单位	发布日期	修订日期	存在主要问题
总体应急策划	1					
专项应急策划	1					
	2					
	……					
高危岗位应急策划	1					
	2					
	……					

7.3.7 商务策划

7.3.7.1 商务策划概述

1. 商务策划由来

商务是一切以利益为目的、以交换为手段、以货币为表现的个人或组织活动。商务策划是以获得社会交换中的更多优势和利益为目标，通过创造性思维的有效整合，形成完整执行方案的过程。

“商务策划”一词由史宪文教授1996年在《商务策划》中首次提出，被1998年成立的WBSA（世界商务策划师联合会）接纳，“商务策划”便成为世界性学术概念：经济组织为了获得必要的竞争优势或最佳生存环境而采取的创新性或精密性决策思维方式①。

概括从20世纪80年代改革开放之初开始至今的中国商务策划业，其发展历程大致可分为三个阶段，如图7–9所示。

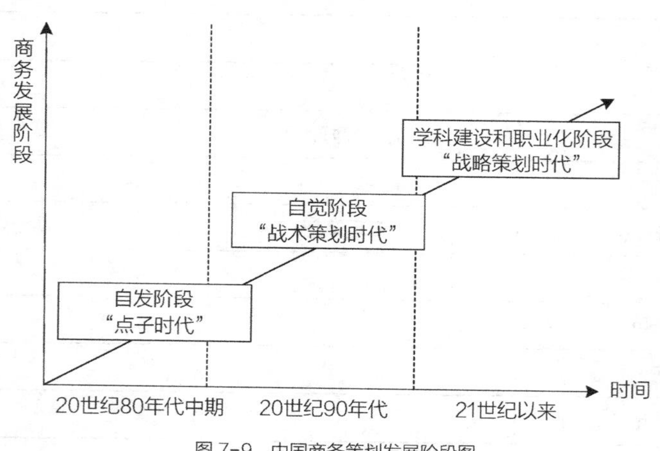

图7-9 中国商务策划发展阶段图

① 史宪文. 商务策划［M］. 北京：北京电视艺术中心音像出版社，2006.

20世纪80年代中期到90年代初期是商务策划的自发阶段，也可称“点子时代”；20世纪90年代中后期是商务策划发展的自觉阶段，也可称“战术策划时代”；21世纪以来是学科建设和职业化阶段，也可称“战略策划时代”。

2. 商务策划作用

商务策划的个人层面作用与组织层面作用如表7-16所示。

商务策划的作用表 表7-16

个人层面作用	组织层面作用
提高岗位职能 提高决策质量 提高人才的职场竞争力 提高人才的生涯竞争力	改变企业的发展方式 改变企业的发展目标 节约企业资源 提高企业发展和市场推广速度 促进和提高企业竞争能力

3. 商务策划流程

商务策划思维的基本过程：整理、判断、创新、验证，其业务流程如图7-10所示。

商务策划流程总结为“缘起、策划、决策、实施”，缘起即判断，接受任务，着手项目；策划即整理与创意、提案与谈判，搜集、整理、判断创新验证等环节，形成商务策划案；决策即论证与修正、文案与决策，被商务组织所接受、认同，形成按照策划方案实施的决策；实施即培训与督导、执行与修正，协同、指导和监督该商务组织实施此策划方案[①]。

4. 商务策划方法与内容

中建三局第二建设工程有限责任公司将商务策划方法归纳为“12345+15”。“12345+15”

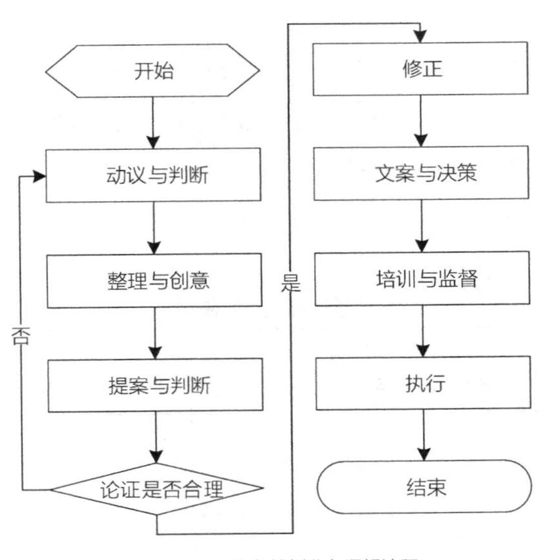

图7-10 商务策划业务逻辑流程

① 陈颖. 施工企业工程项目商务策划分析［J］. 中外企业家，2019（33）：201.

是指一个目的、两条思路、三个重点、四个阶段、五向要效益、从十五个方面入手。一个目的是指盈利目的。两条思路是指开源、节流。三个重点知识盈利点、亏损点、风险点。四个阶段是指投标阶段、签约阶段、施工阶段（基础施工阶段、主体施工阶段、装修施工阶段）和结算阶段。五向要效益是指向签证索赔要效益、向设计要效益、向报量要效益、向结算要效益和向管理要效益。从十五个方面入手策划主要是指深化设计、图纸会审策划、合同清单盈亏项及量差、重新组价策划、签证索赔策划、主动变更策划、方案优化策划、工艺策划、关系策划、税费、保险理赔策划、工序策划、资金策划、分包策划、专项策划、风险策划、认质认价策划。运用此方法可以增加商务策划的广度和深度，提高项目商务策划创效能力。

建设行业中，商务策划偏重于资信、资金、管理模式（分包、转包）等内容方面[①]，如表7-17~表7-19所示，对项目实施过程中的资金进行策划，包括责任目标指标一览表、施工商务策划表、资金策划表。

责任目标指标一览表 **表7-17**

<table>
<tr><td rowspan="2">合同价:________万元</td><td colspan="2">自行完成额:________万元
其中：土建:________万元
安装:________万元
钢结构:________万元</td></tr>
<tr><td colspan="2">甲指分包:________万元</td></tr>
<tr><td rowspan="3">造价指标:________元/m²</td><td colspan="2">土建:________元/m²</td></tr>
<tr><td colspan="2">安装：给水排水:________元/m²
强电:________元/m²
暖通:________元/m²
消防:________元/m²
弱电:________元/m²</td></tr>
<tr><td colspan="2">钢结构:________元/m²</td></tr>
<tr><td>项目目标责任成本:________万元
（土建/安装/其他）</td><td>上缴货币________万元（不含税）</td><td>上交比例:________%
（不含税）</td></tr>
<tr><td colspan="3">项目成本控制目标：在公司（分公司）签订的项目管理目标责任书的基础上，超成本降低比例________%，另行化解投标市场风险金额共计________万元</td></tr>
</table>

填表人:

备注：本表由公司（分公司）市场部和商务部填写，其他部门配合。

商务策划目录表 **表7-18**

序号	策划内容	策划属性	策划状态	策划预期目标	责任人	实施时间	实施效果	责任书签订情况	奖罚兑现情况

① 徐宝康. 施工企业工程项目商务策划探究［J］. 建筑施工，2017，39（5）：735-737.

资金策划表　表7-19

序号	时间	预计产值	收入计划	支出计划	资金余缺	拟采取措施

7.3.7.2　成本管理资料策划案例

中建三局集团有限公司是中建集团的标杆子公司，从商务资料入手，其成本管理所采用的精细策划方法，值得同行学习。

一级目录（总14项）：

业主合约管理、设计技术管理、物资管理、机电管理、施工管理、商务策划管理、过程结算管理、确权管理、图纸计算管理、分包招（议）标管理、分包合约管理、分包结算管理、公司报送管理、成本管理、工程结算管理、收发文管理、其他留底资料。

二级目录（34项）：

工程招投标资料、施工主合同资料、总承包管理资料、图纸会审资料、工程设计资料、工程技术资料、材料进场记录、机械进出场记录、水电费单据、建筑垃圾外运记录、商务策划资料、签证索赔资料、认价资料、过程协商资料、工期签证类文件、确权资料、图纸计算资料（对内）、图纸计算资料（对外）、分包招议标资料、分包合同资料、分包考核资料、分包结算资料、公司报量资料、其他报表资料、责任成本资料、成本分析资料、成本管控资料、竣工图资料、结算编制资料、结算谈判资料、收文资料、发文资料、工具书资料、请示报告资料、内部管理资料、其他资料。

三级目录（34项）：

参见中建三局集团有限公司2017年颁布《项目商务资料管理细则》（略）

7.3.8　创杯策划

中国特色的建设工程项目管理，鼓励创新创杯，对工程管理目标追求的设定，通常包括创建的“××杯”。

1. 建设行业创杯分类

建设工程行业管理中的创杯主要有鲁班奖、詹天佑奖、长城杯、白玉兰杯、海河杯、巴渝杯、钱江杯、龙江杯、黄山杯、杜鹃花杯等，如表7-20所示。

建设行业创杯分类表　表7-20

序号	创杯名称	颁奖部门	奖项类别
1	鲁班奖	中国建筑业协会	建设工程质量最高奖
2	詹天佑奖	中国土木工程学会、北京詹天佑土木工程科学技术发展基金会	中国土木工程领域工程建设项目科技创新的最高荣誉奖

续表

序号	创杯名称	颁奖部门	奖项类别
3	全国建筑工程装饰奖	中国建筑装饰协会	中国建筑装饰行业的最高荣誉奖
4	绿色建筑创新奖	建设部科学技术委员会	分工程类项目奖和技术与产品类项目奖
5	中国建筑工程钢结构金奖	中国建筑金属结构协会	中国建筑钢结构行业工程质量的最高荣誉奖
6	工程总承包金钥匙奖	中国勘察设计协会、中国工程咨询协会	优秀工程项目管理和优秀工程总承包项目
7	长城杯	北京市工程建设质量管理协会	北京市建设工程质量最高荣誉奖
8	白玉兰杯	上海市建设施工行业协会	上海市建设行业工程质量最高荣誉奖
9	海河杯	天津市建设行业联合会	天津市建设工程质量最高荣誉奖
10	巴渝杯	重庆市建筑业协会	重庆市建设工程质量最高荣誉奖
11	钱江杯	浙江省住房和城乡建设厅、浙江省建筑行业协会、浙江省工程建设质量管理协会	浙江省建设工程质量最高奖
12	龙江杯	黑龙江省工程质量监督管理协会	黑龙江省建设工程质量最高荣誉奖
13	黄山杯	安徽省住房城乡建设厅	安徽省建设工程质量最高奖
14	杜鹃花杯	江西省住房和城乡建设厅	江西省建筑工程质量最高荣誉奖
15	金匠奖	广东省建筑业协会	广东省建筑行业工程质量最高荣誉奖
16	长白山杯	吉林省建筑业协会	吉林省建筑工程质量最高奖
17	世纪杯	辽宁省建筑业协会	辽宁省建设工程质量最高荣誉奖
18	草原杯	内蒙古自治区住房和城乡建设厅	内蒙古自治区工程建设质量最高奖项
19	汾水杯	山西省建筑业协会	山西省建筑行业工程质量最高荣誉奖
20	长安杯	陕西省住房和城乡建设厅、陕西省建筑业协会	陕西省建设工程质量最高荣誉奖
21	西夏杯	宁夏建筑业联合会	宁夏回族自治区建筑装饰工程质量最高荣誉奖
22	江河源杯	青海省建筑业协会	青海省建筑企业获奖级别最高的奖项
23	天山奖	新疆维吾尔自治区建筑业协会	新疆维吾尔自治区级工程质量奖
24	雪莲杯	西藏自治区住房和城乡建设厅	西藏建筑领域最高奖
25	安济杯	河北省建筑业协会	河北省建筑行业工程质量最高荣誉奖
26	中州杯	河南省建筑业协会	河南省建设行业工程质量最高荣誉奖
27	扬子杯	江苏省住房和城乡建设厅	江苏省内建筑工程质量最高荣誉奖
28	楚天杯	湖北省住房和城乡建设厅	湖北省政府对各城市的规划、建设管理成果进行综合考评后授予的最高奖项
29	芙蓉奖	湖南省建筑业协会	湖南省建筑行业工程质量方面的最高奖
30	天府杯	四川省建设监理与工程质量协会	四川省建筑行业建设工程质量最高荣誉奖
31	黄果树杯	贵州省建筑业协会	贵州省建设工程施工质量方面的最高荣誉奖

续表

序号	创杯名称	颁奖部门	奖项类别
32	闽江杯	福建省工程建设质量管理协会、福建省建筑业协会	福建省建设工程质量最高荣誉奖
33	泰山杯	山东省住房和城乡建设厅、山东省建筑工程管理局、山东省建筑业联合会	山东省建筑工程质量方面最高奖项

每个省中还有市级的优质创杯工程，在浙江省主要有钱江杯、兰花杯、西湖杯、双龙杯等。钱江杯是浙江省建设工程质量最高奖；兰花杯是绍兴市建设工程质量最高荣誉奖；西湖杯（西湖杯建筑工程奖）是杭州市建筑工程市级奖，也是推荐参加省级优质工程奖评选的基础；双龙杯是金华市建设工程质量最高荣誉奖。

2. 鲁班奖申报程序

鲁班奖是中国建设工程鲁班奖（国家优质工程）的简称，是中国建筑行业工程质量的最高荣誉奖，每两年评选一次，主要授予中国境内已经建成并投入使用的各类新（扩）建工程，获奖工程数额不超过240项，获奖单位为获奖工程的主要承建单位、参建单位。

鲁班奖的申报程序如图7-11所示。

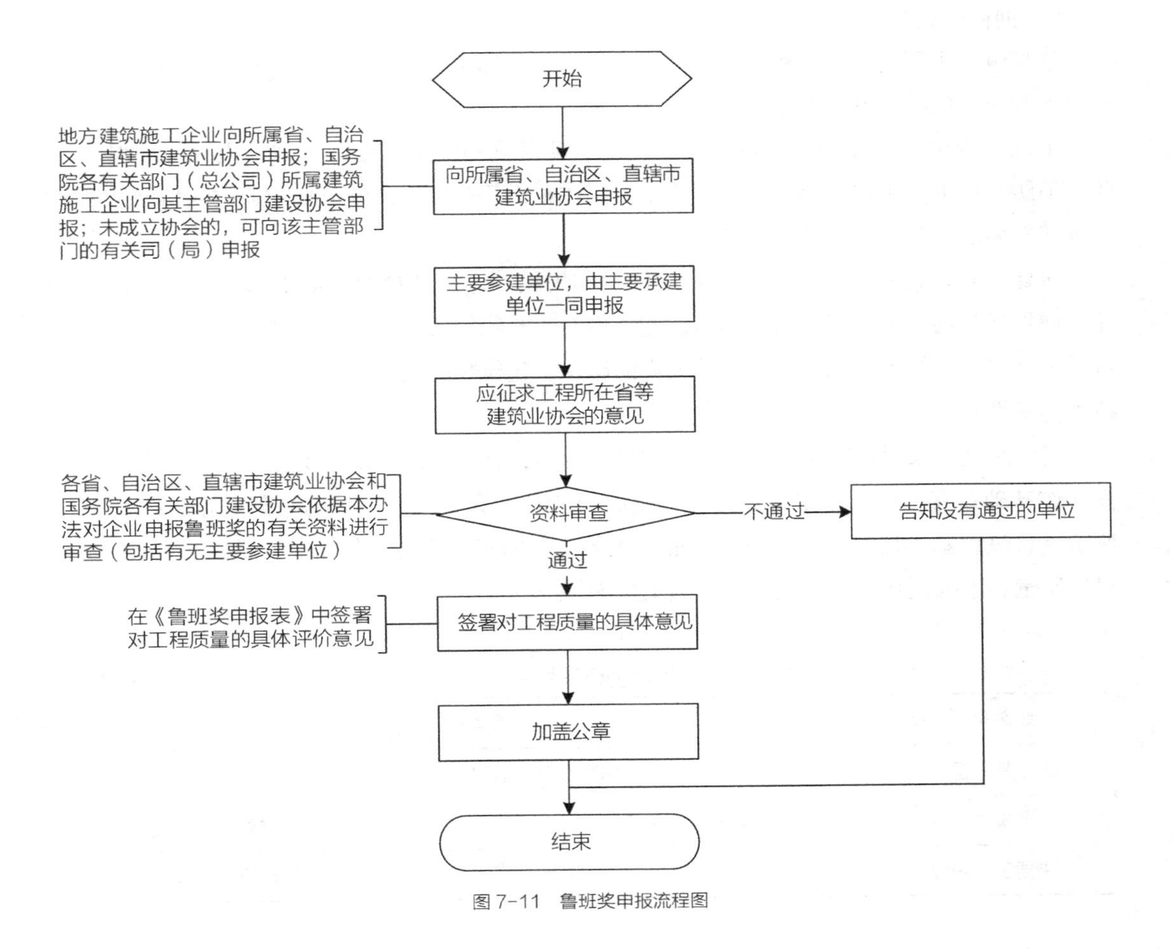

图7-11 鲁班奖申报流程图

（1）地方建筑施工企业向所属省、自治区、直辖市建筑业协会申报；国务院各有关部门（总公司）所属建筑施工企业向其主管部门建设协会申报；未成立协会的，可向该主管部门的有关司（局）申报。

（2）申报鲁班奖的主要参建单位，由主要承建单位一同申报。

（3）国务院各有关部门（总公司）所属建筑施工企业申报的工程，应征求工程所在省、自治区、直辖市建筑业协会的意见；地方建筑施工企业申报的专业性工程（包括市政工程），应征求国务院有关部门或专业协会的意见。

（4）各省、自治区、直辖市建筑业协会和国务院各有关部门建设协会依据本办法对企业申报鲁班奖的有关资料进行审查（包括有无主要参建单位），并在《鲁班奖申报表》中签署对工程质量的具体评价意见，加盖公章。向中国建筑业协会推荐，推荐二项以上（含）工程时，应在有关文件中注明被推荐工程的次序。

（5）对于被征求意见的有关省、自治区、直辖市建筑业协会或国务院有关部门（总公司）建设协会，应在《鲁班奖申报表》中相应栏内签署对工程质量的具体意见，并加盖公章。中国建筑业协会依据本办法对被推荐工程的申报资料进行初审，并将没有通过初审的工程告知推荐单位。

3. 创杯策划基本要求

创杯策划主要是创杯工程的策划，主要是做好统筹工作，对工程的重点进行预估，达到建筑物和建筑施工的基本要求。

策划过程中对相关的资料进行保存，确保项目顺利实施。做好计划、土地、环保、人防、消防、供电、供水、燃气、文明施工、媒体报道等多种形式的策划，通过宣传增加创杯工程的知名度，提供良好的外部条件。

对建筑物来说：建筑物要有一定的体量和规模。体量和规模最能引起人们的重视和关注，增加建筑物的吸引度，增强最后的竞争力。建筑物的设计要有一定的特色。一定的特色可增加建筑物的知名度和形象，增强人们的印象。建筑物的设计要使建筑施工技术有一定的技术创新性。

对建筑施工来说：建筑施工有一定的科技含量；有一定的施工组织保障；有一定的资金投入作基础；有系统的施工策划；有一定的规章制度保障创杯工程的顺利实施。如表7-21所示，将过程基本情况、主要技术标准、主要工程内容、参建单位、工程投资、建设工期、目标质量、申报创杯工程、创杯工程施工技术等内容进行策划。

项目创杯策划表　　表7-21

策划事项	策划内容
工程基本情况	（填写提示：地理位置、建筑面积等）
主要技术标准	（填写提示：积极采用新技术、新工艺、新材料、新设备，提高工程科技含量）
主要工程内容	（填写提示：分部分项工程等主要内容和工程量等）

续表

策划事项	策划内容
参建单位	（填写提示：建设单位、设计单位、施工单位、监理单位……）
工程投资	（填写提示：投资金额_______万元）
建设工期	（填写提示：计划工期_______天）
目标质量	（填写提示：达到省级或是市级优秀工程质量或是合格质量等）
申报××创杯	选择申报鲁班奖、詹天佑奖、长城杯、白玉兰杯、海河杯、巴渝杯、钱江杯、龙江杯、黄山杯、杜鹃花杯等
创杯工程施工技术	（填写提示：从结构工程安全可靠、装饰工程协调美观、安装工程安全适用、资料管理完整真实等方面进行控制）

7.3.9 创新策划

鼓励新技术应用是中国工程建设的既定方针。创新是指以现有的思维模式提出有别于常规或常人思路的见解为导向，利用现有的知识和物质，在特定的环境中，本着理想化需要或为满足社会需求，而改进或创造新的事物、方法、元素、路径、环境，并能获得一定有益效果的行为。

将创新思维与策划过程整合到一体中就形成了创新策划，即在特定的环境中从事件本身情况出发，根据内容特点等，利用现有的知识和物质，对传统策划方式进行改进或创造新的事物、方法、元素、路径、环境，取得更好成效的过程。

最常见的有废旧常用品的改造创新策划、新媒体的创新策划、技术研究方面的创新策划、工程与项目管理的创新策划、学科教育方面的创新策划等。

创新策划的目标包括减少资源的浪费、降低生活成本，实现环境生活新美感，推动创意类产品的研发和问世，实现建筑材料的多元性和多元组合、材料功能的置换、新项目造型新颖与独特等。创新策划的特点是创新性、真实性、普遍性、实际性。

创新策划的效果包括经济效益、社会效益和环境效益等。从经济学角度出发，提倡改造有利于降低人们的生活日常成本，实现改造物品独特的商业价值；从社会效益角度出发，对于保留和延续旧物本身所蕴含的艺术价值与时代精神，提高全民环保意识及审美素质教育具有双层意义。倡导旧物改造，以全新的视角合理利用资源，实现资源的优化配置，为城市的和谐、生态的可持续发展做出贡献；从环境角度出发，环境空间作为一个载体，充分合理利用旧物材料进行环境空间的设计与表现，利用增加个性化、艺术化的表现方式与手段。旧物通过改造利用，在满足人们使用功能需求的同时还满足人们求新、求异的精神审美需求。创新策划的成果包括项目基本情况、创新主题、创新方法和创新内容等，如表7-22所示。

项目创新策划表　　表7-22

一、基本情况			
项目名称		项目编号	
编制人		审核人	
二、创新主题			
主题名称	（填写提示：绿色创新、改造创新、管理创新等）		
创新原因	（填写提示：周围噪声污染达________%，绿色建筑面积达________%等）		
三、创新方法			
方法1	方法2	方法3	
……			
四、创新内容			
创新内容1	创新内容2	创新内容3	
……			

7.4 精细策划方法

应当根据企业能力、业务、环境条件、目标体系、资源水平针对性地选择策划方法。

7.4.1 系统分析方法——要素分析

7.4.1.1 系统概述

"系统"一词曾多次出现，其内容及出处如表7-23所示。

"系统"释义表　　表7-23

序号	内容	出处
定义1	事物中共性部分和每一事物应占据的位置，也就是整体的意思	古希腊德莫克利特所写的《宇宙大系统》中"synhistanai"一词
定义2	相互作用的多要素的复合体	奥地利生物学家冯·贝塔朗菲（Von Bertalanffy）
定义3	有组织的或被组织化的整体、相联系的整体所形成的各种概念和原理的综合，由规则的相互作用、相互依存的形式组成的诸要素的集合	美国的《韦伯斯特大辞典》
定义4	①任一客体，其中发生某种满足确定性这个性质的关系，这客体就是系统；②任一客体，其中发生某种预先确定的性质的关系，这客体就是系统	苏联学者乌约莫夫
定义5	许多组成要素保持有机的秩序，向同一目标引动的东西	日本的JIS（工业标准）
定义6	①有条理，有顺序，系统知识、系统研究；②同类事物按一定的秩序和内部联系组合而成的整体，如循环系统、商业系统、组织系统、系统工程；③由要素组成的有机整体；④多细胞生物体内由几种器官按一定顺序完成一种或几种生理功能的联合体	《汉语大词典》

续表

序号	内容	出处
定义7	由相互作用和相互依赖的若干组成部分结合成的，具有特定功能的有机整体①	钱学森
定义8	系统具有整体性、多元性、内在相关性②	许志国等学者在《系统科学》提出

通过分析总结以上关于“系统”的定义，本著认为，构成自然界的“要素”之间客观上存在某种聚合性；当人们在研究具有某种属性的事物时，关系比较密切的“元素”能够按照特定的关系和运行过程聚合起来，成为一个能输出一定功能的“聚合体”，便是“系统”。

明确系统特征，是我们认识、研究、掌握系统思想的关键。系统应当具备如下特征③~⑧。

1. 集合性

集合性表明系统是由许多（至少两个）可以相互区别的要素组成的。例如，一个建筑工程是一个系统，它的要素集合如图7–12所示。

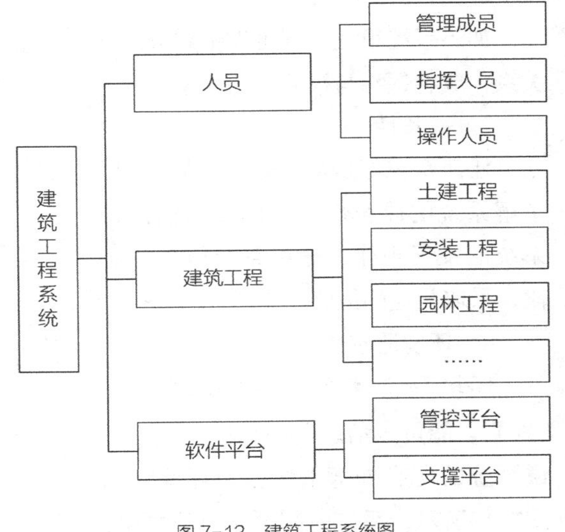

图7–12　建筑工程系统图

2. 整体性

整体性是系统最基本最核心的特性。主要表现为系统的整体功能，系统的整体功能不是各组成要素功能的简单叠加，也不是组成要素之间简单的拼凑，而是能达到“整体大于部分之和”的效果，呈现出组成要素所没有的新功能的效果。

3. 相关性

相关性是指系统内部的要素与要素之间、要素与系统之间、系统与其环境之间

① 钱学森. 论系统工程［M］. 上海：上海交通大学出版社，2007.

② 许志国. 系统科学［M］. 上海：上海科技教育出版社，2000.

③ 周德群，等. 系统工程概论（第四版）［M］. 北京：科学出版社，2021.

④ 肖艳玲. 系统工程理论与方法［M］. 北京：石油工业出版社，2002.

⑤ 汪应洛. 系统工程理论、方法与应用（第二版）［M］. 北京：高等教育出版社，1998.

⑥ 孙东川，等. 系统工程引论（第4版）［M］. 北京：清华大学出版社，2019.

⑦ 陈宏民. 系统工程导论［M］. 北京：高等教育出版社，2006.

⑧ 喻湘存，熊曙初. 系统工程教程［M］. 北京：北京交通大学出版社，2006.

存在着这样那样的联系。联系又称关系，常常是错综复杂的。如果不存在相关性，众多要素就如同一盘散沙，只是一个集合而不是一个系统。系统中任一要素与存在于该系统中的其他要素是相互关联又相互制约的，它们之间的某一要素如果发生了变化，则其他相关联的要素也要相应地改变和调整，从而保持系统整体的最佳状态。

4. 目的性

由于所研究的对象系统都具有特定的目的。研究一个系统，首先必须明确它作为一个整体或总体所体现的目的与功能。人们正是为了实现一定的目的，才组建或改造某一个系统。

5. 涌现性

系统的涌现性包括系统整体的涌现性和系统层次间的涌现性。系统的各个部分组成一个整体之后，就会产生出整体具有而各部分原来没有的某些东西（性质、功能、要素），系统的这种属性称为系统整体的涌现性。系统的层次之间也具有涌现性，即当低层次的几个部分组成高一层次的部分时，一些新的性质、功能、要素就会涌现出来。

6. 有序性（层次性）

如果系统很大，则可以把它分成几个子系统，不同层次的系统之间有着包含与被包含的关系，或者领导与被领导的关系。

7. 成长性

任何系统都是从无到有，从小到大，经历孕育期、发展期、成熟期、衰老期和更新期。了解系统的成长性，有助于人们认识系统的发展规律，分析系统所处的阶段，采取相应的策略。

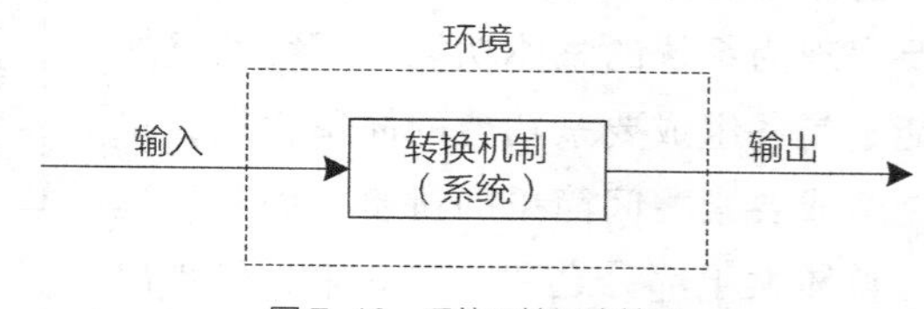

图 7-13　系统环境适应性图

8. 环境适应性

环境是指存在于系统以外事物（物质、能量、信息）的总称，也可以说系统的所有外部事物就是环境，如图7-13所示，系统时刻处于环境之中，环境是一种更高级的、更复杂的系统，在某些情况下会限制系统功能的发挥。

环境适应性特征，就是说不仅要注意系统内部各要素之间相关性的调节，而且要考虑系统与环境的关系，只有系统内部关系和外部关系相互协调、统一，才能全面地发挥出系统的整体功能，保证系统整体向最优化方向发展。

系统所有特性之间的关系如图7-14所示。

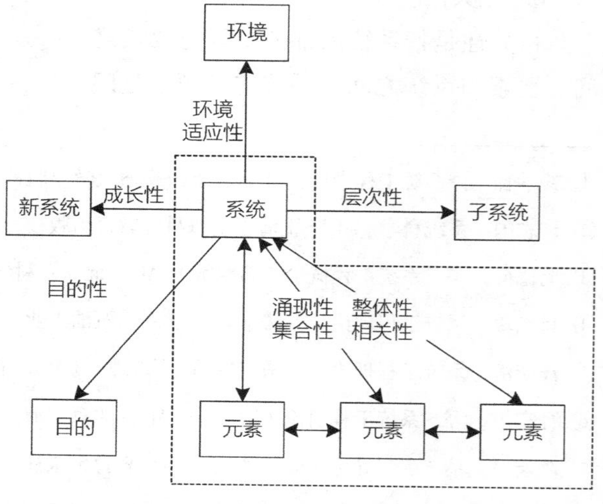

图 7-14　系统各特征的关系图

7.4.1.2 系统分析

系统分析有广义与狭义之分。广义的系统分析是把系统分析作为系统工程的同义词；狭义的系统分析是把系统分析作为系统工程的一个逻辑步骤，这个步骤是系统工程的核心部分。不管何种解释，都可以看出系统分析的重要性，是系统工程的重要标志。

"系统分析"（System Analysis）一词最早是在20世纪30年代提出的，当时是以管理问题为主要应用对象。到了40年代，系统分析得到了进一步发展，之后的几十年，无论是研究大系统问题，还是复杂的新系统，都广泛应用了系统分析的方法。

本著立足于狭义的系统分析，认为系统分析是系统工程中一个主要的逻辑程序。系统分析的目的是为决策者决策服务的，是为了发挥系统的整体功能及达到系统的总目标，采用科学合理的分析方法，对系统的环境、目的、功能、结构、费用与效益等问题进行深入的调查，细致分析、设计和试验，经过不断地分析和探索，从而制定出一套经济有效的处理步骤或程序，或提出对原有系统的改进方案，或提出决策者关心的某项工程的设想和建议等，以此为决策者提供决策所需的信息和资料。

系统分析的要素是指系统分析过程中涉及的要素。通常有六个要素：问题、目标、替代方案、模型、标准、决策[①]。

1. 问题

问题常表现为现实情况与理想境界之间的差别。人为了改变现实，达到理想的状况，便会产生需求目的。只有明确了问题的性质和范围，系统分析才有了可靠的起点。

2. 目标

所谓目标，是为了达到目的应完成的具体事项，是系统目的的具体化。目标是系统分析的出发点和落脚点。在系统分析时，首先必须全面了解和明确所要分析的问题的目的和当前的目标，同时确定系统的构成和范围以及系统的功能。

3. 替代方案（可行方案）

一般情况下，为实现某一目的，总会有几种可以采取的方案和手段，这些方案既可以彼此之间相互代替，又可以代替所研究的系统，故称为替代方案或可行方案。替代方案往往是一个合集，它是优选的基础，没有足够数量的替代方案，就不可能有优化。拟定多种现实目标的方案，进行分析比较，选择最优方案。选优是系统分析的工作内容之一。

4. 模型

模型是用来描述对象和过程某一方面本质属性的，是对客观世界的抽象描述。它可以将复杂的问题简化为易于处理、能够试验或调整的形式。使用模型进行分析，是系统分析的基本方法。

5. 标准

标准即评价指标，是评价方案优劣的尺度。标准必须具有明确性、可计量性和敏感性。根据标准对方案指标进行综合评价，最后可按不同准则排出方案的优先顺序。

---

① 汪应洛．系统工程（第5版）[M]．北京：机械工业出版社，2006.

6. 决策

有了不同标准下的方案的优先顺序之后，决策者还要根据分析结果的不同侧面、个人的经验判断，以及各种决策原则进行综合的整体考虑，将当前与长远利益相结合、局部和整体效益相结合、内部和外部条件相结合、定量和定性相结合，最后做出选优决策。

系统分析的六要素，可组成系统分析的概念结构图，如图7-15所示。

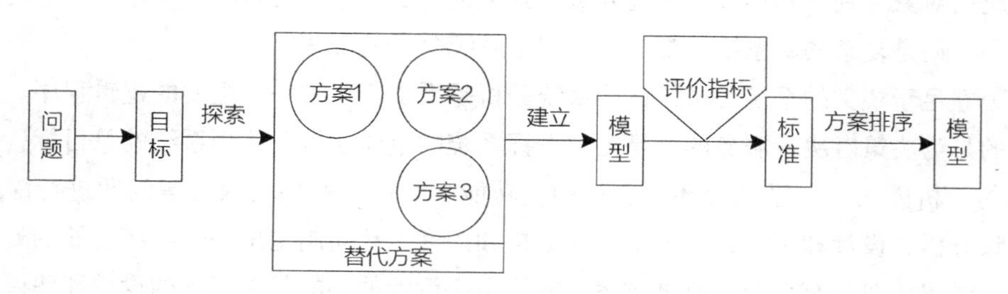

图7-15 系统分析概念结构图

系统分析是一项系统性和逻辑性较强的工作，是对流程进行探索、分析和创造的过程。尽管系统分析时，不同的分析者由于专业经验和价值观不同，对同一问题，即使采用相同的分析方法，也可能得到不一样的结果。尽管如此，探讨系统分析的流程仍然是有意义且必要的。系统分析的逻辑流程如图7-16所示，分为阐明问题、谋划备选方案、预测未来环境、建模和预见后果、评比备选方案五大部分①。

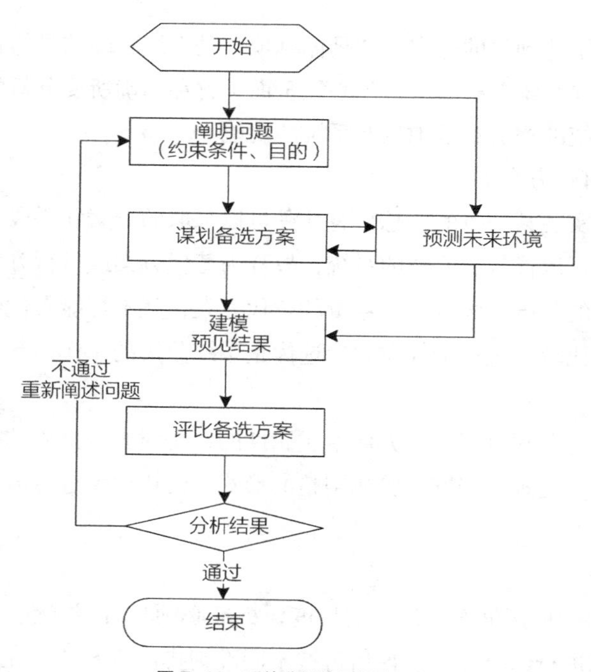

图7-16 系统分析的逻辑流程图

① 陈磊，等. 系统工程基本理论［M］. 北京：北京邮电大学出版社，2013.

系统分析没有一套特定的普遍适用的技术方法，随着分析的对象、问题的不同，所使用的具体方法可能很不相同。系统分析是一种研究策略，它能在不确定的情况下，确定问题的本质和起因，明确咨询目标，找出各种可行方案，并通过一定的标准对这些方案进行比较，帮助决策者在复杂的问题和环境中做出科学决策，常见的系统分析方法有如下6种。

1. 德尔菲法

德尔菲法，又名专家意见法，是依据系统的程序，采用匿名发表意见的方式进行系统分析的方法。即专家之间不得互相讨论，不发生横向联系，通过多轮调查专家对问卷所提问题的看法，经过反复征询、归纳、修改，最后汇总成基本一致的看法，作为预测的结果。这种方法具有广泛的代表性，较为可靠。具体实施流程详见10.3.1定性评价。

2. 主成分分析

在各个领域的科学研究中，往往需要对反映事物的多个变量进行大量的观测，收集大量数据以便进行分析寻找规律。多变量大样本无疑会为科学研究提供丰富的信息，但也在一定程度上增加了数据采集的工作量，更重要的是在大多数情况下，许多变量之间存在相关性反而增加了问题分析的复杂性，给分析带来不便。如果分别分析每个指标，分析又可能是孤立的，而不是综合的。盲目减少指标会损失很多信息，容易产生错误的结论。因此，需要找到一个合理的方法，减少分析指标的同时，尽量减少原指标包含信息的损失，对所收集的资料进行全面的分析。由于各变量间存在一定的相关关系，因此，有可能用较少的综合指标分别分析存在于各变量中的各类信息。主成分分析就是这样一种降维的分析方法。

3. 聚类分析

聚类分析（Cluster Analysis）是一种根据研究对象特征对研究对象进行分类的多元分析方法，它将样本和变量按照亲疏的程度，把性质相近的归为一类，使得同一类中的个体具有高度的同质性，不同类之间的个体具有高度的异质性。

4. 量本利分析

量本利分析是“产量-成本-盈利分析”的简称，通常又称为盈亏平衡分析或盈亏转折分析，它是成本效益分析的一种专门形式。产量、成本、盈利分别记为Q、C、P，它们三者是密切相关的，假设销售量等于产量，单位产品的售价为K，则有以下基本关系：

$$P=KQ-C=S-C$$

其中，$S=KQ$为销售收入。由此可见，企业要增加盈利P，有两条途径：降低成本C或增加销售收入S。而这两条途径是交叉作用、相互影响的。假设产品单价K不变，要增加销售收入S，就必须扩大产量Q，产量的扩大会对单位成本的降低产生协同作用，单位成本降低后售价也可以相应降低，售价的降低又对销售量起到促进作用。量本利分析就是要找出各种因素的最佳组合，从而使得企业的盈利P为最大。

5. 成本效益分析法

成本效益分析是在多个备选方案之中，通过成本与效益的比较来选择最佳方案。所谓成本，是以货币形式表示的各种耗费之和；所谓效益则是用成本换来的价值、功能或效果，它可以用货币来表示，也可以用其他意义的指标来表示，如安全性、可靠性、信誉、完成任务的概率、完成任务的工期等单项指标或综合性指标。在不同的问题中，应采用不同的指标。尤其在当代社会，人们还进一步考虑用社会效益、生态环保效益等来表示。

6. 技术经济分析

技术实践活动包括技术的研究、开发、应用、转移、布局等，通常有许多方案可供选择，方案的选择是否恰当，是技术活动成败的关键。技术经济分析主要是从经济的角度出发，根据国家现行的财务制度、税务制度和现行的价格，对建设项目的费用和效益进行测算和分析，对建设项目的获利能力、清偿能力和外汇效果等经济状况进行考察分析。技术经济分析的目的是通过分析，定性定量地判断建设项目在经济上的可行性、合理性及有利性，从而为投资决策提供依据。

7.4.2 全过程流程分析法

全过程流程分析类似于场景分析，从项目开始至结束，运用流程思想，进行全流程的预演、预判、改进、分析，有助于理解、设计流程，全过程流程分析具有仿真分析、成本分析、成本控制、效益分析、质量管理、决策支持等功能。常用的全过程流程分析方法有很多，其中流程牵引法（PTAG）以流程为内在牵引，集思想、理论、工具、方法于一体，是最为贴合的分析方法之一，在5.2节已进行了详细介绍，此处不再赘述。下面对其他几种常用的方法进行介绍。

7.4.2.1 头脑风暴法

组织在进行战略愿景规划、决定流程优化时常用到头脑风暴法。通过规范地讨论流程、规则，借助一些软件工具，保证讨论的有效性。与会者可以针对议题匿名，随意提出意见和建议。头脑风暴法的使用有助于及时发现组织流程中存在的问题，提出启发性的改造设想。

7.4.2.2 关键成功因素法

关键成功因素（Critical Success Factors，CSF）是指能够影响组织绩效、决定组织行业地位的因素。不同的行业、不同的组织、组织的不同发展时期，关键成功因素一般不同。运用关键成功因素法来分析流程，可以确定流程优化的关键环节，为流程优化的实施提供指导。

7.4.2.3 约束理论

约束理论（Theory of Constraints，TOC）是通过逐个识别和消除组织在目标实现过程中所遇到的制约因素，即约束，帮助组织确定改进方向和改进策略，从而更有效地实现目标。约束理论认为任何系统都存在一个或多个约束，系统中产出率最低的环节决定着整个系统的产出水平，即木桶原理。根据约束理论，在业务流程中，流程的效率取决于效率最差的环节，要提高流程质量、实现流程优化必须首先改善这些环节。

7.4.2.4 作业成本法

作业成本法（Activity-Based Costing，ABC）以活动为中心，通过对活动成本的计算，对所有活动进行追踪，尽可能地消除不增值活动，改进可增值活动。作业成本法是对现有业务进行分解，找出基本活动，侧重于对各个活动的成本，特别是活动所消耗的人工、时间等因素进行分析。流程费用和流程周期是评价流程的重要指标，使用作业成本法计算出流程每项活动的费用，并以此确定需要优化的关键活动或流程。

7.4.2.5 鱼骨图

鱼骨图（Fishbone）是因果分析的工具，在新流程设计、流程变革时，项目小组需要对现有流程存在的问题及其原因进行分析，运用鱼骨图可以找出每个流程问题产生的根本原因。企业要实施业务流程优化，其关键流程往往存在多种问题，可以通过鱼骨图的形式将原因描述出来，准确分析关键流程中存在的根本问题，为流程优化提供依据。

7.4.2.6 IDEF 方法群

IDEF（ICAM Definition Method）是美国空军在20世纪70年代末80年代初的ICAM（Integrated Computer Aided Manufacturing）工程中的结构化分析和设计基础上发展的一套系统分析和设计方法，因丰富且强大的表达能力与直观性使其在流程分析中得到广泛的应用。其中IDEF0、IDEF1分别是建立功能模型、信息模型的建模方法和过程。IDEF0通过自上而下地分解描述流程，确认非增值的活动，剔除非增值活动，确定需要进一步详细分析的流程，并对高成本的活动详细分析。此外，还可以评估现有的流程，发现其中存在的约束。而IDEF3在流程模拟中发挥了很大的作用，可以针对微小的差别建立不同的流程模型。在设计新的流程时，可重点分析流程的输入、共享资源和要素的敏感性。

7.4.2.7 ASME 方法

美国机械工程师学会（American Society of Mechanical Engineers，ASME）标准的最大优点是清晰地表达流程中各个活动是否增值，清楚地显示非增值活动所在的环节。ASME采用表格的方式记录活动、使用时间以及操作对整个流程所做的贡献。

7.4.3 管理视角的精细策划

管理视角下的精细策划在于思想和策略，是精细策划的精髓，在于精准的切入、精确的指向、闪耀的创意。

精细策划需要找准主要矛盾，抽丝剥茧地把问题层层剥开，处理问题的时候必须要注意先后的逻辑关系，由A推出B，由B推出C，将结论有逻辑地推理出来，运用合理的方法进行策划，可借鉴Five-Why分析法，一直提问“为什么”，直到找出问题根源。

精细策划对未来即将发生的事情进行系统、周密、科学的预测并制订科学可行的方案，包罗了对项目全过程的管理：①项目目标管理；②项目范围管理；③项目组织管理；④项目流程管理；⑤项目风险管理；⑥项目进程管理；⑦项目技术管理；⑧项目质量管理；⑨项目成本管理；⑩项目合同管理；⑪项目信息管理；⑫项目安全管理；⑬项目沟通管理；⑭项目资源管理；⑮项目采购管理；⑯项目人才管理；⑰项目环保管理；⑱项目健保管理；⑲项目劳务管理；⑳项目法务管理；㉑项目创新管理；㉒项目廉政管理；㉓项目审计管理；㉔项目IT管理；㉕项目绩效管理。

流程思维是精细策划的有力工具。首先确定流程总目录进行流程管理，是流程管理维度；流程是任务的有序组合，继而细化到任务管理层次，确定任务清单、确定内在线索、明确任务内容，是任务管理维度；流程牵引理论提出，每一项成熟的任务均具备九项基本要素，分别为：任务编码、任务名称、任务依据、任务资源、任务组织、任务职责、任务信息、任务各方、任务成果。名称是任务与生俱来的属性要素，任务依据和任务资源属于输入要素，任务编码、任务组织、任务职责是设计要素，任务信息、任务各方、任务成果属于输出要素，是要素管理维度。

要素管理维度以九要素为核心实现任务成熟，进而达成流程管理维度的流程成熟，从而构成管理视角的精细策划。

7.5 精细策划流程

精细策划是一项综合性很强、复杂性极高的系统性工作，通过流程视角，梳理项目全过程流程体系，为精细策划提供了逻辑清晰的实现路径。精细策划围绕具体项目而展开，具有极强的针对性，但立足于指导高度，提取共性，提出精细策划的普适性流程也是十分必要的。首先要尽可能详尽地搜集项目资料，而后圈定策划内容，选择策划方法，并得到精细策划方案文本，运用逻辑演练的方式预演预判流程走向，验证方案的可行性，如图7–17所示。

首先要收集资料，包括项目工程概况、市场调查、对最新出台的政策法规有一定的了解、相关项目的借鉴，包括同类项目的成本、进度、质量安排、风险防范等。确定精细策划的内容，策划的是工程项目的哪一部分，比如精细策划中的工艺流程、建造任务，根据不同工艺若干道工序进行一定的计划。对于策划的方法是采用系统分析法中的德尔菲法、主成分分析法、聚类分析法、量本利分析法、成本效益分析法、技术经济分析法，全过程流程分析法中的头脑风暴法、关键成功因素法、约束理论、作业成本法、鱼骨图法、IDEF方法群、ASEM方法，还是管理视角分析法等，对于不同项目性质选择合适的方法进行策划。确定策划的方法之后进行一定的验证，可以实地采用也可以模拟验证。策划方法通过之后要进行资料的归档，为后期相关策划提供借鉴。

7.6 案例：施工组织设计精细策划

建设领域施工阶段，最重要的策划文件是“施工组织设计”（施工策划方案，分投标阶段和实施阶段），本节概要“施工组织设计”是实现精细策划的重点。

施工组织设计是对拟建工程的施工提出全面的规划、部署、组织、计划的一种技术经济文件，作为施工准备和指导施工的依据，其实质是对工程项目的策划，施工组织设计总流程图视为一级流程，如图7–18所示。

施工组织设计总流程图绘制结束后进行流程清单梳理，如图7–19所示。

A、B、C、D、E、F、G、H为二级流程，每一部分的后续细分则为三级流程。对每一流程进行梳理后确定任务清单，赋予九要素，形成一篇完整的“施工组织设计”（方案、实施）文件。

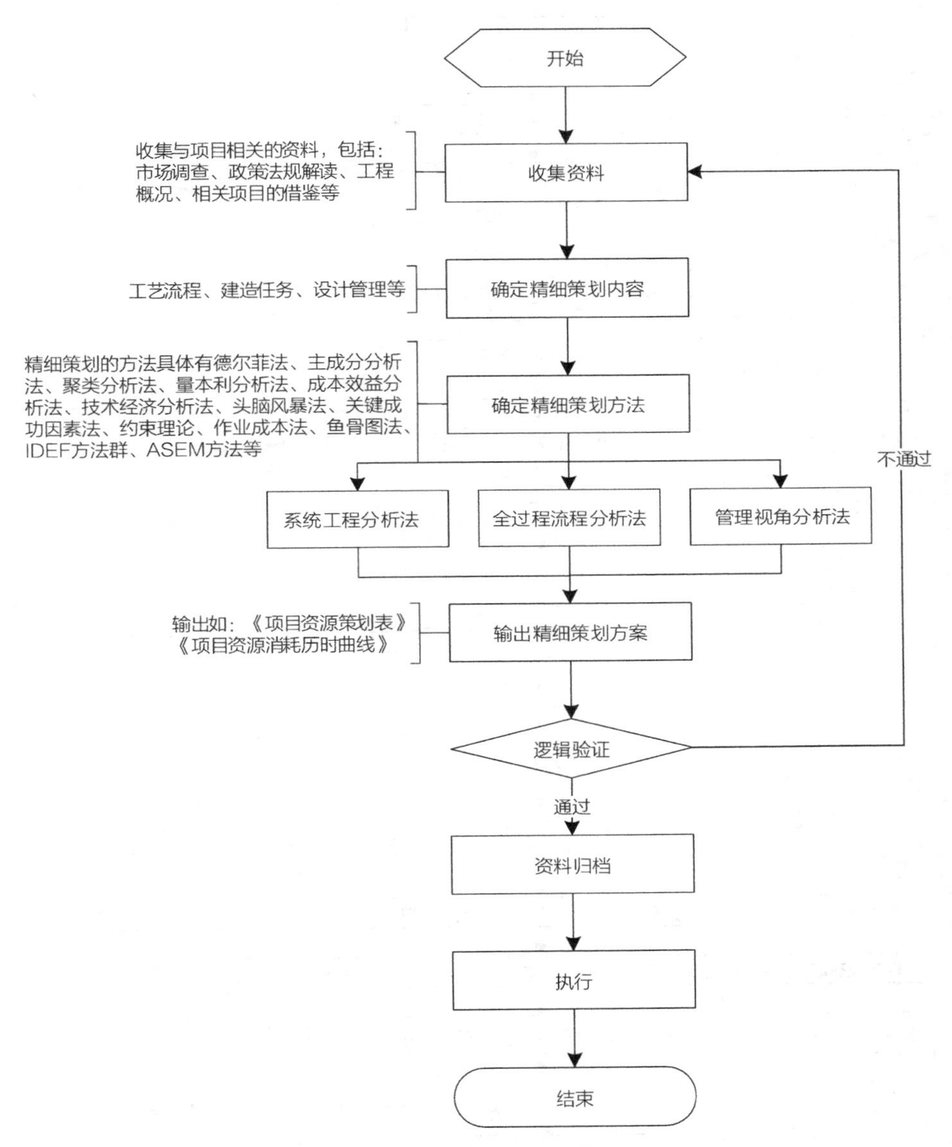

图 7-17　精细策划流程图

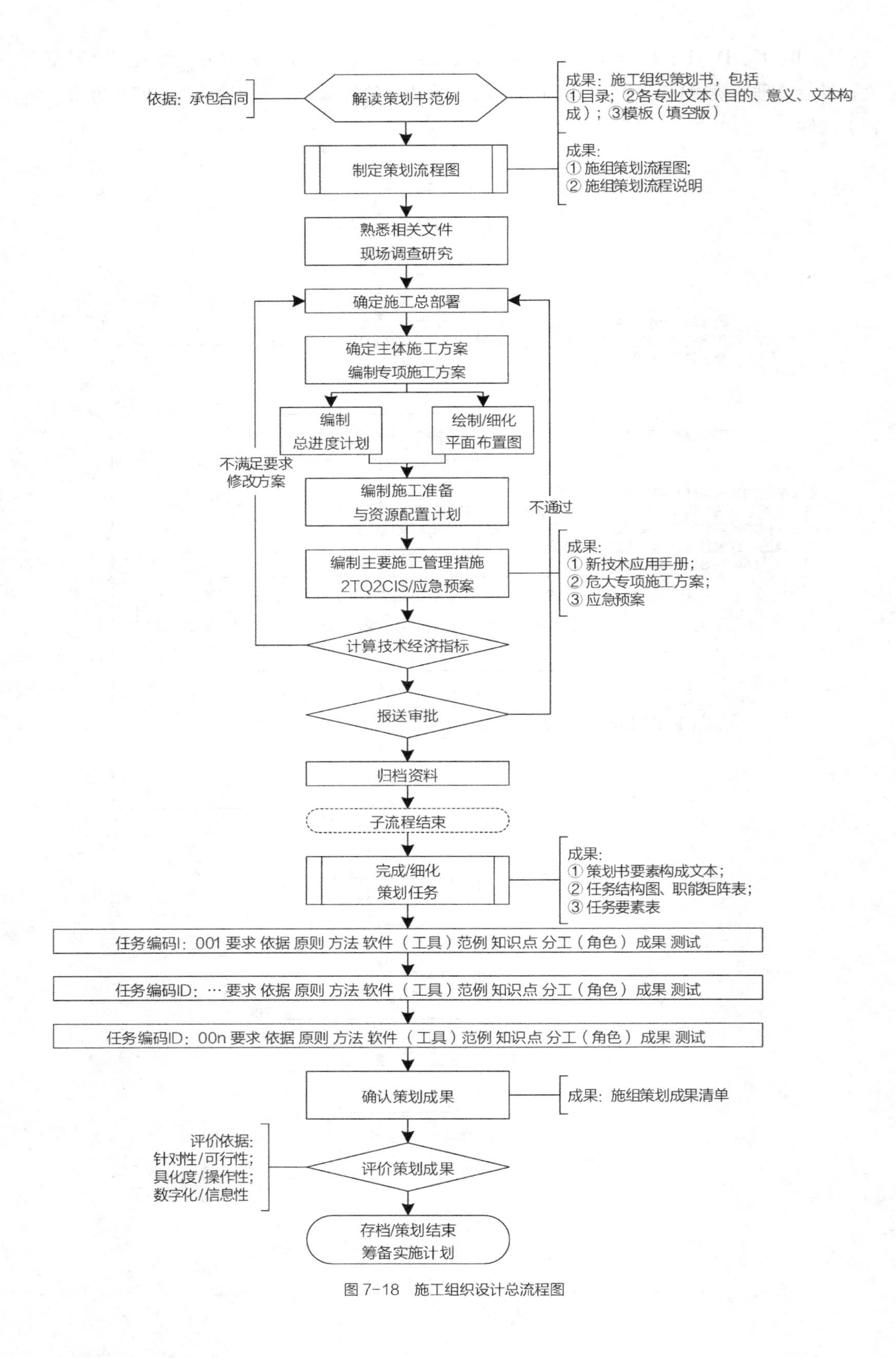

图 7-18　施工组织设计总流程图

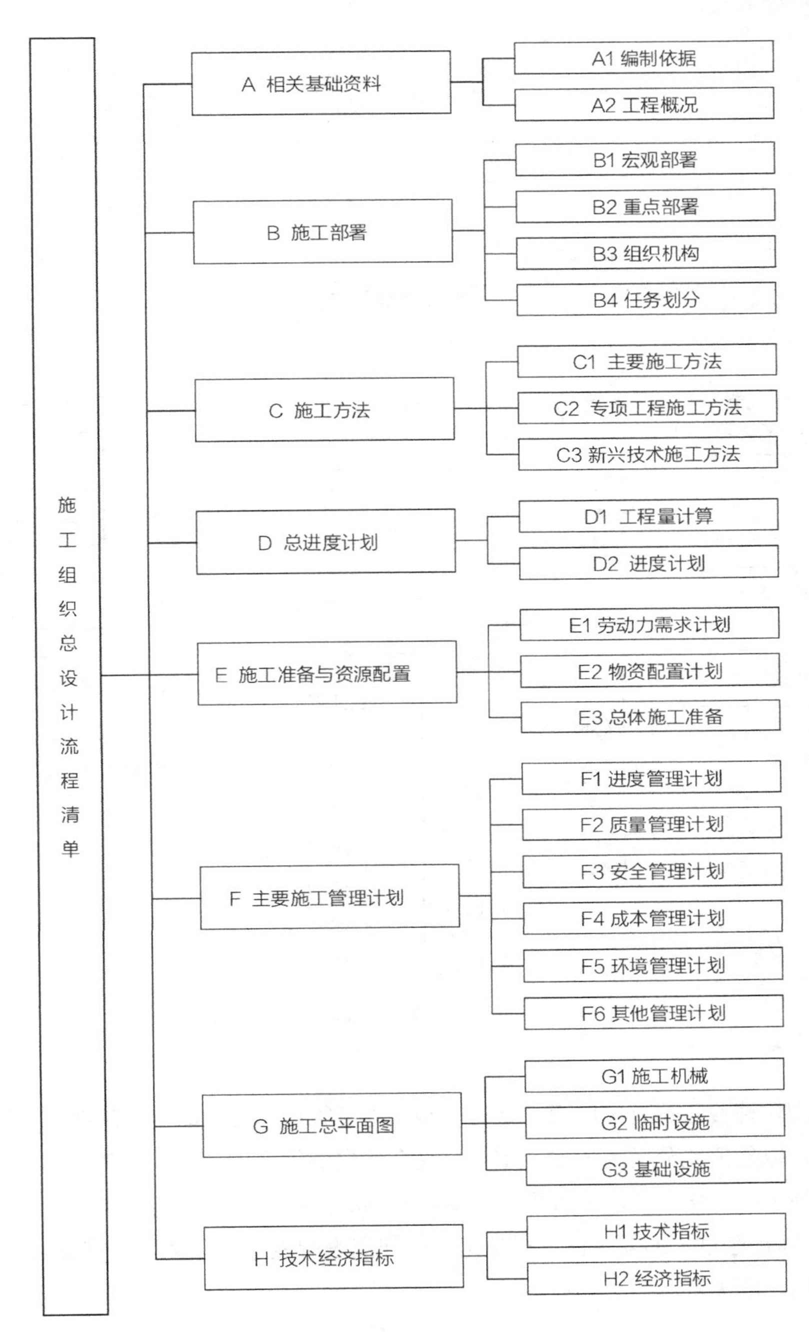

图 7-19 施工组织设计流程清单图

第 8 章

精益建造

本章逻辑图

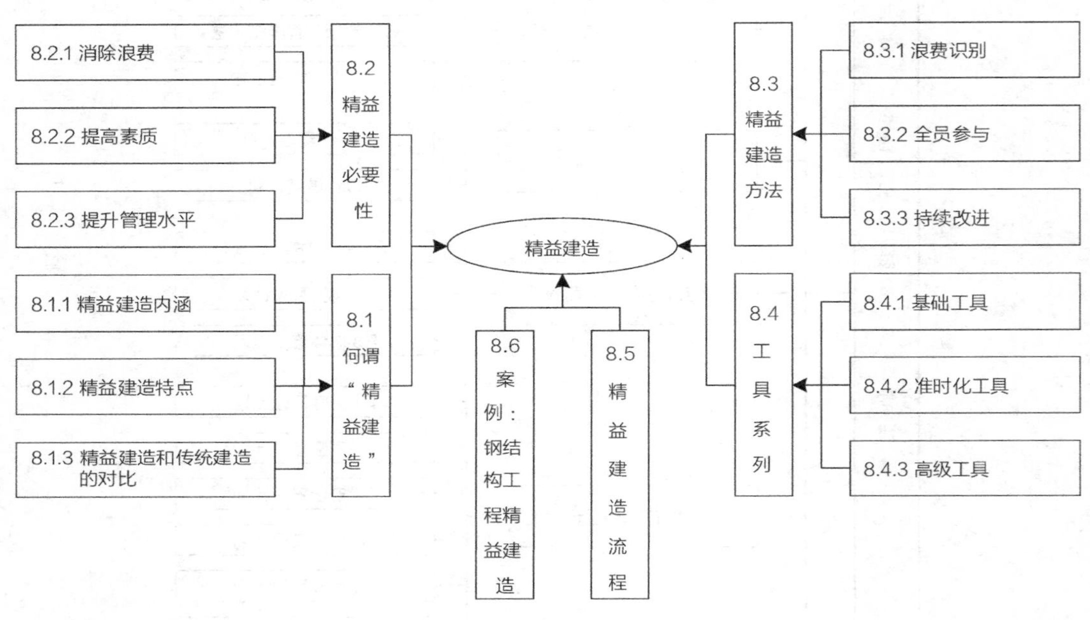

图 8-1　第 8 章逻辑图

精益管理比精益建造有更广而丰富的内涵。精益管理思想，简单地理解为“以创造顾客价值为导向，以价值流分析为依据，重新审视企业内部的运营管理，发现增值环节，剔除或减少非增值环节，优化价值产出过程，减少不必要的损耗”①。精益建造则是建筑工程中的重要环节，“实际建造过程的复杂性远远超出了任何图表所表达的含义”②。精益建造是精准管控理论“五精”的关键。

① 精益界. 精益班组管理自检手册［M］. 北京：中国电力出版社，2015.

②［美］斯蒂芬·基兰，詹姆斯·廷伯莱克. 再造建筑：如何用制造业的方法改造建筑业［M］. 何清华等译. 北京：中国建筑工业出版社，2009.

8.1 何谓“精益建造”

8.1.1 精益建造内涵

精，不投入多余的生产要素，只在适当时间生产必要数量的产品或下一道工序急需的产品；益，所有经济活动都要有效，推行施工流程的均衡化、同步化，实现零库存与柔性生产，减少任何环节上的浪费，最终实现拉动式准时化施工①。

美国生产与库存管理协会（APICS，1998）认为：“精益就是把企业经营活动中存在的所有非增值活动识别出来并加以剔除”②。

精益不是组织应该做什么，而是组织通过有效的系统性设计和实施应该成为什么，精益可以简单理解为“以少做多”，用较少的资源做得更好，以获得可持续发展。

1780年英国皇家海军开发了标准化作业和快速换型技术，精益生产方式由此开始，逐步发展成型于1990年，麻省理工学院的詹姆斯·沃麦克和丹尼尔·琼斯教授合著的《改变世界的机器》，正式提出了“精益生产”的概念。1992年，Lauri Koskela③提交的一篇报告“*Application of the New Production Philosophy to Construction*”第一次提到了将“精益思想”运用于建筑业中，以期改善装配式建筑的管理模式，John Bicheno and Matthias Holweg在*The Essential Guide to Lean Transformation*④（《精益工具箱》）中对精益思想的发展与多样化应用进行了归纳总结，如表8-1所示。

精益的发展历程　　表8-1

时间	事件
1780~1790年	英国皇家海军开发了标准化作业和快速换型技术
1810年	莫兹利（Maudslay）和布鲁内尔（Brunel）建造了第一条机械化的制造生产线
1859年	塞缪尔·斯迈尔斯（Samuel Smiles）出版《自己拯救自己》一书，丰田佐吉（Sakichi Toyoda）后来深受其启发，它是在精益诞生地陈列的唯一书籍
1913年	福特汽车公司建立高地公园工程，使用装配式流水线
1925年	短语“大批量生产”收录在大英百科全书中
1927~1930年	埃尔顿·梅奥（Elton Myo）和弗里茨·朱利斯·罗特利斯伯格（Roethlisberger）在西屋电气的霍桑工厂研究生产效率
1936年	通用汽车公司发明“自动化”一词，丰田喜一郎参观福特汽车公司，开始“准时制生产”

① 易生俊，孙亚彬．实用精益流程管理学［M］．北京：中国人民大学出版社，2016.

② 曹晓峰．亨利·福特的“精益思想”［J］．企业管理，2021（2）：30-32.

③ Koskela L J，Ballard G，Howell G，et al. The foundations of lean construction［J］．Butterworth Heinemann，2002，11（8）：211-226.

④［英］John Bicheno，Matthias Holweg著．精益工具箱（原书第4版）［M］．王其荣译．北京：机械工业出版社，2016.

续表

时间	事件
1942年	约瑟夫·朱兰（Joseph M. Juran）再造隆德租赁的采购流程（从90天缩减到53小时）
1943~1944年	波音二厂和福特的Willow Run组装厂出现轰炸机流水生产线
1945年	新乡重夫（Shigeo Shingo）指出大批量生产是延误交付的主要原因
1948年	戴明（W. Edwards Deming）在日本发表演讲表示浪费是质量问题的主要来源
1950年	大野耐一开始开发丰田方式，在丰田使用U形生产单元，TWI在20世纪50年代初引入丰田
1978年	第一篇关于“准时制生产”的文章在美国的杂志出现
1980年	瑞典VOLVO汽车公司创造了沃尔沃生产方式，C. 贝利格兰著书《沃尔沃的经验》是以较少的人数完成整车组装的小规模生产
1981年	摩托罗拉首创“六西格玛”技术
1983年	APICS和Dow Jones Irwin出版罗伯特·霍尔（Robert Hall）的《零库存》
1988年	大野耐一的《丰田生产方式》由Productivity Press公司出版
1989年	大野耐一和日本管理协会出版《丰田的看板：准时化生产》
1990年	詹姆斯·沃麦克（James P. Womack）和丹尼尔·琼斯（Daniel T. Jones）合著的《改变世界的机器》正式提出了“精益生产”的概念
1992年	罗瑞·科斯凯拉（Lauri Koskela）的《新生产理念在建筑中的应用》提出可以将精益生产和制造原则在建筑业进行应用
1993年	科斯凯拉提出“精益建造”这一概念，这是在精益思想的发展史上，首次被提及
1994年	日本索尼生产革新综合部部长金辰吉提出《单元生产方式》
1996年	沃麦克和琼斯提出了一整套的理论体系《精益思想》由Simon and Schuster公司出版
1999年	斯比尔（Soear）和鲍恩（Bowen）的《破译丰田生产模式的基因》在《哈佛商业评论》发表
2001年	李金亮等率先提出“精益建造”在我国的概念，指出精益建造是由制造业精益生产而来，精益建造区别于传统项目管理，并比较了二者的特点，同时，指出未来建筑业，在精益建造的方式下，发展方向更加明确
2003年	约翰·塞登（John Seddon）在《指挥和控制的自由》中提出“失效需求和增值需求”的概念
2004年	李效良（Hau Lee）的《3A供应链》在《哈佛商业评论》发表
2005年	为适应全球性市场运营方式，必须实现“世界同一质量，最适宜地点生产”，更新了丰田生产方式为新准时生产方式，2005年日本青山大学教授在《品质管理》撰文“新时期经营管理技术的新原理——新准时生产”
2007年	阿伦·沃德（Allen Ward）的《精益产品和流程开发》由精益企业研究院出版
2008年	雪恩伯格尔的《精益六西格玛最佳实践：最深入的观察》指出长期库存周转趋势的赢家和失败者，丰田的表现不佳
2015年	刘爽认为精益思想应将制度建设与团队建设进行有益的融合，才能更好地发挥中国企业的特长
2016年	贺鹏飞、李刚在《精益生产方式在现代中小企业生产管理中的应用研究》中主张：精益生产不仅是一种生产方式，还是一种企业文化，一种生产的思维方式

精益建造从业主需求出发，通过科学、系统的管理，以在施工全过程中尽量减少和杜绝浪费，实现质量、时间、成本的整体优化，创造最大的价值，最终实现工程项目的成功交付目标。精益建造作为一种新的项目管理模式，它的指导原则是精益思想，充分考虑了建筑业的特殊性，运用精益建造相关理论来服务工程项目的整个生命周期①。

精益建造是综合生产管理理论、建筑管理理论以及建筑生产的特殊性，面向建筑产品的全生命周期，持续地减少和消除浪费，最大限度地满足顾客要求的系统性方法。精益建造的管理目标：用精益建造的方法，减少多余工序、减少工作面闲置、减少资源浪费、提高一次成优率、减少一次性措施投入，追求“零浪费”“零库存”“零缺陷”“零事故”“零返工”“零窝工”的目标。

8.1.2 精益建造特点

精益建造本质上是将不可控因素的影响降到最低，符合精益的愿景：追求并不断尝试可能一生也无法达成的目标，并坚信有朝一日肯定有人能达成。精益思想的起点是价值，从为顾客创造价值出发，不断消除建造过程中的浪费，并对建造过程进行持续改进，而达到这一目标的基础就是对建造过程中的价值活动进行识别和分解，最终形成对价值链的整体分析。

精益使得项目组织具有弹性、可靠性，组织成员之间具有关联性，精益具有25个核心特性和五大原则，25个特性如表8–2所示，五大精益原则为：价值、价值流、流、拉动式、完美。五大精益原则不是依次排列、一次即止的流程，而是一个持续循环的改善过程。

精益核心特性表 表8–2

特性	概述
顾客	外部的顾客既是起点也是终点，寻求最大化顾客价值
目的	有全局观念，对“什么是目标”提问
简单	精益不容易做到，但是简单化普遍适用，简单化的运营、系统、技术、控制和目标等
浪费	浪费是通病，学习识别浪费，寻求持续减少浪费的方法
流程	按照端到端的流程来组织资源和思考问题，横纵向协同思考
可见性	努力让所有流程尽可能可见和透明，用目视控制
规范化	对重复性事物，通过制定、发布和实施标准达到统一，以获得最佳秩序和社会效益
流动	努力让各个增值活动流动起来，协同作业，保证准时化生产
均衡	努力让策划、采购、施工都均衡化作业，避免致命波动
拉动	努力让生产和客户的需求保持一致，避免过量生产，要基于拉动的需求链，而不是基于推动的供应链
延迟	将促进产品变化的活动尽可能推迟以保持灵活性，减少浪费和风险

① 张连营，丛琳等．变革型领导力作用下组织精益文化对精益建造绩效的影响［J］．工程管理学报，2018，32（5）：135–140.

续表

特性	概述
预防	努力预防问题和浪费，而非检查和修复，将重点从失效和评估转移到预防
时间	努力不让非增值步骤延误增值步骤，时间是最好的单个绩效度量指标
改善	改善既有“强制性的”，又有“被动性的”；既有“渐进性的”，也有“突破性的”，改善不仅包括减少浪费，还包括创新
伙伴关系	内部寻求各职能部门之间的合作，外部寻求与供应商的合作，全员参与，而非只靠个人
价值网	成本、质量、交期和灵活改善的最大机会在于供应链的竞争，链中的每一环节都需要增加价值，从一维供应链扩展到二维价值网络
现场	到问题发生的现场寻找事实，采用走动式管理
提问（倾听）	鼓励提问文化，多问几次“为什么”来寻根到底，鼓励每个人发现问题
减少变异	时间和数量变异在每个过程中都存在，从供应链的需求放大现象到尺寸变异，它是精益最大的敌人
避免过载	过载意味着超负荷工作，此时一点点的干扰和变异都会影响进度计划
参与	首先将解决问题的机会给予全体员工，真正地参与意味着完全的信息共享
递进思维	指定满足要求的最小设备，在增加新设备前充分利用现有设备，通过“多能工”和通用设备打破规模经济，培养善于思考的员工
信任	信任可在内外部大量减少官僚程序和时间浪费，信任也使得组织更加扁平化，更加合理，更加具有创造力
知识	知识工作者是企业的支撑力量，构建知识和分享知识变得越来越重要，学习显性知识，挖掘隐性，形成持续优势
谦恭	越追求精益，就会发现自己知之甚少，有很多东西要学习，精益不是生搬硬套，是灵活迁移，多向能人请教，进步始于谦恭

结合精益五大原则和精益的25个特性以及建筑业本身的特性，精益建造的4大核心特点可归纳为精细化、标准化、集约化、准时化。

1. 精细化

精细化即关注细节，努力实现零缺陷目标。首先需要明白顾客是起点也是终点，要以顾客的需求为导向，以顾客满意为最终目标，寻求顾客价值最大化。在实施过程中，鼓励提问、减少变异和避免过载，时间和数量变异存在于建筑全生命周期内，是精益最大的敌人，从供应链的需求放大现象到尺寸变异；过载意味着超负荷工作，此时一点点的干扰和变异都会影响进度计划。精益不容易做到，但是简单化普遍适用，简单化的运营、系统、技术、控制和目标，普及精细化思维，促进新建造思维习惯的形成。

2. 标准化

标准化是指在经济、技术、科学和管理等社会实践中，对重复性的事物和概念，通过制订、发布和实施标准达到统一，以获得最佳秩序和社会效益。精益建造的标准化是全过程的标准化，不仅是精益建造的手段，还是精益建造的目标，只有实现了标准化，才能实现6个“零”的追求，最大限度地满足客户需求，进而实现精益建造。以流程梳理为基础，建立流程与标准、岗位的关联关系，理清岗位与流程关系，为自动生成工作标准奠定基础，实施端到端流程优化，提升企业核心业务竞争力，实现基于流程的协同和动态管理的标准化作业，通过多管理体系融合确保标准化落地执行。

3. 集约化

集约化即浪费最小化，在充分利用一切资源的基础上，更集中合理地运用现代管理与技术，充分发挥人力资源的积极效应，提高工作效益和效率，减少浪费。以精简为手段，在组织机构方面实行精简化，去除一切多余的环节和人员，采用先进的柔性施工设备，减少非直接施工工人的数量，使每位工人直接对实现施工工序的增值负责。集约不仅仅是指减少施工过程的多余环节，还包括简化运输过程及产品的复杂性，同时提供多样化的产品。

4. 准时化

准时化工作方式可以保证最小的库存量和最少的在建制品。为了实现这种供货方式和施工方式，应与供货商建立良好的合作关系并制定精准的进度计划，按时按需采购，严格按照进度计划施工，并定期进行检查纠偏，防止建设项目中期错误影响项目最终建成。

8.1.3 精益建造和传统建造的对比

与成功应用于汽车和消费品制造中的大批量生产及精益生产相比，传统建设基于单件生产方式，缓慢且高成本。传统的建设方法需要多专业分包商共同参与，这些分包商本应相互依赖，但却独立地与总承包商或施工管理方签署合同，各参与方之间缺乏沟通，为自己的利益加速工作，对上下游工作造成很多干扰。

施工方虽然努力寻求方法，如通过特殊设备、信息系统或更好的施工方法来提高生产率、调整劳动力或者其他变动来改变任务持续时间、检查和纠正改善质量和安全问题等以减少差错、降低成本，但收效甚微。与此同时，由于沟通不畅和突发事件的发生，项目出现差错较多。且传统的项目管理方式在降低项目变化性上的能力有限。

精益建造与传统的项目管理实践相比截然不同，精益建造强调主动控制流程，并为计划体系建立起测评指标，以保证工作流的可靠性以及项目结果的可预测性。精益建造的基础理论为TFV理论，是Koskela通过对精益生产在建筑项目中的应用分析，整合生产转换理论（T, Transfer）、流程理论（F, Flow）以及价值理论（V, Value）三种理论提出的①，如表8-3所示，从三个理论的内容可以看出生产转换理论强调任务管理，生产流程理论强调流动，而价值理论则强调价值。共同使用三种理论，从转化、流动、价值三个角度管控建筑生产过程，表明建筑业生产管理方式已经向精益建造方向转变。精益技术注重的是项目整体优化，而现有的项目管理方法致力于工作任务的改善，却忽略了项目总体绩效，对比如图8-2所示。传统的建设方法中，提倡对表现突出的员工进行奖励，这使得员工过于专注自身的任务，会造成“损人利己”的行为。而在精益建造方法中，参与方关注的是项目整体绩效，不再是各分包商的局部优化，所有专业人员都会因为项目的成功受到奖励。

---

① Koskela L. An Exploration Towards a Production Theory and Its Application to Construction [J]. Vtt Publications, 2000 (408).

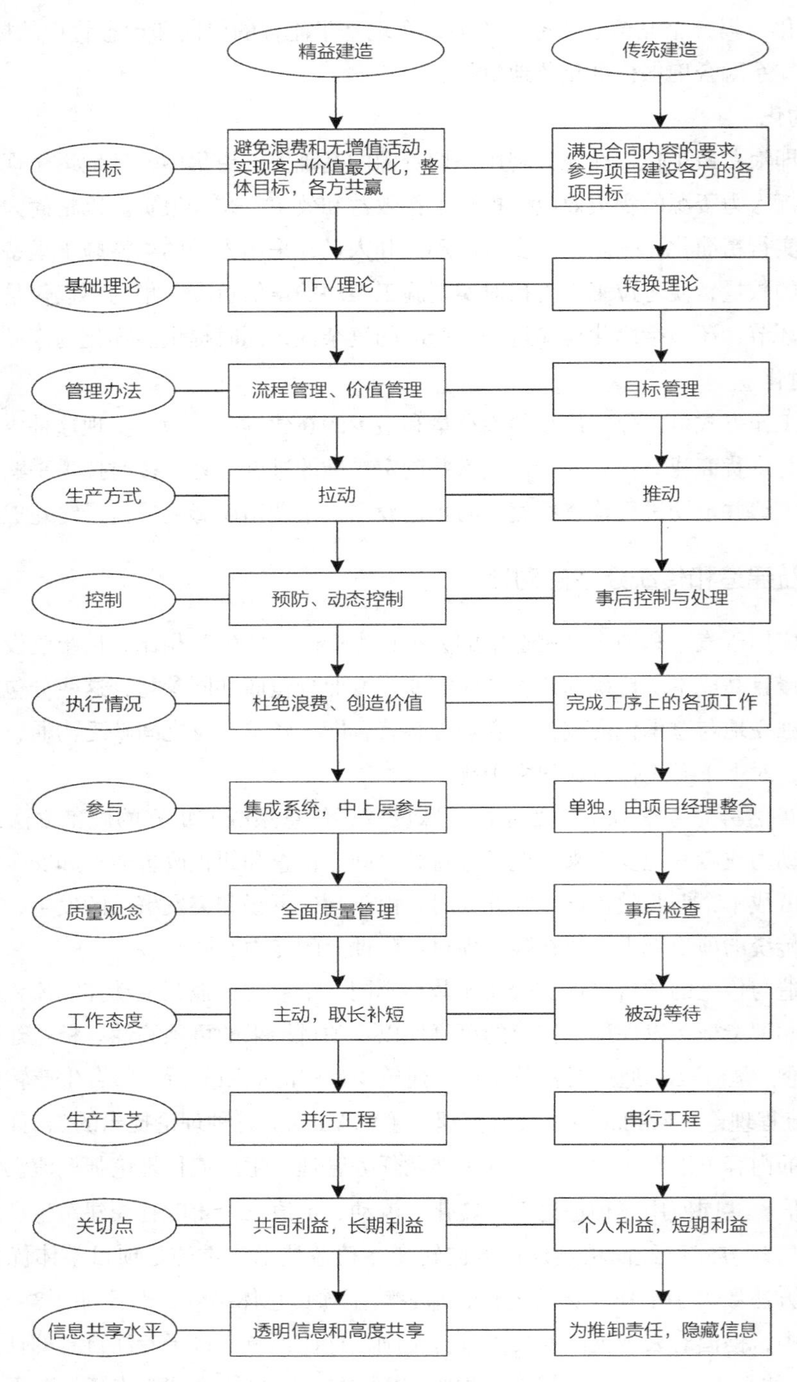

图 8-2　精益建造与传统建造的对比图

精益建造具有更好的短期计划和控制，能够保证任务按时完成，并减少工作产出的变化，而这些都是传统项目管理中经常出现的问题。精益建造强调连续流，不允许工作在“流”过程中被打扰。因此，员工之间需要真正地进行合作，共同努力实现项目整体目标，而不是仅关注于他们自身专业的私人利益[1]。

生产的TFV理论　表8-3

	生产转换理论	流程理论	价值理论
关于生产的概念	输入到输出的转换	一条包含转换、检查、移动和等待所组成的物质流	满足顾客需求以生成价值的过程
主要原则	有效生产	消除浪费（非增值活动）	消除价值流失（追求价值最大）
理论的应用	任务管理	流动管理	价值管理

8.2 精益建造必要性

8.2.1 消除浪费

沃麦克和琼斯的第一个精益原则就是理解价值，不贡献价值的活动就是浪费。精益不仅是减少浪费，还注重浪费背后的价值，真正的精益应该是面向未来，强调价值和成长，提升客户的利益。粗放式管理的缺陷是造成巨大的浪费，而精细化管理恰是为了弥补这一缺陷，因此，精细化管理的产生具有必然性。创造价值是企业经营的根本目的，浪费是阻碍价值创造的关键因素，浪费导致价值创造的投入增加，延长价值创造的时间。

精益建造的本质是最大程度地减少浪费，将"无效"时间输出转变为"有效"时间输出，并追求价值最大化，以拉动生产来压缩库存、减少浪费。建筑工程的拉动生产是指施工过程始终以业主的需求为方向，明确前一道工序接收、后一道工序下达的要求和指令，在施工过程中保证在遇到设计变更等情况时，能实时调整，保证施工进度，避免因供应过多或过少而造成材料的积压和浪费，保证以适宜的成本完成整个建筑的施工。

8.2.2 提高素质

我国建筑行业施工人员的素质普遍较低，更注重个人利益，缺乏进取精神和团队协作能力，这不仅仅是员工个人的问题，同时也是行业无法回避的现状，传统建筑业的激励机制不完善，员工培训不到位，缺乏晋升渠道，加剧了施工人员缺乏自我提升导致能力水平低下的问题。

随着时代的进步，素质低下的员工将不能适应时代的发展，员工必须改变自身观念，培养全局思想，追求完美质量，即培养员工对精益的追求。精益追求的"理想方式"是完美的质量、零浪费、完美的客户满意度，即在恰当的地点、恰当的时间、以恰当的成本生产恰当数量的产品，得到恰当的质量。

---

① [美] 林肯·H. 福布斯，赛义德·M. 艾哈迈德. 现代工程建设精益项目交付与集成实践 [M]. 何清华，董双等译. 北京：中国建筑工业出版社，2015.

实现精益建造涉及企业的每一个部门，渗透到企业的每一项活动、每一件小事之中。它不断追求完美的精益原则，要求企业的每一个员工不仅要对本职工作永不停息地改进，而且还要以整个企业的利润为终极目标，充分发扬团队合作精神。每一个人要有做长期不懈努力的思想准备，才能保证企业精益建造的实现。因此，在建筑业中倡导精益建造，让员工树立追求完美、全员参与的观念，在按规定执行的基础上改进现有管理方法，一定能极大地提高我国建筑业施工人员素质。

8.2.3 提升管理水平

我国处于建设发展的高峰时期，建筑企业数量、从业人数和总产值都在不断增加，与国际相比，建筑企业总体管理水平仍较低。我国建筑企业现存的管理人员有三类：一类是长期从事施工的熟练工，他们拥有丰富的施工经验，但管理知识相对匮乏，缺乏整体观念；另一类是来自高校的科班教育，他们理论知识丰富，却缺乏施工经验，缺少因地制宜、因时制宜的能力；最后一类是经验丰富且管理水平较高的人员，该类人员是企业的核心力量，他们的成长需要经历长时间不同项目的体验以及正确的思想引导，该类人才数量极少，培养周期长，成长缓慢，在未来是企业持续发展、追求进步的不竭动力。一个明显的特点，建筑业与其他行业类似，管理干部多数来自"技术干部"转型，虽然继承了技术强项，但是管理的专业性欠缺也十分明显。由技术干部转型管理干部，是个值得深入研究的课题。

想要更好地进行建设管理，必须提升管理人员水平，提升管理人员水平的第一步是要找到正确的思想，即精益建设思想，精益建设倡导从小事入手，以循序渐进的思想引导管理人员不断寻找问题、分析原因、解决问题，在持续改进中提高对事物的认知，提升管理水平，转移、消除没有价值的任务以达到利润最大化，促进建筑企业的转型升级。

8.3 精益建造方法

8.3.1 浪费识别

8.3.1.1 识别浪费

浪费（Muda，原日语，下同），是指在生产和生活中对人力、物力和财力等资源不合理使用的行为和现象。由于管理和配置的失误，导致消耗的资源超出了完成某项活动本身所需资源的数量。在精益建造中引申为除了增加产品价值最少量的设备、材料、空间、工时等之外的东西。

关注Muda的同时，也应关注Muri和Mura，即过载和波动，三个M互相关联，Mura导致Muri，Muri导致Muda，Muda又反作用于Mura，循环往复，互为因果。

了解需求的由来是精益的起点，需求由价值需求和无效需求组成，价值需求包括固定需求和可变需求，固定需求包括常规需求和定期需求，可变需求一般为偶尔需求，若可变需求是正值则有可能导致过载。供应由工作和浪费组成，工作包括增值工作和不可避免的非增值工作，在精益建造过程中应尽可能地减少必要的非增值工作和浪费，若浪费（不必要的非增值工作）为正值，则会导致人员和机器过载，引发波动，增加成本，如图8-3所示。

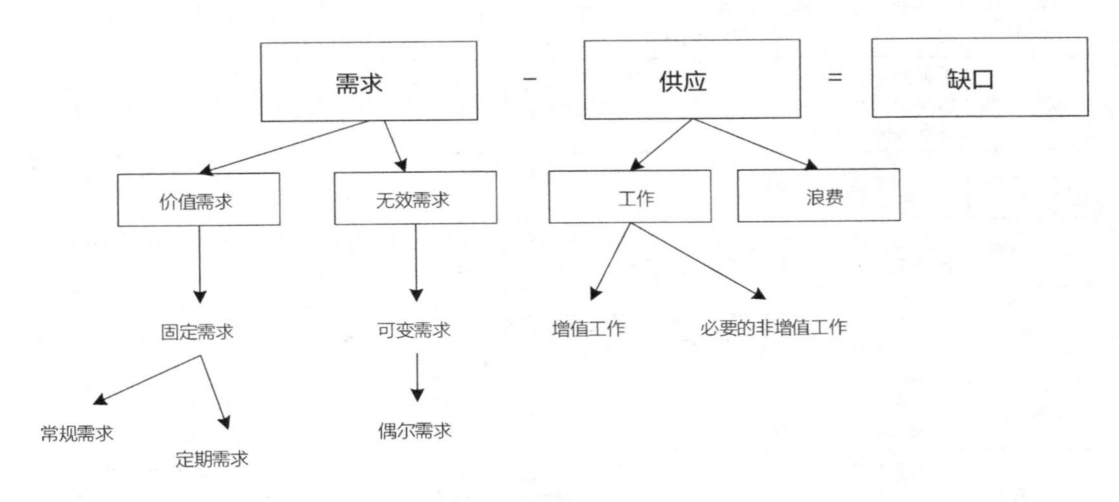

图 8-3　需求与供给的关系图

如何采用合理的办法消除浪费，降低成本。消除浪费的第一步是识别浪费，可以从理性分析、实践观测和与制造业类比三个角度识别浪费。

首先，需要明确浪费的判断原则：①该活动是否是必需的活动；②该活动是否能产生增值价值；③若为必需的活动是否为最少量的活动，通过这三点来判断活动是否为浪费，若其中一点为“否”，则可视为浪费。其次，区分浪费的类型是Ⅰ型浪费还是Ⅱ型浪费，Ⅰ型浪费指不产生价值但对于维持目前的作用是必要的活动，Ⅱ型浪费是纯粹的浪费，它不产生任何价值，而且会销蚀价值，对于不同类型的浪费采取不同的措施消除。再次，通过实践观测确定浪费层级，从最高层级的浪费着手。最后与制造业进行类比，求同存异，借鉴制造业的方法工具解决建筑业的难题。

8.3.1.2　10 大浪费

大野耐一的7种浪费（等待浪费、搬运浪费、不良浪费、动作浪费、加工浪费、库存浪费、过量生产浪费）最早是针对制造业提出的，随着精益思想的广泛应用，被引申到服务业、建筑业等行业，7种浪费形成了广泛应用的组合，对知识进行编码，再根据不同行业的实际情况归纳适用的浪费组合。随着时代的发展，7种浪费已经不能再完全概括所有的浪费，管理浪费、资源浪费和知识浪费也成为较关键的浪费，将制造业的10种浪费具体应用于建筑业，结合建筑业的特点将10种浪费进行精确识别，表8-4为制造业和建造业的浪费对比。对于制造业而言，最大的浪费是过量生产浪费，其次是等待浪费。对于建筑业而言最大的浪费是管理浪费，其次是知识浪费，正因为管理者考虑不周全、管理不恰当，导致返工、过量生产、产生等待以及库存浪费等。每个浪费都是相互关联的，一次错误的行为可能蕴含多种浪费，如现场管理人员指令传达有误，使得材料过早地进场而无处堆放，导致等待浪费、动作浪费、运输浪费及库存浪费。

制造业与建筑业浪费对比表　　表8-4

分类	制造业	建筑业
过量生产浪费	制造的过多、过早，或者为“以备不时之需”而生产。过量生产阻止产品或者服务平顺地流动	过量生产会导致库存的堆积，增加管理的难度，造成材料的浪费
等待浪费	任何时间看到一个物品不再移动就是浪费的象征，等待是顺畅流动的敌人，除了物品的等待还有顾客的等待都是非理想状态	原材料过早地运输到现场，使材料堆积，或施工工序不当引发后续工序的延误，从而产生等待浪费
动作浪费	不必要动作的浪费，不适宜的工作站位和糟糕的工作场所安排	人员安排不合理、施工场所安排冲突、材料堆放不合适
运输浪费	任何物料的反复移动都是浪费，且物料移动及搬运操作的次数和损毁的可能性成正比	材料放置、堆积、移动、整列等动作浪费都为运输浪费
加工浪费	在品质、规格及加工过程上的投入超过客户需求从而造成浪费，过分加工或不适当的加工	冗余设计带来的浪费、过分检验带来的浪费、过分加工带来的浪费、过分精确品质带来的浪费
库存浪费	不必要库存的浪费，额外库存的真正成本超过库存本身的货值，过量的库存会有过时废弃的风险	过量地购买原材料、在制品和成品，增加库存管理的费用，施工结束后无其他用处
不良浪费	不良浪费指不合格品的出现，不合格品占用资源，一般分为内部故障和外部故障，早发现早替换，及时止损	由于施工工序、天气、人的不确定性等影响因素导致成品的品质达不到施工要求，产生不良浪费
管理浪费	管理浪费指没有管理好员工，缺少员工培训，员工未在相应的流水线尽职，管理层和员工之间缺乏交流	管理浪费主要为高效地生产错误产品、过度管理、过细管理、没有充分利用人的潜能，缺乏沟通、缺少反馈的渠道
资源浪费	对于工作流程不熟悉，产生较多的瑕疵品，缺乏节约意识，未制度化地开展减少浪费的活动	由于不好的习惯，导致资源的浪费，如不关灯、设备待机、漏水等；或在设计环节节约材料，回收利用，对环境负责
知识浪费	对于既有的流程没有很好地记录存档，多次重复相同的探索过程，对于知识的重新挖掘	任由知识消失的浪费，对设备或工艺的设计、创新没有及时记录，知识和经验的流失，多次重新挖掘的浪费

8.3.2　全员参与

全员参与是精益建造继续推行的重点，如果不是全员参与，很容易人离政熄，前期的投入全部化为乌有；小范围的精益改造，是费时费力的新“浪费”；进行相互优化措施，就会缺乏战略眼光，缺乏整体及综合效益考虑，措施滞后重复投入，反而会使精益生产成为一种姿态。所以，推行精益不是某几个人的任务，而是固化在每个人骨子里的一种文化，当任何人的离开与加入都不会影响精益本身的存在时，才可以说精益在组织中扎了根。

管理的任务是将合适的人安排在适合的岗位。无论是什么企业的精益实践，“人”永远是一个不可忽视的重要因素。“人”是企业系统中最难协同又贯穿于经营过程始终并控制每一个环节的系统构成。

精益建造，其基本体现在共同参与、协调和决策。同时，精益建造主要从员工角度强调充分发挥其主观能动性，展现协调性。在精益建造体系中，采用的组织结构是以动态过程为导向，基于精益团队合作，决策呈分散下放的特点。精益建造体系，创造了非常和谐的工作氛围，团队合作，员工作为团队成员，积极性得到充分调动，这种体系在很大程度上能提高员工的工作效率。同时，精益建造主张员工应得到充分的信任和尊重，使其具有一定的工作主动性，增加主人翁意识，提高他们的满意度，进一步调动员工的积极性，如海尔集团的三工动态转换机制[①]。

精益建造要求所有员工，包括决策层管理人员、管理层管理人员、执行层班组长、工人等都要有精益建造的知识和精益思维，参与工程项目的施工管理过程。同时，精益建造要求持续改进，要求各级管理者持续改进工作流程，针对施工管理中存在的问题，不断进行改进。因此，实施精益建造在一定程度上会提升施工从业人员的整体素质。

培养员工，向他们提出问题而不是直接给出答案。与轻而易举得到答案相比，通过自己的努力找到答案能够学到更多的东西，在执行过程中也能够更加投入。高层管理人员给出战略方向（即"What"），保证方向的正确性，员工通过沟通在逐层组织间丰富细节（即"How"），从而实现自己能力的提升（即"Why"），最终达到提高效率的目的（即"Result"），在寻求答案的过程中可能会遇到困难，也应及时向上层反应，寻求意见，这是自善的过程，如图8-4所示。

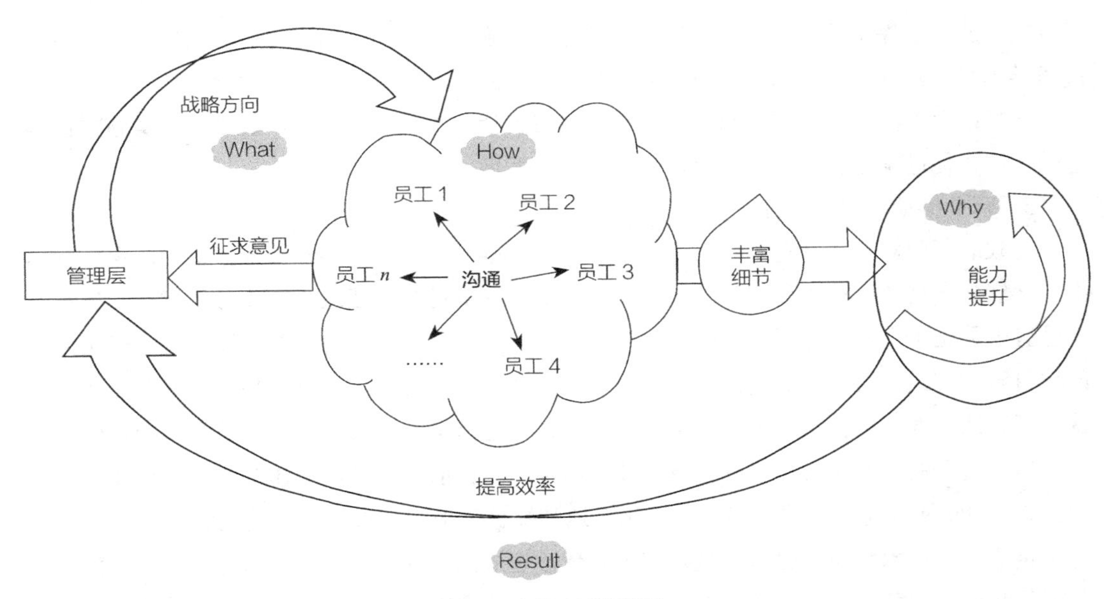

图 8-4　员工自我提升图

8.3.3　持续改进

精益建造的主要目的是减少抑制生产的因素，提升创造的价值，其中抑制生产最大的一个因素便是浪费。减少浪费必须通过不断的改进来实现。基于精益建造的项目管理，是一种对传统项目管理模式的改变，包括管理的理念、管理的方法，精益建造理论及技术的推广应

① 易生俊，孙亚彬．实用精益流程管理学［M］．北京：中国人民大学出版社，2016.

用，涉及建筑工程参建者的各个部门和他们参与的各种业务活动。

工程项目实施精益建造的过程中存在一些问题，如现场管理要素管控问题、项目参与者协同管理问题、精益建造实施效果问题、实施期限问题等，需要采取相应对策，持续改进，实现精益建造目标。影响施工企业管理活动的因素是施工企业的外部环境和施工企业的内部环境，因此对精益建造的持续改进对策可分为组织外部环境的支持和组织内部环境的优化。

8.3.3.1 组织外部环境的支持

1. 政府号召，政策支持

精益建造是建筑企业转型升级的必由之路，也是建筑行业未来的发展趋势。加强政府对精益建造的号召，是推动施工企业实践精益建造改进的第一步。《中国制造2025》以及建筑业高质量发展的号召推动着智能化的实现，鼓励和支持企业实施精益建造，形成完善的政策支持体系，为实施精益建造提供相应的便利。

政府制定有针对性的战略，"碳达峰、碳中和"的战略追求让我们更加注重节能减排的实现路径，对建造企业的未来发展方向有更精准的把握，规划精益建造发展，明确实现目标，精益建造计划和技术要求，指出精益建造的发展方向。从社会层面，提出开发需求，为精益建造的发展提供重要的社会支持，并呼吁建筑施工企业实施精益建造。领导建立精益建造领导小组，建立联动机制。同时，通过制定相应的激励政策，促进精益建造的实施。

通过以上方法，强化政府对精益建造的号召，让施工企业感受到当前政府对实施精益建造的重视，促进施工企业转型，促进精益建造的发展。

2. 行业推动，科技支撑

在政府部门对精益建造的号召和政策支持的基础上，行业协会积极配合，如制定行业标准、开展多向精益建造宣传、举办大型观摩会等，为推进精益建造提供支持和指导。虽然我国已有少数施工企业实施了精益建造，并取得了一定成果，但国内许多建筑企业仍采用传统的项目管理方式，这些企业和公众对精益建造的认可有待提高。只有提高社会对精益建造的认知度、认可度，才会有更多的施工企业加入精益建造队伍，实现推进精益建造的目标。

精益建造的实施还有赖于精益建造技术的推广。目前，实施精益建造的施工企业大多采用BIM、物联网等先进科技，建设智能化工地和绿色工地，促进精益建造的实施。鼓励建筑施工企业开展技术创新，提高建筑施工企业精益建造技术的科技含量。同时，以精益建造示范项目和创优为载体，积极推进先进精益建造技术的应用，提高建筑施工企业精益建造技术水平，促进精益建造的实施。

3. 校企联合，培育人才

精益建造专业人才的培训教育是实施精益建造的重要保证。高校作为精益建造专业人才的输出场所，企业是精益建造专业人才的培训和实践场所，有必要开展相关的精益建造教育活动，将精益建造教育与建筑企业的精益建造实践相结合，开展校企联合教育，构建多层次的人才培养模式，培养精益建造专业人才。

8.3.3.2 组织内部环境的优化

施工企业推进精益建造在施工项目管理中的应用，采用以下对策完成企业内部环境的优化，从而支持精益建造应用的推广，内部环境优化对策如图8-5所示。

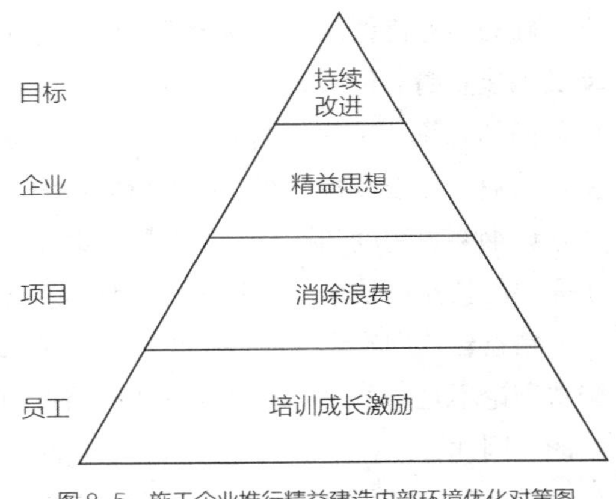

图8-5　施工企业推行精益建造内部环境优化对策图

1. 员工层面

精益建造的理念是以“人”为核心。建筑企业不仅是建筑的建设者，也是员工的塑造者。只有拥有优秀的员工，才能最终实现精益建造。目前，施工企业在关键岗位上都有自己的高技能人才，也有自己的施工队伍和劳务分包队伍。这些人员的培训应遵循精益建造人员培训的理念。这需要施工企业以人为本，以员工为开发资产，培养和发展优秀的员工支持精益建造，形成良好的工作团队，促进企业和员工之间的相互信任。在项目管理过程中，鼓励员工和各类参与者努力改进他们参与过程中出现的问题，如通过文化氛围的持续改进建立内部激励制度，提高员工对精益建造技术的认可度，同时，培养员工的执行能力，以提高他们的工作绩效，然后对改进的过程进行标准化，以减少或消除浪费环节。通过给予晋升和荣誉等激励员工成长和发展，增强员工的成就感，激发员工的合作积极性，实施精益建造。

2. 项目层面

在企业精益建造文化的影响下，组建项目级精益建造实施团队，根据企业级精益建造体系和标准，制定项目级精益建造实施制度和细则，确保各项精益建造措施落地实施。熟练掌握精益建造技术，如准时化施工、最后计划者系统、10S现场管理、准时化材料供应、全面质量管理、无人机技术、BIM技术、智慧工地等。确保精益建造贯穿于工程建设的全过程，促进“减少和消除浪费，实现价值最大化”的核心价值，组织内部可通过设计优化，减少多余工序，提高工程品质；通过工艺优化，减少质量缺陷；通过措施优化，提高施工措施安全可靠性，减少多余措施投入；通过工序合理穿插，控制关键工期节点，减少工作面闲置；通过系统性合约规划，整合优质资源，消除无效成本；通过全过程质量管控，降低质量风险；通过推动项目安全、环境标准化管理，提高资源周转利用效率。

同时，根据建设项目的规模特点、施工难点等方面，采用适宜的精益建造方法，项目管理过程中随时与业主保持沟通，换位思考，对质量、工期、施工技术难点等方面特别关注，选择或创新合适的精益建造技术，攻克专业技术难题，致力于为业主提供优质的服务。

3. 企业层面

基于组织外部环境压力的驱动，建筑企业需要寻求一种新的管理模式，从而在外部环境中保持持久的竞争力，在许多同质企业竞争中脱颖而出。实施精益建造，需要精益思想在企业中全面落实。落实精益思想，完善企业层面的精益建造体系，强化领导对精益的认识和执行能力。作为企业的领导者，领导者的思想决定了企业的发展方向和业务前景。要实施精益管理，领导者必须先了解精益管理的概念，掌握精益思想，并坚定精益变革的理念。只有领导者树立精益价值观，企业才能走精益之路，领导者是企业的大脑，主导着企业的运作。建立正确的精益价值观后，领导者应该以身作则，建立精益建造领导小组指导标准化工作，驱动员工建立精益价值观，实施精益改革工作，定期召开精益交流会议，与员工保持联系，听取他们的意见，了解他们的实时需求，开展精益思想交流，交换精益思想，及时清除障碍，实现精益的工作，指导纠正员工精益行为。在塑造精益建造文化的同时，制定详细的企业效益建设纲要、制度和标准，并保持反馈和改进机制，这是一个漫长的过程。同时，企业建立了完善的精益评估体系，坚持精益改革，通过不断改进，达到完善状态。

精益建造理论作为精益思想在工程领域的应用，是减少浪费和改进过程的新方法。精益建造理论不是随着一个项目的成功而结束的，相反，精益建造理论的实施改进过程是持续不断的。因此，企业、项目和员工必须不断改进参与过程中出现的问题，以提高企业绩效和工作绩效，从而规范改进过程，减少或消除浪费。项目结束后，通过"绩效评价"考核过程与精益建造结果是否达到了目标，并整理形成知识库，为优化未来项目管理提供依据和基础，如图8-6所示。

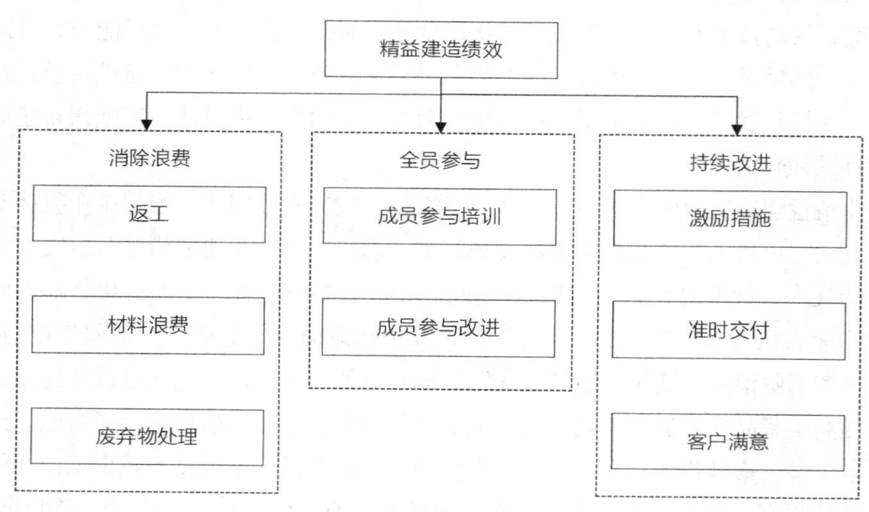

图8-6　精益建造绩效评价图

8.4　工具系列

精益建造在实施"精益"的过程中需要运用到工具，将精益制造的工具进行建造业的迁移化应用、改进，总结出15种应用于建造业精益化的工具，如图8-7所示。根据精益建造推行的不同阶段，可将工具分为三大类，即基础工具、准时化工具、高级工具。

在初步实践精益建造时，运用基础工具进行标准化工地的建设，10S管理实现施工现场的可控化，可视化管理实现施工流程及施工人员的透明化，标准化作业实现施工过程的有序化，而价值流图在前三者完成的基础上提出系统性改善措施，最后通过布局优化对现场进行精益布局，减少浪费，这是精益建造的初级阶段。

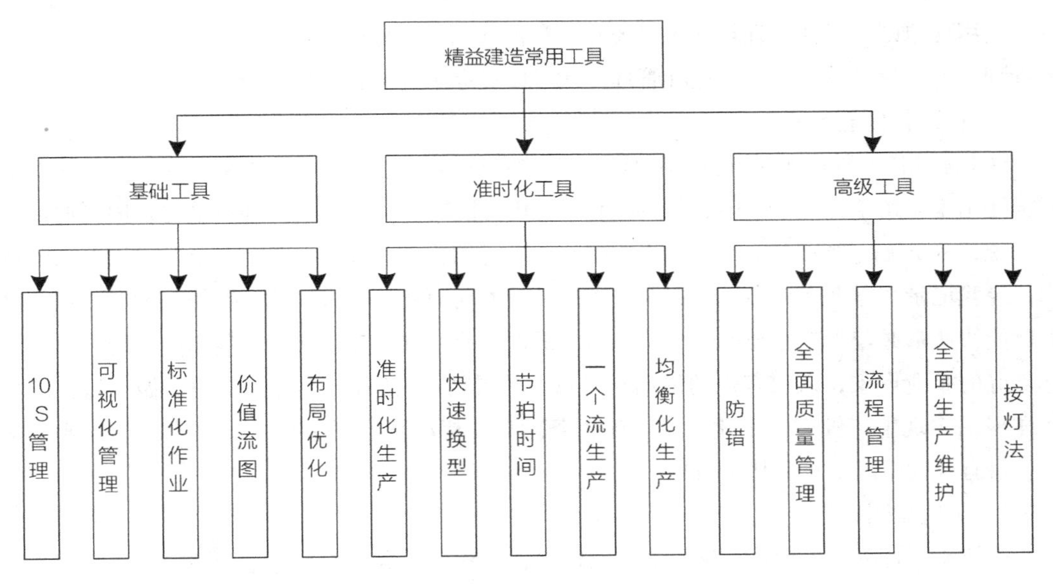

图 8-7 精益建造常用工具图

精益建造的中级阶段是在初级阶段上的进一步提升，除了对施工现场进行管控外，还打通了供应链的上下层关系，对材料的供应进行优化，通过准时化生产、快速换型、节拍时间、一个流生产、均衡化生产五种工具的配合使用，实现生产供应的准时化、最优化，减少浪费。

精益建造高级阶段运用的是高级工具，通过防错和全面质量管理实现从生产到施工的质量控制，通过流程管理实现建造全过程的有序进行，通过全面生产维护将维护提前实现事前控制，通过按灯法实现全过程的质量、安全、成本等要素的掌控，真正实现建造过程的精益化、最小化浪费。

8.4.1 基础工具

1. 10S 管理工具

10S管理是在5S/6S/7S基础上发展起来的一套管理系统和管理体系，已经开始普及。10S分别是整理（Seiri）、整顿（Seiton）、清扫（Seiso）、清洁（Seiketsu）、素养（Shitsuke）、安全（Safety）、节约（Saving）、速度（Speed）、坚持（Shikoku）、习惯（Shiukanka），因其日语的罗马拼音均以“S”开头，因此简称“10S”。具体内容及应用详见9.3.2节。10S管理既有侧重于务“实”，又有侧重于务“虚”的内容，既强调实际的日常行为规范，又强调对于事情的思想、方法和策略。有利于在基础行为上进行控制，实现零库存，消除浪费，又能在思想上进行提高，持续改进，提升整体管理水平。9.3.2节详细讨论该工具如何用于管控。

2. 可视化管理（目视管理）

目视管理是利用形象直观而又色彩适宜的各种视觉感知信息来组织现场生产活动，达到提高劳动生产率的一种管理手段。目视管理的四大原则为激励原则、标准化原则、群众性原则、实用性原则。目视管理是一种以公开化和视觉显示为特征的管理方式，也可称为看得见的管理，或一目了然的管理。这种管理方式可以贯穿于各种管理领域当中。

3. 标准化作业 SOP

SOP标准作业程序（标准操作程序）就是将某一事件的标准操作步骤和要求以统一的格式描述出来，用来指导和规范日常的工作。SOP的精髓，就是将细节进行量化，用更通俗的话来说，SOP就是对某一任务中的关键控制点进行细化和量化。SOP能将企业积累下来的技术、经验记录在标准文件中，以免因技术人员的流动而使技术流失；使操作人员经过短期培训就能快速掌握较为先进合理的操作技术；根据作业标准，易于追查不良品产生的原因；树立良好的企业形象，取得客户的信赖与满意；是贯彻ISO精神核心（说、写、做一致）的具体体现，实现生产管理规范化、生产流程条理化、标准化、形象化、简单化；是企业最基本、最有效的管理工具和技术数据。

4. 价值流图

价值流图是以图表形式表现价值流的资料，以图形、数据表示信息和物料流动有序传递的过程。价值流图帮助企业展示和理解价值流程现状；能进行系统性的改善，改善效果优于单个工序的个别改善；识别出个别工序的改善未必能支撑价值流程的改善；分析目的是定义、协调、平衡个别工序的改善，进而带来系统优化的最优改善。

5. 布局优化

布局优化即实现精益布局，以现状布局为基础，通过信息化手段优化管理，消除人、机、料、法、环、检、管、信各个环节上的浪费，并检查其合理性，实现5MECI各要素的综合。布局优化可提高工序间的平衡能力，减少搬运，提高场地利用，降低劳动强度和改善作业环境。

8.4.2 准时化工具

1. 准时化生产

JIT准时化生产方式是一种“拉动”式生产管理模式，其实质是保持物质流和信息流在生产中的同步，实现恰当数量的物料能在恰当的时候进入恰当的地方，生产出恰当质量的产品。这种方法可以减少库存，缩短工时，降低成本，提高生产效率。

2. 快速换型

SMED快速换型法是一种能有效缩短切换时间的理论和方法，所有的转变（启动）都能够并且应该少于10min。快速换型法将可能的换线时间缩到最短（即时换线）。它可以将一种正在进行的生产工序快速切换到下一生产工序。快速换型法又称快速切换，快速换型法能够启动一个程序并快速使其运行，且处于最小浪费的状态。建筑工程的现场“工序转换”十分频繁，加快转型，减少转型浪费，具有很大价值。

3. 节拍时间

节拍时间是指为了满足客户的需求生产一个完整产品的节奏，在一定时间长度内，有效生产时间与客户需求数量的比值，是客户需求一件产品的市场必要时间。从事生产应该像演奏音乐一样，按照节拍进行，不能忽快忽慢。节拍是指连续完成相同的两个产品（或两次服务，或两批产品）之间的间隔时间。在流程设计中，如果预先给定了一个流程每天（或其他单位时间段）必需的产出，首先需要考虑的是流程的节拍。

4. 一个流生产

一个流生产，即各工序只有一个工件在流动，使工序从毛坯到成品的加工过程始终处于不停滞、不堆积、不超越的流动状态，是一种工序间在制品向零挑战的生产管理方式，其思想是改善型的。通过追求“一个流”，使各种问题、浪费和矛盾明显化，迫使人们主动解决现场存在的各种问题，实现人尽其才、物尽其用、时尽其效。

5. 均衡化生产

均衡化生产是指企业采购、运输、建造的整个过程都与市场需求相符合。采用均衡化意味着最终供货与需求相适应，同时以需求拉动，总装配线在前面的工序领取零部件时应均衡地使用各种零部件，生产各种产品。生产均衡化是“适时适量”的一个概念，均衡化主要是通过设备通用化和作业标准化来展开。设备通用化是指通过在专用设备上增加一些工具夹的方法使之能够加工多种不同的产品。作业标准化是指将作业节拍内一个作业人员所应担当的一系列作业内容标准化，包括动作以及生产切换等。

8.4.3 高级工具

1. 防错

防错是一种机械或电子装置，能够防止人为的错误或者让人一眼就看出出现错误的位置。防错装置的用途包括两个方面：一是杜绝产生特定产品缺陷的原因，二是通过低价的手段对生产产品逐一进行检查，以确定其是否合格。一旦防错的条件不满足，操作就无法继续进行下去，通过究源性检查找出产生缺陷的根本原因、设计装置或方法，对此差错实现100%检验。

2. 全面质量管理

全面质量管理是以产品质量为核心，建立起一套科学严密高效的质量体系，以提供满足用户需要的产品或服务的全部活动。组织以质量为中心，以全员参与为基础，目的在于通过顾客满意和本组织所有成员及社会受益而达到长期成功的管理方法。在全面质量管理中，质量这个概念和全部管理目标的实现有关。

3. 流程管理

流程管理是一种以规范化构造的端到端的卓越业务流程为中心，以持续提高组织业务绩效为目的的系统化方法，它是一个操作性的定位描述，指的是流程分析、流程定义与重定义、资源分配、时间安排、流程质量与效率测评、流程优化等。流程管理是为了客户需求而设计的，因而这种流程会随着内外环境的变化而产生优化要求。

4. 全面生产维护

TPM全面生产维护活动就是通过全员参与，并以团队工作的方式，创建并维持优良的设备管理系统，提高设备的开机率（利用率），增进安全性及质量，从而全面提高生产系统的运作效率。TPM将维修变成了建造中极其重要的组成部分，维修停工时间也成了工作计划表中不可缺少的一项，维修不再是一项没有效益的作业。在某些情况下可将维修视为整个施工过程的组成部分，而不是简单地在施工流程出现故障后进行，其目的是将应急的和计划外的维修最小化。

5. 按灯法

改进制造业工厂的安灯系统，应用到施工工地，利用布置在各处的灯光和声音报警系统收集施工过程中有关质量、安全等信息的信息管理工具。现场作业人员通过按灯的方法能即时发送故障警报信号，管理人员收到信号后，赶赴现场及时处理。且系统会对发生故障时间、管理响应时间、现场修复时间进行记录，为管理提供数据分析依据，为人员的考核提供参考。抓好现场规划，提高现场管理水平，降低现场管理成本。这是结合物联网技术探索中的应用。

8.5 精益建造流程

对建筑管理的全过程进行价值链分析，从价值的角度减少不增值的环节；在深化设计中推行设计施工一体化；进行准时化施工和精准管理，同时进行施工控制，减少生产、运输、施工的变更；将施工阶段的工作流程进行分解，以科学和实践为基础，以安全、质量和效益为目标，对施工过程进行改善，进而减少施工过程的变更，形成一种标准施工程序，逐步形成高效、安全的施工效果①，如图8–8所示。

8.6 案例：钢结构工程精益建造

HN省“箱形柱+H型钢梁”结构体系钢结构工程H项目，总建筑面积约67670.76m^2，设计容积率为2.73，均采用钢框架结构形式。基础采用预应力管桩，桩径500mm，有效桩长31m，单桩承载力极限值为4750kN，地下结构为钢筋混凝土框架结构②。

1. 项目建设难点

1）进度管理：施工时间多为冬春季，施工需要考虑大气环境，施工进度掌控不易；材料与钢柱钢梁进场次数频繁，管理难度大；图纸涉及的内容较多。

2）成本管理：钢结构工程涉及子目较多，用钢量大；钢构件规格多、数量多、工序多。

3）质量管理：质量要求较高；钢结构原材料采购、加工、运输、安装控制困难，且这

① 李芊，刘晓惠．基于精益管理的装配式建筑智慧化管理体系研究［J］．科技管理研究，2019，39（22）：206–211.

② 黄振中．基于精益建造的H工程项目管理研究［D］．郑州：郑州大学，2020.

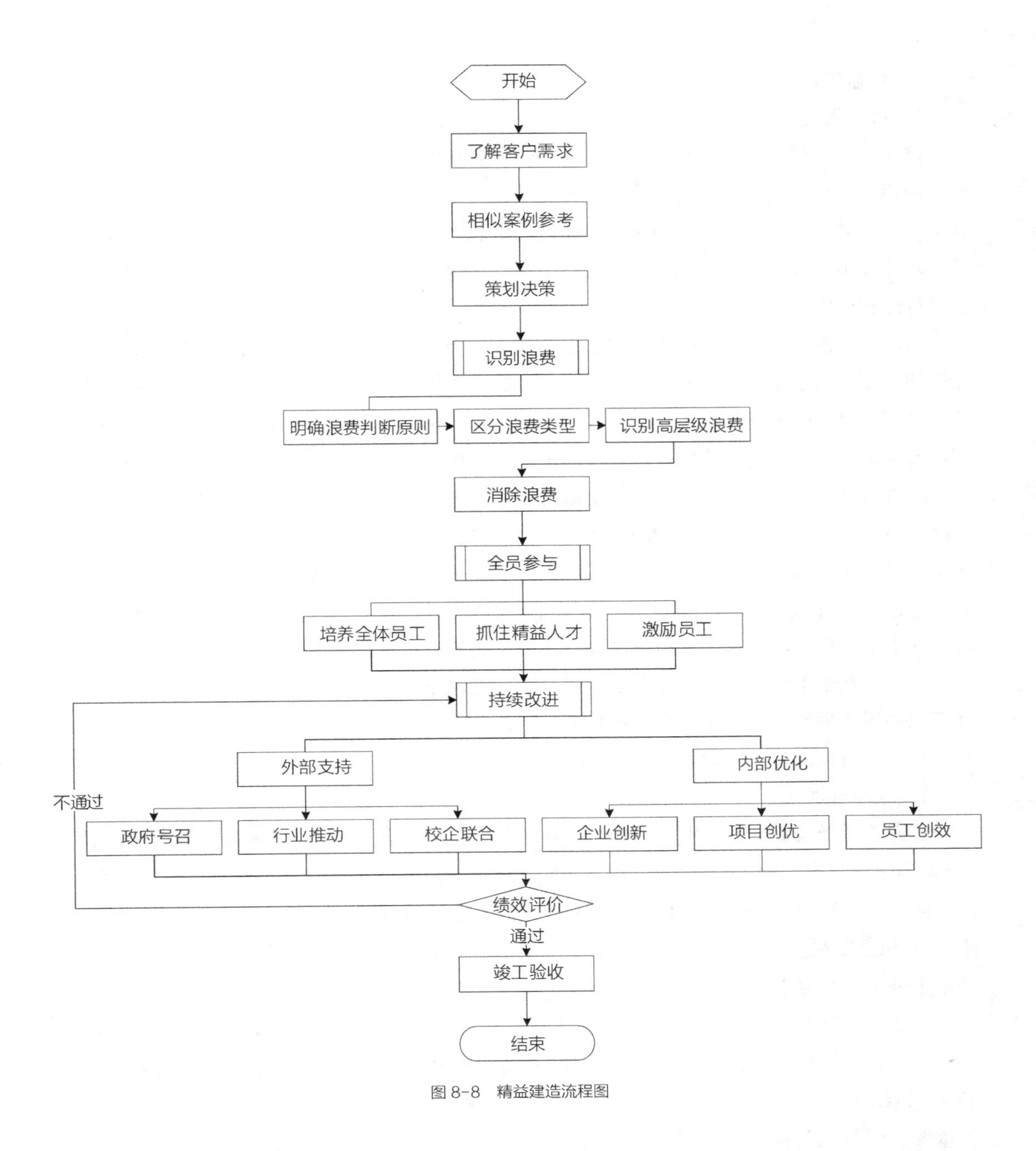

图 8-8　精益建造流程图

一系列环节不在同一个地点操作；H工程为钢结构，施工难度较大，且施工工程多为吊装；对于焊接、连接、防锈、防火施工，监管难度大。

综上所述，因为现场涉及钢构件规格多、数量多，现场焊接量大；工序多，作业队伍多，交叉作业多，协调好各专业工种的难度较大。由此在进度管理、成本管理、质量管理方面带来了很大难度，运用科学的方法和有效的管理方式很有必要，精益建造技术的应用，将能很大程度降低过程中的各种浪费，科学合理地划分施工段和流水段，实现整体目标，各方共赢。

2. 精益建造实施过程

1）进度管理

首先，采用最后计划者系统，最后计划者主要指施工现场的基层管理人员，他们有一定的现场管理和施工经验，具有一定的抗风险性，可以保证进度计划的可行性，按照计划进行施工，可以提高效率，及时处理遇到的问题，以确保工程质量，减少因质量问题返工或修理，降低成本。与此同时，现场施工人员由被动转变为主动，提高了工作积极性，增强计划的可行性和可实施性。

其次，以准时化施工为指导思想，以项目经理为主导，管理层、执行层参与，对于进度计划的实施进行定期检查，分析偏差与否，及时采取措施纠偏。实行看板管理，根据工作流程，追溯原材料的准备和计划。它是一种逆向过程方法，可以传递上下过程信息，帮助项目管理人员做好准备，避免浪费，防止过度施工，管理人员利用“可视化”过程了解施工作业的最新进展。如按照准时化施工，对钢结构柱安装各环节制定准时化施工管理规定：①钢结构进场后，构件就位不得超过20min；②预吊点连接不得超过10min；③试吊不得超过10min；④正式吊装不超过20min；⑤钢柱就位不得超过15min；⑥临时固结不得超过20min；⑦校正不得超过10min；⑧钢结构连接，应在30min内完成。通过精益建造、无缝连接、流水施工的准时化施工管理，明显加快了项目进度，减少了无效浪费，有效提高了项目效率。

最后，基于BIM5D平台进行进度管理，流水段划分→调整资源配置→计划管理→施工进度模拟→周计划跟踪及反馈，借助BIM技术，提前进行可视化施工模拟，实时进度跟踪、劳动力分析、材料吊装、质量跟踪，实现施工进度的动态控制。

2）成本管理

首先，对于浪费进行识别，明确浪费判断原则、区分浪费类型、识别高层级浪费，运用10S现场管理减少浪费。H项目根据10S管理制定现场卫生、建筑成品、办公区域、生活区、施工区域的保护等一系列管理制度，并将任务分配给具体的负责人和作业班组，提升管理效率。对下道工序施工破坏上道工序成品等违反管理制度的行为，采取警告、罚款等措施。保证施工进度，避免重复施工和浪费。

其次，采用准时化材料供应，以用户需求为准时施工的出发点，注意材料运输和各工序的间隔，确保材料库存为零，避免不必要的浪费。H工程钢结构材料成本占总材料成本的65%，钢结构构件过大，现场场地狭小，没有足够的场地，因此，保证钢结构的及时进场极为重要，工程项目部根据准时化材料供应原理，制定了“原材料采购→构件加工制作→运输→就位→吊装→安装”详细计划，确保材料的及时供应，消除过程浪费，减少材料库存，保证工期。

最后，运用BIM5D平台进行成本管理，包括机械设备的选择、工程量的提取与成本的控制、现场布置及优化、工程款结算。根据BIM计算出的工程量及成本进行合理的改进，减少不必要浪费，增加管理效益。

3）质量管理

首先，采取全面质量管理，提升项目品质，精益建造的管理理念强调全员参与，提倡质量管理贯穿于施工的全过程。全员参与是指在施工的不同阶段，每个参与者都有各自的职责，建筑工程的质量将直接受到每个人行为的影响。全过程管理是从源头开始，促进建筑工程产品在施工过程中的质量得到很好的控制。把控每个环节，使每个环节的质量控制都在目标的控制之下。如对钢结构每一个环节进行控制，使每一个环节的质量控制都是受控的目标。钢结构原材料采购、加工、制造、组件运输、吊装、安装、焊接、涂饰等，严格执行施工工艺流程。全天候地对整个过程进行跟踪与监控，掌握质量控制的关键过程，接受工程监理、监督整改、过程检验、产品保护，确保精益质量管理目标的实现。

其次，采用标准化作业管理模式，提高建设工程质量管理水平，以标准化作业方法建立标准定额，按施工程序构建标准样板流程，明确时间标准细化作业时间，去除不必要的时间损失，为工程建立标准化作业程序。

再次，建立考核激励机制。人员是施工最核心的要素。建立考核制度，进行评估和激励，以此激发施工班组和作业工人的潜力和热情，实现创造性的绩效。H项目追踪施工人员的施工过程，施工完成后，对各队伍的施工质量进行综合评分和评价，合格的队伍可以进行大规模施工，对表现优秀的队伍在宣传栏上给予奖励和表扬。

最后，运用BIM技术进行深化设计、模拟实际施工，在前期发现施工后期可能出现的各种问题，从而提前处理，指导后期的实际施工。并用于指导，优化施工组织设计和方案，合理分配项目的生产要素，实现资源在最大范围内的合理利用。使企业的集约化管理和项目的精益化管理得以实施。

3. 精益建造实施效果

1）进度管理成效

H项目通过最后计划者系统、准时化施工管理、智慧工地平台管理、流水施工、穿插施工等，实现了精益建造进度管理的目标，优化施工流程，整个项目进度提前完工。工期减少，工作效率提高。

2）成本管理成效

根据现场结果，10S管理系统的应用，使材料的库存周转率增加，减少了非正常的库存浪费，设备故障率减少，使用寿命延长，生产成本降低，同时，培养了员工资源节约的意识。准时化材料供应的应用，在采购过程中，掌握了物流信息的准确性，保证了供应商的及时供货，降低了库存、损耗和仓储管理成本。对每个环节严格控制、缩短时间，使利润得到增加。BIM5D平台在成本管理中的应用，使得起重机械选型可靠经济，工程量提取准确，现场布置优化合理，工程款结算准确，在提升管理效率的同时，降低额外成本支出风险，保证成本管理的有效性。

3）质量管理成效

H项目采取全面质量管理、无人机技术、BIM5D质量管理平台，使每一个员工有良好的质量意识，提高质量控制的力度，增加了信息传输的效率和分配，提升了质量管理的数据源收集效率，并有效地控制质量缺陷。同时，为防止质量缺陷的发生，采取了预防措施，加强了进场材料的核实。

第 9 章

精准管控

本章逻辑图

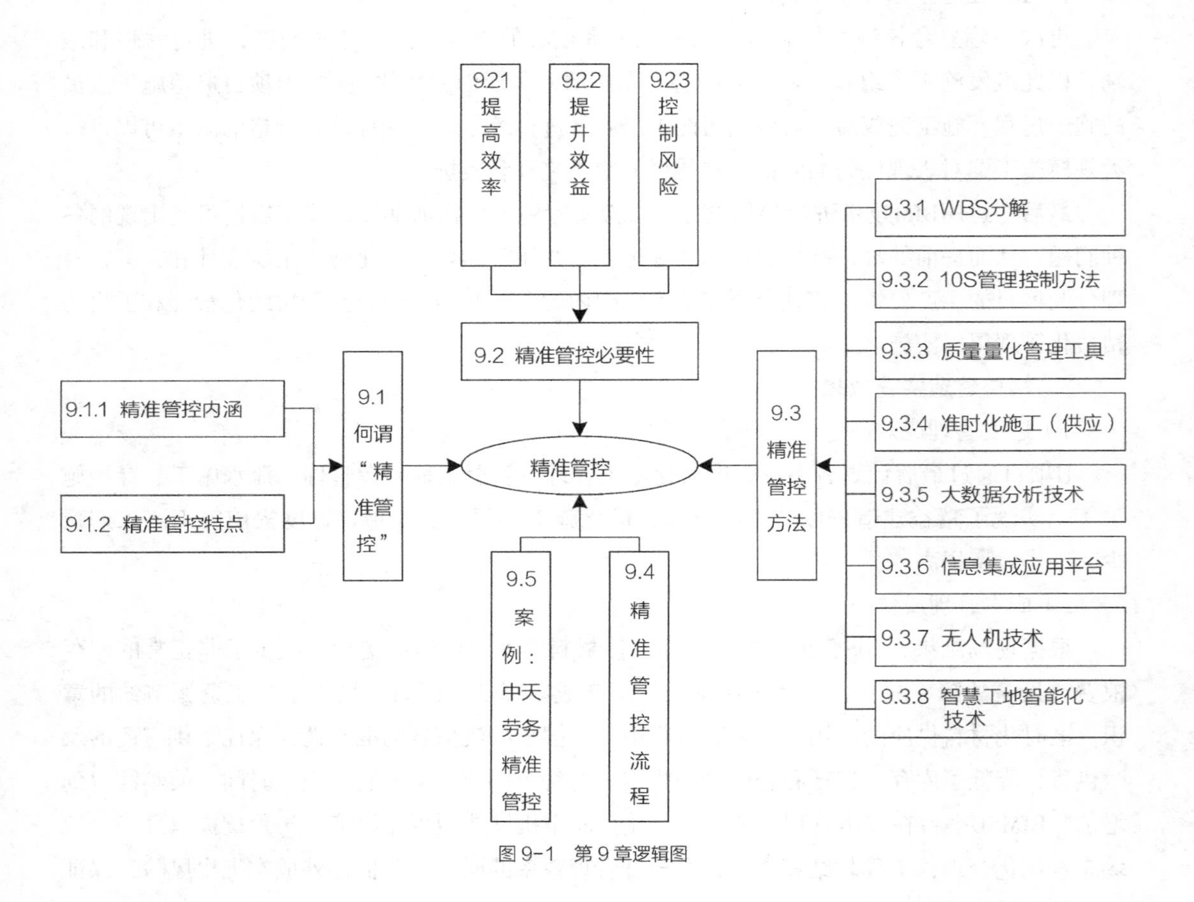

图 9-1 第 9 章逻辑图

9.1 何谓“精准管控”

管控是与实施同步的管理行为，是为确保实施行为偏离既定路径和节点成果、最终目标在可接受范围内的方法、手段、工具和效果。管控在“预先、实施和总结”三段中持续展开状况侦测感知、数据分析判断和事实纠偏处理等手段。管控的精准化是确保效率、效益和控制风险的根本保障。

9.1.1 精准管控内涵

“精准”：是对既定目标进行精确定位，力求在特定项目条件约束下，聚焦某个目标，准确实施，做好各个任务和流程步骤及处置的靶向直达。

“管控”：是在既有的框架下对特定资源和行为所进行的约束和组织，管控具有既定的目标，并且需要一定的权力赋予作为实施管控行为的保障。

“精准管控”：是在既有约束下，准确制定目标，并以目标为导向，结合目标要求达到的程度和效果，精准识别关键节点，采用针对性的现代技术、方法和理论，将任务和资源等要素与其一一精准对应，以最少的消耗达成必要的功能，实现价值工程最大化，从而提高管理效率和结果质量。

9.1.2 精准管控特点

精准管控是管理学和工程科技实践的产物，发展到今天已经成为必不可少的制高点。精准管控是一种理念，将项目通过流程进行细分、聚焦，并从时间和空间细度上进行匹配，精准管控具有以下三大特点：

1. 专业性

精准管控使得过程控制成为关键，而要控制过程就必须对过程中的每一个动作控制到位，这除了需要执行力外，更需要执行这些动作的专业能力。它要求管理者必须对工作有所了解，即具有严谨的科学技术应用能力，能制定准确有效的策略和细致入微的操作过程，同时，要求管理者能够专业地解决问题，并对未来做出准确的预测，合理地控制每个关键步骤等。

2. 相对性

精准管控中的“精准”不是丝毫不差的意思，而是在确保目标可以实现的前提下，准确度可以在一定范围内波动。相对性揭示了“整体优”而非“局优整次”的管理思想及效果。精准管控依靠的是规范的准则，最终结果要以企业整体的管理建设水平与运营效果为参照。企业需要将全局作为一个整体，按照实际情况执行个性化的统一标准，构建各具特色的精准管控体系。

3. 系统性

精准管控对管理工作提出了系统性思维要求。它要求管理者将项目视为一个整体而不是割裂的事物，从全局的角度来思考问题，并发掘发展机会。企业管理问题之所以重复存在，一个重要原因在于不同管理者的工作没有做到很好的衔接，处于断裂状态。如同PDCA中的管理循环，管理者拟定了工作计划，却没有人执行计划；有人执行计划，却没有人检查计划有无偏离预期目标；有人监督、检查，但结果往往是只监不“控”，无人对检查结果进行总结，形成改善动作，为进入下一个PDCA循环创造条件（PDCA不限于一个循环，而是由无限个循环构成，它推动企业持续改善）。系统性在精准管理中以“一流”“端到端的流程”及“整体的流程体系”为载体，将抽象的管理具体化为可执行、可评价的可视化行为。

9.2 精准管控必要性

精准管控理论期待在生产要素不变的情况下，降低成本，提高全流程效率，得到更高的收益，是管理更高阶的发展。

9.2.1 提高效率

当前，我国建筑业仍属于粗放型管理阶段，建筑工人整体素质低，农民工占建筑从业人员70%以上，生产效率远远低于发达国家。建筑业投入的新技术、新设备偏少，技术创新能力不高。传统的项目管理属于一次性管理，在管理过程中，管理者的经验被过分依赖，由于人存在不确定性，易导致管理出现偏差，影响管理效果。企业想要持续地发展，必须从粗放式的管理转变为规范化、精细化的管理。精细化管理要求重细节、重落实、重质量、重效果，在每一个环节上精益求精[①]，通过制定明确的制度，规范人员行为、强化责任落实、精准识别评价影响因素、进行靶向管控实现。

精准管控要求项目以精益建造目标为导向，在施工过程中持续改进管理问题，减少甚至消除错误，使全员都能积极地参与到现场的管理，持续不断地改善现场环境，提高现场的施工管理水平，从而提高施工效率。

施工效率的提高有赖于信息管理水平的提升。企业必须提高自身的信息化管理水平，对项目实施精准管控，采用更先进的信息化管理软件，更快更高效地促进信息流动，确保项目各方能及时准确地获取项目信息。信息的顺畅流通保证了沟通的顺利，使得对于项目的纠偏能够及时进行，从而提高效率。

9.2.2 提升效益

建筑工程行业处于1.6%~2.3%的低利润率状况，建筑企业维持可持续发展，需建立一套精炼、简化、易操作而准确无误、直击靶心的精准管控方法，排斥大而化之、笼而统之地抓工作，而是采用有针对性的现代技术、方法和理论，在达成目标的过程中不断减少浪费，以最少的消耗达成必要的功能，实现工程价值最大化，提高效益，从传统的粗放式管控过渡到

---

① 袁娜．基于BIM的装配式混凝土建筑施工质量控制研究［D］．北京：中国矿业大学，2018.

精准式管控。

1）提高施工质量。在传统的施工模式中，由于工序繁杂，人员复杂，难以找到工序出现问题的根本原因，工序返工和改造造成了大量人力、物力和时间的浪费。精准管控强调建造质量而非检查质量。最终的质量由施工过程质量管理来保证，事后质量检验往往无法追回造成既成事实的浪费。精准管控下施工人员能够在当前工序出现问题的第一时间侦测到偏离，采取整改措施提高改进隐蔽工程质量，从而提高施工产品质量。

2）减少缺陷，降低事故发生率。精准管控通过结合多种方法实现目标的精准定位与分解、核心因素的精准识别、措施的靶向管控，有效地解决资源分配不合理、目标不明确、职责不清晰、管控重点不突出等问题，极大地提高了施工安全性，事故率显著下降。

3）缩短工期，提升竞争力。精准管控是对项目全生命周期（精确计算、精细策划、精益建造及精到评价）的精准监管，从工程量开始的精打细算到精益建造时期的拉动式生产、准时化施工和材料供应，都促使资源得到合理的利用，提高员工工作效率，在一定程度上促进整体工期的缩短。工程完工后，业主会尽可能地缩短工程，投入使用。从而增加施工企业的利润，也就是提升了自身的竞争力。

综上所述，通过对施工质量进行事前、事中、事后的精准管控，提高施工产品质量；并结合多种方法实现靶向管控，进一步提高施工的安全性；且通过对项目全生命周期的精准监管，合理利用资源，缩短工期。从质量、安全、成本等方面进行精准管控，进一步提升工程效益，提升企业核心竞争力。

9.2.3 控制风险

建设行业“高复杂、多维度和全动态性”区别于其他行业，项目一次性、多利益主体、动态要素供应、长周期性、流程高复杂度等特点，导致高风险成为国内外共识，因而建设项目管理能力的要求高于其他管理领域。工程建设项目的复杂风险，具有客观存在性、可识别性、多样性、普遍性、阶段性、偶然性（不确定性）、可测可控性、可变性、规律性、损失性和社会性等属性①。国内外政府、相关企业等对于风险管理的研究发展揭示了风险管理的重要性。由于项目风险对项目运作的影响往往是全局的，风险管理也早已成为项目职能管理之一，位列PMBOK十大知识体系之一。

建设项目本身复杂多变，建设周期较长，所涉及的相关利益方众多，资金流动量巨大。在整个建设过程中，大多数任务操作是环环相扣的叠加过程“集合体”，因此，必须对每一环节进行严格的质量把关和动态控制，即进行准确、精准的管控，合理运用信息化手段监控建设项目的施工，做到实时管控，设立关键控制点，以流程为基准与牵引，增强自检、他检的“关卡”。如不能及时发现问题、解决问题，会导致工程质量不达标，工程进度受影响，更有甚者发生安全事故，使人员生命、经济财产等受到侵害。

---

① 徐长山，张耕宁．工程风险及其防范［J］．自然辩证法研究，2012（1）：57-62.

9.3 精准管控方法

9.3.1 WBS分解

在项目施工中，管理人员依赖经验，沟通协作不畅、专业接口又过多，导致工程项目实施管理过程脱节，标准化水平低，容易导致工程项目管理不到位、进度延误、成本增加，还可能引发工程安全事故。在同一个基准上对工程项目实施管理，加强各专业人员之间的联系，实现标准化有效管理，达到精准管控的程度。

在工程项目中应将项目系统分解成可管理的活动，WBS即工作分解结构是一种层次化的树状结构，将项目按一定的方法划分为管理的项目单元，通过控制这些单元的费用、进度和质量，使它们之间的关系协调一致，从而达到控制整个项目目标的目的。工作分解结构最早用于制造产业，后被引入工程建设项目的管理中，随着现代项目管理技术的不断发展和完善，WBS已经成为项目范围管理的核心工具，在7.3.3节中已对WBS的定义、分解原则、分解标准、分解方法做了详细的介绍，该部分主要阐述WBS工作分解结构与精准管控的契合点及优势。

1）工作分解结构以一个结构化的方式来定义工作，通过可交付成果来控制工作进度，只做对完成项目目标有必要的工作，减少浪费，提高效率。在环境不断变化的情况下，它的可操作性原则使得对于工程变更具有一定的适应性，利用控制使得其对最终结果产生有益影响。

2）WBS的层次性便于精准管控的实施，WBS的建立遵循一定原则，可以在项目进程中保证控制的最佳层次。传统方法在较低层次上进行控制可能导致在控制上所花的时间要比完成工作所需的时间更多，而在较高层次上进行控制则意味着有可能错失一些重要机会或忽略重要危险。运用WBS灵活的层次结构，可以使较高层次者在相差1~2个层级间与低层次者有效沟通交流，并及时对偏差进行纠正控制，节约时间，规避风险。

3）有助于限定风险，WBS的分解层次并非固定不变，其最低层次可根据风险的水平来确定。在风险较低的项目中，工作分解的最低层次只需分解到工作包。而在风险较高的项目中，需要继续分解到项目的一个最低层次上，风险越大，分解越细致。编制完整的WBS确定了工程项目的总目标，确定了各项单独的工作部分与整个项目整体的关系。

4）WBS是信息沟通的基础，在工程项目中，涉及大量的资源，多方参与，因而要求数量相当大的综合信息和信息沟通。项目早期具有不确定性，涉及巨额投资，历时长达若干年，项目初始阶段设想的项目环境会随着项目的进展而发生变化，这要求所有的有关方有一个共同的信息基础，各方能够顺畅沟通信息。一个设计恰当的WBS能为利益相关者提供一个较精确的信息沟通连接器，是利益相关者相互交流的共同基础。此外，利用WBS作为基础来编制预算、进度和描述项目的其他内容，能够使所有利益相关者都明确为完成项目所需要的各项工作及项目的进展情况等。

5）为系统综合与控制提供有效手段，项目控制系统由进度、费用等不同的子系统组成，在某种程度上，子系统是相互独立的，但是各个子系统之间会不可避免地产生系统信息的转移，利用WBS综合子系统，达到真正对工程建设项目精准管控的目的。在应用中，各个子系统都利用WBS收集数据，在与WBS有直接联系的代码词典和编码结构的相同基础上接受信息，使所有进入系统的信息都是由统一方法定义的，确保所有收集到的数据能够在同一基准相比较，使得项目中的全部名词对项目工程师、审计师以及其他项目管理人员都具有相同意义，对于项目进行精准管控有更加便捷、更加简单的意义[①]。

9.3.2 10S管理控制方法

1986年，日本的5S管理在整个现场管理模式下掀起了巨大的热潮，5S管理在塑造企业形象、降低成本、准时交货、安全生产、高度标准化、创造令人心旷神怡的工作场所与现场改善方面发挥了巨大的作用。随着时代的变迁和企业进一步发展，在5S的基础上增加了“安全”（Safety）发展成为6S，进而扩展为7S、10S，如表9-1所示。但万变不离其宗，S的增加是为了对建设项目进行更加精准的管控[②]。

10S管理的形成与发展表　　表9-1

<table>
<tr><th>10</th><th>7</th><th>6</th><th>5</th><th>组成</th><th>词义</th><th>作用</th></tr>
<tr><td rowspan="10">10S</td><td rowspan="7">7S</td><td rowspan="6">6S</td><td rowspan="5">5S</td><td>整理（Seiri）</td><td>留下必要的，其他都清除掉</td><td rowspan="10">1. 提升企业核心竞争力；
2. 提高工作效率；
3. 降低成本；
4. 保证产品质量；
5. 保障安全；
6. 增强企业凝聚力</td></tr>
<tr><td>整顿（Seiton）</td><td>有必要留下的，依规定摆整齐，加以标识</td></tr>
<tr><td>清扫（Seiso）</td><td>工作场所看得见看不见的地方全清扫干净</td></tr>
<tr><td>清洁（Seiketsu）</td><td>维持整理、清扫的结果，保持干净亮丽</td></tr>
<tr><td>素养（Shitsuke）</td><td>每位员工养成良好习惯，遵守规则，有美誉度</td></tr>
<tr><td></td><td>安全（Safety）</td><td>一切工作均以安全为前提</td></tr>
<tr><td colspan="2"></td><td>节约（Save）</td><td>节约场所，节约取拿时间、对部品配置等资源的合理检讨及节约等</td></tr>
<tr><td colspan="3"></td><td>速度（Speed）</td><td>在最短的时间找到要找的东西</td></tr>
<tr><td colspan="3"></td><td>坚持（Shikoku）</td><td>行为规范和各项方法实施的持续意义</td></tr>
<tr><td colspan="3"></td><td>习惯（Shiukanka）</td><td>是修养和坚持追求的目标及结晶。相辅相成，前者为因，后者为果，相得益彰</td></tr>
</table>

① 彭兰梅. 高速公路项目运营管理体制及其项目管理系统的研究［D］. 长沙：湖南大学，2009.

② 兰海. 精益改善［M］. 北京：中国宇航出版社，2016.

10S管理是施工现场的人员、材料、机械设备进行有效的管理，使浪费最小化，提升效益。基于精准管控的10S现场管理，每一步都是以**提高效率、减少非增值活动、提升效益为核心理念**。

项目现场施工需要“整理”。即合理布置施工平面，尽可能将各分部分项工程与其相应的任务结合起来。从而减少各种物料的运输次数，减少搬运过程中材料的浪费。随着施工进度的推进，有必要不断完善材料进场计划，确保建筑材料的准时化供应，保持材料的清洁，减少运输的次数，节省运输成本。

10S活动的开展分为准备阶段、实施阶段、考核阶段、改进阶段，具体推行步骤如图9–2所示。

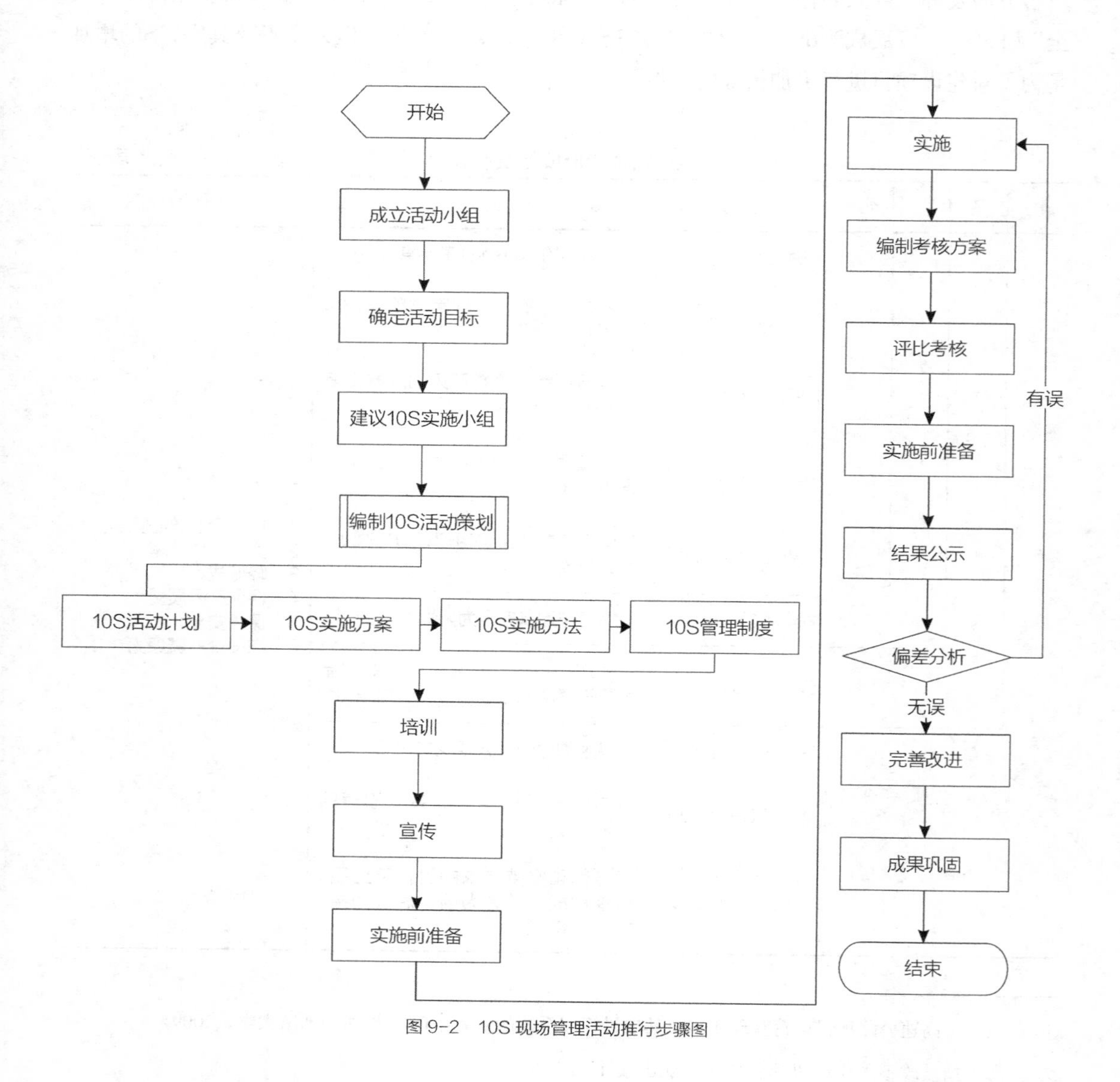

图 9–2　10S 现场管理活动推行步骤图

主要推行步骤：

1）准备阶段建立10S推进组织机构。在10S实施前，项目部建立10S实施组织架构，成立以项目经理为主导的10S实施小组，同时，确定工程部门、设备材料部门、质量技术部门、成本核算部门、安全部门、综合办公室各部门负责人和管理人员实施10S活动的职责。职责清晰，分工明确。在开展10S活动前，项目部编制了10S活动策划书，包括10S活动的计划、10S实施方案、10S实施方法、10S管理制度。

2）实施阶段培训宣传10S活动，组织员工培训教育。利用宣传栏、展板、视频、广播的形式，在管理人员及工人中组织宣传活动，并组织员工进行10S知识及操作、相关管理文件的培训，让员工深入了解10S的意义。

3）考核阶段编制考核方案。根据10S考核评分标准，对工程部门、设备材料部门、质量技术部门、成本核算部门、安全部门、综合办公室实施10S进行考核，将10S融入日常管理，将所有的考核结果直接与绩效挂钩，为奖惩制度提供依据。考核公示，根据每月活动的评比考核，对结果进行公示。鼓励优秀者，根据程度的不同酌情发放奖励金，并通报表扬，为10S活动的开展提供持续的动力。

4）改进阶段偏差分析。根据10S活动实施的结果，分析10S活动的执行情况及10S活动目标的偏差。分析产生偏差的原因：通过偏差的分析，项目部确定改进的主题，完善相关措施，并在后续施工中，实施改进活动。成果巩固：将10S活动开展过程中采取的行之有效的方法，进行制度化和标准化，形成制度文件，积累活动经验，将活动成果进行固化，并形成员工良好的行为习惯。同时，岗位责任制融入10S活动，做到人人熟悉，人人执行，并结合PDCA循环进行管理，持续改进。

9.3.3 质量量化管理工具

项目成功的核心标志是工程质量可靠达标，因此，需要对质量进行精准管理，运用合适的质量管理工具进行精准管控，对项目进程进行监控，不间断地进行抽查，及时纠正偏差，保障工程在正确的路径上继续实施。质量管理工具是通过成功实践的经验积累总结出来的，能科学且经济有效地解决质量问题的通用方法与技术，从易学易用性上说，传播普及最广的有8大图表工具：检查表法、分层法、帕累托图法、散布图法、因果图法、直方图法、控制图法和流程图法。质量管理工具的使用有利于工程项目质量建设的稳定性、规范性和高效性，通过质量管理工具实现工程质量的精准管控，促进工程的顺利进行。

9.3.3.1 检查表法

检查表就是将需要检查的内容或项目一一列出，如表9-2所示。利用表格将数字（非数字）数据采集后进行粗略整理分析，然后定期（不定期）地进行抽查，并将问题点记录下来，使质量信息能及时准确地反馈给相关部门。

根据不同的调查目的，表格形式可自行设计或选择，但使用起来应简单方便，尽可能多地提供质量信息。常用的调查表主要有质量特性值分析表、缺陷位置调查表、不良原因调查表、工序分布检查表等。

工序检查一览表

表9-2

序号	分部工程	工序名称	主要控制检查方式				检查比例（每站）（%）	检查结果	备注
			事前检查方案	事中平行检测巡视	旁站监理	事后试验检查			
1	地基与基础	场地移交（现场平面网络测量）		·		·	100		
2		开挖土方测量（深度、平面尺寸、土方量）		·			100		
3		土方回填	·			·	50		
4		挖孔桩放线	·	·			100		
5		挖孔桩开挖（终孔检查）		·			100		
6		挖孔桩浇灌	·		·		100		
7		桩基检测		·		·	国家标准		
8		……							
9	主体结构	基础放线	·	·			100		
10		防白蚁检查	·	·			50		
11		主体垂直度测量	·	·			80		
12		楼层平面放线	·	·			60		
13		模板工程方案	·				100		
14		模板支撑		·		·	30		
15		……							
16	……	……							
17		……							
18		……							

9.3.3.2 分层法

分层法是根据不同的使用目的，按某一特定主题将其性质、来源、影响因素等分门别类地加以划分，分层进行研究的方法，也称分类法或分组法，如表9–3所示。可将杂乱无章的数据和错综复杂的因素系统化、条理化，使同一层内的数据在性质上的差异尽可能小，而层与层之间的差异尽可能大。使数据所反映的事实更加醒目和清晰，有利于发现问题，找到关键问题，采取相应的措施有效地解决问题。

分层法

表9-3

操作人员	质量优秀	质量合格	质量不合格
熟练工	70	25	5
半熟练工	35	55	10
实习员工	10	70	20
合计	115	150	35

分层法可根据不同的因素对主题进行分类，按时间因素分，如不同时期、不同班次等；按操作人员分，如男工女工、新老工人等；按使用设备和工具分，如设备型号、新旧程度、工具类型等；按原材料分，如材料成分、生产厂家、规格、采光、运输形式等；按操作方法分，如不同的工艺要求、操作参数等；其他分类，如按地区、使用条件等。

此外，分层法经常与质量管理中的其他方法联合使用，形成如分层直方图、分层排列图、分层散布图等，以提高分析研究的效率和质量。

9.3.3.3　帕累托图法

帕累托图法又称排列图法和主次因素分析法，是发现主要质量问题和确定质量改进方向的一种图表工具，可以找出质量问题的关键因素。该方法是由19世纪意大利经济学家帕累托（Pareto）提出的，最早被用来分析社会财富的分布状况。帕累托图的使用要以分层法为前提，将分层法已确定的项目从大到小进行排列，形成加上累积值的图形，如图9–3所示。

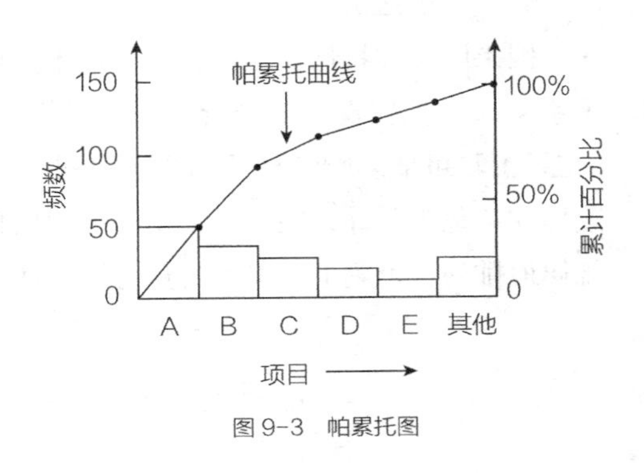

图 9–3　帕累托图

帕累托图的分类项目以5~9项较合适，分析帕累托图只要抓住重要的2~3项即可，若帕累托图各项目分配比例差不多时，帕累托图就失去了意义，应从其他角度收集数据再作分析，帕累托图通过要素改善前和后的对比分析，可以评估出改善效果。按事件重要性程度顺序，将单个质量改进措施对整个工程项目质量问题起到的作用直观地显示出来，并识别各个质量改进措施有无进一步优化的可能。

9.3.3.4　散布图法

将因果关系所对应变化的数据分别描绘在*X–Y*轴坐标系上，以掌握两个变量之间是否相关及相关的程度如何，这种图形叫作“散布图”，也称为“相关图”，如图9–4所示。

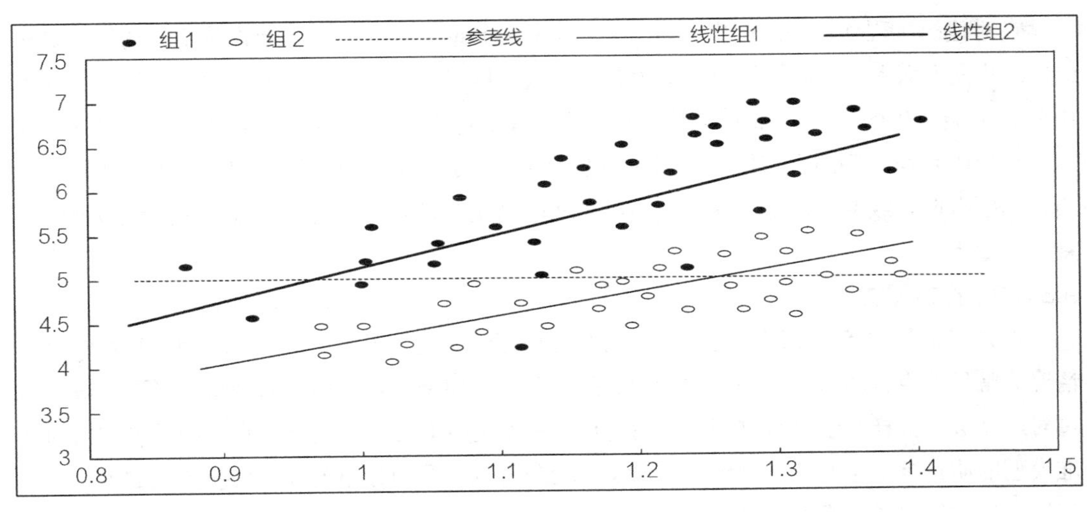

图 9–4　散布图

散布图两组变量的对应数应≥30组，最好50~100组，数据太少时，容易造成误判；通常横坐标用来表示原因或自变量，纵坐标表示效果或因变量；由于数据的获得常常因为5MECI的变化，导致数据的相关性受到影响，在这种情况下需要对数据获得的条件进行识别，否则散布图不能真实地反映两个变量之间的关系；当有异常点出现时，应立即查找原因，而不能把异常点删除；当散布图的相关性与技术经验不符时，应进一步检讨是否有什么原因造成假象。

9.3.3.5　因果图法

因果图又称特性要因图，主要用于分析品质特性与影响品质特性的可能原因之间的因果关系，通过把握现状、分析原因、寻找措施来促进问题的解决，是一种用于分析品质特性（结果）与可能影响特性的因素（原因）的一种工具。因果图看上去有些像鱼骨，问题或缺陷标在“鱼头”外，在中心大鱼骨上生出鱼刺，将生产中有可能出现的问题按照概率大小有规律地排列在鱼刺上，又称为鱼骨图，如图9-5所示。

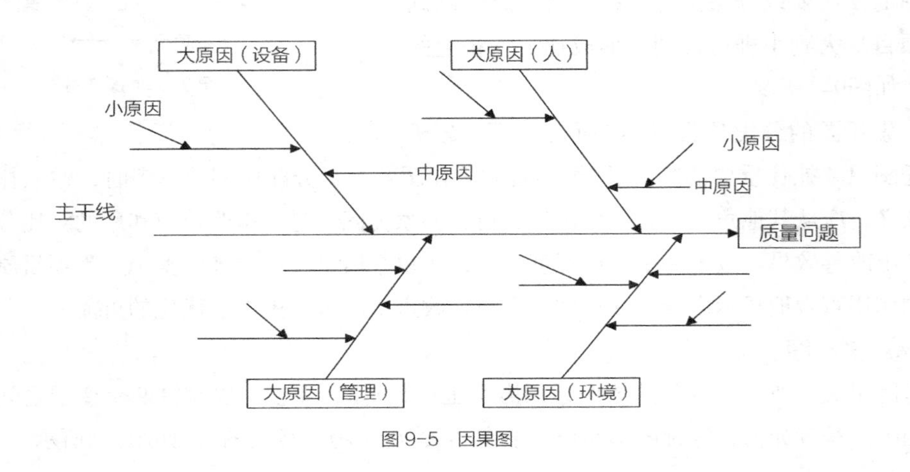

图9-5　因果图

在对建筑工程项目中所产生的质量问题进行分析时，要注意：①建设施工现场作业要从5MECI几大方面入手，确定因果图的大骨，即大要因。②尽可能全面分析建设工程项目施工中所有可能产生的原因，而不局限于自己熟悉或执行当中的内容。③中要因须标明其特性值，小要因须与中要因有直接的原因—问题关系，并通过分析直接给出解决措施。④当某一质量问题有两种或两种以上因素时，需结合实际情况，综合分析对比，找出关联性最强的因素进行归类。

9.3.3.6　直方图法

直方图又称质量分布图，是用一系列宽度相等、高度不等的矩形来表示相关数据的分布情况。常见的直方图有正常型、锯齿型、孤岛型、偏向型、陡壁型、双峰型、平顶型等。通过对产品进行抽样，绘制直方图，然后与标准模型进行对比。通过分析直方图的平均值与标准模型的质量标准中心的重合程度，以及比较分析直方图的分布范围与公差范围的关系，从而知晓生产情况是正常的、易出现废品的还是经济性差的，如图9-6所示。

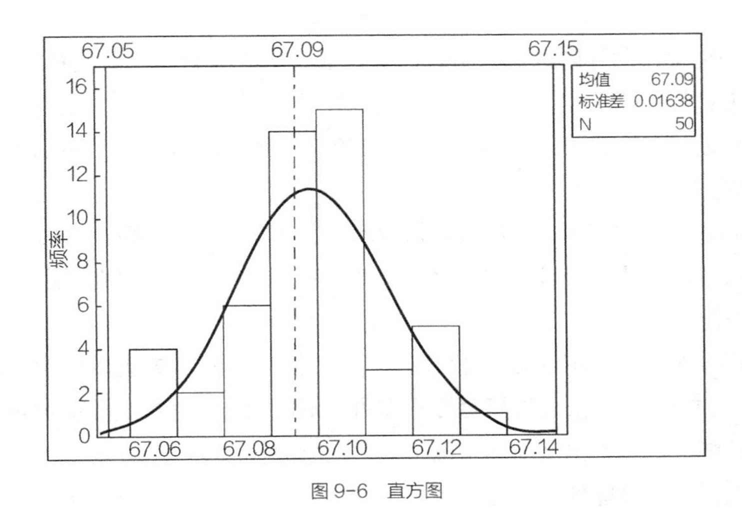

图 9-6　直方图

通过直方图，可以帮助分析判断原材料、设备及半成品生产厂家的生产能力及质量水平，一方面可筛选原材料、设备及半成品的生产厂家，另一方面也可通过此工具对生产厂家提出质量要求，以保证采购的原材料、设备及半成品符合建筑项目实施的质量需求。

9.3.3.7　控制图法

控制图法是一种以预防为主的质量控制方法，它利用现场收集到的质量特征值，绘制成控制图，通过观察图形来判断施工过程的质量状况。控制图可以提供很多有用的信息，是质量管理的重要方法之一。

控制图是施工过程质量的一种记录图形，图上有中心线和上下控制限，并有反映按时间顺序抽取的各样本统计量的数值点。中心线是所控制的统计量的平均值，上下控制限与中心线相距数倍标准差，如图9-7所示。

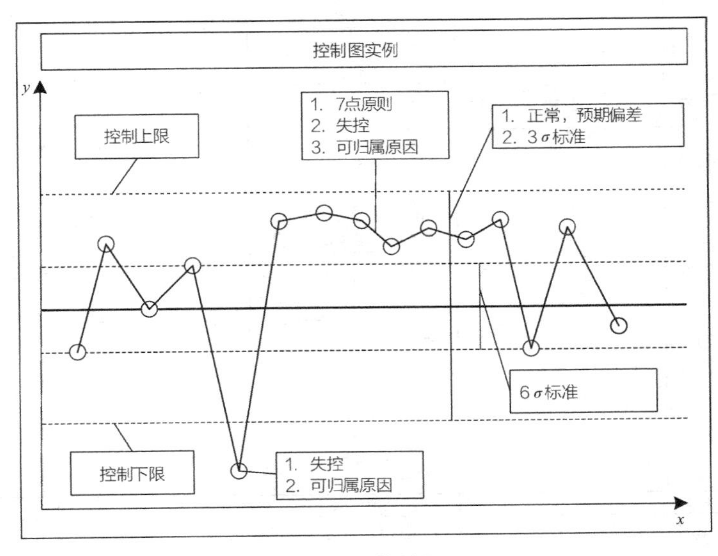

图 9-7　控制图

控制图是一种带控制界限的质量管理图表。通过观察控制图上质量特性值的分布状况，分析和判断施工过程是否发生了异常，一旦发现异常就要及时采取必要的措施加以消除，使施工过程恢复稳定状态。也可以应用控制图来使施工过程达到统计控制的状态。

9.3.3.8　流程图法

流程图=流程+图。流程是特定主体进行特定活动产生的一系列逻辑关系，是任务的有序组合，图是通过标准化的符号及连线将任务的逻辑关系可视化表达的载体，是质量管理的重要方法之一。

面对复杂的业务流程和任务逻辑描述时，语言描述和文本描述显得苍白无力，没有流程图表达得清晰和简洁。一张清晰简明的流程图，不仅能更好地描述业务逻辑，还能查漏补缺，避免流程功能、逻辑上出现遗漏，确保流程的完整性。

流程图根据需求和性能的不同可分为：工作内容流程图、工作地点流程图、泳道式流程图、矩阵式流程图、价值链流程图、ISO流程图等。如图9-8为矩阵式流程图，纵向表示先后顺序，表明解决问题的先后，横向表示承担该工作的部门和职位，表明谁对该项任务负责。

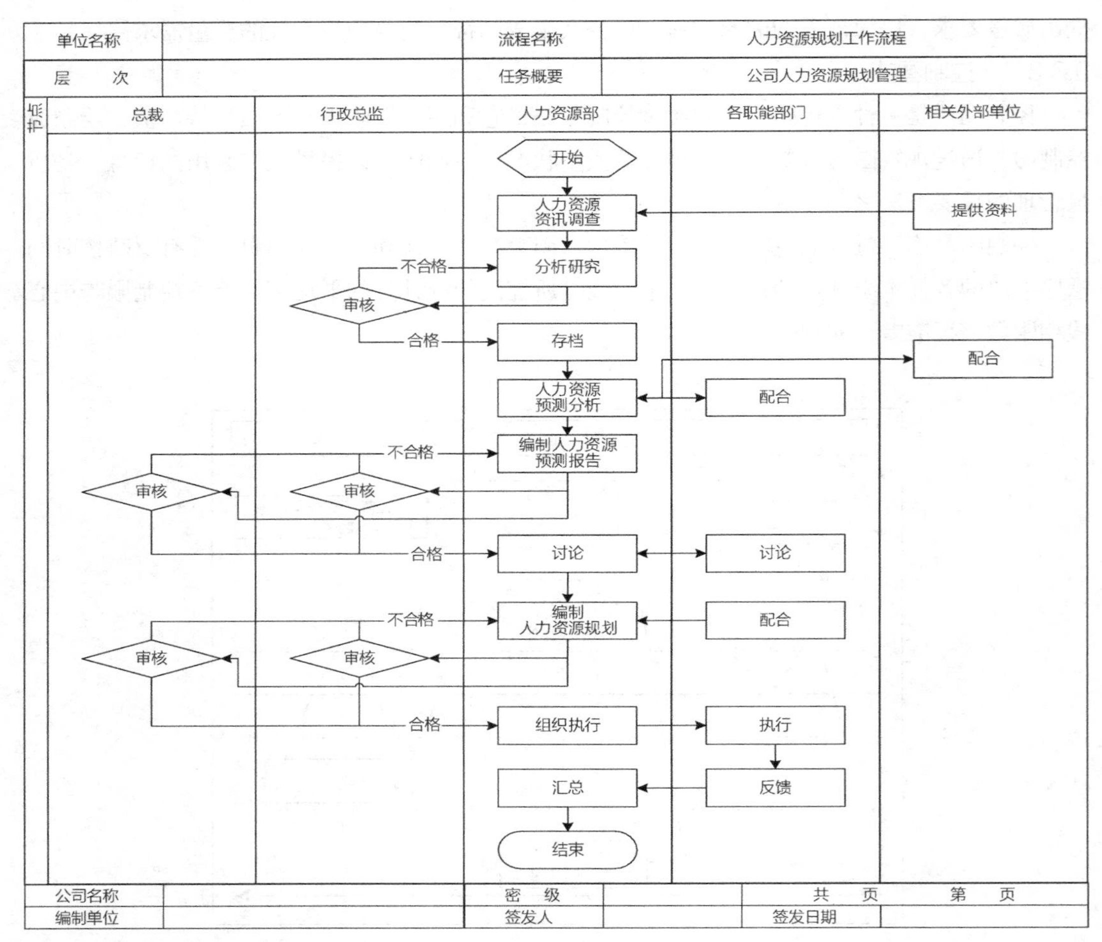

图 9-8　矩阵式流程图

实践证明，灵活地将质量量化管理工具应用于建筑工程中，并科学合理地选择质量量化管理工具，可提高建筑工程项目质量管控的精准度，对经济、高效地建造出满足用户需要的、符合标准和设计规范的、质量合格的建筑工程意义重大。

9.3.4 准时化施工（供应）

准时化，其目的是及时、适宜地施工，根据目标要完成的数量，在恰当的时间内完成对应的工作量，而不会提前或过度生产，并尽量减少不必要的浪费，控制风险。准时化是精准管控的核心之一，准时化材料供应，是以用户需求为准时施工的出发点，控制材料运输和各工序的间隔，确保材料库存为零，避免不必要的浪费。工程项目部根据准时化材料供应原则，制定了从原材料采购→构件加工制作→运输→就位→吊装→安装的详细计划，确保材料的及时供应，施工的准时化进行，消除过程的浪费，减少材料库存，保证工期的同时降低成本，提升效益。

材料供应的准时化通过以下三点进行控制：

1）选择合适的供应商

保证材料供应的准时化，第一个环节便是选择合适的供应商。从合格供应商名单中，选择资金雄厚、企业实力雄厚、信誉良好的合作伙伴，进行实地考察和招标，择优选择，并与供应商建立良好的供应关系，使材料准确及时供应。

2）材料计划的编制和使用

除了选择合适的供应商外，还需要制定科学的施工进度和物资计划。根据工程项目的目标要求，结合工程施工的进度，拟定材料的采购、进场和使用计划，其后，在施工过程中，项目施工管理人员实时掌握工程进度情况，同时，向设备材料部门反馈工程进度的实施情况。工程部及时拟定材料计划，审批通过后，传送至设备材料部门，设备材料部门严格按照计划进行采购，并进行有效的管理，严格遵守及时领料和限额领料制度，相关部门对材料领料清单进行审批，设备材料部门在看到审批通过的材料领料清单后，按照清单发放材料。

3）及时采购

避免采购来的结构构件、钢筋、模板、方木等材料二次搬运，工程项目部根据施工进度，提前4周拟定材料计划，审批通过后，报设备材料部门，设备材料部门根据材料计划，履行相关职责，对合格材料供应商发出采购指令，材料供应商进行生产计划的准备、材料的组织及供货，同时，工程项目部控制并掌握准确的物流信息。在保证供应商供货的及时性的同时，降低库存、损耗和仓储管理成本，有效降低工程项目的成本支出。

9.3.5 大数据分析技术

大数据是指在新处理模式下能具有更强的决策力、洞察发现力和流程优化能力的海量、高增长率和多样化的信息资产。

大数据并非仅仅是大量数据的集合，数据量大只是大数据一个特征，大数据有四大特征，分别为：①Volume：数据量巨大，大数据所处理的数据量通常在PB级以上；②Variety：

数据类型多，大数据所处理的计算机数据类型包括结构化数据及文档、图片、视频等非结构化的数据；③Velocity：数据时效性，在海量数据面前，需要实时分析数据，获取需要的信息，数据处理的效率就是组织的生命；④Value：价值密度低，但数据潜在价值大，通过数据挖掘技术迅速完成数据的价值“提纯”。挖掘出大数据的潜在价值，是大数据的最终意义。大数据是一种高容量、高可变性和高速的信息资产，它利用高性价比的、创新形式的信息处理方式来帮助管理者提高洞察力，实现决策和流程自动化，管理的精准化、可控化[①]。大数据技术可以根据材料的构造成分、规格等预测其使用寿命及对建筑质量的影响；可以根据施工现场的作业数据预测未来可能出现的质量问题；根据作业人员的施工行为数据分析，预测该人员可能出现造成质量问题的失误操作，做到提前预防等。

大数据环境下，实现“数据驱动决策”是整个价值链的核心[②]，其实施的关键是从大量的信息中获取有价值的信息。而数据挖掘技术就是在庞大的信息库中识别先前未知的、隐含的以及具有潜在价值的信息的一个过程，是数据库的知识发现，可以挖掘出多样化的知识。被挖掘的知识也可以运用到查询优化、信息管理、过程控制、决策支持以及数据的自我维护等环节。

以大数据为基础，以5G通信、物联网、云技术和数据挖掘为技术支撑，工程项目精准管理平台架构搭建如图9-9所示。通过建立建筑工程大数据挖掘系统平台，能够有效进行信息的传输与使用，进而使得企业的运营成本能够得到有效的控制，提高企业工程精准管理的水平，提高政府监管效率和服务水平。

采用大数据技术可以自动、连续地获取数据，并动态评估系统的状态，其较传统技术而言有三大明显优势，尤其适用于工程项目质量控制及客户需要的变更管理、配置管理等。

1）以大数据挖掘技术提升现场管理质量

在传统的监管工作中，施工、安装以及调试等现场施工的精准管控很难进行，易出现钢筋规格和使用不当、混凝土配比等材料偷工减料的情况，严重影响工程的质量。为了弥补现场监管不足的情况，在现场布置物联网，利用传感器技术，对施工现场进行全方位的精准管控，将获取的数据存储成结构化数据或非结构化数据，进行数据挖掘，预测问题的发生并及时发现工程质量管理的问题。

2）数据具有实时性

大数据挖掘平台通过各种传感器，实时获取建材、施工、从业人员、检测过程等信息，将极大地提高工程管理的时效性。大数据挖掘平台，对企业开放查询数据的权限，随时可根据建筑企业输入的指令要求，进行信息查询，在此基础上对数据进行分析并提升数据挖掘等有关项目的服务，进而找出建筑企业在工程管理方面所出现的问题，并针对这些问题提出具有针对性的解决方案，实现管理水平的提升。把工程的监督与管理置于大数据挖掘平台之下

---

① 杨青，武高宁，王丽珍．大数据：数据驱动下的工程项目管理新视角［J］．系统工程理论与实践，2017，30（3）：710–719.

② 李聚揆．数据驱动视角下的工程项目管理［J］．价值工程，2018，37（30）：71–73.

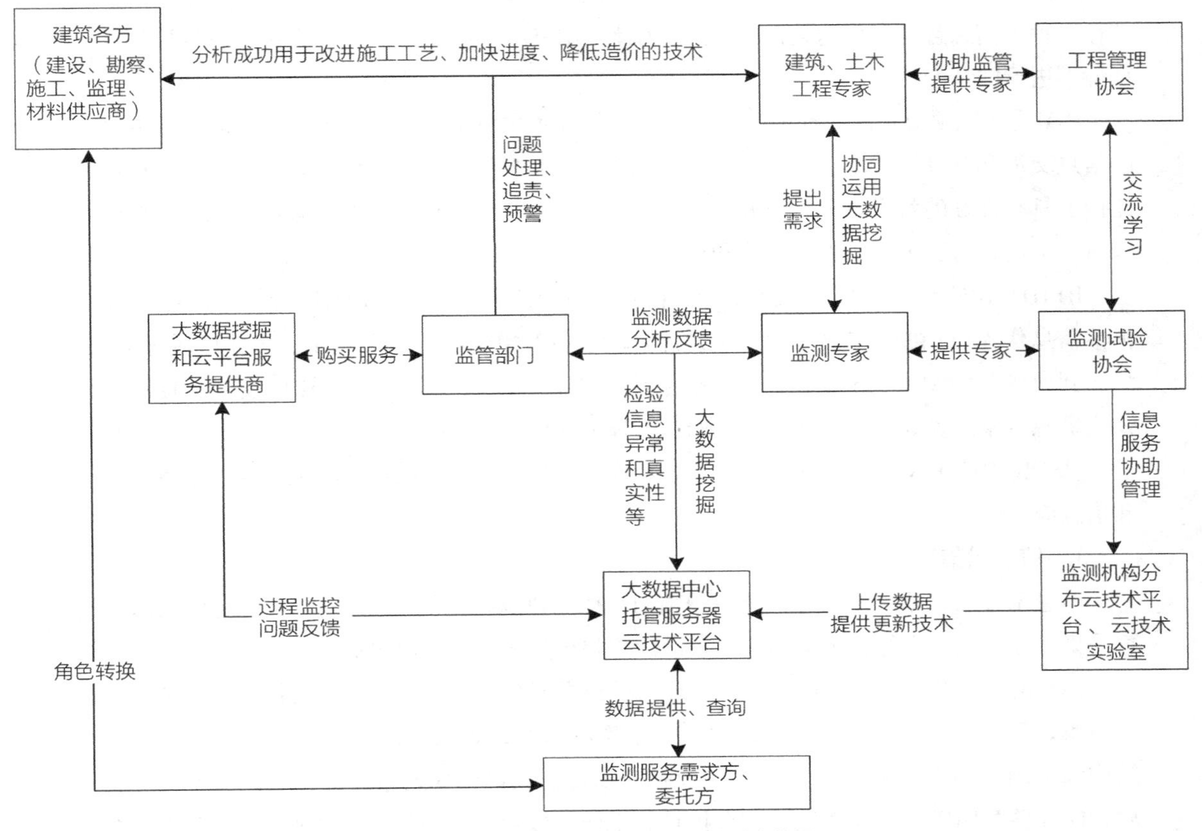

图 9-9　基于数据挖掘的项目精准管理平台架构图

能够有效增加监管的权威性和透明度，信息（数据）公开为建筑企业进行更精准的管控创造条件。

3）数据挖掘的有效性

通过将实时获取数据与施工企业以及检查机构之前累积的项目数据进行关联性分析和对比，建立预测模型检查管理结果，预测整个工程中存在的风险。在最初立项的时候检测人员就可以利用建筑工程项目已有信息的分析及预测，进行风险的评估，对于存在较大风险的项目进行资源的再调配，以此把施工风险控制在能够接受的程度，并有效促进决策效率的提升。而且对风险的预测分析结果，也能够作为项目立项可行性报告的参考依据，进而给企业决策层提供有效的信息参考，验收后期也可作为评价施工企业管理水平的依据。

9.3.6　信息集成应用平台

RFID即无线射频识别技术，是自动识别技术的一种，通过无线射频方式进行非接触双向数据通信，利用无线射频方式对记录媒体（电子标签或射频卡）进行读写，从而达到识别目标和数据交换的目的，可用于信息采集，通常由RFID标签、RFID读写器、中间件及应用软件等四部分组成。RFID标签防水、防油，能穿透纸张、木材、塑胶等材料进行识别，可储存多种类信息且容量可达数10M以上。因此，RFID标签十分适合应用于施工现场这种复杂环境下进行的精准管控。

BIM是建筑项目功能特性的数字表达，它集成了项目信息，支持各阶段不同参与方之间的信息交流和共享。在施工现场安全精准管控上，BIM在进行三维可视化分析、安全控制和监控上具有良好的效果。随着时间进程，利用BIM5D模型进行结构冲突碰撞等安全分析，可以对施工过程的安全问题进行管理和预警。

RFID与BIM集成原理在于RFID标签信息通过应用程序接口与BIM进行信息交互。RFID标签信息作为BIM的分布数据库，在设计阶段就将对象的特定信息（ID、工作区域等信息）添加到BIM数据库中。过程中随着标签的不断扫描，信息不断更新并与BIM交互，便可以可视化呈现对象位置等信息，并自动存储，循环形成BIM数据库①。

基于RFID与BIM的集成施工精准管控系统结构分为三个层次：信息采集层、信息处理层和信息应用层。

1. 信息采集层

信息采集层是通过RFID读写器采集施工现场RFID标签的信息，进行实时定位跟踪。信息采集工作分三步进行：定义标签、布设标签和相关设备、定位跟踪。

标签的定义发生于施工前，现场管理人员根据安全、进度等要素分析得出需要定义标签的清单，对应清单中监控对象并结合现场的实际情况，定义不同对象（如人、材、机、建筑构件）RFID标签的种类，确定标签及相应设备的数目，规划布设位置。标签定义完成之后，向标签存储ID、对象属性、安全护具、工作区域等基础信息并添加到BIM模型中，然后再根据规划方案布设设备，对照不同对象附着相应标签。最后进行定位跟踪，作业人员进入作业区域后，RFID读写器通过连续采集标签信息对人员进行定位，一旦人员发生意外或者进入错误区域，系统将发出警报。通过扫描材料、机械上的标签信息，BIM5D模型可在时空范围内动态看到对象所在位置，确定周围是否具有风险。同样对于已经施工完成的墙体、混凝土构件、脚手架等构件进行连续扫描标签，提取相关数据实时监测判定对象是否处于安全状态。

2. 信息处理层

RFID标签扫描后信息通过互联网自动传输到BIM5D模型中，动态呈现时空中对象的位置、周围环境、检测参数等状态。项目管理小组可随时查看现场各个角落的状况，立体直观，一目了然。一旦出现人的不安全行为或者物以及周围环境的不安全状态，BIM模型上就会分等级进行警报。比如定位跟踪人员在安全区域，BIM模型对应的人员模块周围显示为绿色，若处于隐患区域周围则变成黄色并给予警鸣，若警报后人员仍继续接近危险区域则模块周围就变成红色并连续警鸣，现场管理人员出面处理。管理人员无须赶到现场就可通过BIM可视化模型查看施工具体情况并通过BIM进行及时沟通协同分析，把握施工进度，防控安全

---

① 仲青．精益建造视角下基于RFID与BIM的集成建筑工程项目施工安全预控体系研究［D］．南京：南京工业大学，2015.

因素，进行精准管控。

3. 信息应用层

有效的施工现场精准管控贯穿于项目的全生命周期。将精准管控分为2个阶段，即分析阶段和施工监控阶段。

分析阶段主要工作：一是多方协同对工程要素进行定义与分析，得出危险识别和控制清单，并对清单对象进行标签设置和BIM模型标记；二是通过BIM的虚拟建模对施工过程进行仿真模拟；三是通过BIM进行结构冲突、碰撞检验，排除施工中可能出现的安全问题，避免结构上引起的安全问题。

施工监控阶段，首先，根据上一阶段分析结果设立监控对象、定义标签类型、布设设备和附着标签。其次，在施工过程中通过连续扫描标签信息进行BIM5D模型可视化跟踪定位。最后，监控过程信息自动更新形成BIM精准管控信息数据库。每个施工活动前，班组和现场管理人员通过查看系统对该活动进行安全技术交底，对照BIM模型中预先标记的具有安全隐患的工序和区域进行预先防范和控制。管理小组通过查看系统就能实境实况监控现场施工情况以及人员所处的状态，对于警报和安全隐患，可以进行虚拟现场状况查看和安全分析，并进行在线沟通和协同处理，无须到达现场。除此之外，系统监控范围分布人、材、机、建筑构件及平面布置等整个现场，过程跨越从设计到竣工，从事前、事中到事后的整个过程，对象涉及点（人、材、机、构件）、线（关键性或具有风险的工序）、面（具有隐患区域）。通过对施工现场的全面掌控，可更高效便捷地实现对施工过程的精准管控。

9.3.7 无人机技术

随着技术的发展，无人机技术逐渐应用于工程建设领域，采用无人机技术来提高质量监管的效率，达到空前的高度。尤其是无人机摄像和数据采集，在施工精准管控方面的作用越来越明显。

1. 无人机技术的优势

1）无人机具有悬停性能好、机动性好、小型轻便、节能、操作简单、智能化的优点。

2）并且其飞行速度快，受地形影响小，配置高清摄像头，无人机拍摄的影像有比例尺能调整摄影面积，可缩放为较小区域，影像清晰、显示性好。

3）无人机可以实时实地跟踪监控，在提高效率的同时，不仅可以节省人力、费用，还可以代替人力做一些高危工作，降低管理人员进行精准管控时的安全风险。

2. 无人机在建设工程项目中的应用

无人机在建设工程项目全生命周期中进行应用包括前期、施工、运维、审计等阶段，图9–10为无人机在工程建设领域中现有及未来可能开展的应用研究范围。

1）前期阶段

无人机具有飞行高、视野开阔的优势，在前期阶段，主要集中应用于项目宣传、规划设计、工程勘察等方面。例如，将无人机应用到楼盘前期的概念设计及宣传推广上，可以直观地呈现方案的潜在视野效果；快速获取大面积范围内的影像信息是无人机应用于规划设计的

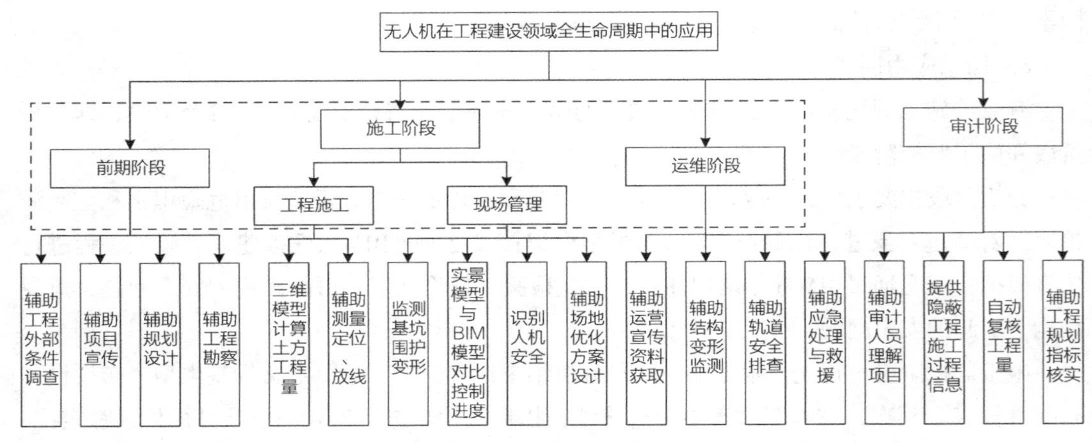

图 9-10　无人机在工程建设项目全生命周期中的应用

一大优势，通过航拍城市的建筑物、道路等，可以辅助拟定规划设计方案；而无人机三维影像技术构建工程勘察高精度实景模型，则可以辅助地形测绘、地质识别和滑坡体估算等工作。除此之外，通过航拍工程周边环境的高精度影像，也可以快速获取周围原有建筑物信息，提高工程外部条件调查工作的效率。

2）施工阶段

除了辅助放线工作，无人机也可以通过获取影像信息、采集点云数据、创建三维模型，应用于辅助施工阶段的工程施工和现场管理上，进而促进施工模式向信息化、智能化方向发展。随着无人机三维影像技术的不断发展，无人机三维实景模型开始应用到工程施工过程中的大范围变形监测和工程量计算上，实现了变形监测、工程量计算的自动化。在安全管控中，无人机可以提供施工现场实时影像、位置信息，实现人员远程互动，保障人机安全，也可以实时监控现场，及时排查危险源，获取施工动态并反馈整改方案；在进度管控上，无人机可应用于施工现场自动化进度监控体系中，确保工程进度在可控的范围内；在质量管控中，将无人机的传感器用红外热成像相机代替，用于桥梁、建筑物外墙施工过程的监测诊断，更高效、简单。但无人机系统的研究大多处于系统框架搭建层面上，真正实现无人机多功能一体化的系统开发还处于研究阶段。

3）运维阶段

在运维阶段，无人机除了常见的利用影像信息辅助运营宣传以外，也可以自定义飞行路线，结合智能识别技术，辅助维护维修、日常安全巡视和应急处理等工作的开展，包括：自动化识别、定位、监控和检测管道、道路等结构，提高对投入使用后的工程结构的监测效率，也可将无人机技术和BIM5D技术相结合，将无人机采集的数据用BIM5D平台进行建模分析，实时监管，做到及时有效，提高解决质量问题的效率，实现精准管控质量管理的目标。

4）审计阶段

建设工程项目审计贯穿整个项目建设期，无人机也在其中发挥作用，主要包括辅助施工审计过程中的竣工验收数据的核实。结合无人机航摄技术和三维建模技术，可以获取建筑工程竣工全景图、竣工模型及其竣工测绘数据。通过数据与图片或者模型之间的匹配，可以直观呈现竣工验收效果，进而方便有关部门审批管理。除此之外，无人机在前期、施工、运维等阶段获取的数据信息也可以作为工程审计的依托材料，帮助审计人员理解项目，提供隐蔽工程施工过程信息，有助于未来工程审计工作的高效开展，未来审计工作信息采集的方式将发生变化。

3. 无人机技术应用前景

无人机技术在工程建设应用中发挥着重要作用，其未来具有较大的应用潜力，以无人机三维影像技术为例，其在施工阶段的应用研究得到了很大的关注度，无人机三维影像技术具备快速全景拍摄、三维模型合成、先后影像数据对比等功能。基于无人机三维影像技术具备的功能及无人机特点，无人机三维影像技术在施工阶段的现场管理精准管控中有较大的应用发展空间，例如可以直观呈现施工现场实时布置情况、获取实际工程的施工进度信息、通过实景模型和BIM模型的对比来发现实际工程与设计模型的出入点等。

目前，关于无人机航摄技术的研究已相对成熟，而随着无人机智能识别技术、无人机三维影像技术、无人机遥感测量技术、无人机环境监测技术以及无人机动态调度技术等的逐步完善，将在建设项目精准管控中发挥更大的优势与潜力①。

9.3.8 智慧工地智能化技术

智慧工地是指运用信息化手段，通过三维设计平台对工程项目进行精确设计和施工模拟，围绕施工过程管理，建立互联协同、智能生产、科学管理的施工项目信息化生态圈，并将此数据在虚拟现实环境下与物联网采集到的工程信息进行数据挖掘分析，提供过程趋势预测及专家预案，实现工程施工可视化智能管理，提高工程管理信息化水平，从而逐步实现绿色建造和生态建造。

智慧工地将更多人工智能、传感技术、虚拟现实等高科技技术植入建筑、机械、人员穿戴设施、场地进出关口等各类物体中，并且被普遍互联，形成“物联网”，再与“互联网”整合在一起，实现工程管理干系人与工程施工现场的整合。智慧工地的核心是以一种“更智慧”的方法来改进工程各干系组织和岗位人员相互交互的方式，以便提高交互的明确性、效率、灵活性和响应速度。

智慧工地的出现全面覆盖了建筑工地信息化最后一公里，借助互联网等技术手段进行组织与协调，规范合同、确保安全、提高质量、缩减成本、优化工期，寻求各管理目标的动态平衡。

1. 合同管理智慧系统

建立实名制考勤管理系统，设置个人信息管理台账，通过指纹采集、虹膜验证、人脸识别等方式进行精准管控。在施工现场出入口设置考勤设备完成上下班出勤登记，准确记录出勤天数和出勤时长等工时信息，方便统计查询用工情况，为工作人员发放薪资、解决劳务纠

---

① 周红，洪娇莉. 无人机技术在工程建设领域的应用研究［J］. 工程管理学报，2019，33（4）：9-14.

纷等问题提供数据支持。

建立4D网络教育培训系统，借助人机交互式VR体验，运用传感器自然对接安全教育平台，在虚拟工程中将安全知识生动形象地展示出来，克服传统培训带来的枯燥乏味，填补理论教育与现实操作融合的空白。通过场景模拟，评估施工人员面对危险的应急处理能力，调整预案进行反复演练，形成一套实用的技术解决方案并指导施工活动。

2. 安全管理智慧系统

借助人工智能可视化管理系统来弥补传统监管方法的不足，保障建筑工地的施工安全。建立安全监督管理系统，自主分析图像，将施工现场的不安全行为和不安全状态一一识别，通过系统下发整改通知给施工现场，整改完毕再由现场管理人员上传反馈给监督人员，规范安全隐患排查整改过程，实现施工现场安全隐患的闭环管理。

建立特种作业人员管理系统，将施工现场和远程管理平台无缝融合，采用IC卡等识别系统有效验证操作人员身份，由专门操作人员启动机械设备。在操作平台上设置高清显示屏实时反馈机械运转情况，同时形成操作记录同步上传保存，建立施工人员操作信用档案，最大限度减少人的不安全行为，把事故隐患消除在萌芽状态。

3. 质量管理智慧系统

建立远程视频监控系统，安装高清摄像头接入互联网，加强施工现场日常管理工作，使施工过程透明化、可追溯化，加强管控的精准度。

引入高精度传感器，用无线网络连接监测仪器观测变化，通过监控系统强化内部监管力度，分析每一个工作面是否满足施工需求，每一道工序是否符合工艺流程，将相关信息数据与智慧平台实现互联互通，改进质量检查的精度与效度，提高施工现场的智能化水平，实现精准化管控。

建立施工质量验收管理系统，完善施工质量保证体系，规范施工质量验收行为。智慧工地强调的是过程控制，在统一监控中心对施工现场进行远程实时抽检，通过动态分析和反馈，监督上道工序和下道工序的衔接是否规范，检查每一个验收单元是否符合质量标准，为质量验收提供可视化依据，降低隐蔽性质量事故发生率。

4. 成本管理智慧系统

基于物联网建立成本管理系统，对建筑工地的人工、材料、机械等直接成本费用进行动态跟踪，提高资金的使用效益。

在人工成本方面，建立施工人员定位管理系统，实时更新施工现场人员的工种、数量、位置等信息，统计分析施工活动轨迹，根据分布状况分析用工高峰期和低谷期的劳动力情况，进一步妥善安排作业人员进场顺序，节约劳动力使用成本。

在材料成本方面，建立物料监控管理系统，对施工现场材料的采购、存放、取用等环节进行动态管控。工程物料监控管理系统根据施工方案自动生成材料需求量清单，完成材料采购、进场验收、登记入库存放，并实时更新、记录存取情况，使材料的采购成本、库存成本更为合理。

在机械成本方面，建立机械设备运行管理系统，实时反映机械的现场布置情况和工作运行状态，合理调配机械的施工作业顺序，减少机械设备的无负荷或超负荷运转情况，提高机械设备的使用效率，进而降低成本费用。

5. 进度管理智慧系统

将分散的计划进度、实际进度集成到信息平台上，基于计算机软件实时查看各工序衔接情况，便于整体动态把控工程进展程度，将生产力提高到最大化，为确保工期奠定良好的基础。

建立施工进度管理系统，根据各施工段的工艺关系和组织关系创建进度计划，将各工序的流水节拍和流水步距等计划施工时间导入系统中，借助BIM软件模拟建筑施工过程，将计划时间与历史数据相比较，寻找施工计划的最佳平衡点，合理安排施工流水节奏。

实时跟踪施工现场进展情况，将实际进度与计划进度进行对比，直观地反应出工程是否超前或滞后，分析进度偏差产生的原因，当偏差超过一定范围时采取纠偏措施加以控制，通过智慧平台动态协调各工序施工时间，确保工程按计划进度完工。

智慧工地释放了建筑业的变革信号，规避了建筑市场的信息孤立，智能技术、智能设备保障了施工管理数据的有效对接，实现了施工现场资源的一体化整合。通过射频识别、定位跟踪、图像采集等实时记录工地现场信息，利用移动互联网、云平台实现信息的可靠传送与共享，基于大数据进行多角度的关联性分析处理，规范施工现场的合同管理、安全管理、质量管理、成本管理、进度管理，实现工程管理精细化发展。

6. 智慧工地硬件清单

智慧工地在合同、安全、质量、成本、进度等管理目标上都建立了相应的智慧管理系统，而智慧管理系统平台需要一定的硬件支持，实现工程施工可视化智能管理，以提高工程管理信息化水平。表9-4为汇总出的智慧工地在安全施工、质量检测、绿色施工、指挥调度管理、工业化管理以及综合智慧设备方面的硬件清单。

智慧工地硬件清单 表9-4

种类	硬件设备			
安全施工	视频监控 吊钩盲区可视化 高支模监测 施工临电箱监测 吊篮监测 龙门吊安全监控管理系统 隧道有害气体监测 钢丝绳损伤监测 高边坡监测系统	智能AR全景 培训宝 基坑监测 智能烟感 体验式安全教育馆 架桥机安全监控管理系统 隧道安全步距监测 施工升降电梯监测	蜂鸟盒子 卸料平台监测 外墙脚手架监测 库房监测 工程管控沙盘 履带机安全监控管理系统 隧道应急对讲系统 智能临边防护网监测	塔机监测 塔机激光定位系统 钢结构安全监测 螺丝松动监测 VR体验式安全教育馆 盾构机远程监测系统 周界防护 便携式临边防护
质量监测	大体积混凝土测温 标养室监测 公路智能摊铺监测 钢筋检测仪 回弹仪	智能数字压实监测 桩基数字化监测 强夯数字化监测 楼板测厚仪	隧道围岩数字量测 智能压浆监测系统 智能张拉监测系统 智能靠尺	试验机远程监控系统 拌合站远程监控系统 激光测距仪 电子卷尺
绿色施工	环境监测 自动喷淋控制系统 夜间施工检测	塔吊喷淋 围挡喷淋 污水检测	智能水表 智能电表	车辆进出场管理 车辆未清洗监测

续表

种类	硬件设备			
指挥调度管理	视频会议系统 监控大屏 5G+AR眼睛巡检交互系统 巡检锁系统	智能广播 WIFI教育 速登宝 工程车辆智慧管理	人脸识别设备 智能安全帽 智慧物料验收系统	分布式无人机平台 施工巡更系统 单兵身体机能检测
工业化管理	四足机器人 三维激光扫描机器人 自适应螺丝锁附工作站	BIM放样机器人 倾斜摄影服务 喷涂工作站	点云采集服务 远程遥控及自动驾驶挖掘机	码垛工作站 氩弧焊接工作站
综合智慧设备	5G健康亭 全息投影 全息沙盘 AR智慧桌面 BIM模型交底展示抖模二维码	MR头盔 迎宾机器人 虚拟质量样板 55寸视频播放一体机 领导寄语台	滑轨屏 实体沙盘 四联屏 异形屏 中控系统	720全景 VR大屏 32寸卧式触控一体机 VR播放一体机

9.4 精准管控流程

精准管控在精益思想的指导下做出战略决策，通过运用管控工具，如WBS分解、10S管理、准时化施工、数据分析、智能化技术等，以管理要素为基准，以成本、质量、安全为主要管控内容，建立精准管控的“工程要素”模型，如图9-11所示，通过精准管控将建设工程从质量合格提升到品质优秀。

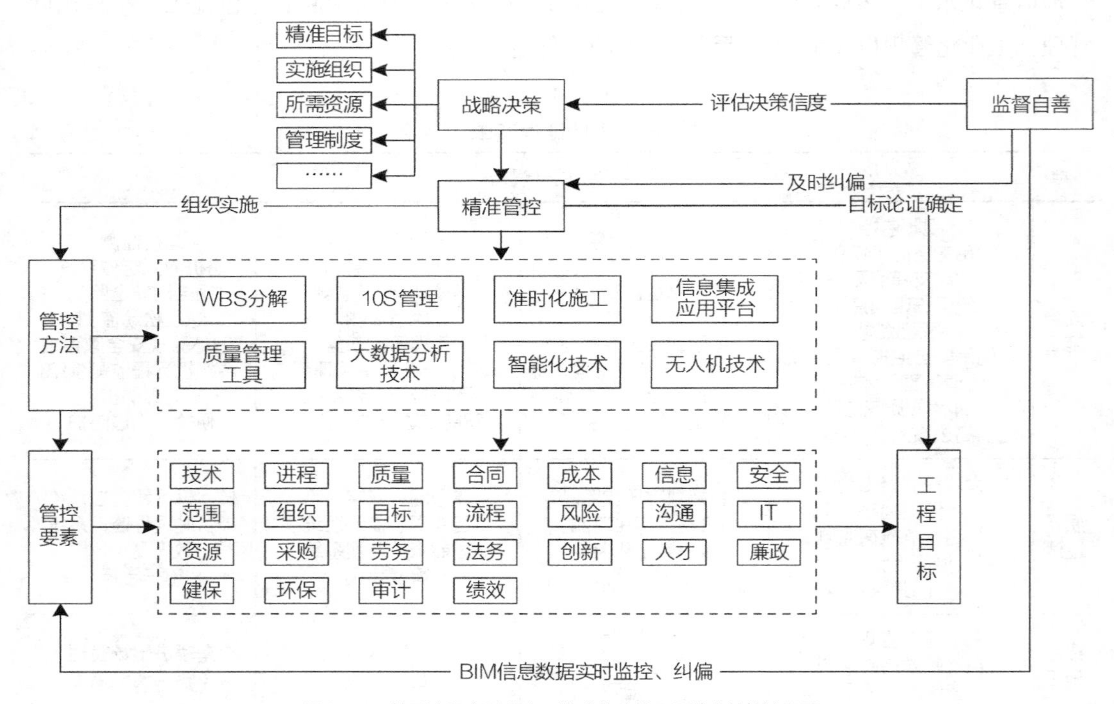

图 9-11　基于流程牵引理论 L 模式的建筑工程精准管控流程图

9.5 案例：中天劳务精准管控

建设项目施工中“人”是最大的不确定性因素，要做到精准管控，首先要做到“人”的精准，对劳务人员进行精准的管理，控制风险，提升效益。

劳动管理是对劳动力及劳动过程进行决策、计划、组织、控制、监督、协调等各项管理，是用科学的方法，合理组织、安排、调配劳动力，开发和利用人力资源；改进劳动条件，加强劳动纪律，不断提高劳动生产率和经济效益；净化劳动环境，注意劳动卫生，保障劳动者身心健康；贯彻按劳分配原则，调整和完善人际关系，调动劳动者的积极性和创造性①。

人员的复杂性和数量的庞大性无疑都对企业的劳务人员管理提出了挑战，大多数企业的劳务管理仍存些许在问题。

1. 缺乏对劳务工作者的系统训练

劳务人员技术水平普遍较低，导致劳务人员无法与施工工序完美配合，效率低下，导致降薪减资，自身利益得不到有效保障，容易以较粗暴的方式来维护自身的利益，也容易增加施工企业劳务用工管理上的难度。

2. 同工不同酬问题

同工不同酬主要指在企事业单位中的相同工作岗位和相同级别的劳动者，因各种因素造成的报酬相差悬殊的现象。我国的企事业单位当中，对劳动者的工资待遇并没有公开化、透明化地公布，同工不同酬的问题非常突出，在一个施工企业当中，正式员工的数量非常有限，在施工过程中非常大一部分的劳动者都是签订的劳务人员，而这种同工不同酬的现象会降低务人员的工作积极性和创造性。

3. 施工企业劳务用工管理制度松散

很多施工企业在进行项目建设时都自行成立劳务派遣公司或是使用一些机构提供的劳务派遣工，企业往往对于这些劳务派遣工缺乏审查，在施工过程中也无法实现有效的监督，另一方面，施工企业在对务工人员管理这方面投入的管理人才也非常有限，人力资源的缺乏也是管理制度松散、管理手段不到位的重要因素。

4. 责任划分不清

部分施工企业虽然重视劳务管理，且出台了相应的规章，但仍存在管理盲区、责权不清晰的问题，且执行过程中沟通不顺，导致劳务管理章程仍停留在理论层面，难以落实。

本书针对劳务管理现存的问题提出了精准管控的要求，在组织战略指导下，运用精准管控的方法，以中天建设劳务管理为例，建立一个制度完整、流程清晰、责任人明确、表单充足的精准管控体系，减少人员纠纷，提升企业形象。图9-12是中天建设劳务精准管理流程图。

---

① 赵绪龙. 施工企业劳务用工管理存在的问题及对策［J］. 中外企业家，2020（17）：55.

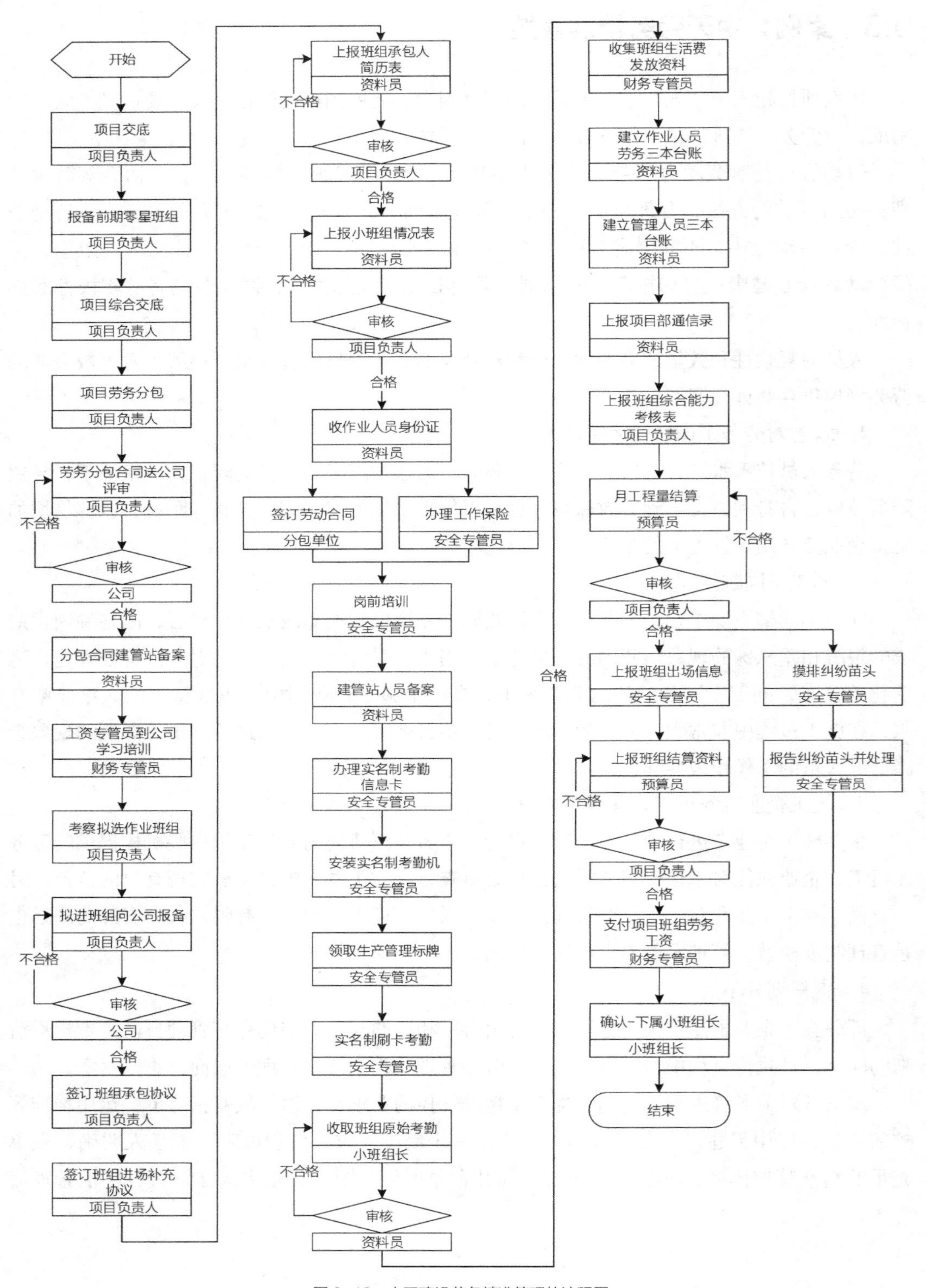

图 9-12　中天建设劳务精准管理的流程图

精准劳务管控，首先是运用WBS分解项目的劳务人员，根据定位原理，对要实现的目标的管控点进行精准定位，再依据责任到人、责任到任务的原则，将对劳务人员的管理任务划分明确，精准到人，避免责任交叉、责任推诿等现象。

其次，对于劳务人员在施工现场的表现，运用智能化技术结合信息集成应用平台，对于劳务人员的信息进行采集、处理和应用，真正做到实时实景的精准管控，同时建立劳务班组内部考核表①，如表9–5所示，对于劳务人员进行内部考核，及时发现不足，改进不足，遵循放置在位的原则，真正使劳务人员发挥它们的优势，创造更大的价值。

最后，在对劳务人员进行管理时，还可以使用无人机技术和大数据分析技术，对施工现场进行实时摄影监督和预测分析，弥补RFID+BIM集成体系的不足，杜绝劳务人员磨洋工、窝工等现象，能够及时发现安全隐患，真正做到对建设项目的精准管控。

劳务班组管理自检内容框架表　　表9–5

标准	项目	赋分	要素	权值	自检打分
班组建设	班组结构建设	3分	人员匹配度	15	
			人员利用率	30	
			人员需求满足度	20	
			岗位变动频率	10	
			权责合理性	15	
			内部关系明确性	10	
	人员技能管理	2分	技能培训多样性	10	
			技能培训有效性	30	
			技能培训性价比	15	
			技能管控持续性	20	
			技能可视化程度	10	
			技能水平对接程度	15	
班组流程管理	流程规划与管控	5分	流程意识	15	
			流程对接顺畅度	20	
			流程运作速度	20	
			流程控制有效性	30	
			流程信息化程度	15	
	流程优化管理	3分	流程优化意识	20	
			流程优化频率	10	
			流程优化范围	10	
			流程优化技能水平	20	
			流程优化效果	40	

① 精益界. 精益班组管理自检手册/精益班组管理系列/精益界实用精益管理丛书[M]. 北京：中国电力出版社，2015.

续表

标准	项目	赋分	要素	权值	自检打分
作业标准管理	作业标准设定	4分	标准认知度	20	
			标准适用性	30	
			标准系统性	20	
			标准应变性	15	
			标准精益性	15	
	作业标准推广	5分	推广模式	20	
			推广过程	20	
			推广效果	60	
作业任务管理	生产目标管理	3分	目标设计合理性	60	
			目标落实度	40	
	任务分配与协调	5分	前期准备	30	
			分配方案	20	
			分配程序	20	
			协调机制	30	
	任务执行管控	4分	管控动作合理度	50	
			管控效果	50	
	人员授权管理	5分	授权意识	10	
			授权对象适宜性	20	
			授权比例	20	
			授权方式	15	
			授权效果	35	
	内外部沟通管理	3分	沟通程序规范性	25	
			沟通动作技巧性	45	
			沟通效果有效性	30	
现场管理	现场设备管理	6分	设备标示系统性	30	
			设备管控规范性	35	
			设备管控有效性	35	
	现场物资管理	6分	原材料	20	
			样品	15	
			在制品	30	
			成品	25	
			废料	10	
	现场信息管理	4分	现场信息真实性	10	
			信息管理规范性	30	
			信息管理系统性	20	
			信息管理方便性	15	
			信息管理实用性	25	

续表

标准	项目	赋分	要素	权值	自检打分
现场管理	现场环境管理	4分	布局精益性	20	
			定位规范度	15	
			现场清洁度	8	
			现场光照度	10	
			现场温度	10	
			现场湿度	10	
			现场音量	10	
			空气质量	10	
			现场色彩感	7	
生产质量管理	质量标准管理	3分	标准可靠性	30	
			标准适用性	40	
			标准认知度	30	
	生产过程质量控制	4分	质量控制模式	20	
			质量控制点	25	
			质量检查频率	20	
			质量追溯性	15	
			班组人员能力	10	
			班组人员态度	10	
	质量异常处理	4分	质量异常处理速度	20	
			质量诊断准确率	20	
			异常处理效果	40	
			质量异常标识	20	
生产安全控制	生产作业安全管理	6分	安全作业标识	20	
			安全作业要求	40	
			物理防护载体	30	
			安全事故处理机制	10	
	车间消防安全管理	4分	消防疏散路线	30	
			灭火设施	40	
			消防安全标识	30	
绩效与激励管理	绩效程序控制	4分	绩效指标体系性	30	
			绩效程序适用性	20	
			绩效程序改善性	15	
			绩效考评客观性	15	
			员工反应	20	
	人员激励管理	3分	激励形式多样性	30	
			员工激励有效性	40	
			员工激励变化性	30	

续表

标准	项目	赋分	要素	权值	自检打分
班组纪律管理	班组纪律建设	3分	约束力度	45	
			制度设计者	25	
			纪律氛围	30	
	班组违规处理	3分	违规行为属性	40	
			违规处理程序	30	
			违规处理效果	30	
班组文化	班组文化建设	2分	风格适应性	30	
			主题适宜性	20	
			可视化程度	15	
			文化建设长效性	15	
			成员认同度	20	
	班组问题改善	2分	问题意识	15	
			问题处理程序	30	
			问题处理效果	40	
			问题改善热情	15	

第 10 章
精到评价

本章逻辑图

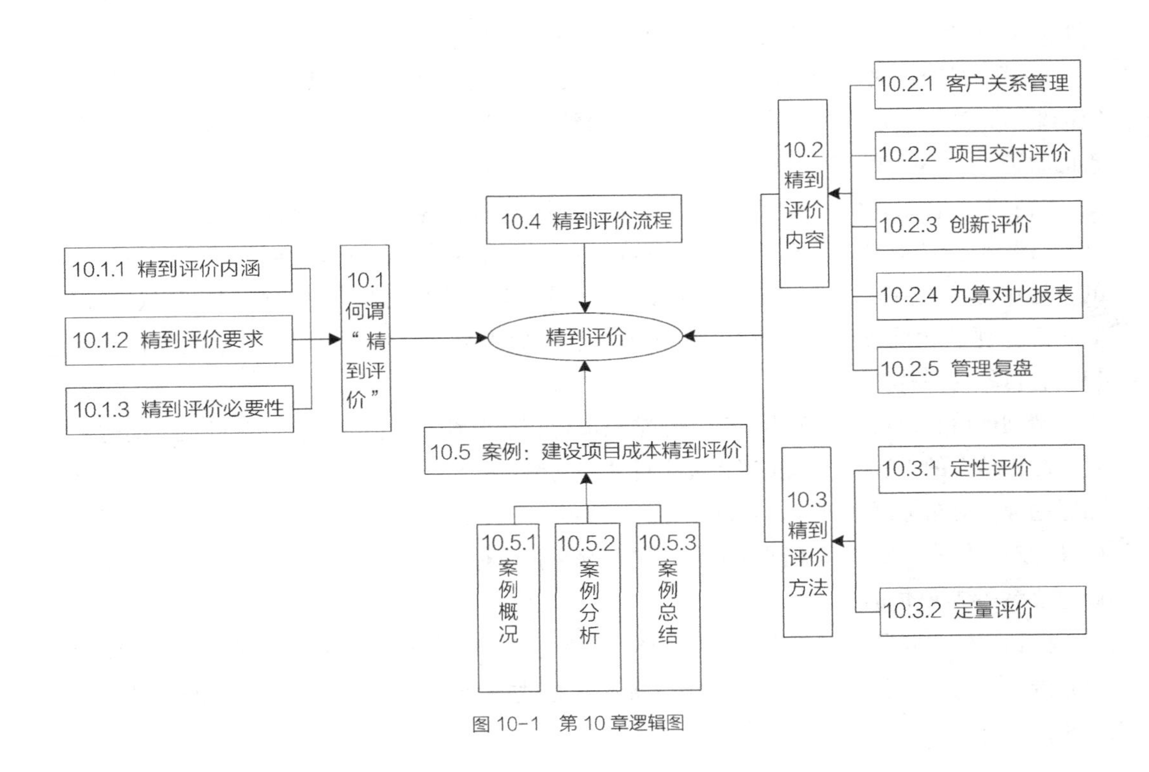

图 10-1 第 10 章逻辑图

评价既重要又复杂，既困难又必需，既随过程又对结果，评价既是所有完成工作的盘点，也为未来积累经验教训。评价存在对象边界清晰度低、内容繁杂、方法多样、工具各异、结果管理一致性不同等特点。当前管理中存在和发展的评价类型有：企业绩效、流程绩效、岗位绩效、个人胜任力评价，数据成熟度、任务成熟度、组织成熟度、知识成熟度等评价，全过程职能管理效率、全要素效率、全主体收益等评价。精准管控模型揭示需要评价的内容很多，本章基于建设工程，针对项目交付、客户关系、创新等特定内容，采用适合工程管理的方法进行阐述。工程管理评价由仅对“质安环”的1.0到关注客户体验和价值增加的2.0，是升级的必然。

10.1 何谓“精到评价”

没有“精到”的评价，就不会有持续的改进。评价是整个管理闭环中的最后一环，起到全过程质量收敛的关键一环。评价应当依据计算的范围、策划的目标和实施及控制的结果进行，评价也有自身的方法和工具去实施精到评价。

10.1.1 精到评价内涵

“精”：主要指精炼、简化、易操作，合理分配资源，精心设计方案，精细实施活动，精确制定标准，确保管理对象清晰、管理措施有效、管理流程闭环，不断增强工作的针对性和有效性。让目标和结果匹配度不断提升，浪费环节不断减少，最大限度地满足顾客要求，提高管理效率和结果质量，实现建筑企业的利润最大化。

“到”：是至、来到、到达、知、觉、往、去、周到、全面等意思，到达适当的位置或预定的地点，达到合适或令人满意的程度。强调的是标准量化、细化。追求极致，持续走在改善的轨道上，不断增强工作的针对性、有效性和全面性。

“精到”：衡量评价的标准和细致程度，达到了一种极为准确、细致的状态。

“评价”：是指对一件事、人或物进行判断、分析后的结论。是人们为了达到一定的目的，运用特定的指标，采用特定的方法，对人或事件或事物做出价值判断的一种认识过程。简言之，评价就是通过比较分析对特定的人和事做出主观判断的过程，它是人类社会有意识、有目的的一种认识活动。

精到评价：以科学管理为基础，在精细策划、精准管控、精确计算的基础上，通过定量和定性相结合的方法对目标实现程度进行精到判断、分析，采用有针对性的现代技术、方法和理论等，对指标因素细化、标准量化，扎实推进管理的改进和创新，同时以此为依据衡量自身管理的优劣，实现对不同目标具有强有效性和针对性，实现价值工程最大化，从而提高管理效率和结果质量。

精到评价主要通过对评价内容的主体、目标、对象、指标、标准、依据、方法等要素进行分析，使得评价科学准确，如表10-1所示，通过7大要素的规范，保障评价的及时性和准确性。

评价要素表　　表10-1

要素	内涵
评价主体	评价的主体是项目的利益相关者，例如建设单位、设计单位、施工单位等，相关主体通过对项目进行精准评价了解项目或企业的发展状况
评价目标	评价的目标是设立评价应达到的效果，例如向评价主体提供反馈意见、促进主体沟通顺畅、对项目进行纠偏，促进项目成功
评价对象	评价的对象是评价行为实施的客体，包括对计算、策划、建造、管控等环节内各要素的评价
评价指标	评价的指标是指根据评价目标和评价主体的需要而设计、以指标形式体现的能反映评价对象特征的因素，是评价的核心部分，如反映建设行业经营状况好坏的因素有投资回报、成本利润率、售后服务、创新能力等

续表

要素	内涵
评价标准	评价的标准是判断评价对象的基准，在识别评价对象的指标体系后根据数理统计方法设立标准，是项目价值判断的标尺
评价依据	评价的依据是评价工作展开的基础，对评价依据进行针对性和系统性的梳理，并融合运用到各岗位职责与流程的优化中，使每项评价都有据可循
评价方法	评价的方法是获取评价信息的手段，有定性、定量、定性定量相结合的评价方法，只有借助科学、合理的评价方法，才能实施对评价指标和评价标准的运用，取得公正的评价结果

10.1.2 精到评价要求

建设项目的精到评价关乎工程项目是否可行，关系到其综合效益水平的高低。评价必须坚持独立、科学规范和客观公正原则，必须进行现状调研并确定好参数（指标体系），必须明确项目本身存在的问题和项目建设的要求和原则。

1. 精到评价要求

1）系统性和战略性相结合。评价是一个系统分析和设计的过程，系统分析的基本思想是整体最优化，建设项目在建设过程中有分部分项、单位单项的工程任务，在全面性评价的原则下，要考虑局部评价与整体评价。因而，必须考虑评价指标的重要程度和逻辑关联度以及指标在指标体系中的合理构成，通过指标的合理取舍和指标权重的设置，来达到评价指标既能突出重点又能保持相对的均衡统一，实现评价的最优化目的。

2）全面综合性和科学性相结合。科学性是一切科学研究工作的共同要求，这一要求体现在把握评价内涵的正确性、指标体系设计的完备性、数学处理方法的逻辑严密性以及参量因素分析的准确性等几个方面。同时，建设项目本身受到多方面因素的影响，而且综合性指标体系往往是一个多维的整体系统。因而在确定评价方法、设置评价指标体系和选取个体指标时，不但要坚持构建科学的评价系统，还要考虑全面综合性，使指标体系全面反映相关要素和有关环节的关联以及彼此间的相互作用过程。

3）动态和静态相结合。评价具有明显的动态特征，只从静态角度考虑是不全面的。评价指标体系在指标内涵、指标数量、体系构成等方面应保持相对的稳定。为了保证评价方法的适用性，评价指标体系也需要随着经济环境和绩效价值取向的变化而不断改进和完善。

4）可比性、可操作性和可拓展性相结合。评价就是将建设成果与过去成果相比较，以便衡量所取得的进步和成绩。评价指标在设计中要注意指标的历史动态以及指标在空间范围内可比，使评价结果实现建设项目的横向比较和时间上的纵向比较。所谓可操作性就是指标的易理解性和有关数据收集的便捷性，使所设计的指标能够在实践中较为准确地计量。设计可操作性强的评价指标既要遵从评价的目的和要求，也要看到客观条件的可能性。

2. 精到评价原则

在工程建设项目评价中，评价的过程会影响项目执行过程是否顺利，评价的失误会导致相关部门出现决策失误，从而影响项目进度，造成严重影响。因此在评价中，要遵循独立、科学规范、客观公正、精确以及反馈原则等。

独立、科学规范和客观公正三个原则，是确保评价结果的基本工作原则，不再赘述。其中，精确原则就是在评价建设项目时，要确保评价对象清晰，误差在事先规定的范围内，理论联系实际，必须一切从实际出发，具体问题具体分析，不可盲目求全。反馈原则是指评价结果一定要有所反馈，防止评价过程中可能出现偏见和误差，以保证考评的公平与合理，汲取失败教训，避免重复犯错；总结经验，提升自我认知。

10.1.3 精到评价必要性

"精准管控"理论提出，需要设计精到评价这个功能性职能，它是现代管理不可或缺的环节，能够及时对精确计算、精细策划、精益建造、精准管控实施过程进行纠偏、复盘，形成反馈与反思系统，对实施全过程不断改进、完善，同时评价是否及时、规范、准确，关系到建设结果的好坏与改进的部署。

精到评价的**作用**主要有诊断、激励、反馈与干预，诊断是能分析目标的达成程度，识别优势与不足，诊断与价值判断是紧密相连的；激励体现在能促进项目内部动机以及激发外部动机；反馈能对前一项工作实施过程中存在的问题，及时进行总结与纠偏；干预是能指导项目下一步的发展，帮助其在现有评价的结果上得到延续或者更改。

精到评价是一项复杂的、系统的、技术性强的工作，其主要任务是在建设项目不断变化下，评价建设过程中涉及的一切人、事、物，及管理要素、建造结果等。它是项目顺利实施的保障，是提高项目效率的有效手段，有利于集成交付思想的实现，有利于提高项目质量、增强项目安全性、降低项目成本、减少材料浪费，达到保护环境的效果。在部分项目实施后进行精到评价对客户满意程度进行了解，不断提高整体实施效果以达到客户满意，同时提高项目的品牌形象。精到评价也可以对项目实施过程中的相关数据进行计算，从策划到实施再到管控，各个建造任务的完成过程中知识进行了不断的积累，实现了闭环管理，其中ICT、5G、云计算等新技术的应用和新技术的不断进步也会促进实现项目的精到评价。

精到评价基于其科学、客观、准确的原则，突显出其在评价中的优势，如表10-2所示，将精到评价与传统评价的各项内容进行对比。

传统评价与精到评价的对比 表10-2

序号	版块	传统评价	精到评价
1	主体对象	针对单一的内容进行评价的一个主体	涉及多方主体共同参与
2	目标定位	部门员工只知道工程评价目标是要得到反馈意见，但在分解目标时不知道要求、不明确内容有哪些，导致基础目标无法对标管理，继而影响总目标的实现	根据公司目标和业主要求，建立目标体系，将通往目标路径上所达成的各分目标进行划分，同时做好各分目标的达标要求，让目标引导评价体系实施开展
3	指标选择	以老一辈施工经验作为主导，对评价问题的把控缺乏前瞻性与针对性	绩效评价小组结合项目目标、项目重难点、工程概况，梳理评价要点，并用扎根理论、AHP、Pareto图分析出主要影响因素，使得评价有针对性，更加精准

续表

序号	版块	传统评价	精到评价
4	依据标准	有管理相关规范，但缺乏系统性的梳理	对管理规范进行了针对性和系统性的梳理，并融合运用到各岗位职责与流程的优化中，使每项评价都有据可循
5	运用方法	原有评价手段以例会汇报、监理检查、百分制打分等为主，偏传统单一且人为主观因素占比较大，导致管控结果较粗糙	运用定性、定量的数学方法，辅助信息化技术，对评价进行全方位、全动态、全时间的管理，使管理动态化、精准化
6	职责各方	有笼统的岗位介绍，但缺乏具体的评价任务与实施主体之间的对应关系，在工序交接发生精准问题时，此情况尤为严重	通过分析岗位职责内容要素图，对每个岗位的职责进行清晰具体的定位，并在流程梳理时，将责任人对应到每一个评价的任务步骤上，达到定责定岗定人的效果
7	信息沟通	以会议、电话沟通、口头传达为主	建立QQ、微信、钉钉工作群，QQ群分享储存资料，钉钉群随时沟通评价过程，确保信息沟通传递的及时、真实、清晰

因此，从与传统评价的对比中可以看出，精到评价是多方主体共同参与评价，做到了主观客观相统一协调。同时根据各方要求，提前建立目标体系，使评价目标定位明确，职责划分清晰，并有针对性的、系统性的梳理，形成精准化的评价体系，结合定性定量与信息化技术，进行全方位、全动态、全周期评价，做到精到评价。

10.2 精到评价内容

精到评价不仅对自身的内容进行评价，还对精准管控理论构成的内容进行评价，包括“计算、策划、建造、管控”等，也是本理论评价的重要内容。本著4.4.1.4智能建造系统模型中描述了产品实体形成过程的全部内容，包括：①客户需求与环境条件研判。②集成交付的原则设计和实施计划。③设计任务书及设计质量保证措施。④同步进行的工程工艺设计。⑤基础数据的支撑度。⑥精益建造的作业管理过程。⑦智能生产的标准度。⑧侦测感知的准确度。⑨工艺流程的科学合理性。⑩项目管理要素的系统性。⑪管理信息平台的辐射能力。⑫项目交付的及时性。⑬客户的满意度。⑭管理项目的创新性。⑮对比报表的动态掌控。⑯过程沟通的顺畅度。⑰复盘的有效性。⑱项目管控的纠偏程度。⑲知识管理的执行力。⑳企业目标和使命的信度。

精到评价对精确计算中的数据完整性、能否支撑后续项目实施进行衡量；对精细策划中的各项策划准备工作是否到位进行评价，评估项目实施条件、实施环境、实施计划判断的准确性，对工艺设计、建造任务等内容策划使用效果进行评价；对精益建造是否达到消除浪费、提高全员素质、提升整体管理水平的目标进行检验，评判要素管理、10S管理方法使用的恰当性；对精准管控中的精准检测事前侦测感知、事中研析纠偏的作用进行评价，评定精准管控后项目整体是否达到提升效益、提升效率、控制风险的效果，也包括精到评价自身的理论、方法等内容。

本节重点阐述评价的基本内容，以建筑业较少关注的客户关系管理、项目交付评价、创新评价、九算对比报表和管理复盘等为例，常规内容融入其他章节和案例之中。

10.2.1 客户关系管理

为客户提供价值增加是组织经营行为的路径与持续成长的方式。客户关系管理（CRM）是指企业为提高核心竞争力，利用相应的信息技术以及互联网技术协调企业与顾客在销售、营销和服务上的交互，提升管理方式，向客户提供创新式的、个性化的客户交互和服务的过程。其最终目标是吸引新客户、维系老客户以及将已有客户转为忠实客户，增加市场[①]。而在建筑工程领域，客户不单单是顾客，而是泛指项目的相关主体，即政府、施工单位、供应商、业主等，各方以建设单位（企业）为中心进行客户关系管理，这也对客户关系管理提出了更高的要求，使其变得更复杂。

1. 客户关系管理的价值

客户关系管理的主要目的是对客户关系产生的总价值进行优化与管理，其本质上是一种选择和管理最有价值的客户关系的商业战略。通过构建完善的客户关系管理体系，采用专业的理论知识和手段确保企业项目的顺利进行，对不同类型客户的喜好进行仔细的分析和研究，了解客户的生命周期，与客户进行有效沟通，及时反馈客户的意见，化被动为主动[②]。

为实现对客户关系的有效管理，CRM将客户分为四类，从数量以及发展程度上划分为金字塔形，从底到顶分别为潜在客户、机会客户、现有客户以及VIP客户。对于大量潜在客户持赢得态度，目标不断扩大潜在客户群体；对于机会客户持赢得并不断发展的态度，目标是在合适的时机给合适的客户提供合适的产品；对于现有客户持不断发展并继续保持的态度，同时提供定制的服务关怀机制；对于VIP客户持继续稳定保持态度，长期合作，提高效益，如图10-2所示。客户关系管理的最终目标就是实现潜在客户为企业带来实际价值[③]，客户价值的实现受到时间、价格、态度、水平等因素的制约。

在实际的运行过程中，良好的客户关系管理可以实现企业价值的增加，主要体现在以下几方面：

1）在对客户资源进行整合的基础上，实现全公司内部资源的共享，对客户资源进行分析，实现不同客户不同对待，提供最优质的服务，最终不断吸引客户，积累更多的客户资源。

2）CRM还为企业的发展带来了大量的数据及智能化分析方法，企业可以根据这些信息有效地进行管理与经营活动，采取新的业务模式对经营范围进行扩展，抓住市场拓展的各种时机，正确获得更高的市场占有率。

3）在对企业业务流程重组的基础上，对客户关系进行管理与维护，最大限度地减少企

---

① 冷霞．实施客户关系管理系统 不断提升企业竞争力［J］．中国商论，2020，822（23）：129–130.

② 张铁英．对客户关系管理的再认识［J］．现代营销（学苑版），2021，198（6）：194–196.

③ 曹杨．企业市场营销中客户关系管理的价值［J］．中小企业管理与科技（中旬刊），2021（6）：166–167.

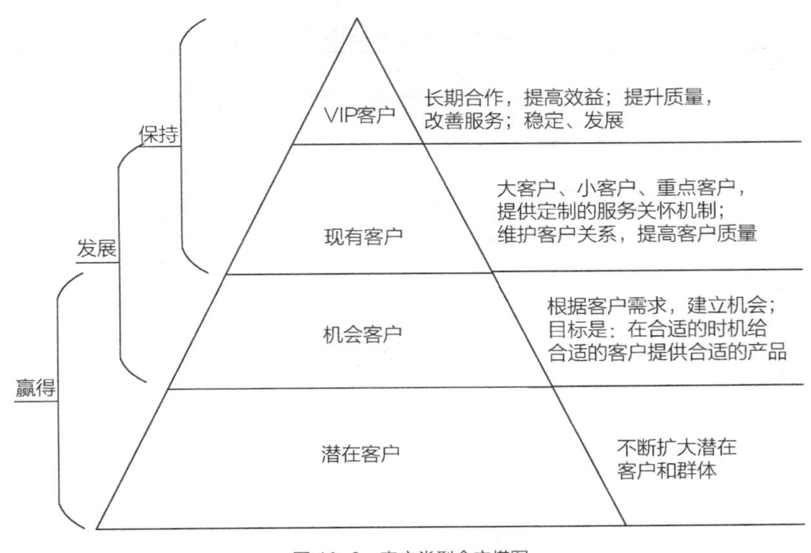

图 10-2　客户类型金字塔图

业宣传成本。

4）在充分运用信息化技术的基础上，逐渐实现全面的业务流程处理自动化，全面提升员工的工作能力与水平，最终提升企业的生产效率与经济效益。

5）从客户的角度出发，分析他们满意的沟通方式，并针对不同的客户有针对性地运用不同的交流语言进行沟通与联系，不断提升客户对企业的满意度，从而为企业吸引更多的客户资源。

2. 项目客户关系管理评价

良好的客户关系管理能够将客户的价值最大化，促进项目成功。客户的价值需要有一个衡量与评价的标准，以业主为例，对客户关系管理进行指标分析和管理评价，通过对业主关系、需求、资源等进行研究和分析，发现项目管理系统的不足，通过完善客户管理体系来提高客户关系管理效率，提升客户的满意度和忠诚度①，从而提升客户价值，提高企业形象。分别从项目管理层和业主层构建了客户关系管理评价指标体系，如表10–3所示。

每个企业面对的问题与自身的需求都不一样，不同企业应根据自身发展和不同客户的需求选择合理的指标，建立自己特有的指标体系。在构建出指标体系后，利用层次模糊综合评价等方法，计算各指标权重，得出关键影响因素，从而对其进行有效管理。

建设行业在不断发展的过程中，需结合客户的需求，完善服务内容，提高行业的综合竞争力。建设行业要充分意识到客户关系管理的价值，有效地实现客户价值向实际价值的转换，为企业自身的发展积累更多的客户资源，提升客户满意度与忠诚度，树立企业良好形象，最终提升企业经济效益。

① 李银兰. 论企业如何实施客户关系管理［J］. 中小企业管理与科技（上旬刊），2021，649（6）：166–167.

客户关系管理评价指标体系[①]　表10-3

一级指标	二级指标	三级指标
管理层绩效评价指标A_1	业主信息管理能力A_{11}	获取业主信息的能力A_{111} 业主信息分析能力A_{112} 市场信息反馈能力A_{113}
	业主观察能力A_{12}	对业主需求的了解程度A_{121} 对各层次业主的识别能力A_{122} 对目标市场准确定位能力A_{123}
	创造和传递业主价值能力A_{13}	研发新产品的能力A_{131} 服务供应能力A_{132} 品牌管理能力A_{133} 定制化生产能力A_{134}
	业主维系能力A_{14}	对业主关系的把握能力A_{141} 对业主变化的反应能力A_{142} 处理业主抱怨的能力A_{143} 沟通的及时性和有效性A_{144}
业主层绩效评价指标A_2	业主满意度评价A_{21}	顾客期望评价A_{211} 总体质量感知评价A_{212} 质量个性化评价A_{213} 服务人员个人素质评价A_{214} 服务环境评价A_{215} 服务及时性评价A_{216} 给定质量下对价格的评价A_{217} 给定价格下对质量的评价A_{218} 投诉处理的满意程度A_{219}
	业主忠诚度评价A_{22}	对价格的敏感程度A_{221} 竞争对方降价的抵制力A_{222} 产品质量事故的承受力A_{223} 关系信任值A_{224} 情感忠诚值A_{225}

10.2.2　项目交付评价

交付是工作任务或成果向下游的传递与交割，项目交付就是项目完成后移交给下一部门的过程。在建筑领域的项目交付即工程项目交付，是指在规定的时间内完成竣工验收并正式交付建设单位或当地受理单位，工程项目交付是整个工程管理活动的根本价值体现。项目交付评价是项目移交过程中的一系列活动，表现为预期目标、移交方式、移交结果等方面进行评价与总结。

1. 交付事项及内容

项目交付的任务就是不断高效率地向业主单位提供有竞争力的项目和服务。随着项目顺利的通过竣工验收，竣工备案和项目交付也同步进行，一般建设单位会组织或者协助业主召开必要的移交会议，进行相应的资料移交、实物移交、培训管理指导等工作，如图10-3所示。

---

① 陶治宇. 企业客户关系管理现状分析与提升路径研究［J］. 经营与管理，2021，440（2）：93-96.

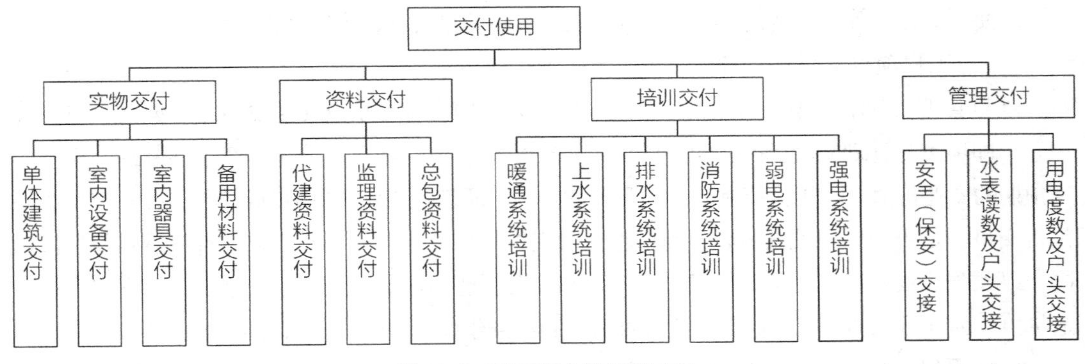

图 10-3 工程项目交付事项及内容

对于建设工程交付标准，《建筑法》第六十一条规定："交付竣工验收的建筑工程，必须符合规定的建筑工程质量标准，有完整的工程技术经济资料和经签署的工程保修书，并具备国家规定的其他竣工条件；建筑工程竣工经验收合格后，方可交付使用，未经验收或者验收不合格的，不得交付使用。"

2. 项目交付的难点及措施

1）接收单位专业人员素质达不到交接水平。一些接收单位交接部门是在竣工验收前临时组建的，行政领导、后勤管理人员等均是从其他部门派调而来，其对建筑行业不熟悉。尤其是后勤管理人员对所管理的内容不甚了解，给专业交接带来了相当大的困难，最初交接时他们无法理解一些工作原理和操作方法。

针对这个问题，代建单位应立即与相关参与单位、接收单位进行沟通，采取短期培训的方式，同时由施工总包单位技术人员或者监理技术人员对接收单位的后勤人员进行理论上课、现场操作等措施；聘请当地的供电局、供排水公司等主管部门的工程师一对一培训。通过这些措施，除了让后勤人员知道怎么操作之外，还应教会他们知道为什么要这样操作，及常见的故障排除方法等。

2）质量保修范围不明确。在完成项目所有事项的交付之后，为了使用的需要，需要对建筑的一些部位进行二次施工，导致附近相邻的部位如墙面、管线等受到损坏。在此情况下，接收单位需要建设单位通知施工总包进场对损坏部位进行质量保修。

建设单位依照施工总包合同等文件，邀请施工总包单位及接收单位的相关领导，进行专题会议，指出各方服务的前提、范围、职责，要求各方理清各自的界面。同时，要求施工总包单位在质量保修期间派驻人员，派驻人员应对受到破坏的现场做好记录、照片等。

3）资料交付不受重视。工程竣工验收后，建设单位组织相关参建单位准备4份完整的工程竣工资料，分别提交给当地城乡建设档案馆、建设指挥部、结算审计部门、当地接收单位。但是大部分当地接收单位拿到这份竣工备案资料时，从思想上没有重视，只是简单地堆放在一个房间里。当出现质量保修时，接收单位的后勤部门人员只能要求施工总包单位派驻人员携带图纸，完全没有发挥这套竣工资料的作用。

建设单位对此问题，在一个回访会议中重点提到了图纸管理的方法、图纸存放需注意的问题及图纸使用的好处等，使他们认识到了这套竣工资料的重要性，为发挥作用创造了前提条件[①]。

3. 对工程项目交付精到评价

项目管理大师哈罗德·科兹纳（Harold Kerzner）博士曾提出以交付价值为导向的项目管理理念，即项目是计划实现的一个可持续的商业价值的载体，项目成功是在竞争性制约因素下实现预期的商业价值。对于价值驱动型项目管理，丁士昭教授表示："项目成功与否并不在于成果是否交付、是否得到相关方验收，而在于项目交付时相关方对可交付成果的价值感知与价值认同，以及项目投入运营后可交付成果为组织和社会创造的价值。价值驱动型项目管理将是否创造价值作为项目成功的唯一标准，这将对国家的经济建设、对建筑业的改革产生深远影响。"[②]

由此可以看出，项目交付对于项目成功有一定的影响，因此，十分有必要对工程项目交付进行精到评价，主要从项目交付预期目标的达成度、目标实现举措成熟度、目的达成结果满意度三个方面展开评价，如表10-4所示。

项目交付自评表　　表10-4

一、交付预期目标	（填写提示：指基于什么背景环境及挑战条件下，设定项目支付要实现什么样的目标，如：要实现"完美交楼"，或"提前交楼"，或"无风险交楼"，或"顺利合同交楼"等）
二、目标实现举措	（填写提示：简述项目主要采取了哪些方法来保障与实现上述交付目标的达成）
三、目的达成结果	（填写提示：简述项目交付目的达成结果与预期目标对比，量化指标，简要说明）

从完成质量、时间与成本的角度，衡量交付预期目标的达成度；从人员素质情况、质量保修范围、资料交付重视程度反映交付目标实现的合格度；对于交付目的达成结果，从项目交付情况、交付现场照片、收楼业主反馈、项目交付小结、承接查验与整改情况、项目服务缺陷六个方面评价，如图10-4所示。

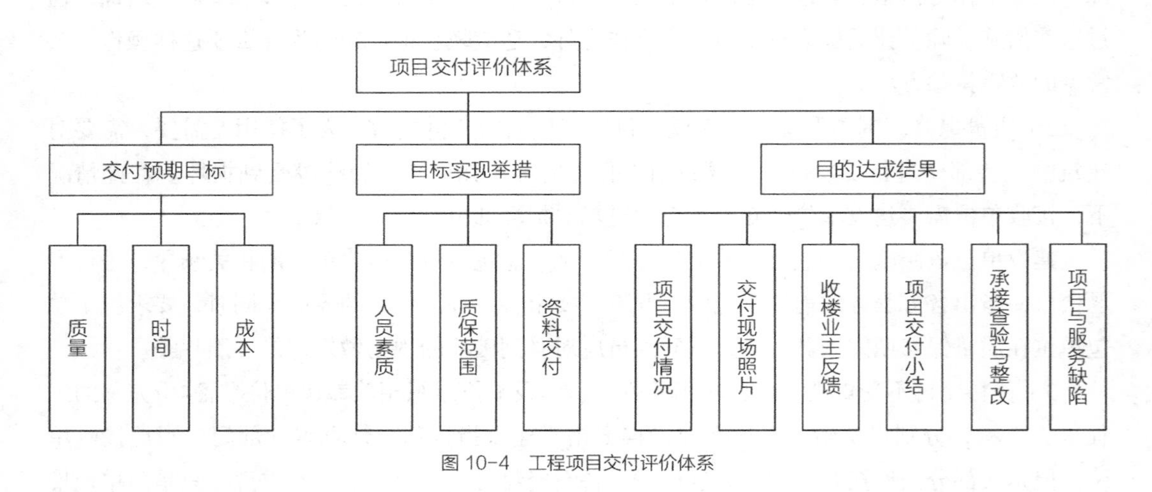

图10-4　工程项目交付评价体系

① 陈璐. 上海援疆"交钥匙"工程竣工验收及交付的难点及其解决措施［J］. 建设监理，2015，189（3）：60-62.

② 尉艳娟. 交付价值：项目管理的精髓所在［J］. 项目管理评论，2021，37（4）：9，48-49.

在构建出指标体系后，利用定性或定量的方法，例如层次分析法，计算各指标权重，得出关键影响因素，从而对其进行有效管理。

10.2.3 创新评价

创新评价是指经过一段时期的相对稳定运行后对创新成果进行评价和总结的一系列活动，是促进组织成员进行新一轮更高层次创新的又一起点。

本节所指的创新是工程管理创新，是实施过程中，针对技术工艺、管理方法的创新。工程的特性是“构建、集成、创新”，每个工程因其特殊性充满了创新活动和成果。对于常见的工法创建、技术发明、管理创新这里不多叙述，下面仅对评价方法做论述。

创新评价，第一要务是评价指标体系的建立。欲构建指标体系，应先对创新的相关概念进行界定，“创新”主要指对现有事物的改造和更新，强调的是一种首创性的、有进步价值的活动，“思维”是通过其他媒介认识客观事物，及借助于已有的知识和经验、已知的条件推测未知的事物，创新思维是指在认识总结某项事物本质与规律的基础上，不断探索新思想、树立新形象的思维。“能力”是做事的本领或从事某种活动的技能，创新能力是指从事某种活动表现出的对事物的改造和更新的能力。“方法”是为获得某种东西或达到某种目的而采取的手段与行为方式，创新方法是指在项目实施过程中不断创造、更新工艺与工法，来提高施工效率与管理手段，促进项目施工进度，保证项目施工质量。“内容”是项目或活动所包含的实质性事物，创新内容是指在创新思维、能力与方法的基础上，不断积累的项目生产资料与知识体系。

基于创新思维、创新能力、创新方法与创新内容的概念，结合构建指标体系的完整性、系统性、重要性、实用性等准则，构建创新评价指标体系，如表10-5所示。

创新评价指标体系　　表10-5

创新维度	指标层	指标内涵
创新思维评价	逻辑思维	判断、推理、认识总结事物本质与规律
	发散思维	求知欲、好奇心、创新激情、成就感
	逆向思维	从求解回到已知条件、从问题的相反面深入探索
	批判思维	积极的、高度技巧化的推论、分析、评估、交流
创新能力评价	人员品质	自信心、责任心、勤于思考、价值观、自我认识
	协作能力	持之以恒、质疑精神、人际关系、团队合作
	实践能力	归纳总结能力、信息检索能力、执行力、知识融合能力
	管理能力	要素管控能力、风险感知能力、沟通能力、洞察力
	管理态度	审慎、自主性、计划性

续表

创新维度	指标层	指标内涵
创新方法评价	工程设计	运用科技知识和方法，有目标地创造工程产品构思和计划
	工艺流程	运用新技术对工艺流程的改进，提高施工过程效率
	仿真优化	模拟实际施工过程，并优化模拟施工过程中存在的问题
	可视施工	运用可视化技术，全面监控管理施工过程
	ICT应用	应用ICT技术改进施工工艺与管理方式
	要素管理	精益管理方法创新、管理效率提升
创新内容评价	建筑模型	直观地体现设计意图、弥补图纸在表现上的局限性
	智能装备	具有感知、分析、推理、决策、控制的先进制造技术、信息技术和智能技术的集成和深度融合
	知识体系	基础知识、专业知识、交叉知识

同样，每个企业面对的问题与自身需求都不一样，不同企业可以根据自身发展合理选择，借鉴以上指标体系建立企业自身特有的创新评价体系。在构建出指标体系后，利用定性或定量的方法评价项目的创新性，从而进一步有效管理与创新。

10.2.4 九算对比报表

从二算对比、三算对比、四算对比到八算对比、九算对比，实质都是在追求“资金流动过程”的精确全面动态掌控。各自按照管理功能的需要，选择N算对比，取得对比结果，支持管理分析和决策。对比项越多，过程监控密集度越高；实时性越强，难度越大。当然前提是数字准确、及时，在对比项内核算标准统一、规范。实际项目中情况比理想的要复杂得多。九算对比报表可以直观地看出建筑工程项目成本/资金/价值流动过程，但对于收入、成本、效益之间的关系并不能直观地对其进行分析。为更直观地看出一个建筑项目的成本、收入、效益之间的关系，结合鲁贵卿提出的“项目成本管理方圆图”（理论模型见10.5节）进行改进，如图10–5所示。计算关系见表10–6。

九算对比报表结合成本方圆图，对于成本、收入、效益之间的关系更加清晰直观，在评价过程中，能更精确地区别开来。对于不同的资金流动过程，采用不同的评价形式，对于成本，主要在于评价成本的管控水平如何；对于收入，评价其收支是否平衡；对于效益，主要从经营效益、管理效益、结算效益三个方面，评价其效益成果。

当建设项目的数据进入实时的“数字孪生”之后，结合大数据的算法、云计算的算力，这些算据能够全过程、全要素地“按需”呈现，考验管理者决策的果断力、决策的风险偏好。

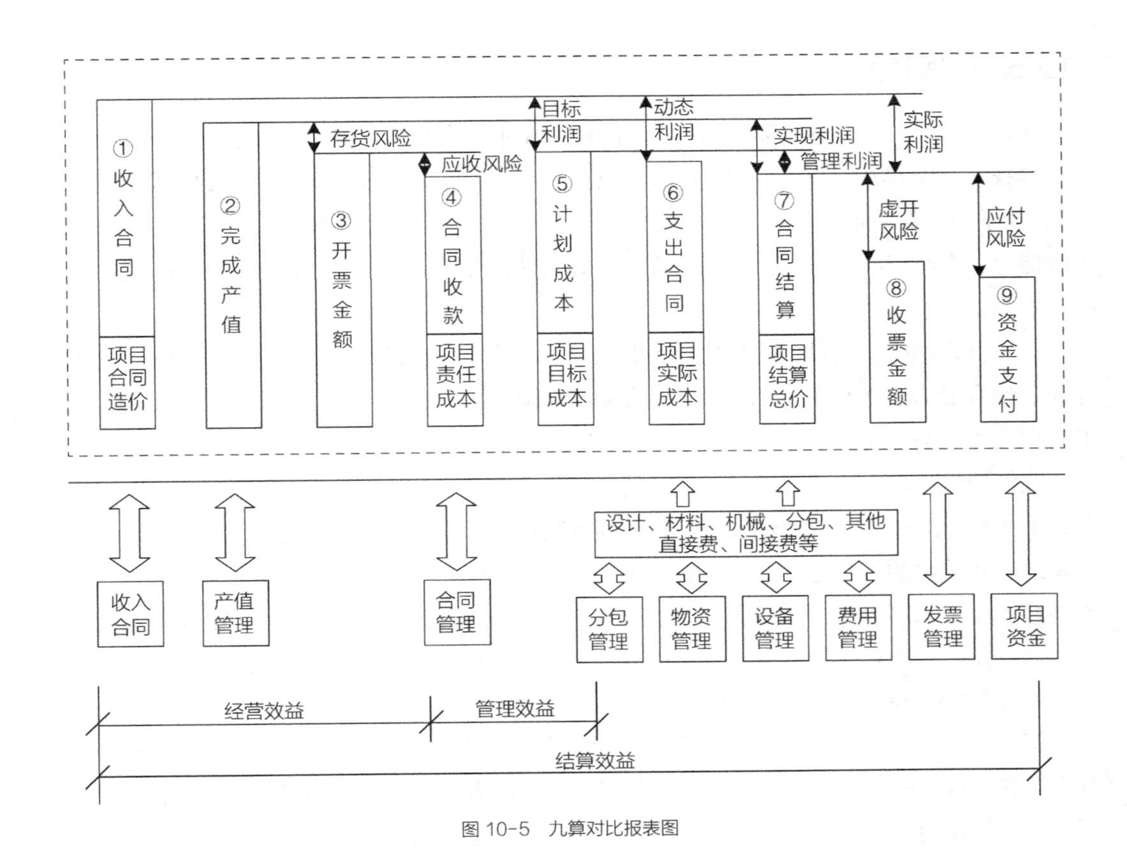

图 10-5　九算对比报表图

参数计算公式　　表10-6

序号	参数计算公式
1	①-⑤=目标利润
2	⑤-⑦=管理利润
3	①-⑦=实际利润
4	①-⑥=动态利润
5	②-⑦=实现利润
6	②÷①=产值完成率
7	⑦÷⑥=成本完成率
8	②-③=存货风险
9	③-④=应收风险
10	⑦-⑧=虚开风险
11	⑦-⑨=应付风险

注：表中①～⑨为图 10-5 中对应的参数。

10.2.5 管理复盘

复盘，亦称复局，源于棋类术语，是指棋局对弈结束后，棋手通过复演棋局走势与得失，检视与总结棋局成败经验①。复盘意识源于古老的东方传统思维，曾子的“吾日三省吾身”、孔子的“温故而知新”都是复盘意识的具体表现。复盘意识作为一种检视自身发展的思维能力，在组织管理过程中备受关注，复盘方法对于管理者提升组织管理能力具有巨大的推动作用。

在项目管理中，复盘指的是从过去的经验、实践工作中进行学习，帮助企业有效地总结经验、提升能力、实现绩效的改善。正如联想集团创始人柳传志说：“所谓复盘，就是一件事情做完了以后，做成功了，或者没做成功，尤其是没做成功的，坐下来把当时的这个事情，我们预先怎么定的，中间出了什么问题，为什么做不到，把这个过程理一遍，理一遍以后，下次再做的时候，自然这次的经验教训就吸取了。在这些年管理工作和自我成长中，复盘是最令我受益的工具之一。”复盘的重要意义在于吸取失败教训，避免重复犯错；总结传承经验，提升自我认知；开阔集体思路，推动团队建设。它是管理中重要的反馈系统。因此，对复盘行为进行改进与提升是很有必要的，可以从以下三个方面入手。

1. 树立正确的复盘意识

管理者需要树立正确的复盘意识，不断提升自我心性修为，促进领导个体的自我超越。首先，养成规律的复盘意识，拒绝三分钟热度。管理者要把复盘意识当作定期工作总结的重要途径，放慢前进的速度，给自己更多的反省空间，持之以恒才能使复盘产生积极效果。其次，加强自我认知。管理者要通过复盘制定合理的目标，在不断自问、剖析的过程中，与自己进行更多的交流，明确自己的优势，认清自己的短板，以更客观的角度去思考问题。再次，把复盘意识作用于实际工作。即使通过复盘认识到了优势与短板，但如果管理者在实际工作中不去落实，也只能陷入“失误—反思—失误”的恶性循环。因此，复盘意识的核心要素是学会知行合一，制订合理的整改计划，这样才能真正实现复盘的价值。

2. 掌握科学的复盘方法

合理运用复盘意识是一种能力，更需要掌握科学的方法。管理者可以通过一些行之有效的方法帮助自身进行复盘，最常见的是GRAI复盘法，按照时间线将复盘细分为四个步骤进行推演，包括目标定位（Goal）、结果检验（Result）、原因分析（Analysis）、规律总结（Insight）。首先，对任务初始目标进行合理性评价，分析初始目标是否适合组织发展以及个人能力提升。其次，将任务结果的完成情况与初始目标进行对照检验，客观分析目标与结果之间的差距。再次，检视整个任务发展进程，对任务完成与否的主客观原因进行深层剖析。最后，对这一阶段的任务进行规律性总结，摆脱单一任务的局限性，举一反三，探讨如何在原有的基础上改进，突破原有的思维羁绊，推动自身能力提升和组织发展。经过以上科学和完备的步骤，复盘工作才更具反思性和创新性，管理者才能在复盘当中完成自我超越。

---

① 杨晓华．“复盘”在职称管理中的运用［J］．人力资源，2021，481（4）：146-147.

3. 营造良好的团队复盘文化

复盘是提升组织智慧、增强团队凝聚力的重要途径，这就需要营造良好的团队复盘文化，推动组织内部通过团队复盘不断学习、总结、反思、提炼和持续提高。一方面，发挥团队管理者的重要作用，如果将组织运行过程看作“输入—过程—输出”模式，管理者就是整个过程中的重要变量。因此，在组织发展过程当中，管理者应当以身作则，带头运用复盘意识，实事求是、追根溯源地进行个人复盘，只有这样，才能真正总结出遇见的问题中哪些是偶然的，哪些经验是可以复制的。另一方面，管理者要推动团队复盘，复盘工作的深层目标是推动组织发展，通过团队复盘可以将个人问题加以总结，供团队成员借鉴，让其他成员避免同样问题的发生，或者能够更好地应对同样的问题。同时，团队复盘可以收集各种不同层面的意见，使管理者全面了解团队中的每个人，进一步进行组织磨合和分工，最终达到消除矛盾、彼此融合互促的目标[①]。

个人学会复盘，可以加快个人成长的速度，团队学会复盘，可以提升团队协同作战的能力，同时团队可以形成互相学习、分享知识与技能的氛围，组织学会复盘，可以持续优化，激发创新。复盘过程中，甚至可以起到开阔胸怀、包容过失的检视作用，管理也就是修身修心的活动了。

10.3 精到评价方法

10.3.1 定性评价

定性评价是对评价资料作“质”的分析，是运用分析和综合、比较与分类、归纳和演绎等逻辑分析的方法，对评价所获得的数据、资料进行思维加工。

定性分析的基本过程包含如下五个步骤：第一步，确定定性分析的目标以及分析材料的范围；第二步，对资料进行初步的检验分析；第三步，选择恰当的方法和确定分析的纬度；第四步，对资料进行归类分析；第五步，对定性分析结果的客观性、效度和信度进行评价。

定性评价是不采用严格的数学方法，而是根据评价者对评价对象平时的表现、现实和状态或文献资料的观察和分析，直接对评价对象做出定性结论的价值判断，比如：定性方法有德尔菲法（Delphi）、关键成功因素法（CSF）、关键绩效指标法（KPI）、平衡计分卡（BSC）以及360度绩效评估等。

1. 德尔菲法（Delphi）

德尔菲法，也称专家调查法，是为了克服专家会议法的缺点而产生的一种专家预测方法。其大致流程是在对所要预测的问题征得专家的意见之后，进行整理、归纳、统计，再匿名反馈给各专家，再次征求意见，再集中，再反馈，直至得到一致的意见，具体实施过程如图10–6所示。

---

① 崔志林，赵浩华. 领导者复盘意识的运用与提升方略［J］. 领导科学，2019，756（19）：60–62.

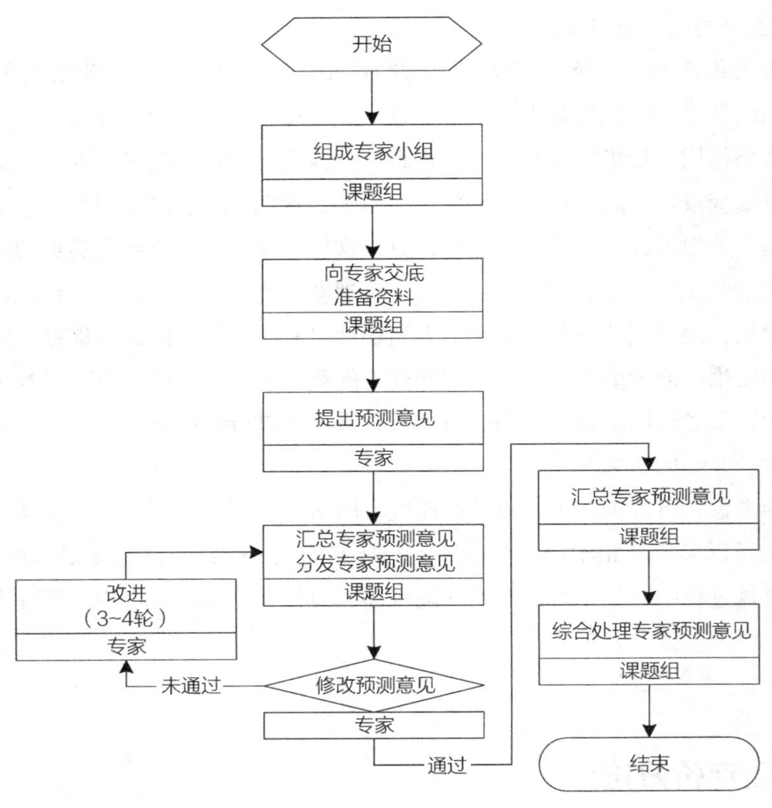

图 10-6　德尔菲法实施流程图

德尔菲法在预测过程中，吸收专家参与预测评价，专家彼此互不相识、互不往来，充分利用专家的经验和学识。同时采用匿名或背靠背的方式，能使每一位专家独立自由地做出自己的判断，克服了在专家会议法中经常发生的专家们不能充分发表意见、权威人物的意见左右其他人的意见等弊病，各位专家能真正充分地发表自己的预测及评价意见。最后评价过程几轮反馈，使专家意见逐渐趋同，德尔菲法的这些特点使它成为一种最为有效的评价预测法。

这种方法的优点主要是简便易行，具有一定的科学性和实用性，可以避免会议讨论时产生的害怕权威随声附和，或固执己见，或因顾虑情面不愿与他人意见冲突等弊病；同时也可以使大家发表的意见较快收集，参加者也易接受结论，具有一定程度综合意见的客观性。

2. 关键成功因素法（CSF）

关键成功因素法（Critical Success Factors，CSF）是以关键因素为依据来确定系统信息需求的一种管理信息系统总体规划的方法。在项目实施过程中，总存在多个变量影响项目目标的实现，其中若干个因素是关键且主要的（即成功变量），通过对关键成功因素的识别，评价实现目标所需的关键信息是什么，从而确定项目实施的关键要素，着重进行把控。

关键成功因素法按如下四个步骤进行：

1）确定企业战略目标或项目实施目标。

2）识别所有的成功因素：主要是分析影响战略目标、实施目标的各种因素和影响这些因素的子因素。

3）识别关键成功因素：不同行业的关键成功因素各不相同。即使是同一个行业的组织，由于各自所处的外部环境的差异和内部条件的不同，其关键成功因素也不尽相同。

4）确定各关键成功因素的性能指标和评估标准。

关键成功因素法的优点是对评价项目实施过程具有很强的针对性，能够较快地分析出关键因素，取得管控成效。应用关键成功因素法需要注意的是，当关键成功因素解决后，又会出现新的关键成功因素，就必须再重新确定目标开始识别。

3. 平衡计分卡（BSC）

平衡计分卡（Balanced Score Card，BSC），是常见的绩效考核方式之一，平衡计分卡是从财务、客户、内部运营、学习与成长四个角度，组织的战略落实为可操作的衡量指标和目标值的一种新型绩效管理体系。平衡计分卡方法打破了传统的只注重财务指标的业绩管理方法，传统的财务会计模式只能衡量过去发生的事情（落后的结果因素），但无法评估组织前瞻性的投资（领先的驱动因素）。在信息社会里，传统的业绩管理方法并不全面，组织必须通过在客户、供应商、员工、组织流程、技术和革新等方面的投资，获得持续发展的动力。正是基于这样的认识，平衡计分卡方从学习与成长、内部运营、顾客、财务四个角度审视组织自身业绩，从学习创新设计看企业或组织的持续启动，从内部经营看企业或组织的综合提升力，从客户子模块看企业或组织的竞争能力，从财务指标看企业或组织的获利能力。因此，运用平衡计分卡进行管理业绩评价，有助于企业提升管理水平。

学习与成长层面的目标为其他三个方面的宏大目标提供了基础架构，是驱使上述计分卡三个方面获得卓越成果的动力，学习和成长能力的投资将影响未来企业发展。内部运营绩效考核以对客户满意度和实现财务目标影响最大的业务流程为核心。客户层面以目标顾客和目标市场为导向，专注于是否满足核心顾客需求，而不是企图满足所有客户的偏好。财务性指标是一般企业常用于绩效评估的传统指标，显示出企业的战略及其实施和执行是否正在为最终经营结果（如利润）的改善作出贡献。

平衡记分卡的主要实施步骤：①定义远景；②设定长期目标（时间范围为3年）；③描述当前的形势；④描述将要采取的战略计划；⑤为不同的体系和测量程序定义参数。

4. 360度绩效评估

360度绩效评估，又称“360度绩效反馈”或“全方位评估”，是指由员工自己、上司、直接部属、同事甚至顾客等全方位的各个角度来了解个人的绩效。通过全方位的绩效评估，被评估者不仅可以从自己、上司、部属、同事甚至顾客处获得多种角度的反馈，也可从这些不同的反馈清楚地知道自己的不足、长处与发展需求，使以后的职业发展更为顺畅。其特点是评价维度多元化，适用于对中层以上的人员进行考核，对组织而言可以建立正确的导向。

要成功地开展360度绩效评估工作，必须做好以下三个阶段的工作：

1）准备阶段

准备工作影响着评估过程的顺利进行和评估结果的有效性。准备阶段的主要目的是使相关人员，即所有评估者与受评者，以及所有可能接触或利用评估结果的管理人员，正确理解企业实施360度评估的目的和作用，进而建立起对该评估方法的信任。

2）评估阶段

评估阶段主要是组建360度绩效评估队伍；对评估者进行360度评估反馈技术的培训；实施360度评估反馈；统计并报告结果。

为避免评估结果受到评估者主观因素的影响，企业在执行360度评估反馈方法时需要对评估者进行培训，分别由上级、同级、下级、相关客户和本人按各个维度标准，进行评估。评估过程中，除特殊情况外最好采用匿名的方式，严格维护填表人的匿名权以及对评估结果报告的保密性。同时，也要确保评估的科学性。

3）反馈和辅导阶段

向受评者提供反馈和辅导是一个非常重要的环节。通过各方的反馈，可以让受评者更加全面地了解自己的长处和短处，更清楚地认识到公司和上级对自己的期望及目前存在的差距。在第一次实施360度评估和反馈项目时，应聘请外部专家开展一对一的反馈辅导谈话，以指导受评者如何去阅读、解释以及充分利用360度评估和反馈报告。

总而言之，定性评价是利用专家的知识、经验和判断，通过表决进行评审和比较的评判方法，强调观察、分析、归纳与描述。

10.3.2 定量评价

定量评价方法是通过数学计算得出评价结论的方法，是指按照数量分析方法，从客观量化角度对科学数据资源进行的优选与评价。定量方法为人们提供了一个系统、客观的数量分析方法，结果更加直观、具体，是评价科学数据资源的发展方向。常用的定量方法有：**多目标决策方法、统计学分析方法（相关性分析、多元统计分析等）、层次分析法、模糊综合评价法、数据包络法（DEA）、人工神经网络、熵权法**等几种综合性的评价方法。

1. 多目标决策方法

多目标决策分析是在系统规划、设计和制造等阶段为解决当前或未来可能发生的问题，在若干可选的方案中选择和决定最佳方案的一种分析过程。当项目有多个目标和属性时，常用这种方法。其核心是多目标的简化，其简化的原则是删除不重要的目标、合并同类目标。

1）多目标决策方法具有以下特点：

多目标性：决策问题的目标多于一个。目标的不可公度性：量纲的不一致性，即各目标没有统一的衡量标准或计量单位，因而难以比较。目标之间的矛盾性：如果采用一种方案去改进某一目标的值，很可能会使另一目标的值变坏，各个备选方案在各目标间存在着某种矛盾。定性指标与定量指标相混合：在多目标决策中，有些指标是明确的，可以定量表示出来，如价格、时间、产量、成本、投资等；有些指标是模糊的、定性的，如候选人问题中，有变量，人的思想品德、工作作风多机制改革问题、市场应变能力。

2）制订多目标决策的过程分五个步骤：

第一步：提出问题，目标的高度概括。问题的构成，即对实际问题进行分析，明确主要因素、界限和环境等，确定问题的目标集。

第二步：阐明问题，使目标具体化，要确定衡量各目标达到程度的标准。即属性以及属性值的可获得性，清楚地说明问题的边界与环境。

第三步：构造模型，即根据第一步的结果，建立起一个适合模型。选择决策模型的形式，确定关键变量以及这些变量之间的逻辑，估计各种参数，并在上述工作的基础上产生各种备选方案。

第四步：分析评价，利用模型并根据主观判断，即对各种可行方案进行比较，采集或标定各备选方案的各属性值，并根据决策规则进行排序或优化。

第五步：择优实施，确定实施方案，即依据每一个目标的属性值和预先规定的决策规则比较可行的方案，按优劣次序将所有的方案排序，从而确定出最好的实施方案。

多目标决策不需要事先表达对目标的倾向性或任何价值判断，所以在较复杂的决策情况下可应用。该方法对决策过程的普遍适用性是其突出的优点，而主要缺点是由于目标多、计算工作量相当大。

2. 层次分析法

层次分析法是对定性问题进行定量分析的一种简便、灵活而又实用的多准则决策方法，用于求解层次结构或网络结构的复杂评估系统的评估问题。它的特点是把复杂问题中的各种因素通过划分为相互联系的有序层次，将与决策总是有关的元素分解成目标、准则、方案等层次，使之条理化，根据对一定客观现实的主观判断结构（主要是两两比较），把专家意见和分析者的客观判断结果直接而有效地结合起来，构造比较判断矩阵，进行定量描述，并根据最低层次各指标权重和指标值对评估对象做出综合评估。其主要步骤如下：

1）建立层次结构模型。在深入分析实际问题的基础上，将有关的各个因素按照不同属性自上而下地分解成若干层次，同一层的诸因素从属于上一层的因素或对上层因素有影响，同时又支配下一层的因素或受到下层因素的作用。最上层为目标层，通常只有1个因素，最下层通常为方案或对象层，中间可以有一个或几个层次，通常为准则或指标层。当准则过多时（譬如多于9个），应进一步分解出子准则层。

2）构造成对比较阵。从层次结构模型的第2层开始，对于从属于（或影响）上一层每个因素的同一层诸因素，用成对比较法和1—9比较尺度构造成对比较阵，直到最下层。

3）计算权向量并做一致性检验。对于每一个成对比较阵计算最大特征根及对应特征向量，利用一致性指标、随机一致性指标和一致性比率做一致性检验。若检验通过，特征向量（归一化后）即为权向量：若不通过，需重新构造成对比较阵。

4）计算组合权向量并做组合一致性检验。计算最下层对目标的组合权向量，并根据公式做组合一致性检验，若检验通过，则可按照组合权向量表示的结果进行决策，否则需要重新考虑模型或重新构造那些一致性比率较大的成对比较阵。

层次分析法是建立所有要素的层级，清楚呈现各层、各准则与各要素的关系，并通过专家打分法等主观赋值法进行两因素之间的比较来计算权重，可以得到相对准确的结果。但比较判断的过程不是很细致，分析时没有考虑要素的相关性问题，当要素比较多时，一致性检验可能无法通过，不太适合对精度要求较高的问题决策。

3. 模糊综合评价法

模糊综合评价法是一种基于模糊数学的综合评价方法，该综合评价法根据模糊数学的隶属度理论把定性评价转化为定量评价，即用模糊数学对受到多种因素制约的事物或对象做出一个总体的评价。它具有结果清晰、系统性强的特点，能较好地解决模糊的、难以量化的问题，适合各种非确定性问题的解决。其基本步骤可以归纳为：

1）首先确定评价对象的因素论域

可以设N个评价指标，$X=(X_1, X_2, \cdots, X_n)$。

2）确定评语等级论域

设$A=(W_1, W_2, \cdots, W_n)$，每一个等级可对应一个模糊子集，即等级集合。

3）建立模糊关系矩阵

在构造了等级模糊子集后，要逐个对被评事物从每个因素X_i（$i=1, 2, \cdots, n$）上进行量化，即确定从单因素来看被评事物对等级模糊子集的隶属度（$R|X_i$），进而得到模糊关系矩阵：

$$R=\begin{bmatrix} R \mid X_1 \\ R \mid X_2 \\ \cdots \\ R \mid X_n \end{bmatrix}=\begin{bmatrix} r_{11} & r_{12} & \cdots & r_{1m} \\ r_{21} & r_{22} & \cdots & r_{2m} \\ \cdots & \cdots & \cdots & \cdots \\ r_{n1} & r_{n2} & \cdots & r_{nm} \end{bmatrix}$$

其中，第i行第j列元素，表示某个被评事物X_i从因素来看对W_j等级模糊子集的隶属度。

4）确定评价因素的权向量

在模糊综合评价中，确定评价因素的权向量：$U=(u_1, u_2, \cdots, u_n)$。一般采用层次分析法确定评价指标间的相对重要性次序。从而确定权系数，并且在合成之前归一化。

5）合成模糊综合评价结果向量

最后利用矩形的模糊成数法得到综合模糊评判结果，利用合适的算子将U与各被评事物的R进行合成，得到各被评事物的模糊综合评价结果向量B即：

$$B=(b_1, b_2, \cdots, b_m)=[UR]=(u_1, u_2, \cdots, u_n)\begin{bmatrix} r_{11} & r_{12} & \cdots & r_{1m} \\ r_{21} & r_{22} & \cdots & r_{2m} \\ \cdots & \cdots & \cdots & \cdots \\ r_{n1} & r_{n2} & \cdots & r_{nm} \end{bmatrix}$$

取其中最大隶属值就可以得到一个综合模糊评语。其中，b_i表示被评事物从整体上看对W_j等级模糊子集的隶属程度。

6）对模糊综合评价结果向量进行分析

实际中最常用的方法是最大隶属度原则，但在某些情况下使用会有些勉强，损失信息很多，甚至得出不合理的评价结果。提出使用加权平均求隶属等级的方法，对于多个被评事物可以依据其等级位置进行排序。

模糊综合评价法适合不确定因素多且含有定量与定性指标评价体系的情况，通过精确的数字手段处理模糊的评价对象，能对蕴藏信息呈现模糊性的资料作出比较科学、合理、贴近实际的量化评价。但不能够解决因为评价指标之间由于互相有联系而造成的信息重复问题，隶属函数没有统一的确定方法，计算过程也较复杂，对指标权重矢量的确定主观性较强。

将上述介绍的定性评价方法与定量评价方法进行对比总结，如表10-7所示。

定性定量对比表　　表10-7

	定性方法	定量方法
概念	运用分析和综合、比较与分类、归纳和演绎等逻辑分析的方法，对评价所获得的数据、资料进行思维加工	按照数量分析方法，从客观量化角度对科学数据资源进行的优选与评价
优点	操作简便、易行；根据社会成员的动机和主观意义理解把握和分析事物的本质特点；得到的结果较有深度	评价结果直观、简洁、准确；应用效果好；逻辑严密，更加科学和客观；普适性强；立足于数据，精确度高
缺点	结果抽象、难以反映事物之间的局部差别；研究的样本准确度不够；得出的结论普遍性较弱，结论主观性较强	操作困难；数据分析深度不够；缺乏对深层动机和过程的分析了解；变量之间的因果、逻辑关系难以确定
不同点	用文字语言进行相关描述，它是凭借分析者的直觉、经验，运用主观上的判断对对象的性质、特点、发展变化规律进行分析，是一种价值判断	用数学语言进行描述，它是依据统计数据，建立数学模型，并用数学模型对数量特征、数量关系与数量变化进行分析，是一种事实判断
相同点	皆是通过比较对照来分析问题和说明问题，通过对各种指标或不同时期同一指标的比较，反映出数量的多少、质量的优劣、效率的高低、消耗的多少、发展速度的快慢等，为鉴别、判断信息的有效性提供依据	
联系	定性分析与定量分析应该是相互补充的；定性分析是定量分析的基本前提，没有定性的定量是一种盲目的、毫无价值的定量；定量分析使定性更加科学、准确，促使定性分析得出广泛而深入的结论，二者相辅相成，定性是定量的依据，定量是定性的具体化	
使用条件	研究事物背后的原因；研究主题与人们的主观体验及日常生活中的理解有关，着重分析其问题、意义、解决方法时，选择定性研究较为恰当	研究两个因素之间的因果关系、逻辑关系，运用数据进行支撑，理清两者之间的关系

而在如今建筑项目背景复杂多变的环境下，很多学者开始使用混合式的研究方法，即定性与定量相结合的研究方法。常用方法主要有：AHP模糊综合评价法、灰色预测方法等。

将这两种研究方法结合起来使用，可以相互印证，对主要因素进行更加精确的筛选，将定性问题定量化，所得出结论的可靠性也更高，更加科学，更具说服力。它超越了传统的量化与质性方法范式之间的争论，以全新的理念对研究对象进行审视，本质与量化的研究相互支持、相互补充，能够更深层次地进行研究和分析。

10.4　精到评价流程

精到评价的首要步骤是对原始资料的收集，原始资料是企业背景等相关内容。依据原始资料的特性，制定相应的评价要求与原则，再确定评价的内容，包括客户关系管理、项目交付评价、创新评价、九算对比报表和管理复盘，最后通过定性方法和定量方法对相关内容进行精到评价，科学地评判企业经营成果，有助于正确引导企业经营行为，帮助企业寻找经营差距及产生的原因。评价流程如图10-7所示。

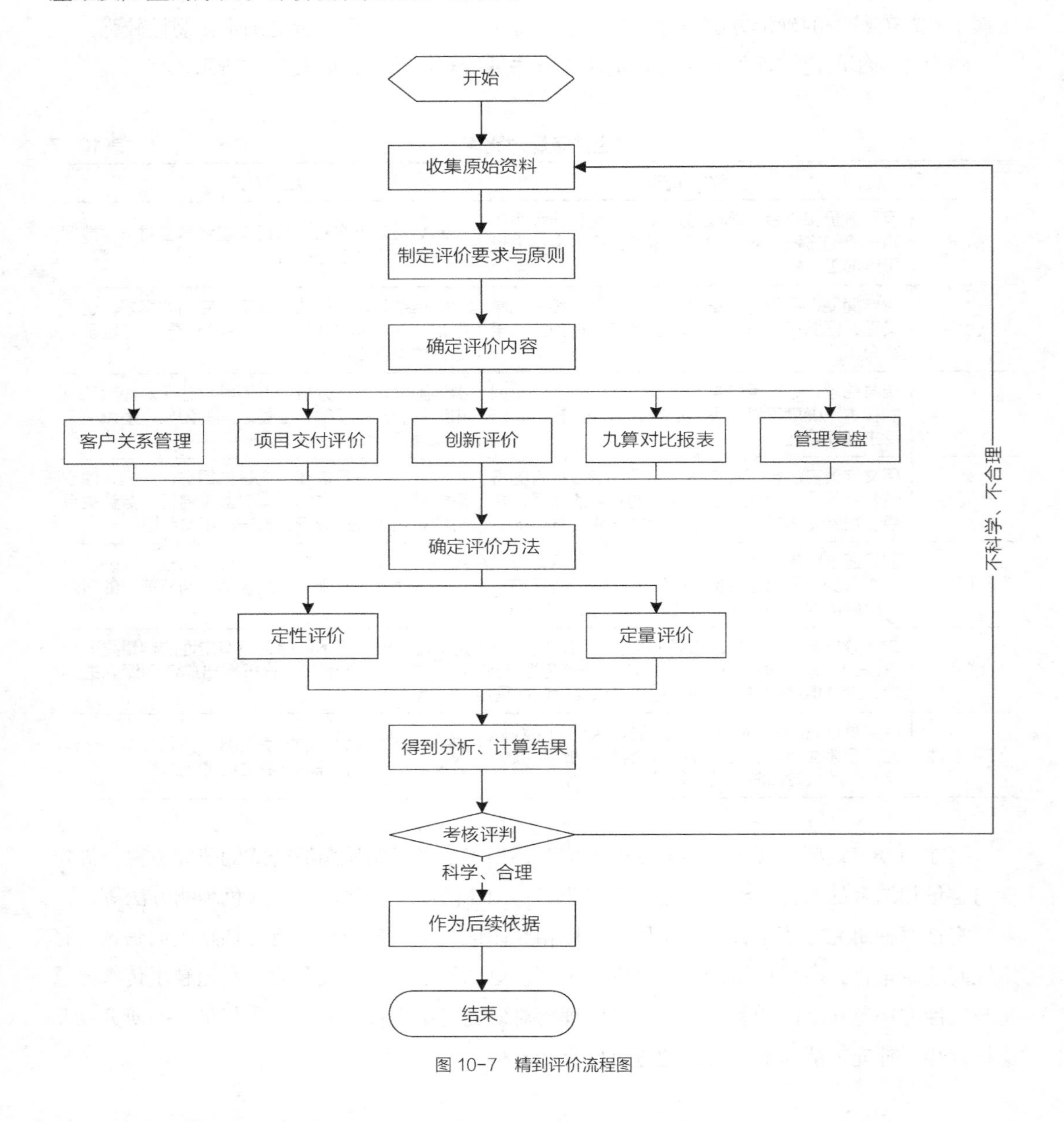

图 10-7　精到评价流程图

10.5　案例：建设项目成本精到评价

建设项目成本与效益之间有着密切的联系，是建筑业普遍关注的问题。掌握成本费用的基本构成、分清经营效益，对此进行管控与评价有助于企业及时采取有效的措施进行控制①。

① 丁志斌．当前项目成本管理存在的问题和改进措施［J］．建筑经济，2002（6）：41–43.

10.5.1 案例概况

Q公司的A项目占地面积21385.79m^2，总建筑面积4793.12m^2，其中地上建筑面积36229.78m^2，A项目采用26.9m大跨超重型钢混凝土梁施工，2.5m高大跨型钢桁架、36.6m型钢梁非常规提升与2050m^{2}四方椎网架结构整体提升，具有技术、结构复杂，施工难度大，成本管控庞杂等特点。

10.5.2 案例分析

对上述A项目的成本管控水平进行精到评价，首先分析其基本内容：

1. 评价主体

在目标成本的驱动下，依据目标成本组建项目组织架构，组建以项目经理为首的施工现场项目部组织结构，主要由预算部门、技术部门、材料部门等八大部门和经理、总工程师等6大管理人员组成。

2. 评价目标

在项目分解和组织分解的基础上，将各个分部分项成本按照各部门或各员工进行精准划分，形成责任矩阵，精准到各个部门或员工，同时也使得各个部门或员工树立成本管控人人有责的意识，不再单单是财务部门或项目经理的职责所在，使得各分部分项工程精准到相应的部门负责人，达到“人人参与”的一种成本管控意识，使得员工在执行过程中充分挖掘自身岗位所带来的效益，将成本控制在目标成本范围内。

3. 评价对象

对A项目的成本管控水平进行评价，也要对建筑项目的成本、收入、效益之间的关系有一定的了解，其中鲁贵卿提出“项目成本管理方圆图”理论模型如图10-8所示，被称之为充满睿智的中国建筑业思想图。成本方圆图突显成本，却又不限于“小成本”一词。以工期为纲，以质量为本，以安全为重，以环保为要，四大支撑支护形成“大成本”管理意识，强调“全员、全过程”成本管理思路，四大支撑要素的过程管理好与坏，直接影响整个项目的最终成本的效益①。

从成本管理方圆图由里到外，“成本内方”被划分为五项成本费用。第一项是材料费用，材料费用占比达到建筑项目总成本的60% ~70%，是占比最大的费用，构成工程项目成本费用的绝对主体，故而放在正中心位置；第二项是人工费用，自左上角顺时针方向开始，将人工费放在第一位，意蕴着对于人工费在项目开始时就要严格管控，同时也隐含着以人为首的管理思想；第三项是机械费用，占据建筑总成本5% ~8%，与机械数量和使用时间有关，与四大支撑中的“以工期为纲”紧密相关，要求在项目决策计划时就应当充分考虑其科学性；第四项现场经费，将其他直接费和间接费合并为以往我们传统称谓的“现场经费”；最后一项专业分包费，在目前市场条件下，每个工程项目都会有部分专业分包存在的现象，并且专

---

① 鲁贵卿. 工程项目成本管理方圆图的工具属性［J］. 施工企业管理，2016（8）：84-88.

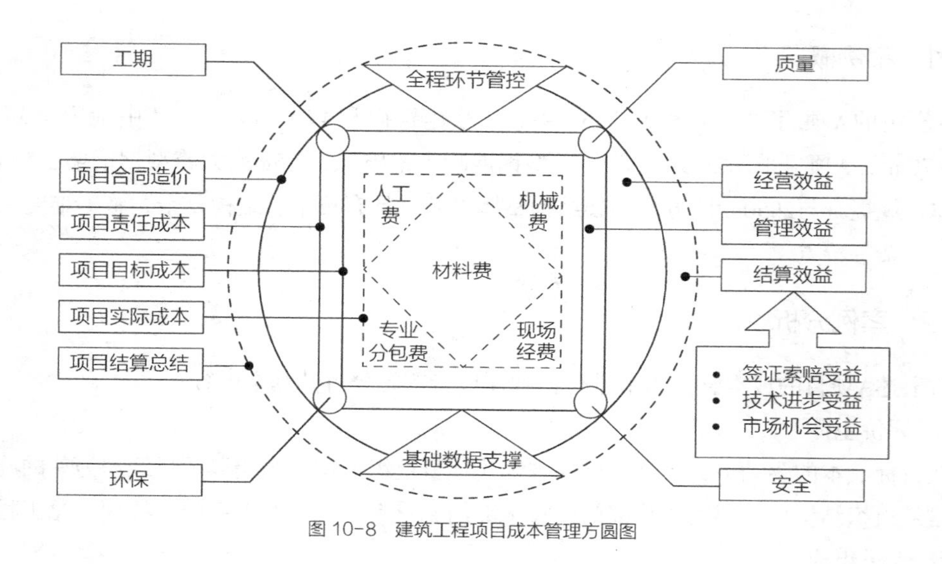

图 10-8　建筑工程项目成本管理方圆图

业分包费是随着市场变化而变化的，分包单位的选择很大程度上影响项目的质量和进度，也影响着成本效益的高低。

方圆图是对建筑企业管理活动的科学提炼，是具有操作性的工具。"方圆图"形象地描述了项目承接之初，经过项目管理团队的管理，最终完成业主所需的"产品"，过程中各项成本之间的关系、收入与支出的关系等①。同时企业可以通过"方圆图"这个工具直观形象地了解项目成本、收入、效益。从而分析成本管控是否科学、合理、有效，通过对一个个项目的不断分析、总结成本管控亮点与经验教训，形成成本管理库，为今后的项目实施提供宝贵经验。

4. 评价指标

为准确识别建筑成本管控存在问题因素，通过文献进行梳理。为保证文献的质量，通过知网、万方、维普数据库为检索对象，并以SCI、EI、核心、CSSCI、CSCD期刊为限制条件进行检索，最后选取与建筑工程成本管控存在问题密切相关的17篇，并进行梳理合并最终得出14个成本管控存在的主要问题如表10-8所示。下面对其中6个进行阐述。

建筑工程成本管控存在的主要问题　表10-8

符号	建筑工程成本控制存在问题因素
F1	成本管控基础薄弱
F2	全员成本管控意识弱
F3	成本管控方法不当
F4	缺乏可操作的成本控制依据/流程/制度
F5	职责不清晰

① 城云. 方圆图：揭秘成本管理的魔方［J］. 施工企业管理，2013（7）：90-92.

续表

符号	建筑工程成本控制存在问题因素
F6	动态成本管控薄弱
F7	主动控制与管理缺乏
F8	成本绩效考核体系不健全
F9	成本数据库匮乏
F10	成本计量不精准
F11	施工组织设计不健全
F12	合同管理意识淡薄
F13	物资管理不科学
F14	成本控制信息库不完善

5. **评价依据标准**

成本管控存在问题因素众多，而现有文献研究中对问题因素的概述还较为琐碎、不成体系，未对成本管控存在问题因素有较为全面的整合。为此，先通过文献研究法进行收集，在收集时保证较为全面，识别出的因素“质量”较高，以SCI、EI、核心、CSSCI、CSCD期刊为限制条件进行检索，后进行合并筛选最终得出14个成本管控存在的主要问题，如表10–8所示。以Factor（因素）中的第一个字母F加阿拉伯数字来表示，为后期方便记成Fi。

为确定14个因素的关联关系，采用0或1分方式进行打分，1分表示Fi对Fj之间存在关系，且表示Fi影响Fj；若Fi对Fj不存在关系，则记成0分。本次调查共发放130份，有效回收102份，其中102份打分者的工作性质、岗位职称、教育程度如表10–9所示。

打分对象个人情况分布 **表10–9**

科目	分类	频数（个）	所占百分比
单位	施工单位	34	33%
	建设单位	25	25%
	设计单位	11	11%
	咨询单位	12	12%
	科研高校	20	20%
岗位职称	建筑建造师	31	30%
	企业经理	15	15%
	工程专业教授	21	21%
	普通员工	35	34%
教育程度	硕士以上	39	38%
	本科	40	39%
	专科以下	23	23%

6. 评价方法

采用定性定量相结合的方法，首先运用AHP计算各指标的权重，再运用模糊综合评价法计算成本管控水平的综合得分，从而衡量成本管控水平。

1）评价指标体系中的因素集表示：一级因素集为K={K1，K2，K3，…，K14}。

将评价等级分为5个级别，V={V1，V2，V3，V4，V5}，如果评分值在90～100，则绩效状态是极好的，后面同理，见表10–10。

成本管控水平等级分数区间　表10–10

水平等级	极好	良好	一般	较差	极差
分数范围	[90~100]	[80~90)	[70~80)	[60~70)	60以下

2）确定因素隶属度

通过专家和现场管理者对知识管理各评价指标进行打分，各因素的隶属度矩阵R表示为：

$$R=\begin{bmatrix} 0.1 & 0.4 & 0.3 & 0.2 & 0 \\ 0.1 & 0.4 & 0.4 & 0.1 & 0 \\ 0 & 0.5 & 0.5 & 0 & 0 \\ 0.1 & 0.5 & 0.4 & 0 & 0 \\ 0 & 0 & 0.6 & 0.4 & 0 \\ 0 & 0.2 & 0.8 & 0 & 0 \\ 0 & 0.2 & 0.8 & 0 & 0 \\ 0 & 0.4 & 0.6 & 0 & 0 \\ 0.2 & 0.3 & 0.2 & 0.3 & 0 \\ 0.2 & 0.4 & 0.3 & 0.1 & 0 \\ 0.2 & 0.5 & 0.3 & 0 & 0 \\ 0.1 & 0.4 & 0.5 & 0 & 0 \\ 0.1 & 0.4 & 0.5 & 0 & 0 \\ 0.1 & 0.4 & 0.5 & 0 & 0 \end{bmatrix}$$

3）建立判断矩阵E，借助Matlab计算判断矩阵，合成权重如表10–11所示。

建筑工程成本控制存在问题因素统计表　表10–11

符号	建筑工程成本控制存在问题因素
F1	成本管控基础薄弱0.0183
F2	全员成本管控意识弱 0.0287
F3	成本管控方法不当0.0254
F4	缺乏可操作的成本控制依据/流程/制度0.0497
F5	职责不清晰0.0540

续表

符号	建筑工程成本控制存在问题因素
F6	动态成本管控薄弱0.0875
F7	主动控制与管理缺乏0.0476
F8	成本绩效考核体系不健全0.0222
F9	成本数据库匮乏0.0359
F10	成本计量不精准 0.0799
F11	施工组织设计不健全0.0368
F12	合同管理意识淡薄 0.0329
F13	物资管理不科学0.0488
F14	成本控制信息库不完善 0.0990

4）确定成本管控水平等级

记综合权重值$T=(t_{i1}, t_{i2}, \cdots, t_{im})$，对一级评价指标进行综合评判，计算出一级指标层的评价向量B为：

$$B=T\times R \quad (10\text{–}1)$$

为避免最大隶属度原则中隶属度值相近而难以准确判定绩效等级的问题，用相乘相加算子和加权平均原则确定绩效得分，分别取V1～V5的中值组成$V=(95, 85, 75, 65, 30)$，项目管理知识绩效得分D为：

$$D=VB^{\mathrm{T}} \quad (10\text{–}2)$$

根据得分D属于的分数区间来确定成本管控水平等级。

通过式（10–1）可计算出模糊评价向量B：$B=(0.1315\ \ 0.3132\ \ 0.4728\ \ 0.1237)$；通过式（10–2）可得出该项目知识管理绩效水平综合得分$D=86.25$，根据评分准则，成本管控属于良好水平。

10.5.3 案例总结

通过以上数理分析来看，A项目成本管控水平评价保持在良好水平。针对评价指标因素权重的确定，将AHP和模糊综合评价法结合确定管理水平，让指标权重、评价成果更为合理，提高成本管控水平评价的准确性。确定等级时，采用相乘相加算子和加权平均原则，得出管控水平评价具体得分，有效运用所有数据，从评价主体到评价方法，更加细致、精准。

第3篇

精准管控实现工具

第 11 章
方法和工具

本章逻辑图

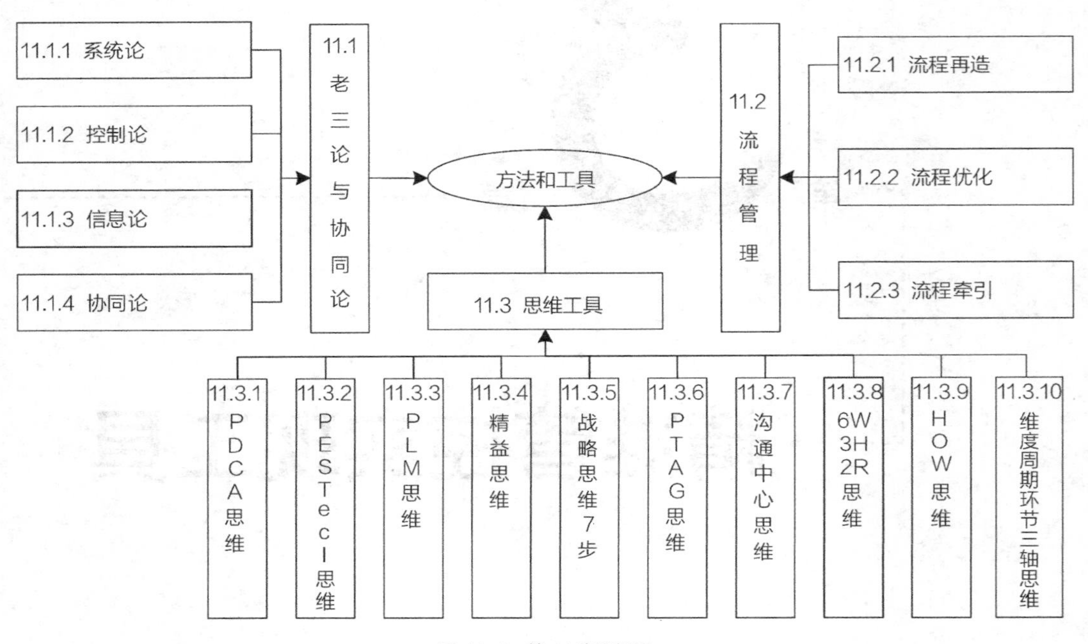

图 11-1　第 11 章逻辑图

古训云：磨刀不误砍柴工。一句话概括了工具的重要作用。工业化时代最重大的特征之一就是工具的发展。机械装备、软件平台，增强和延伸了人类的力量、视听、速度、承载等功能。要实现精准管控，同样需要依靠各种工具。本章阐述思想思维工具。

11.1 老三论与协同论

“老三论”是指控制论、信息论、系统论，产生于20世纪40年代。在其后的20世纪60年代至70年代产生的“新三论”则指耗散结构理论、突变论和协同论。“新、老三论”是20世纪最伟大的思想成果，是工业化成熟和加快的保障，也是信息化和自动化，甚至智能化时代到来的催引剂。“老三论”与协同论的形成是与社会实践互为促进的，实践提供理论的养分，理论促进实践的大胆迈步①。

11.1.1 系统论

1. 系统论的概念

系统论是研究系统的结构、特点、行为、动态、原则、规律以及系统间的联系，并对其功能进行数学描述的新兴学科。系统论的基本思想是把研究和处理的对象看作一个整体、一个系统来对待。

系统论是美籍奥地利人、理论生物学家L.V.贝塔朗菲（L.Von·Bertalanffy）创立的。他在1932年发表“抗体系统论”，提出了系统论的思想。1937年提出了一般系统论原理，1945年他的论文《关于一般系统论》公开发表，他的理论到1948年在美国再次讲授“一般系统论”时，才得到学术界的重视。1968年贝塔朗菲发表了专著:《一般系统理论基础、发展和应用》，该书被公认为是这门学科的代表作。

系统论认为，集合性、有序性、开放性、自组织性、复杂性、整体性、关联性、涌现性、适应性、等级结构性、动态平衡性、时序性等，是**所有系统共同的基本特征**。既是系统所具有的基本思想观点，也是系统方法的基本原则，表现了系统论不仅是反映客观规律的科学理论，也具有科学方法论的含义。系统论产生基础及系统特征如图11–2所示。

2. 系统论的任务

系统论的主要任务是以系统为对象，从整体出发研究系统整体和组成系统整体各要素的相互关系，从本质上说明其结构、功能、行为和动态，以把握系统整体，达到最优的目标。

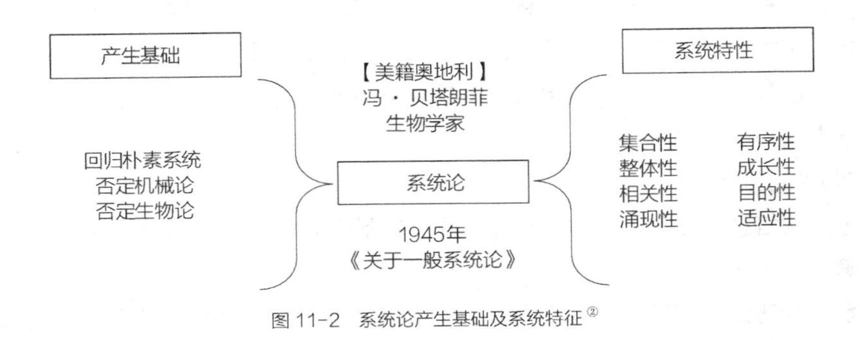

图 11–2 系统论产生基础及系统特征②

① 卢锡雷. 流程牵引目标实现的理论与方法［M］. 上海：同济大学出版社，2014.

② 杨晓华. “复盘”在职称管理中的运用［J］. 人力资源，2021，481（4）：146–147.

3. 系统论的基本思想方法

系统论的基本思想方法是把所研究和处理的对象，当作一个系统，分析系统的结构和功能，研究系统、要素、环境三者的相互关系和变动的规律性，并优化系统观点，世界上任何事物都可以看成一个系统，系统是普遍存在的。大至渺茫的宇宙，小至微观的原子，一粒种子、一群蜜蜂、一台机器、一个工厂、一个学会团体……都是系统，整个世界就是系统的集合。

4. 系统论与精准管控

精准管控模型是在流程模型的基础上培养解决问题的思维和方法，可以说是系统方法的完整应用。精准管控模型中系统性体现在要素的完整性、周期的确定性、要素之间的关联性、动态性、内部有序性（包括逻辑和层次）。

系统论运用完整性、集中性、等级结构、终极性、逻辑同构等概念，研究适用于一切综合系统或子系统的模式、原则和规律，与精准管控思想相结合，对于系统的划分更加精细，有利于对其结构和功能进行数学描述，有利于理解各个层次之间关联性。

11.1.2 控制论

1. 控制论的概念

控制论是研究生命体、机器和组织的内部或彼此之间的控制和通信的科学。英文cybernetics一词源于希腊文κυβερνητηζ，原意为“掌舵人”，转意为“管理人的艺术”。美国数学家维纳创立控制论时采用这个名词，一方面借此纪念英国物理学家J.C.麦克斯韦尔1868年发表的论述反馈的论文《论调速器》（On governors），governor一词就是从希腊文“掌舵人”引用而来；另一方面船舶的操舵机曾是早期的一种通用反馈机构。

1948年维纳的奠基性著作《控制论》出版，成为控制论诞生的重要标志。维纳把这本著的副标题取为“关于在动物和机器中控制与通信的科学”，为控制论在当时研究现状下提供了科学的定义。在这本著作中，维纳抓住了一切与通信和控制系统相关的信息传输和信息处理过程的共同特点；确认了信息和反馈在控制论中的基础性，指出一个通信系统总能根据人们的需要传输各种不同思想内容的信息，一个自动控制系统必须根据周围环境的变化自行调整运动；指明了控制论研究上的统计属性，指出通信和控制系统接收的信息带有某种随机性质并满足一定统计分布，通信和控制系统本身的结构也必须适应这种统计性质。控制论产生基础及基本方法如图11-3所示。

2. 控制论的方法

控制论是从信息和控制两个方面研究系统。控制论的方法涉及4个方面：

（1）确定输入输出变量

控制系统为达到一定的目的，需要以某种方式从外界提取必要的信息（称为输入），再按一定法则进行处理，产生新的信息（称为输出）反作用于外界。输入输出变量不仅可以表示行为，也可以表示信息。

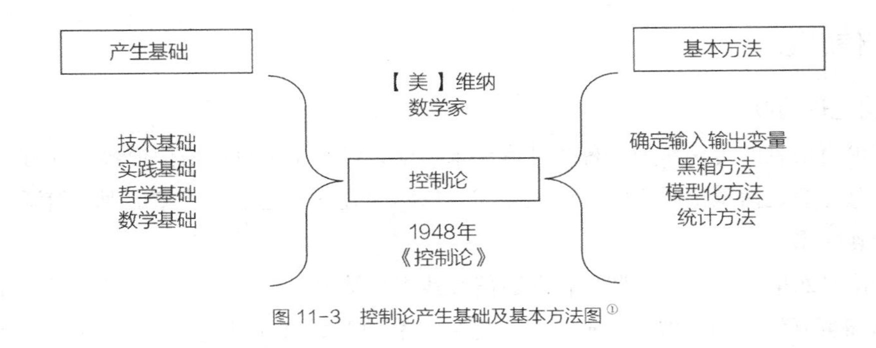

图 11-3 控制论产生基础及基本方法图[①]

（2）黑箱方法

黑箱方法是根据系统的输入输出变量找出它们之间存在的函数关系（即输入输出模型）的方法，可用来研究复杂的大系统和巨系统。

（3）模型化方法

通过引入仅与系统有关的状态变量而用两组方程来描述系统即建立系统模型。一组称为转移方程又称状态方程，用以描述系统的演变规律；一组称为作用方程又称输出方程，用以描述系统与外界的作用。抽象后的系统模型可用于一般性研究并确定系统的类别和特性。控制系统数学模型的形式不是唯一的，自动机理论中还常采用状态转移表或状态转移图的形式。系统的特性是通过系统的结构产生的，同类系统通常具有同类结构。控制论的模型化方法和推理式属性，使控制论适用于一切领域的控制系统，有助于对控制系统一般特性的研究。在研究大系统和巨系统时还需要使用同态和同构以及分解和协调等概念。

（4）统计方法

控制论方法属于统计方法的范畴，需要引入无偏性、最小方差、输入输出函数的自相关函数和相关分析等概念。采用广义调、分析和遍历定理，可从每个个别样本函数来获取所需的信息。维纳采用这种方法建立了时间序列的预测和滤波理论，称为维纳滤波。非线性随机理论不但是控制论的数学基础，也是处理一切大规模复杂系统的重要工具。

3. 控制论与精准管控

控制论的核心问题是从一般意义上研究信息提取、信息传播、信息处理、信息存储和信息利用等问题。控制论用抽象的方式揭示包括生命系统、工程系统、经济系统和社会系统等在内的一切控制系统的信息传输和信息处理的特性和规律，研究用不同的控制方式达到不同控制目的的可能性和途径，而不涉及具体信号的传输和处理。

控制论通过信息和反馈建立了工程技术与生命科学、社会科学之间的联系，研究适用于工程、生物、经济、人口等领域。与精准管控思想结合增加不同的控制方式达到不同控制目的的可能性和途径，对于所需研究资料、信息、沟通等内容的拓展提供了新的可能，有一个精确的反馈路径，使控制系统稳定地、最优地趋向目标，是一个持续获取、持续改善的过程。

① 杨晓华．“复盘”在职称管理中的运用［J］．人力资源，2021，481（4）：146-147.

11.1.3 信息论

1. 信息论的概念

信息论将信息的传递作为一种统计现象来考虑，给出了估算通信信道容量的方法。信息传输和信息压缩是信息论研究中的两大领域。这两个方面又由信息传输定理、信源—信道隔离定理相互联系。

信息论是20世纪40年代后期从长期通信实践中总结出来的一门学科，是专门研究信息的有效处理和可靠传输的一般规律的科学，运用概率论与数理统计的方法研究信息、信息熵、通信系统、数据传输、密码学、数据压缩等问题的应用数学学科。

切略（E.C.Cherry）曾写过一篇早期信息理论史，他从石刻象形文字起，经过中世纪启蒙语言学，直到16世纪吉尔伯特（E.N.Gilbert）等人在电报学方面的工作。

20世纪20年代，奈奎斯特（H.Nyquist）和哈特莱（L.V.R.Hartley）最早研究了通信系统传输信息的能力，并试图度量系统的信道容量。现代信息论开始出现。

1948年克劳德·香农（Claude Shannon）发表的论文《通信的数学理论》是世界上首次将通信过程建立了数学模型的论文，这篇论文和1949年发表的另一篇论文一起奠定了现代信息论的基础。

香农被称为“信息论之父”。人们通常将香农于1948年10月发表在《贝尔系统技术学报》上的论文*A Mathematical Theory of Communication*（《通信的数学理论》）作为现代信息论研究的开端。由于现代通信技术飞速发展和其他学科的交叉渗透，信息论的研究从仅限于通信系统的数学理论的狭义范围扩展开来，到现在称之为信息科学的庞大体系。信息论的产生基础与信息特征如图11–4所示。

2. 信息论的研究范围

信息论的研究范围极为广阔。一般把信息论分成三种不同类型：

1）**狭义信息论**是一门应用数理统计方法来研究信息处理和信息传递的科学。它研究存在于通信和控制系统中普遍存在着的信息传递的共同规律，以及如何提高各信息传输系统的有效性和可靠性的一门通信理论。

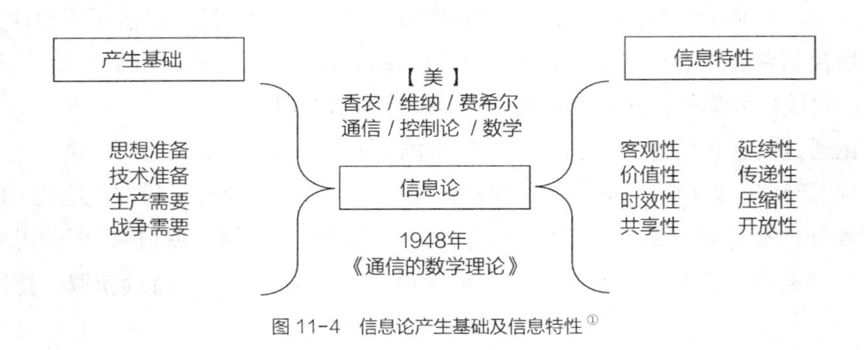

图 11–4 信息论产生基础及信息特性[①]

① 杨晓华．“复盘”在职称管理中的运用［J］．人力资源，2021，481（4）：146–147.

2）**一般信息论**主要是研究通信问题，也包括噪声理论、信号滤波与预测、调制与信息处理等问题。

3）**广义信息论**不仅包括狭义信息论和一般信息论，还包括所有与信息有关的领域，如心理学、语言学、神经心理学、语义学等。

3. 信息论与精准管控

信息论以通信系统的模型为对象，以概率论和数理统计为工具，从量的方面精确描述了信息的传输和提取等问题。信息论的研究领域扩大到机器、生物和社会等系统，发展为一门专门利用数学方法研究如何计量、提取、变换、传递、存贮和控制各种系统信息的一般规律的科学。信息论则偏于研究信息的测度理论和方法，并在此基础上研究与实际系统中信息的有效传输和有效处理的相关方法和技术问题，如编码、译码、滤波、信道容量和传输速率等。

有人说，管控就是决策。可见决策是管控职能中十分重要的工作。决策必须依靠信息，是信息反馈控制过程，也是考验决策者驾驭信息的能力的标志。决策过程是一个信息输入、综合分析、加工处理和输出新信息的完整流程，如图11–5所示。

不断地分解，不停地综合，不断产生结果，可以得到回溯。这是机器能做的，而海量数据下，人是无法企及的。这就是信息化的价值所在[①]。

4. 信息化与精准管控

在建筑工程项目管理中推广信息化技术，对于深化建筑企业的管理改革有着重要的意义。通过对建筑工程项目的业务流程再造和流程优化以及精准管控，使建筑工程项目管理的各关键环节的耗时显著减少，项目管理效率显著提升。

信息化管理是一种先进而复杂的管理模式，在建筑企业中的应用必须被提到一个战略的高度上，除了需要种类硬件设备和软件系统的支持外，还涉及传统业务流程再造、财务分析、战略执行和信息规划等更高层次的内容，在科学的信息化管理体制的引导下，保障建筑企业的高效运转。建筑企业信息化管理的战略框架如图11–6所示。

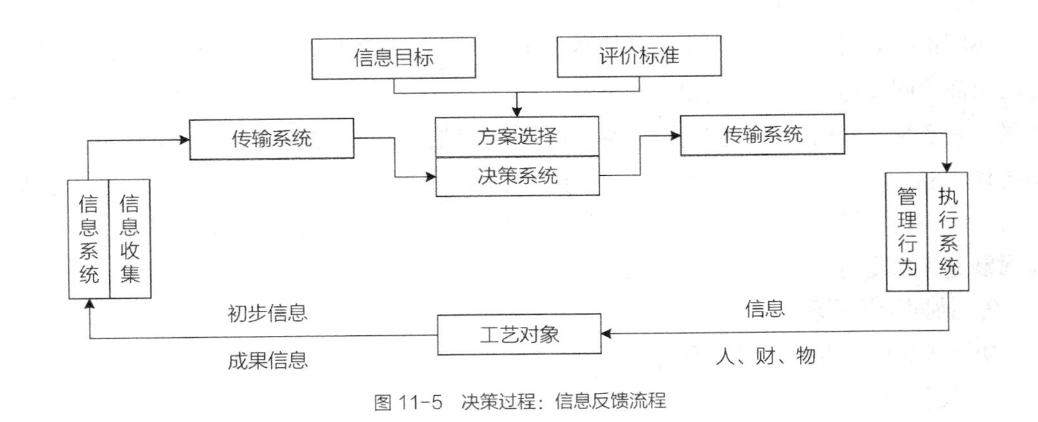

图 11–5　决策过程：信息反馈流程

① 卢锡雷．流程牵引目标实现的理论与方法［M］．上海：同济大学出版社，2014.

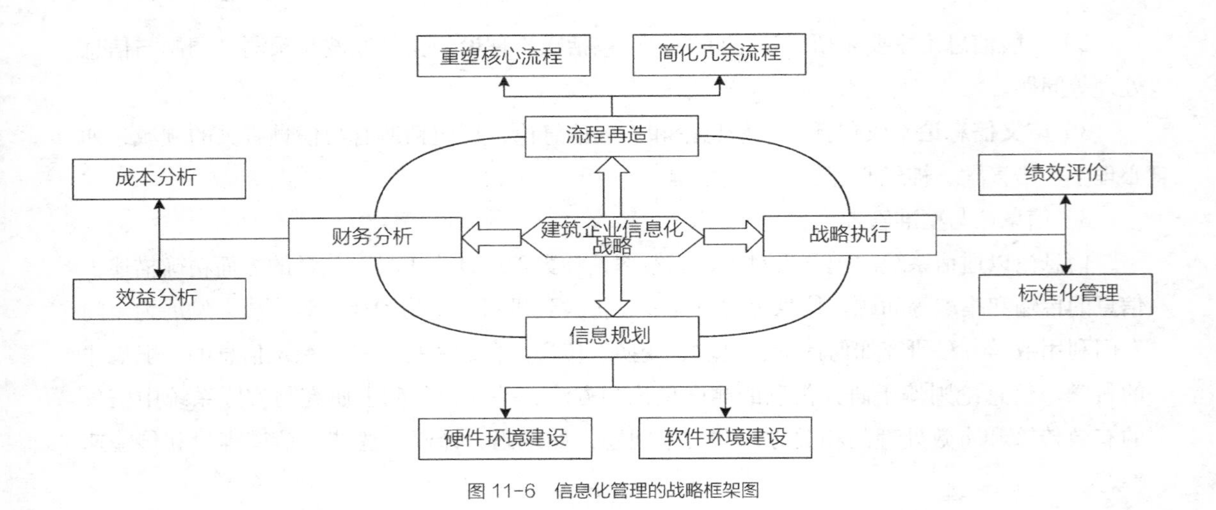

图 11-6 信息化管理的战略框架图

建筑工程项目管理的信息化绝不仅仅是通过计算机系统的安装来存储项目运行过程中的数据，也要根据信息技术的特点和建筑企业自身的需要，对传统的项目管理流程进行优化，通过项目管理流程再造的形式达到标本兼治的目的。与精准管控思想相结合制定信息化战略，通过标准化、精准化管理来提高管控绩效，巩固信息化成果，提升企业核心竞争力。

11.1.4 协同论

1. 协同论的概念

协同论亦称协同学或协和学，是研究不同事物共同特征及其协同机理的新兴学科，是近十几年来获得发展并被广泛应用的综合性学科，着重探讨各种系统从无序变为有序时的相似性。

协同论的创立者是联邦德国斯图加特大学教授、著名物理学家哈肯（Haken）。1971年哈肯提出协同的概念，1976年系统地论述了协同理论，发表了《协同学导论》，还著有《高等协同学》等等。

协同论主要研究远离平衡态的开放系统在与外界有物质或能量交换的情况下，如何通过自己内部协同作用，自发地出现时间、空间和功能上的有序结构。协同论以现代科学的最新成果——系统论、信息论、控制论、突变论等为基础，吸取了结构耗散理论的大量营养，采用统计学和动力学相结合的方法，如图11-7所示，通过对不同领域的分析，提出了多维相空间理论，建立了一整套的数学模型和处理方案，在微观到宏观的过渡上，描述了各种系统和现象中从无序到有序转变的共同规律。

2. 协同论的原理

协同理论的主要原理可以概括为三个方面：

1）协同效应

协同效应是指由于协同作用而产生的结果，是指复杂开放系统中大量子系统相互作用而产生的整体效应或集体效应。对千差万别的自然系统或社会系统而言，均存在着协同作用。

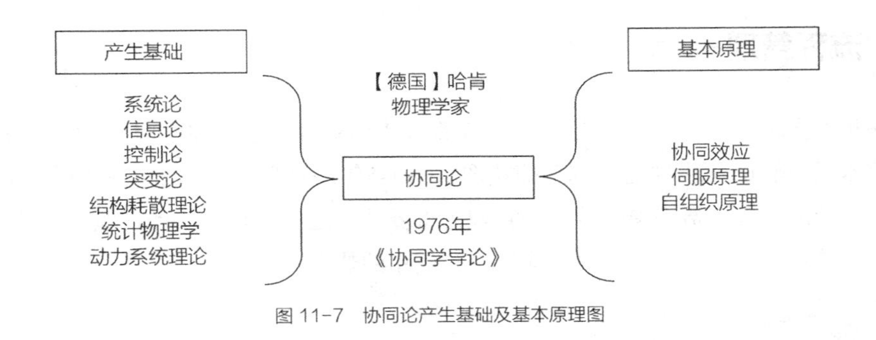

图 11-7 协同论产生基础及基本原理图

协同作用是系统有序结构形成的内驱力。任何复杂系统，当在外来能量的作用下或物质的聚集态达到某种临界值时，子系统之间就会产生协同作用。这种协同作用能使系统在临界点发生质变产生协同效应，使系统从无序变为有序，从混沌中产生某种稳定结构。协同效应说明了系统自组织现象的观点。

2）伺服原理

伺服原理用一句话来概括，即快变量服从慢变量，序参量支配子系统行为。它从系统内部稳定因素和不稳定因素间的相互作用方面描述了系统的自组织的过程。其实质在于规定了临界点上系统的简化原则——“快速衰减组态被迫跟随于缓慢增长的组态”，即系统在接近不稳定点或临界点时，系统的动力学和突现结构通常由少数几个集体变量即序参量决定，而系统其他变量的行为则由这些序参量支配或规定，正如协同学的创始人哈肯所说，序参量以“雪崩”之势席卷整个系统，掌握全局，主宰系统演化的整个过程。

3）自组织原理

自组织是相对于他组织而言的。他组织是指组织指令和组织能力来自系统外部，而自组织则指系统在没有外部指令的条件下，其内部子系统之间能够按照某种规则自动形成一定的结构或功能，具有内在性和自生性特点。自组织原理解释了在一定的外部能量流、信息流和物质流输入的条件下，系统会通过大量子系统之间的协同作用而形成新的时间、空间或功能有序结构。

3. 协同论与精准管控

协同论具有广阔的应用范围，在物理学、化学、生物学、天文学、经济学、社会学以及管理科学等许多方面都取得了重要的应用成果。比如我们常常无法描述一个个体的命运，但却能够通过协同论去探求群体的“客观”性质。又如，针对合作效应和组织现象能够解决一些系统的复杂性问题，可以应用协同论去建立一个协调的组织系统以实现工作的目标。

用一个客观机制来协同组织行为，这个客观机制就是：过程，而过程是需要进行管控的。管控成为“协同的中心”。与精准管控思想结合，尽管千差万别的系统的属性不同，项目实施过程中，精确地调动部门与所需部门、单位与所需单位之间进行配合，相互协作，提高合作的效率，保证过程的优化，协同为1+1＞2的整体效果。

总之，管理的根基和升华，都在于思想，一个深具系统观的民族，亟需提升系统思维能力，汲取老三论、新三论的思想精华，适应工业化大趋势，改变低效率的产业状况。

11.2 流程管理

1776年亚当·斯密的《国富论》，1911年泰勒出版的《科学管理原理》，1913年福特T3车生产的流水线，1765年中国的《御题棉花图》，1945年的计划评审技术以及19世纪80年代和90年代，哈默的流程再造都说明着流程管理的重要性。近几年来，流程管理不仅成为管理界学术研究的热点，更在国际企业界形成讨论和应用的热潮。

11.2.1 流程再造

20世纪90年代，由麻省理工学院的哈默教授提出了业务流程再造（Business Process Re-engineering, BPR）的概念。哈默教授认为，流程再造是从根本上对企业流程进行考虑，彻底颠覆原有的企业流程，对其进行重新设计，使企业的质量、成本、进度等指标能得到明显的改善，以达到精准管控的效果。

王璞将流程再造归纳为7个步骤，分别是：战略愿景与变革准备、项目启动、流程诊断、设计新流程、实施新流程、流程评估、持续改进，如图11-8所示。

战略愿景阶段包括建立战略愿景、做好变革组织的准备、发掘重组的机会，以及进行改造流程的选择；项目启动阶段是先组建业务流程再造的项目小组进行项目规划，再设立一个项目重组之后的目标；诊断流程阶段是先描述现有的流程有哪些，再对这些流程进行分析；设计新流程阶段的内容包括设计新的流程、新的人力结构以及新的信息系统；实施新流程阶段包括新的人力和IT安排，对相关的员工进行培训以及建立一个新的薪酬体系；流程评估阶段包括检测新流程的运营状况，评估新流程是否达到了预期的目标；持续改进阶段包括对于新流程的持续改进以及重组其他流程，实现精准管控。

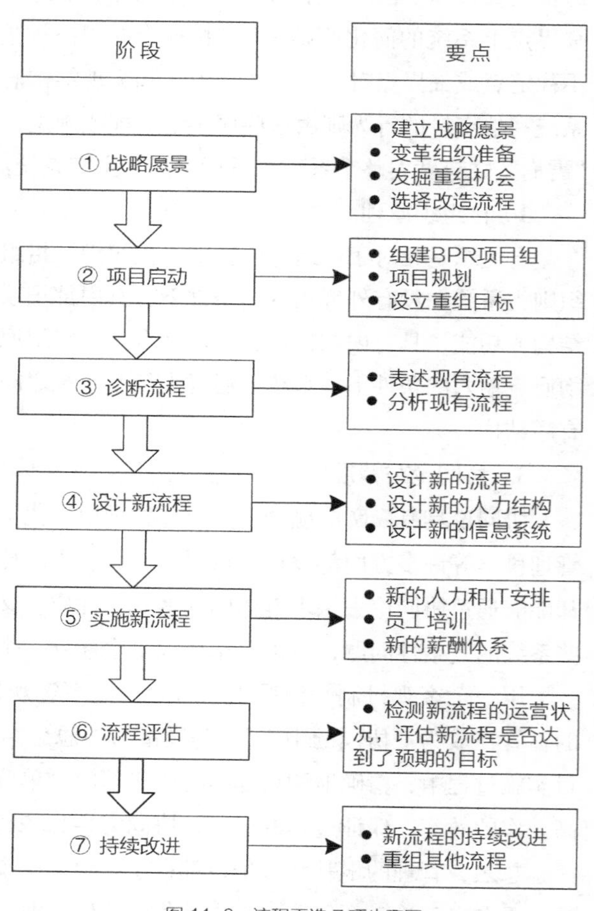

图 11-8 流程再造 7 项步骤图

据迈克尔·波特（Michael E.Porter）的企业竞争理论，企业的价值链可以分为直接面向客户服务的流程和支撑流程运行的管理流程两个方面。因此，流程再造必须以市场为出发点和导向。按照价值链的思想，建筑施工企业直接面向客户服务的流程包括项目承揽、项目策划、采购、项目管理（施工）、结算交付及服务等活动。这些流程是施工企业价值创造的核心流程，也是其企业核心竞争力所在。支撑这些流程的管理流程包括战略管理、人力资源开发与管理、财务管理、质量安全管理、信息系统等，这些流程以不同的方式支持着建筑施工企业的基本价值增值活动。

流程再造的主题包括项目管理的流程再造、财务管理的流程再造、进度管理的流程再造、风险管理的流程再造、质量管理的流程再造以及企业组织结构的流程再造。

流程再造理论认为，市场决定流程，流程决定组织，组织决定机制。流程再造的真正目的并不是流程本身，而是为能形成一种新的管理形式。通过流程再造，使施工企业在整体发展战略的指导下，建立持续改进的流程体系，并带动企业在人力资源、信息技术、组织结构、协调机制等方面的相应优化与变革，形成有力支撑流程运作的管理配套体系和信息技术应用平台，提高企业的运营效率，从而实现企业产品或服务在成本、质量和顾客满意度方面的精准服务和持续改善。

11.2.2 流程优化

流程优化，即针对现有审批流程所存在的问题，进行分析、梳理、完善和改进，在互联网及相关配套技术的支持下，以提高管理效率、降低管理成本为前提，构建一套简洁、直接的流程，提升项目审批速度、规范事项办理流程、精简办理事项，将建设工程办事过程中无效的活动、不增值的等待时间、重复工作以及协调工作量减到最少，从而实现多办事、快办理、好质量、省资源。

1. 流程优化判别

流程需要优化的判别方法是：①是否足以满足需求；②是否在价值链流程中贡献权重偏小；③是否流程要素不全面；④是否过于细致，影响效率；⑤是否“周期时间过长”；⑥是否过于笼统，不够明确。流程判别任务是在流程优化之前的诊断阶段进行。分析诊断的重点，应当放在“直接面对客户的，风险较大的，创造挣值的”流程上。

对于优化流程的任务，判别的基点有三个：①基于价值链；②基于产品；③基于业务的及时、满足顾客的需求。

1）基于价值链

基于价值链，判断流程中的任务是否能产生价值的挣值原则。对于价值链划分，主要工作和辅助工作的标准就在于，哪个工作对整体价值的增加做出贡献。确保整体最优，大过局部最优。

2）基于产品

基于产品，判断能否适时、按照质量和数量、在成本范围内，输出产品。一个产品的实现，从设计图纸，到物料集合，从过程的控制到最终的结果，整个过程中更多关注的是“有形形态和质量的合成、分解与转移”，关注的侧重点在于产品。

3）基于业务的及时、满足顾客的需求

基于业务的及时性，业务为导向则与产品导向有较大区别，它更重视业务领域的拓展、业务质量的提高，流程的重点也更多地关注在业务方面。流程基于顾客导向正成为一种关注顾客、以顾客为中心的市场价值观念。图11-9为用四个导向简图来判别流程是否适合各自特点。

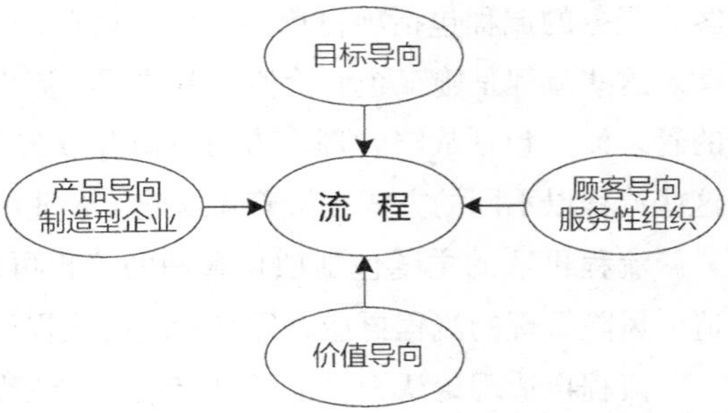

图 11-9 流程优化的导向图

2. 优化原则

前人研究流程指出了许多原则，笔者认为：优化流程最重要的四个原则是目标、组织、在控和简洁。

1）适合目标

目标管理的基本方法是要将目标不断分解，层层细化，落实到任务中，反过来，流程是否适用，要看其是否与各阶段层级目标吻合，以及最后的成果是否就是组织的目标。也就是说：流程是否以目标为导向。在评价中则以流程的“信度”为指标，即流程指向目标的程度。

2）符合组织

在我们设计的“流程牵引”项目实施体系中，组织的形式同样是多种的。管理实践上，矩阵直线型组织形态是最普遍和实用的。在对流程的优化中，符合组织结构的最大效率也是评价其优劣的原则，适合组织文化的流程是最好的。

3）不忘自善（在控）

将自善流程从管理流程中分解出来的，正确地授权和保证自善流程的认真执行，是系统自我“免疫”的重要因素。因此，优化原则包括对自善流程适用性的考虑。

4）简洁实用

为了流程而流程是应该忌讳的，企业内部管理不需要任何装点门面的修饰。所有流程的设计，以及流程任务的设计，以简洁实用为准则。

3. 优化方法

流程优化的方法主要有增设、补充、精简、整合、删除、调序、细化、调整等。

当原有流程不足以满足当前要求，或者有的任务没有人去做以及去做的环节不足以完成工作时，应当增设任务，甚至设计新的流程；流程要素不全面时，应当予以补充完整；“周期时间过长”，流程过长的应予以精简；任务划分过于细致，以致影响整体流程实施效率时，需要对流程进行整合、简化；缺乏大的价值，对“挣值”贡献权重小的任务，应予以删除；调整流程任务的步骤、顺序，以达到流程次序最佳化；对过于笼统、要素不明确的任务，应当重新定义，将其外延缩小，继续划分层级，使之细化成为可执行性和可控性更强的任务；调整重点指“内在线索”的调整。研究发现，流程的第一大问题是贯穿端到端的内在线索，是否一致是影响流程质量的关键原因。

4. 流程优化步骤

流程优化可以大致分为流程评估、流程分析、流程改进、流程实施四个阶段，流程评估是评估、分析、发现现有流程存在的问题和不足；流程分析是分析流程评估中发现的问题和改善机会；流程改进是对现有流程中发现的问题进行修改、补充、调整等改进工作；流程实施则是对改进后的流程付诸实际操作运行。如图11-10所示，流程优化是一个持续改进的过程，类似PDCA循环，每经过一次优化之后，流程都会相应地提高一个等级，企业或其他组织持续进行优化，不断发现企业运营中的问题，可逐步提高企业运营和管理效率。可见流程是为了组织对环境适应而做的“适应”。

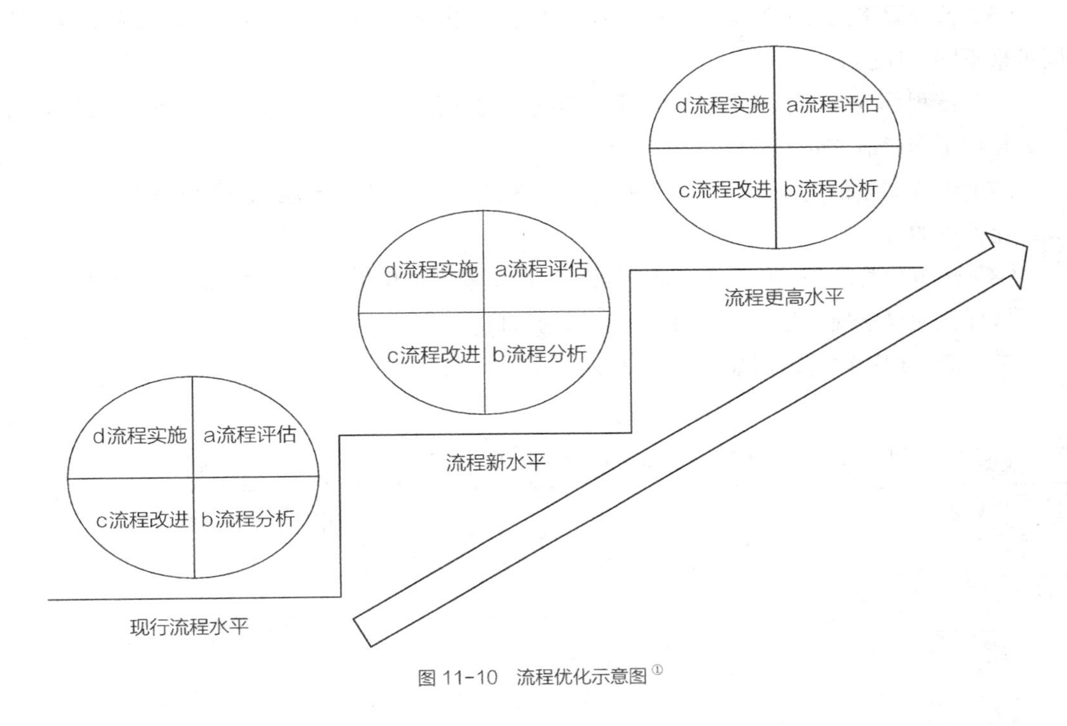

图 11-10　流程优化示意图[①]

流程优化是流程管理的主要内容，BPM本质是构建卓越的流程，关注流程的方向、效率和增值，以期形成一套“认识流程、建立流程、运作流程、优化流程、简化流程”的方法、技术与工具。

11.2.3　流程牵引

流程牵引表达为：“组织以流程为牵引动力，整合资源，达成目标。”[①]具有明确流程、帮助企业认清流程再造的重点等优势，借此实现精准管控。

（1）明确流程是企业的核心要素。有助于我们抓住企业运作的主要矛盾、提高项目实施效率，意义重大。

（2）认清企业流程再造的重点，提高再造成功率。流程再造应着重于跨组织的职能流程，聚焦直接影响组织内部绩效的流程。应当从自善流程入手，改变监督体系，消除风险隐

① 杨晓华．“复盘”在职称管理中的运用［J］．人力资源，2021，481（4）：146-147.

患；从职能流程入手，改变授权体系。

（3）将流程划分为四类，在流程的进一步研究和应用中发挥作用。流程编制是一种强有力的工具，采用本著的方法，将网络计划技术、WBS技术和OBS技术及系统流程要素综合起来，作为大型重点项目管理的重要工具，具有十分有效的作用。

（4）通过“流程牵引”，使得制度成为行为的依据，将考核实时化、客观量化，对管理理论的深化和解决实践问题具有一定的意义。

（5）流程要素的分析和同步分解技术，成为管理协同的落脚点和节点，给真实实效的协同带来不同以往的效果。

（6）流程作为连接结构与功能的重要范畴，为优化决策提供了途径。寻找满意的路径，成为管理工作者最重要的工作。

（7）流程要素的高度集成性，解决企业要素之间不匹配的因素，符合当今企业规模化、集约化管理的方向。

（8）规范化管理是组织追求的重要目标，而流程规范化管理是“数个统一”的最核心之一，这样就为寻求规范化管理，找到了入手的切口。

流程牵引理论内容地图如图11-11所示。

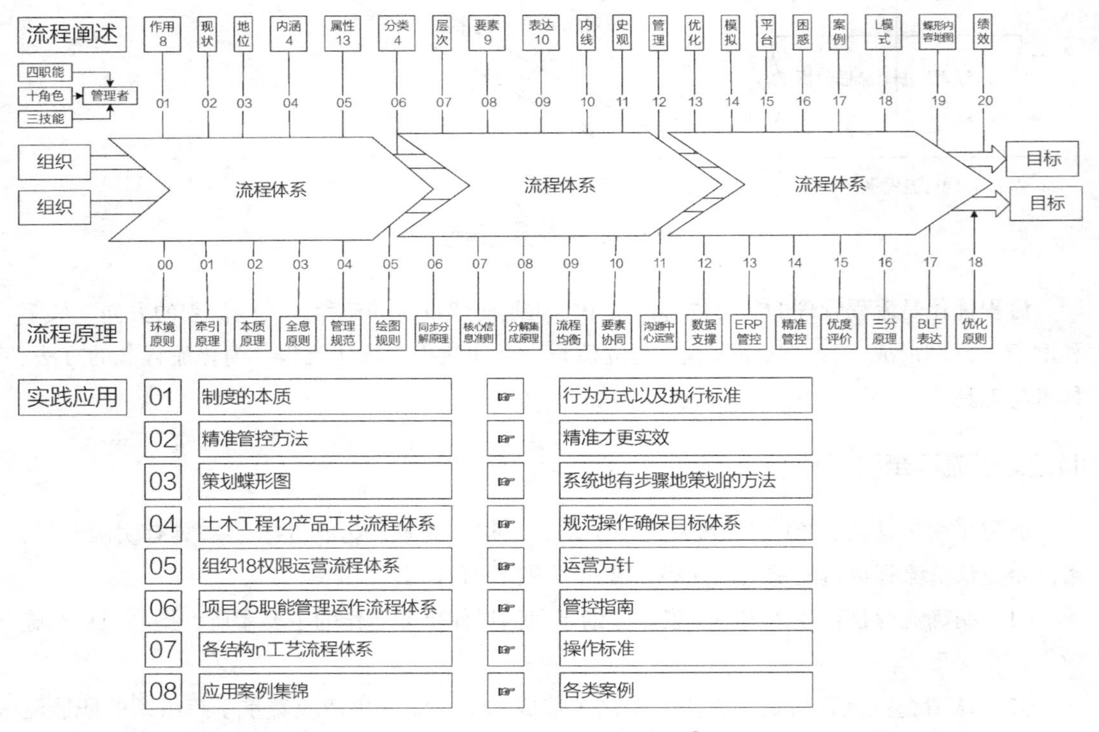

图 11-11　流程牵引理论内容地图[1]

① 杨晓华．“复盘”在职称管理中的运用［J］．人力资源，2021，481（4）：146-147.

流程牵引理论具有高度的概括力，能够实现系统工程思想的落地，为提高管理效率，实现标准化、规范化，对接利用先进的信息技术提供基础性的思想和方法。称得上是管理的底层技术，也是重要的管理理论创新。

11.3 思维工具

11.3.1 PDCA思维

PDCA是全球最为简洁，但是极其有效的一种思维。P/D/C/A，代表四个专业功能；代表循环持续；代表全息管控：大循环中包含小循环。可供参考的资料很多，在此不再赘述。

11.3.2 PESTecl思维

PESTecl是在PEST基础上增加ecl发展出来的评价环境的思维。PEST已经熟知，e代表竞争；c代表自然地理属性的环境，环境保护的内涵；l代表当时当地性。工程是当时当地性极强的一种人类活动，无时无刻不与当地的气候、人文、交通、资源条件有关，特别是建设工程，离开认真、严肃的当时当地环境条件的了解和研究，工程建设必然遇到各种困难，相关例子不胜枚举。

11.3.3 PLM思维

产品全生命周期管理（Product Lifecycle Management，PLM）是一种理念，即对产品从创建到使用，到最终报废等全生命周期的产品数据信息进行管理的理念。工程是目标明确、功能明晰、结构清楚的有“预谋”活动，工程本身有从设想到功能散失而废弃的周期，项目有启动到结束移交的周期。因此，运用PLM思维对周期内的所有事项、所有参与主体、所有资源要素进行无遗漏的管理。在工程建设行业，我们提出了“九阶十二段”的全过程管理知识体系方法，较为全面地体现了PLM的理念。针对各自行业、产品的特点，制定类似“九阶十二段”的PLM方案十分有必要。九阶十二段具体内容参见7.1.3精细策划内容下的设计管理。

11.3.4 精益思维

精益思维强调以持续地减少和消除浪费，实现价值最大化。全书涉及的内容很多，体现在精确计算、精细策划、精益建造、精准管控和精到评价等一系列思想中，参见本著的5.3精准度评价、6.1何谓“精确计算”、7.4精细策划方法、8.3精益建造方法、9.3精准管控方法与10.3精到评价方法相关章节。

11.3.5 战略思维7步

构成研究、实践的环节，由于分工、专业化和长期教育的原因，常常只擅长于某一两项内容，而事物和规律却往往是整体的、系统的、互相关联的。战略思维7步包括:“理论引领、目标导向、问题启程、流程牵引、工具支撑、实践验证、绩效评价”。

（1）理论引领：应寻求理论的引领，开展在理论指导下的探索和实践活动。（2）目标导向：制定明确、细致的目标，作为计划基础和考核指标。（3）问题启程：针对问题建立解决方案决策机制，以便有的放矢。（4）流程牵引：系统地规划端到端执行流程，明确协同节点、阶段成果、要素消耗和角色责任。（5）工具支撑：寻求既有和研创、开发推动任务进程的工具和工具体系，支撑项目/工程的目标达成。在以往的工作中，这个方面的工作，尤其是原创性的工具研发的工作，是非常欠缺的，导致我们现在能够使用的工具（如仿真软件、计算软件、装备工具等）异常缺乏，甚至成为我们发展的“卡脖子”环节。（6）实践验证：所有设计工程的工作，都必须是经得起实践检验的，无论原理、方法和工艺，必须在初期就树立针对和接受实践验证的理念，各环节接受实践检验。（7）绩效评价：认真和严肃的回顾、复盘、反思和总结是知识积累、接班人培养所必需的，无论大型复杂工程项目，还是小规模的研创工作，都需要有绩效评价的环节，形成一个“可持续改进”的闭环逻辑。尽管各有专长，人有分工，但是战略思维的7个步骤或者称之为7个环节，仍然是不可或缺的。工作可以分工、事理不能中断。

11.3.6 PTAG思维

管理学科是实践的知识体系，核心是关于“行”的知识，行则有方，这个方就是逻辑，包含技术工艺的逻辑（方）和管理控制的逻辑（方），构成达成目标的流程。PTAG是流程牵引目标实现的理论与方法的简称，即流程牵引理论的英文首字母组合，前面11.2节也已阐述。PTAG是揭示工程实现过程中“要素、主体、内容、环境”的组织方式。“组织以流程为牵引动力，整合资源，达成目标”。流程牵引是揭示内在的运营动力，具有普适意义。

11.3.7 沟通中心思维

现代管理越来越依赖沟通已经成为共识，这指出了协同的重要和实现协同的方法，是被管理的复杂性决定的。依靠先进的信息化技术和工具，实现顺畅沟通、精准沟通，是取得协同管理效果的保障。以沟通为中心的思维，是一种重要的管理思维，未来将发挥越来越重要的作用。

11.3.8 6W3H2R思维

常见的方法指出了4W1H要素，但在实践中这还远远不够。我们在做研究、搞项目或完成其他任务时，需要扩展为6W3H2R。按照一定的逻辑关系，某些场景其核心也常归纳为2WHR（What、Why、How、Result），实用上非常有效。具体含义如图11-12所示。

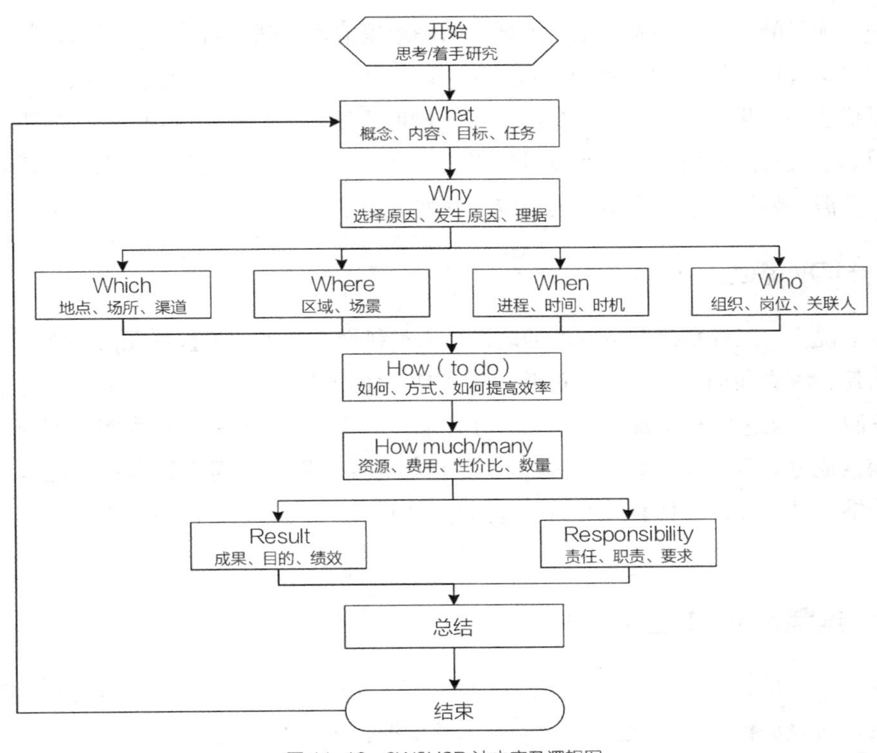

图 11-12　6W3H2R 法内容及逻辑图

详细内容如表11-1所示。

6W3H2R内容表　　**表11-1**

序号	要素	内容
1	What	概念、内容、目标、任务、功能
2	Who	组织、岗位、责任人、关联人
3	When	进程、时间、时机、里程碑
4	Which	地点、场所、渠道、着手点
5	Where	区域、场景
6	Why	选择/发生原因、理据
7	How（to do）	如何、方式、工艺，如何提高效率
8	How much	资源、成本、多少
9	How many	费用、性价比、数量
10	Responsibility	责任、职责、要求
11	Result	结果、成果、目的、绩效

将一个项目的这些内容先详细、清晰、明确地搞清楚，就能给项目达成目标打下良好的基础。突出Result，体现了目标管理的思想，每一个任务（不仅是最终交付成果）都要有可预见的可描述的成果，为目标达成集合资源。同时管理者突出Responsibility，即明确责任和要求，明确个人扮演的角色，以及授予的权限，是精准落实任务的基本要求，责任到人、责任明确，就需要将该要素做出明确的规定，并列入其中。

11.3.9 HOW思维

还应该说明，工程是建器造物的活动，是人类科学、技术、工程三元活动之一，工程突出的是构建、集成和创新活动，其重要的范式是“HOW”，即如何，有必要将其与追问客观规律和发明技术工艺的科学及技术活动区分开来，尽管，工程与科学技术密不可分，工程中也包含探索成分。强调“HOW”范式，是工程师必要的思维。而工具本身，也是工程造物的一类结果，只不过，工具的最大功用是作为“中介”参与造物，而不是作为最终结果物被人使用。

11.3.10 维度周期环节三轴思维

精准管控的五精形成五个环节，施加于九阶十二段的整个建设周期，构成如智能建造的二维模型，而叠加精准维度之后，则构成三轴模型，现实往往更多维，揭示了场景的复杂性。如图11–13所示，*X*轴是建设产品全生命周期，从城市规划到拆除复用的九阶十二段；*Y*轴为精准九维度；*Z*轴为精准管控五精的五个环节。以如此结构化思维工具进行分析，能够较好地定位所做工作的脉络，在此基础上实现细化，清晰明了。

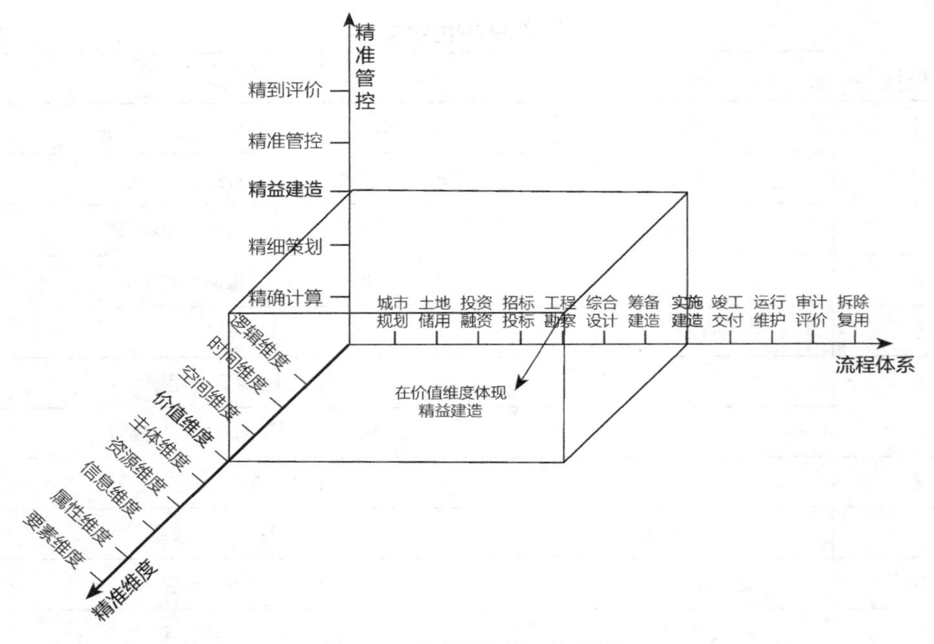

图 11–13　维度周期环节三轴思维图

第 12 章
软件、工具、平台

本章逻辑图

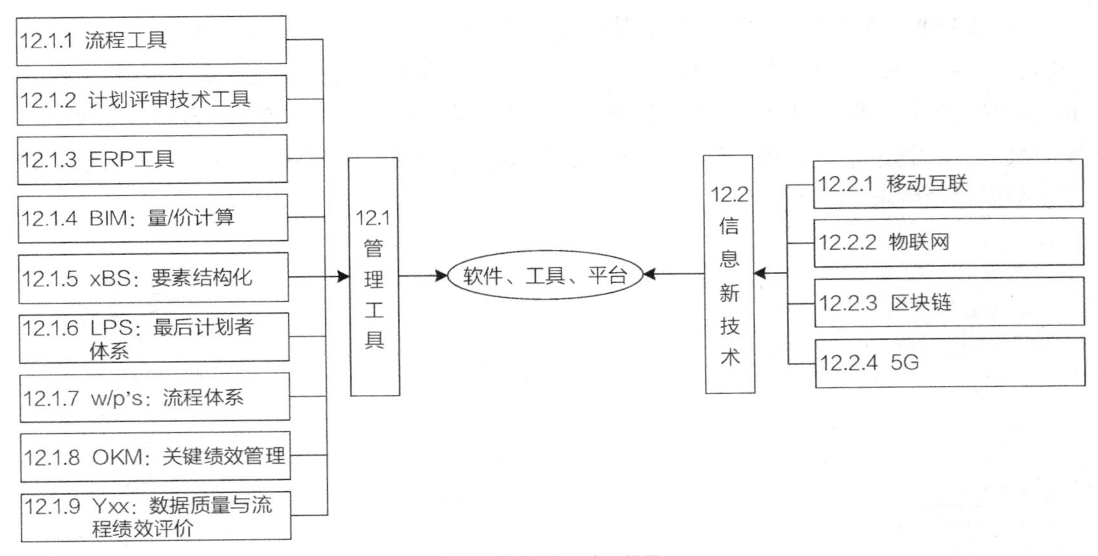

图 12-1 第 12 章逻辑图

实现精准管控的工具是多元多样的，上一章阐述了思维思想工具，本章阐述管理和新技术工具。

12.1 管理工具

粗放式管理越来越不能适应现代社会经济发展的需要，企业之间竞争激烈，项目利润薄如刀片，稍有变化就可能亏损，因此，企业对项目的管理必须着手从粗放式向精细化过渡。精细化管理就是要对项目进行科学策划，对过程管理做到标准化、流程化、细节化，以最大限度减少资源浪费和降低管理成本为主要目标的管理方式。一些大型施工企业都会采用精细化来管理项目，但是不少中小型施工企业却因为要增加“巨大的”管理成本，对精细化管理望而却步。近年来，随着新兴技术、电子技术、互联网技术不断发展，为施工企业低成本高效率实现精细化管理提供了重要手段、工具和平台。

12.1.1 流程工具

在5.2.1PTAG章节中阐述，流程牵引理论是实现精准管理的理论工具，核心是“组织以流程为牵引动力，整合资源，达成目标”，因此，就需要系列的流程工具来实现组织目标。我们定义的流程工具中包含了流程模拟软件、流程图绘制软件、流程管理平台和流程建模技术有关软件，通过这些流程软件和平台，使管理更加可视化，提高精准程度，提高工作效率，如图12–2所示。

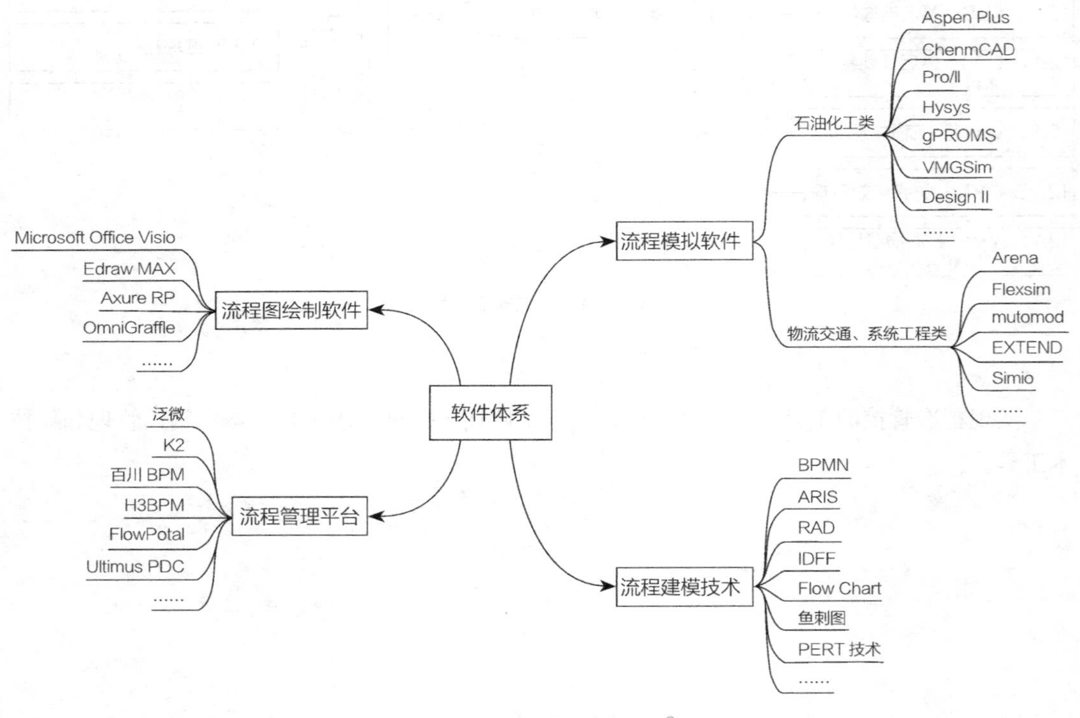

图 12–2　流程管理软件体系图[①]

① 卢锡雷. 流程牵引目标实现的理论与方法——探究管理的底层技术［M］. 北京：中国建筑工业出版社，2020.

1. 流程模拟软件

1）流程模拟定义

流程模拟也称流程仿真（Process Simulation），简单地说仿真就是利用相似性原理，建立现实系统（Real-world System）的仿真模型，如计算机模型，并通过该模型来研究现实系统的过程。

仿真是解决很多现实世界问题不可或缺的工具，仿真研究通过仿真模型来描述和分析现实系统的行为，即仿真研究可以回答我们这样的问题：如果我们采用方案1结果会怎样？而采用方案2结果又会怎样？通过比较方案1和方案2的结果，帮助我们对现实系统进行优化设计。仿真研究的对象可以是现实存在的系统，也可以是概念系统。对于现实存在的系统，通过仿真研究，可以改善现有系统的配置结构或业务流程。而对于概念中的系统，仿真研究可以帮助改进设计方案，减少方案设计中可能存在的失误。

2）优缺点

采用流程模拟的方法较传统方法的区别在于流程模拟属于预测性技术，其在不影响实际系统的情况下通过有目的地选取研究对象，确定研究范围。流程模拟的本质就是，通过流程模型的动态运作，进行一系列策略和参数的模拟。其优势与局限性如表12–1所示。

流程模拟的优势及局限性　　表12–1

优势	局限性
试验成本低	建模技能需要进行专业培训
符合人们思维习惯，有助于流程体系分析	存在有效性问题
可以捕捉实际组织系统中动态特征和不确定性	结果有时无法被合理解释

3）典型流程模拟软件

AutoCAD（Autodesk Computer Aided Design）是Autodesk（欧特克）公司首次于1982年开发的自动计算机辅助设计软件，用于二维绘图、详细绘制、设计文档和基本三维设计，现已经成为国际上广为流行的绘图工具。

AutoCAD具有良好的用户界面，通过交互菜单或命令行方式便可以进行各种操作。它的多文档设计环境，让非计算机专业人员也能很快地学会使用。在不断实践的过程中更好地掌握它的各种应用和开发技巧，从而不断提高工作效率。AutoCAD具有广泛的适应性，它可以在各种操作系统支持的微型计算机和工作站上运行。

其基本特点如下：①具有完善的图形绘制功能；②有强大的图形编辑功能；③可以采用多种方式进行二次开发或用户定制；④可以进行多种图形格式的转换，具有较强的数据交换能力；⑤支持多种硬件设备；⑥支持多种操作平台；⑦具有通用性、易用性，适用于各类用户。

2. 流程管理平台

流程管理平台，也称之为全息流程管理软件，兼具绘图和流程协同管理功能，能够在一个界面上呈现流程中的各种基本要素，也能够实现流程分层呈现及端到端流程的贯通。在信息化时代，越来越多的企业借用此类软件来帮助企业自身进行信息化建设。而企业在信息化建设的过程中，最大争议在于OA和BPM之间的抉择。从某种意义上来讲，OA和BPM并不具备可比性，但在信息化时代的背景下，两者在企业使用的价值所得方面来看，有一定的争议，两者的关系是什么、异同点是什么、分别适合怎样的企业、管理范畴分别是什么等等，这些问题的不明确，以及随着OA和BPM软件的不断发展、完善和创新，界线变得更加模糊。

市面上的OA、BPM软件众多，但究其本质我们可以发现大多数OA产品的功能主要集中在信息共享、行政办公领域，一些主流的OA系统虽然引入了工作流，但相对来说较为封闭，开放性和扩展性均不足；而BPM则是一个开放性平台，不仅能实现OA的功能，还能满足企业内部系统之间集成的需求，在BPM的驱动下，企业的流程能够形成一个闭环。两者之间的区别对比如表12-2所示。

OA与BPM软件基本特性对比表　　表12-2

方面	OA（办公自动化）	BPM（业务流程管理）
软件架构	JAVA、.NET、PHP、Domino	JAVA、.NET、基于SOA架构
驱动模式	文档驱动	流程驱动
交互	人与人	人与人、人与系统、系统与系统
软件功能	对企业的组织和业务过程进行掌控，强调以个人为中心的信息传递，自主发散、行为无序地将信息通过协作工具进行传递和沟通	以端到端为中心的协作（人与人、人与系统、系统与系统），重视企业从战略到执行自上而下的流程化、规范化管理，重视全局的管控模式和不断优化，以流程为主线，提倡规范化、持续优化的绩效管理模式
集成整合	独立的产品包，缺少成熟的接口和集成实例，较难实现邮件系统、财务软件等集成	能广泛整合不同业务系统，比如：ERP、CRM、MES、EHR、财务系统等
灵活性	固定的产品包，更改较为困难；而业务环境、行政规则的变化、人事的变动对流程带来的影响，要求流程平台具备快速搭建、灵活更改的特性	拥有强大的二次开发能力，丰富的向导，开发效率高，并且产品已有很多实用组件可直接使用，更改灵活
发展前景	云模式OA、移动OA、基于SaaS模式OA	动态BPM、实时BPM、云端BPM、社交BPM

BPM的核心价值在于流程的梳理和优化，尤其是流程建模方面。而OA的核心价值在于以工作流为核心的协同办公管理，具有灵活、简便、低成本、全面性。因此，判断一种系统是否适合自身企业，还是要根据自身的实际需求和情况出发，这是一个比较系统的工程。

3. 流程建模技术

流程建模技术是高效的业务流程管理技术，通过系统维护和引擎跟踪，实现流程图形化和监控反馈优化。目前已出现许多流程建模方法，这些建模方法在流程的分析和优化中是必不可少的工具。由于使用需求不一样，流程建模方法不同，很难在一种流程模型中表达流程所有的要素需求，因此，建模方法的选择主要取决于应用的需要。

如在管理信息系统开发时，需求分析会用到由活动及其业务逻辑构成的流程图以及分析数据在组织内部流动情况的数据流图（Data Flow Diagram，DFD），而在研究流程参与者之间如何协作完成流程的目标时，可以用角色活动图（Role Activity Diagram，RAD）和基于通信（Communication–based）的工作流等描述方法。但较全面的流程描述是以某种要素视图为核心，其他要素视图（表）为辅组成。如很多咨询在分析企业流程时，采用基于活动的通用流程建模方法（如跨功能的流程图），而其中功能或活动的负责角色、岗位职责等内容用相关的表格表示。在企业建模体系中，往往要综合多角度、多层次的内容才能反映企业业务的全貌，所描述出的模型比较复杂。动态企业建模体系结构（Computer Integrated Manufacturing Openness System Architecture，CIMOSA）的视图维就是以业务逻辑视图（工作流模型）为核心，其他视图（功能视图、信息视图、组织视图与资源视图）为辅助统一集成建模。表12–3是各种常见建模方法的简单分类。

常见的流程建模方法　表12–3

通用建模	信息建模	组织建模	企业建模
BPMN、SADT、IEDF0、IEDF3	DFD、IEDFO、ERM（实体关系模型）、IDEF1X	RAD、Communication–Based、Workflow、PERT技术	CIMOSA
强调了业务逻辑，整合了信息、组织和功能等	从数据（信息）流动过程来考察实际业务的处理模式，整合了功能、产品和业务逻辑等内容	强调多个角色交互、协同完成流程目标的过程，整合了信息、业务逻辑	整合各种流程要素

4．流程图绘制软件

流程图是流经一个系统的信息流、观点流或部件流的图形代表。在企业中，流程图主要用来说明某一过程。这个过程既可以是生产线上的工艺流程，也可以是完成一项任务必需的管理过程，这些过程的各个阶段均用图形块表示，不同图形块之间以箭头相连，代表它们在系统内的流动方向。它能够辅助决策制定，让管理者清楚地知道，问题可能出在什么地方，从而确定出可供选择的行动方案。

绘制流程图法可用于整个企业，以便直观地跟踪和图解企业的运作方式。其中Visio、EDraw Max是典型的流程图绘制软件。

Office Visio是Office软件系列中负责绘制流程图和示意图的软件，是一款便于IT和商务人员就复杂信息、系统和流程进行可视化处理、分析和交流的软件。使用Office Visio图表，可以促进对系统和流程的了解，以简洁的流程图形式，深入了解背后蕴含的复杂信息并利用这些信息知识做出更好的业务决策。

亿图图示，即亿图图示专家（EDraw Max），是一款基于矢量的绘图工具，包含大量的事例库和模板库。可以很方便地绘制各种专业的业务流程图、组织结构图、商业图表、程序流程图、数据流程图、工程管理图、软件设计图、网络拓扑图等。因此，它具有以下一系列的特点：①完全基于矢量图形，可随心所欲放大及缩小图形；②完美兼容Visio，与微软

OFFICE软件也能良好兼容；③使用快速式样主题，瞬间使图形变得专业、美观，可以智能排列及分布；④包含大量高质量图形及模板，使用广泛；⑤智能逻辑能够很容易把复杂的信息通过图形变得简单易懂；⑥支持几乎所有图形格式及提供所见即所得输出。

12.1.2 计划评审技术工具

1. 定义

PERT即计划评审技术，是利用网络分析制定计划以及对计划予以评价的技术。它通过协调整个计划的各道工序，合理安排人力、物力、时间、资金，加速计划的完成。在项目计划的编制和分析手段上，PERT被广泛使用，是精准管控的重要手段和方法。

PERT是建立在网络计划基础之上的，是工程项目中各个工序工作时间的不确定，对计划只是估计一个时间，到底完成任务的把握有多大，决策者心中没底，工作处于一种被动状态，PERT的产物是PERT网络图。PERT网络图是一种类似流程图的箭线图（图12-3）。它描绘出项目包含的各种活动的先后次序，标明每项活动的时间或相关成本。在PERT网络图绘制的过程中，项目管理者必须考虑要做哪些工作，确定不同工作在时间上的先后顺序，辨认出潜在的可能出问题的环节，借助PERT还可以方便地比较不同行动方案在进度和成本方面的效果。

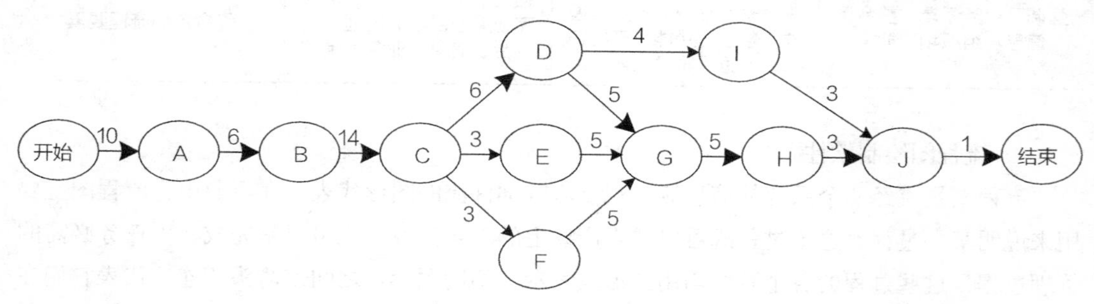

图 12-3 PERT 网络图

构造PERT网络图，需要明确三个概念：事件、活动和关键路线。

1）事件（Events）表示主要活动结束的那一点；

2）活动（Activities）表示从一个事件到另一个事件之间的过程；

3）关键路线（Critical Path）是PERT网络中花费时间最长的事件和活动的序列。

在工程实践中，由于人们对事物的认识受到客观条件的制约，通常在PERT中引入概率计算方法，由于组成网络计划的各项工作可变因素多，不具备一定的时间消耗统计资料，不能确定出一个确定的单一的时间值，因而需要把风险因素引入PERT中，按PERT网络计划计算在指定的工期下，完成工程任务的可能性有多大，即计划的成功概率、计划的可靠度，这就必须对工程计划进行风险估计。

2. 计划评审技术的优势与劣势（表12-4）

计划评审技术的优势与劣势 表12-4

优势	劣势
1. 促使管理者进行计划工作； 2. 促使管理者将计划的拟定工作交给下级去做； 3. 促使管理者把注意力集中在可能需要采取纠正措施的关键问题上； 4. 是一种前馈控制； 5. 使具有分网络的整个网络系统有可能在恰当的时间针对组织结构中的恰当职位和管理层次，提出报告和为采取行动施加压力	1. 很难对具体的作业时间估计准确； 2. 当网络很复杂时，一旦某项关键工作延期，重新调整网络计划和寻找关键线路要花费大量时间和人力； 3. 不能自动进行计划控制

3. 在项目精准管控中的作用

计划工作是工程项目精准管控的基本组成部分，在进行工程项目管理时，每一个项目都会涉及时间进度计划的编制，但在计划的编制过程中，对项目未来工期的准确预测是非常困难的。不够准确的预测往往给工程项目的管理造成很大的困难，采用技术手段对不确定性高的项目活动进行分析，得出不同工期内完成的概率机会，一方面可以在项目目标确定的情况下，使计划更加真实有效，另一方面可以为工程项目的管理提供科学的理论依据①。

使用PERT技术编制网络计划，各个活动的计划工期采用的是期望工期值，可以通过PERT技术对项目进行分析，得出在现有条件下的项目完成概率。PERT技术得出的结论是概率，而不是项目的完成与否，根据项目完成的概率，考虑是否加大或缩小投入，是否重新修订施工方案等等，还需要管理者根据自己的实际情况加以判断。通过PERT技术编制网络计划，用该计划基准来不断确定新的基准，进行动态管理，这样可以使项目在进度管控方面更加精准，同时使PERT技术更加完善②。

12.1.3 ERP工具

1. 定义

ERP是企业资源计划（Enterprise Resource Planning）的简称，ERP是指建立在信息技术基础上，集信息技术与先进管理思想于一体，以系统化的管理思想，为企业员工及决策层提供决策手段的管理系统。

它是从MRP（物料需求计划）发展而来的新一代集成化管理信息系统，其核心思想是供应链管理，扩展了MRP的功能。跳出了传统企业边界，从供应链范围去优化企业的资源，优化现代企业的运行模式，反映市场对企业合理调配资源的要求。它对于改善企业业务流程、提高企业核心竞争力具有显著作用。

2. 特点

ERP是一个在全公司范围内应用的、高度集成的系统。数据在各业务系统之间高度共享，所有源数据只需在某一个系统中输入一次，保证了数据的一致性。对公司内部业务流

---

① 刘庆. 计划评审技术在工程项目管理中的应用［J］. 工程建设与设计，2005（2）：61-62.

② 杨巍彬. 计划评审技术在项目管理中的应用［J］. 铁道工程学报，2002（2）：109，119-121.

程和管理过程进行了优化，主要的业务流程实现了自动化。采用了计算机最新的主流技术和体系结构：B/S、Internet体系结构，Windows界面。在能通信的地方都可以方便地进入系统中。ERP系统特点包括实用性、整合性、弹性、数据储存、便利性、管理绩效、互动关系等，如图12-4所示。

图12-4 ERP系统特点

1）实用性

ERP系统实际应用中更重要的是体现其“管理工具”的本质。ERP系统主要宗旨是对企业所拥有的人、财、物、信息、时间和空间等综合资源进行综合平衡和优化管理，ERP协调企业各管理部门，围绕市场导向开展业务活动，提高企业的核心竞争力，从而取得最好的经济效益。

2）整合性

ERP最大特色便是整个企业信息系统的整合，比传统单一的系统更具功能性。体现了企业作为一个整体管理的系统观。

3）弹性

采用模块化的设计方式，使系统本身可因企业需要新增模块，提升企业的应变能力。

4）数据储存

将原先分散于企业各角落的数据整合起来，使数据具有一致性，并提升其精确性。

5）便利性

在整合的环境下，通过系统企业内部所产生的信息可在企业任一地方取得与应用。

6）管理绩效

ERP系统使部分要素间横向的联系有效且紧密，使得管理绩效提升。

7）互动关系

透过ERP系统配合使企业与原物料供货商之间关系密切，增加其市场变动的能力。借助客户关系管理系统（CRM）则使企业充分掌握市场需求的动脉，有助于促进企业与上下游的互动发展。

8）实时性

ERP是整个企业信息的整合管理，重在整体性，而整体性就体现于“实时和动态管理”上，所谓“兵马未动，粮草先行”，强调的是不同部门间的“实时动态配合”，现实工作中的管理问题，也是部门协调与岗位配合的问题，因此，缺乏“实时动态的管理手段和管理能力”的ERP管理，就是空谈。

9）及时性

ERP管理需要及时地将“现实工作信息化”，即把现实中的工作内容与工作方式，用信息化的手段来表现。

3. 优势

ERP的核心目的就是实现对整个供应链的有效管理，主要体现于以下三个方面：

1）管理整个供应链资源

在知识经济时代仅靠单个企业的资源不可能有效地参与市场竞争，还必须把经营过程中的各方（如供应商、制造工厂、分销网络、客户等）纳入一个紧密的供应链中，才能有效地安排企业的产、供、销活动，满足企业利用全社会一切市场资源快速高效地进行生产经营活动，进一步提高效率和在市场上获得竞争优势。换而言之，现代企业竞争不是单一企业与单一企业间的竞争，而是一个企业供应链与另一个企业供应链之间的竞争。ERP系统实现了对整个企业供应链的管理，适应了企业在知识经济时代市场竞争的需要。

2）事先计划与事中控制

ERP系统中的计划体系主要包括：主生产计划、物料需求计划、能力计划、采购计划、销售执行计划、利润计划、财务预算和人力资源计划等，而且这些计划功能与价值控制功能已完全集成到整个供应链系统中。

另一方面，ERP系统通过定义事务处理相关的会计核算科目与核算方式，以便在事务处理发生的同时自动生成会计核算分录，保证了资金流与物流的同步记录和数据的一致性。从而实现了根据财务资金现状，追溯资金的来龙去脉，并进一步追溯所发生的相关业务活动，改变了资金信息滞后于物料信息的状况，便于实现事中控制和实时做出决策。

3）发挥员工的潜能

计划、事务处理、控制与决策功能都在整个供应链的业务处理流程中实现，要求在每个流程业务处理过程中最大限度地发挥每个人的工作潜能与责任心，流程与流程之间则强调人与人之间的合作精神，以便在有机组织中充分发挥每个人的主观能动性与潜能。实现企业管理从“高耸式”组织结构向“扁平式”组织机构的转变，提高企业对市场动态变化的响应速度。

4. 缺点

1）昂贵的建置投资成本：ERP系统的建置需要花费的软、硬件及顾问公司收取的顾问费都是较大的开支，往往只有大型企业才有能力导入。

2）安全性问题：为合乎电子商务的需要，整合企业功能部门在单一系统所建构出的坚实安全性，在提供网络模块后，受到强烈的挑战。

3）不够充分的信息：系统内部的信息无法与其他企业或部门的系统整合，动态管理不足，且也未将企业外部的情报整合其中。

12.1.4 BIM：量/价计算

1. 定义

建筑信息模型（Building Information Modeling，BIM）是一种应用于工程项目协同管理的数据化工具。它将工程项目中各参与方需要和产生的信息参数作为基础进行建模，携带信息属性的模型在工程项目策划、建设、运营维护的全生命周期中进行共享、传递和更新[①]。BIM

---

① 刘玉峰．基于BIM的工程量计算与计价方法［J］．现代营销（经营版），2019（319）：128.

具有参数化、可视化、模拟化、可输出等特点，可极大程度提高协同办公与管理的效率，并且BIM技术在建设工程中应用的时间越早、周期越长，携带的信息量越完整，有利于项目实施过程进行有效管理，提高工程效益。

2. 基于BIM的量、价精确计算

BIM在全生命周期中有着广泛的应用，使建筑向着更加绿色、安全、节约的方向迈进，BIM技术与传统的CAD技术相比，提高了图纸的维度使观察更加清晰明了，同时还引入了造价和管理，实现四维甚至是五维的信息共享，提高工作及管理的效率。

对于基于BIM技术的计量和计价过程来说，在进行项目的计量和计价过程中由于不同阶段的建模细度不同，可以把项目划分为主体结构、细部结构、临时结构。每种结构的具体构件类型如表12-5所示。

BIM工程的分类　表12-5

工程类型	构件种类
主体结构	墙、柱、梁、板、楼梯、钢筋、钢构件
细部结构	垫层、保温层、防水层、防腐层、抹灰、油漆、涂料、圈梁
临时结构	模板、脚手架

主体结构的工程量主要是通过BIM三维模型进行汇总计算导出工程清单直接获取；细部结构工程量主要是通过构件与附属对象间的属性关联，将其并入附属对象中进行考虑，比如墙面抹灰主要是内墙表面积计算；对于建筑工程的临时结构如脚手架的工程量也可以通过与构件间的相互关联获取工程信息；楼板的工程量主要与现浇混凝土进行关联，按表面积计算①。

BIM的计价模式通过对不同构件尺寸进行属性编辑，绘制三维模型，通过对不同构件不同属性进行统计得出各种构件的工程量清单，BIM技术得出的工程量清单，通过一些计价软件套用清单或定额的标准得出精确的工程预算。

使用BIM进行三维建模与传统的计价模式相比更加准确便捷，不会因为设计变更而导致部分构件的重新计算，从而极大地浪费人力和物力，BIM的三维算量只需要对相应构件修改，能够及时反映项目的实际价格。随着BIM技术体系的发展，其应用范围也在不断延伸。相对于传统的工程造价内容而言，BIM的工程量计算与计价方法的应用使得建筑构件中的量与价的关系更加密切，自成产业链，也更为明确地体现出来②。

综上所述，我们研究的BIM不仅仅是新兴的行业信息技术，还具有五个层次的内涵和作用。分别是：构件清晰表达、技术体系、管理应用、自成产业链以及哲学意义。

① 张勇，王永明，孙玉慧，等. 基于BIM的工程量计算和计价方法［J］. 科学技术创新，2021（25）：117-118.

② 付欢，史健勇，王凯. 基于BIM的工程量计算与计价方法［J］. 土木工程与管理学报，2018（35）：138-145.

12.1.5 xBS：要素结构化

所谓结构化，是指将逐渐积累起来的知识加以归纳和整理，使之条理化、纲领化，做到纲举目张。知识是逐渐积累的，但在头脑中不应该是堆积的。结构化对管理具有重要作用，"xBS"可以说是一种结构化的思维方法，因为当管理形式以一种层次网络结构的方式进行工作时，可以大大提高管理工作的精准度以及效率，避免各项工作的零散、孤立等情况。因此，精确到各管理要素进行结构化，就有利于对管理的各层级各方面进行精准管控。常见的要素分解结构有：WBS（工作分解结构）、OBS（组织分解结构）、RBS（资源分解结构）、w/pBS（流程分解结构）、FBS（资金分解结构）和IBS（信息分解结构）等，本著简略介绍WBS（工作分解结构）、OBS（组织分解结构）与RBS（资源分解结构）。如图12–5所示。

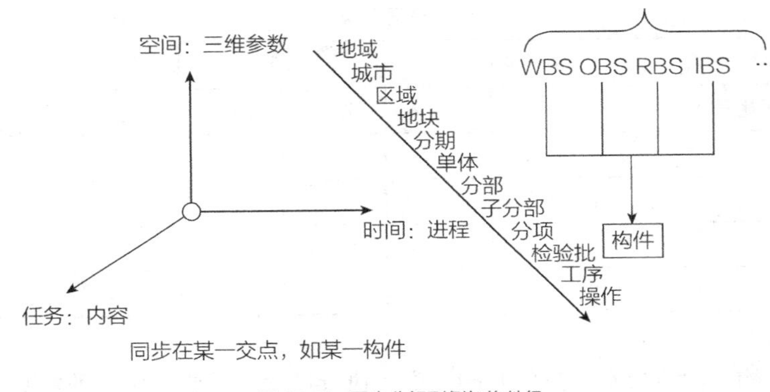

图 12–5　同步分解到例如构件级

1. WBS——工作分解结构

WBS工作分解结构是"xBS"结构化的思维方法中最常用的方法之一，WBS与因数分解是一个原理，其具体内涵、分解原则、实施方法及效果与优势等在本著7.3.3章节和9.3.1章节有详细阐述。

WBS能够准确说明项目的范围，便于确定工作内容和工作顺序；为各独立单元分派人员，并规定相应的职责，精确做到责任到人；且针对各独立单元，进行时间、费用和资源需要量的估算，提高时间、费用和资源估算的准确度；为计划、成本、进度、质量、安全和费用控制奠定基础，确定项目进度测量和控制的基准；同时将项目工作与项目的财务账目联系起来，估算项目整体和全过程的费用。

2. OBS——组织分解结构

组织分解结构是项目组织结构的一种非凡形式，描述的是负责每个项目活动的具体组织单元，它将工作包与相关部门或单位分层次、有条理地联系起来，使得组织结构逐级细化到最底层。其目的是提供一种框架来总结组织单位的绩效，识别负责工作包的组织单位，并将组织单位与成本控制账目关联起来。通常以层级模式按越来越小的单位来定义组织的可交付物。即使项目完全由一个团队完成，也有必要将团队结构分解，以指派预算、时间和技术性能方面的责任，并可与工作分解结构相整合。

组织分解结构的分解方法与WBS类似。二者区别在于，组织分解结构不是按照项目可交付成果的分解而组织的，而是按照组织内现有的部门、单位和团队而组织的，把项目活动和工作分列在现有各部门下。这样，相关部门只需找到自己在组织中的位置，就可洞悉承担的所有职责。

3. RBS——资源分解结构

资源分解结构是按照资源种类和形式而划分的资源层级结构，它是项目分解结构的一种，通过它可以在资源需求细节上制定进度计划，并通过汇总的方式向更高一层汇总资源需求量和资源可用量。表格样式如表12-6所示。

资源矩阵　　表12-6

工作	资源分类								相关说明
	资源 1		资源 2		资源 3		……		
	可用量	需求量	可用量	需求量	可用量	需求量	可用量	需求量	
活动一									
活动二									
活动三									
……									

资源分解结构是项目成本预算的基础，项目执行过程中需要使用各种资源，因此，项目的资源会影响完成时间。资源分解结构告诉我们执行时资源的种类与控制管理方式，资源可用系统分析评价中的权重观念来控制。

在项目计划中，内部项目资源可通过建立资源分解结构进行分配，这种结构可以应用到本项目或类似的项目中，这将有助于资源分配和合理安排项目进度。

在项目的早期阶段，资源分解结构和预算可能不是特别准确，因此，可以利用规范化的资源分解结构来进行项目预算的持续改进。当有更多的项目信息可以利用时，预算就能够很容易地进行分析和改进。当不可避免地发生范围变更时，有了规范化的资源分解结构，对预算的进一步修正就可以更容易和清晰地进行，项目成本的每一次变更都可以利用这些信息进行精准调整和预防。

4. WBS、OBS、RBS、IBS区别与联系

分解结构xBS是分析解剖思维最常用的工具。W-工作；O-组织；R-资源，I-信息等等，是实现层层分解直到满足细度的手段。它们各自构成了“体系”，成为管理基础。

以EPC项目为例，首先，工作分解结构WBS的用途主要是用来显示如何把项目可交付成果分解为工作包，如图12-6所示。

其次，组织分解结构OBS的主要用途是按照组织现有的部门、单元或团队排序，并在每个部门下列出项目活动或工作包。如运营、采购等部门只需要找到其所在的OBS位置，就能看到自己的全部项目职责，如图12-7所示。

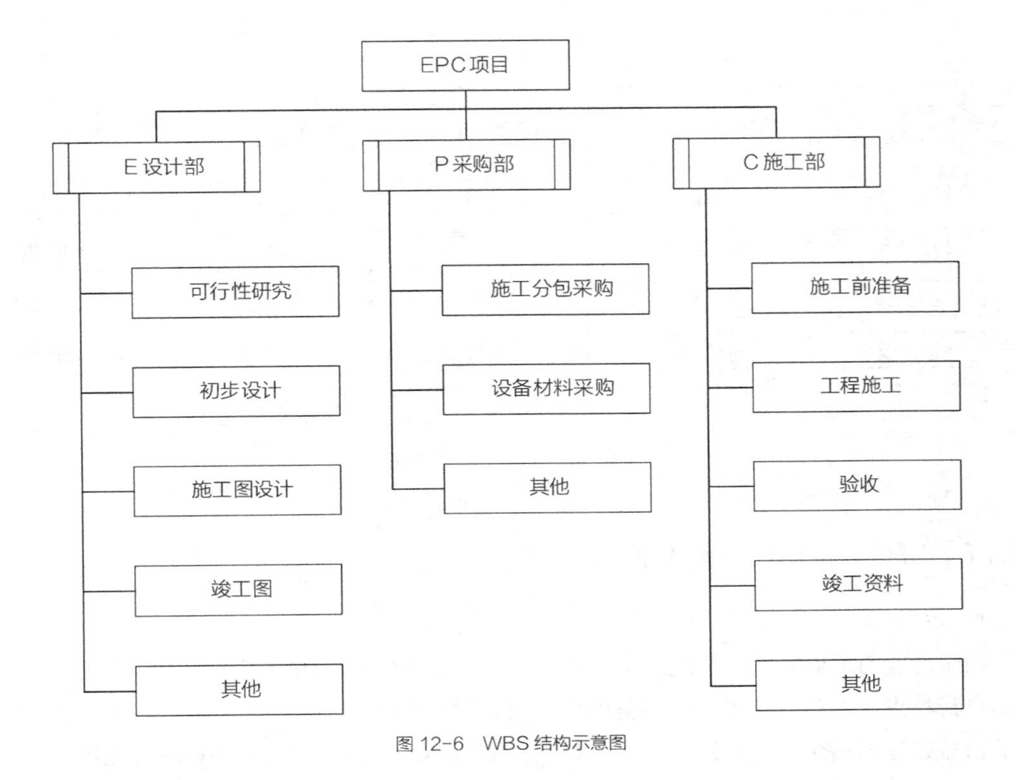

图 12-6　WBS 结构示意图

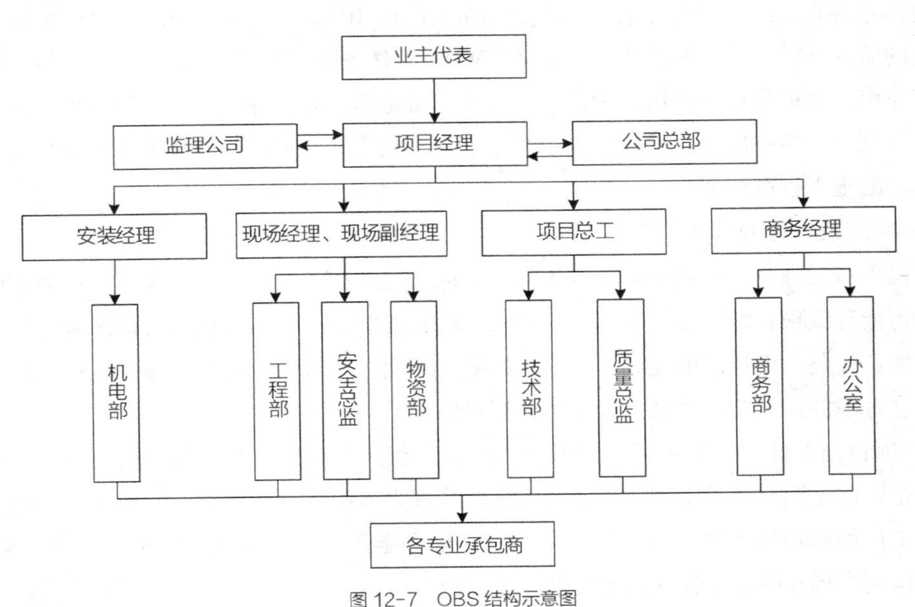

图 12-7　OBS 结构示意图

最后，资源分解结构RBS主要用途是按资源的类别和类型，对团队和实物资源的层级列表，用于规划、管理和控制项目工作。每向下一个层次都代表对资源的更详细描述，直到信息细到可以与工作分解结构相结合，用于规划和监控工作，如图12–8所示。

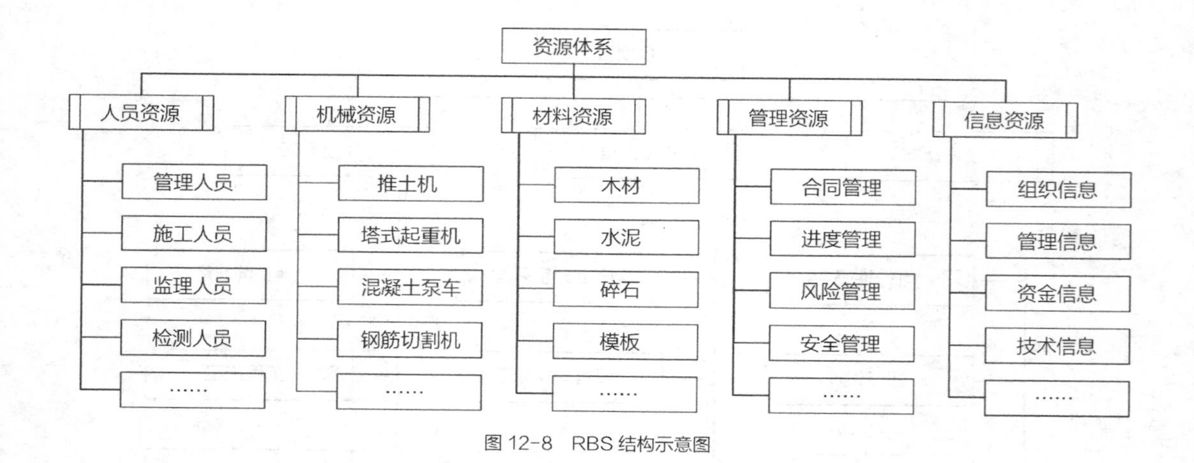

图 12-8　RBS 结构示意图

12.1.6　LPS：最后计划者体系

1. 定义

同制造业与工业相比，建筑业生产效率低下，浪费严重。1992年，Koskela①分析了建筑业的自身特点，并第一次提到将精益的思想引入建筑业中。Ballard②全面、系统地提出和阐述了精益建造的一个重要管理工具——最后计划者体系（Last Planner System，LPS），最后计划者体系是Ballard（1993）在国际精益建造组织（IGLC）第一次会议上提出来的，最后计划者的研究开始于改善每周工作计划（WWP）的任务分配质量，在未来工作过程中塑造、控制工作流，并最终运用在设计阶段。最后计划者是指计划不是由上层领导者提出的，而是由传统计划的最后一层（通常是施工小组，它们直接分配明天的工作任务）提出短期（通常是一周）的施工进度计划③。

2. 实施最后计划者体系的必要性

工程项目管理是一项复杂的系统工程，各因素之间相互制约、相互关联，任何方面出现问题都可能导致项目的失败。计划是项目管理的首要职能，计划的优劣直接影响项目的组织实施与协调控制，而传统的计划体系存在缺陷，因此，要对传统的计划体系进行改进，建立一种综合考虑的计划控制体系，即最后计划者体系。

1）项目进度计划的编制可执行度差，缺少灵活性。项目的计划和控制主要是以合同为中心，按照施工图纸和总工期及预算的要求由管理人员编制进度计划。用网络图和横道图来表示各工序间的逻辑关系，对工期进行控制并尽可能合理地安排现场的人力、物力和财力。尽管意识到现场实际施工情况的重要性，可是由于编制人员往往不直接参与具体操作，对现

① Lauri Koskela. Lean production in construction［J］. ProceedingsIGLC-1，Espoo，1992.

② Ballard G. The last planner system of production control［D］. Birmingham：The University of Birmingham，2000.

③ 邓斌，叶青．基于LPS的精益建造项目计划管理和控制［J］．施工技术，2014，43（418）：90-93.

场的情况不够熟悉，制订的计划可执行度差。计划的工作完成不了，却不易查出原因，也就无法改善。

2）工程项目中存在太多的不确定性。一旦工程某一环出现脱节，整个项目就会紊乱。一项工作没有按计划完成，相关的工作都会受到影响，原本稳定的工作流发生了变化，就会出现等待、返工等一些并不产生价值的活动，拖延工期、增加成本、降低生产的有效性和效率。

3）建筑行业中普遍存在的一些传统障碍。包括完全依靠控制（避免不好的变化）来管理，而忽视了创新（对项目有利的改变）；计划编制依靠相关人员的技术和才能，而没有形成体系；只注重进度的安排，没有考虑全体人员个体的工作计划；没有定量地分析计划体系的履行情况；没有分析计划失败的原因。

为了克服以上障碍，必须运用一种新的计划控制体系，即精益建造的最后计划者体系，用其逐步细化的计划编制来提高计划的可靠性，改善计划的执行情况，从而保证工作流的稳定性，达到减少成本、缩短工期的目的。

3. 最后计划者体系实施意义

1）提高计划的科学性。计划是制定目标，并用来指导项目操作以实现目标的工具。最后计划者体系是制定不同的计划将工作逐步具体化。阶段计划从整体上把握，以项目为中心综合考虑相关团体和个人，协调他们之间的合作，并反映各分部工程的逻辑制约关系。未来计划对阶段计划进行修正，使计划更加合理，明确主要工序的逻辑顺序和施工速度，确定优先级，保证资源的供应。周计划根据现场的情况由施工人员参与制订，更切合实际，完成情况好，更有指导价值。

2）提高生产效率。由于工程项目本身的不确定性和变数，可靠的计划要在工作开始前较短的时间内确定。最后计划者体系的使用大大提高了生产计划与控制（PPC），做到了事前控制。未来计划和周计划的不断推进，考虑了整体协调和具体操作，提高了工作流的稳定性，减少了等待、返工等情况的发生，提高了生产效率。

3）提高资源利用率。在工作开始前一周确定计划，根据现场情况可以合理安排好共用资源，如脚手架、塔式起重机等，避免窝工和资源闲置的情况发生。

4）提高工人的积极性和创新意识。最后计划者体系让施工人员直接参与到计划的编制过程中，在如何施工上采纳他们的意见。这样不仅提高了计划的质量，也提高了施工人员的主动性。他们根据现场的需要来安排自己的工作，更切合实际，给了他们创新的机会和思考的时间。

总之，最后计划者体系作为精益建造的计划体系在控制工作流程的稳定性、提高计划的执行力上有着显著的优势。由于建筑施工过程中存在较大的不确定性，而任何疏忽都可能带来巨大的成本支出和工期延误，事前的控制对保证工程的顺利进行尤为重要。因而在项目管理中引入最后计划者体系，逐步制订详细的计划，提高计划的质量，保证计划的执行势在必行[①]。

---

① 赵培，苏振民，金少军．精益建造中最后计划者体系的衡量及实践意义［J］．商业时代，2008（407）：48–49.

12.1.7　w/p's：流程体系

任何目标都需要流程体系来支撑，建筑行业/企业/项目管理，离不开两大类流程，即技术工艺流程体系和业务管控流程体系，两者共同构成了管理流程体系。

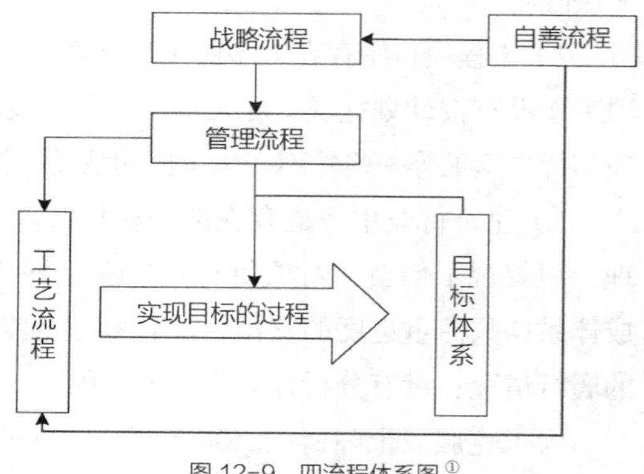

图 12-9　四流程体系图[①]

管理流程体系包括四大流程：战略流程（目标流程）、职能流程（管理流程）、工艺流程（操作流程）、自善流程（管控流程），组成完整的内控体系，四者关系如图12-9所示。四大流程体系，组成一个逻辑自洽、内容闭环的完整图形。既有目标的导向，也有进程的路径，不仅可以用于规划、构建管理组织，也可以用于指导运营实践，进一步用于评价管理组织的完善性。

1. 战略流程（目标流程）

研究战略，多从内、外环境入手分析，根据自身的资源能力确定发展战略和实施战略步骤。用来指导组织日常行为的是将战略细化、量化而来的目标。这个方面也形成了"目标管理"的一整套理论和操作方法。目标通常不是一步就完成的，需要分步实现，周期较长，协作方较多，对动用资源进行控制，这些特点正与"组成流程"的条件吻合。

2. 职能流程（管理流程）

职能管理的主要内容有计划、组织、领导、协调、控制，完成这些职能管理的流程就是职能流程。职能流程有两种作用，一种是对工艺流程的指导、督促，如计划、协调。还有一些任务，譬如人力资源管理（包括招聘、培训、考核），还有如宣传、非采购的财务管理等，不直接面对产品实现，也不直接面对服务，但是不可或缺，是独立作用的，是企业十分重要的一类流程。对于操作流程起着指导、督促等作用。

这样的一类"工作流"，称为"职能流程"。职能流程中的核心，也是其"作业"（不同于工业制造中的作业）的操作流程。

3. 工艺流程（操作流程）

作为技术人员，比较熟悉的就是这类流程。尤其是生产产品的制造业，是基于产品实现的流程。是最科学、具体和细致的，有的产品甚至大部分均可以用机械流水线来完成。工艺流程严谨的逻辑关系，使之成为与时序对应的重要因素。消除时间浪费，也就成了优化工艺流程的重要内容。但工艺流程的变革也就变得相对困难。一旦确定一定的结构形式以满足功能需要，工艺流程就具有相当的稳定性，只有在科学技术有突破性发展的时候，才会有较大的改变。

---

① 卢锡雷．流程牵引目标实现的理论与方法——探究管理的底层技术［M］．北京：中国建筑工业出版社，2020.

4. 自善流程（控制流程）

其含义：为了保证目标任务完整、无偏差地被执行，包括检验、评估、审核、审批、复核判断、评审、检查、监督等任务的流程。保证自身的工作质量十分重要。应当对该类流程的管理从一般意义上的职能流程中独立出来。这是组织内部的流程，是不跨组织的，这是授权的控制关键。

这是笔者对流程体系的独特理解而首先提出的概念，是对流程体系的一个重要发展，必将对今后流程的研究和管理实践产生深远影响。

关于四流程体系的具体内容可参考——卢锡雷：《流程牵引目标实现的理论与方法——探究管理的底层技术》，在本著中对各个流程有详细解释说明，在此就不一一阐述。

12.1.8 OKM：关键绩效管理

绩效反映的是大家从事某一种活动所发生的效果。绩效管理是为了十分好的引导绩效的发生，而设定的方针体系、数据计算体系、考核办法、绩效交流、绩效改善、奖惩机制等有关管理作业的调集。关键绩效管理是对影响公司绩效的关键因素进行管理，本著着重介绍两种最为常见且使用率较高的关键绩效管理方法——KPI与OKR。

1. KPI

关键绩效指标（Key Performance Indicator，KPI）是通过对组织内部流程的输入端、输出端的关键参数进行设置、取样、计算、分析，衡量流程绩效的一种目标式量化管理指标，是把企业的战略目标分解为可操作的工作目标的工具，是企业绩效管理的基础。

KPI是工业化时代从粗放向精细化转变的产物。这个阶段企业竞争的优势，往往是更低的成本、更好的质量、更快的速度，企业的战略往往自上而下，通过流程的改进、技术的进步、规模化生产，不断取得速度、质量、价格上的优势。

关键绩效指标（KPI）是对组织运作过程中关键成功要素的提炼和归纳。

1）特征

（1）具有系统性。关键绩效指标（KPI）是一个系统。公司、部门、班组有各自独立的KPI，由公司远景、战略、整体效益展开，且层层分解、层层关联、层层支持。

（2）可控与可管理性。绩效考核指标的设计是基于公司的发展战略与流程，而非岗位的功能。

（3）价值牵引和导向性。下道工序是上道工序的客户，上道工序是为下道工序服务的，内部客户的绩效链最终体现在为外部客户的价值服务上。

2）KPI的优势

（1）目标明确，有利于公司战略目标的实现

KPI是企业战略目标的层层分解，通过KPI指标的整合和控制，使员工行为与企业目标要求的行为相吻合，不至于出现偏差，有利于保证公司战略目标的实现。

（2）提出了客户价值理念

KPI提倡的是为企业内外部客户价值实现的思想，对于企业形成以市场为导向的经营思

想是有一定的提升的。

（3）有利于组织利益与个人利益达成一致

策略性的指标分解，使公司战略目标成了个人绩效目标，员工个人在实现个人绩效目标的同时，也是在实现公司总体的战略目标，达到两者和谐、公司与员工共赢的结局。

2. OKR

目标与关键成果法（Objectives and Key Results，OKR），OKR是一套定义和跟踪重点目标及完成情况的管理工具和方法。Objectives是目标，Key Results是关键成果。OKR要求公司、部门、团队和员工设置目标，且明确完成目标的具体行动，是企业进行目标管理简单有效的系统，能够将目标管理自上而下贯穿到基层。OKR目前广泛应用于IT、风险投资、游戏、创意等以项目为主要经营单位的大小企业。

1）OKR的特点

（1）简单：操作简单，每个被考核者的目标不超过5个，目标多了方向不清晰、重点不明确。每个目标不超过4个具体KR（具体行动），抓住重点，容易操作。

（2）直接：每个KR必须是能够直接完成相对应目标的，不是间接完成，更不是协助完成，最不能接受的就是可能有帮助。

（3）透明：每个单位、每个人的目标和KR以及最终的评分对整个公司，甚至个人都是公开和透明的。

（4）上级OKR与下级OKR的关系：

从上至下，目标的设立顺序应该是公司到部门到组到个人，且目标必须达成共识——管理者与员工直接充分沟通后的共识。

员工和管理者的目标不同，员工可以通过查阅上层的目标，在自己想做的事情范围内找到对公司目标有利的部分权衡取舍。

（5）OKR设定的交流方式：

①一对一的交流（One to One），即个人和管理者沟通。尤其是在一季度结束，另一季度开始时，协商好关键结果是什么，将个人意愿与上级意愿相结合。

②全公司的会议（Staff Meeting），以分成各业务版块的形式进行，各版块的分管副总经理参加并介绍自己版块的OKRs，最终大家一起评估。

2）OKR的优势

OKR还有一个独特的概念称为信心指数，即成功达成目标的信心。有定期复盘、跳一跳够得着、敏捷性、清晰的沟通、员工参与奖惩制度等独特“动作”。具有激励人心、鼓舞士气、快速适应环境、快速调整周期的作用，在当前的建企管理中有助于实现团队共同目标。

信心指数是一个常规（基本每周都要进行复盘），整个团队确认KR的信心指数并相应调整。如果信心指数过高，则会提高KR，如果信心指数过低，则分析出现这种情况的根本原因，并进行相应的调整。这将大大有助于领导者和下属之间目标的对齐。一个好的KR，它的信心指数应该在5～10之间，这样不会太容易就被达成，也不会使员工因为面临无理的挑战而失去动力。

OKR有利于更短的目标周期可以加快调整速度，更好地适应变化，增加创新，降低风险和浪费。OKR的透明度和简单性使团队能够了解组织的目标和优先级，以及每个人如何做出贡献。OKR双向目标设定方法将员工与公司目标联系起来，提高了参与度。更大胆的目标：将OKR与惩罚分离，使团队能够设定更大胆、更具挑战性的目标。目标的透明使员工更容易分清主次，优先为主要目标而努力。

3. OKR 和 KPI 的区别

OKR和KPI的区别就像车辆和仪表盘的区别，举个例子，您要开车去某个地方，如果最终目标是目的地，那么OKR是车辆，KPI是仪表盘。OKR是使您的汽车到达最终目的地的关键，而KPI则告诉您汽车在驶向目标时的运行状况。可以使用OKR和KPI实现相同的目标，但它们执行不同的功能，从不同特征角度，可以看出两者的区别，如表12–7所示。

1）KPI与绩效挂钩；而OKR则与考核绩效分离。

2）KPI由上级制定，自上而下控制；OKR有大量的创新、评估、实验、协商，是迭代的产物。

3）KPI先有目标再想方法；OKR先有途径择优而做，由上一条决定的。

4）KPI由上级指定的限制性规则来实现约束；OKR由Objective本身来实现约束。

5）KPI的数据本身就是目标，除限制性规则之外，没有别的路径描述；OKR的数据是评估工具，我们判断可以通过做一些事儿，来实现Objective，为了证明我们的判断正确，设定了量化的数据。

6）KPI是为了驱动员工；OKR是保证员工自我驱动的方向正确，产出结果更优。

7）KPI的实行成本低，理解容易，即便是纯执行单位也适用；而OKR则要求员工必须有一定的自我驱动力，理解数据意义，有分解问题、解决问题的能力，推行较为困难①。

OKR和KPI的区别　　表12–7

特征	OKR	KPI
思维模式	双向互动	自上而下
	目标	指标
	公开	保密
驱动模式	主动	被动
	脱钩绩效	挂钩绩效
作用环节	绩效生产	绩效评估
适用业务	优化改善	固化标准
目标体系	超常规目标	承诺目标

① 李靖．有机整合OKR和KPI两大目标管理工具［N］. 中国会计报，2021–06–04（008）.

12.1.9 Yxx：数据质量与流程绩效评价

1. 数据质量评价

数据质量是数据的一组固有属性，满足数据消费者要求的程度，真实性、及时性和相关性是数据的固有属性。真实性即数据是客观世界的真实反映，及时性即数据是随着变化及时更新的，相关性即数据是数据消费者关注和需要的。

高质量的数据应从固有属性以及稳定性、安全性、及时性、准确性等角度满足数据消费者的要求。稳定性指数据波动性与离散性的程度，数据波动越小，离散程度越小，稳定性越高；安全性指数据是安全的，避免非授权的访问和操控；及时性是当需要时，数据获得且是及时更新的；准确性指数据是现实世界的真实反映。基于以上，数据质量评价就是评估数据的一系列属性是否满足消费者要求。

评价数据质量可从信度与效度分析出发，信度代表的是数据的可靠性程度和一致性程度，它能反映数据的稳定性、安全性和集中程度。效度是指测量工具能够准确测量出事物真实情况的能力，它能够反映数据的及时性与准确性。信度与效度的区别和联系可以用下面四幅图（图12-10）表示。

第一幅图的弹孔是散布在整个靶图上的，有两个特点：①点与点之间的距离很大，说明运动员的稳定性差；②几乎没有弹孔落在靶心，说明运动员的准确性也差。如果将每个弹孔看作一个数据集合，那么该数据集合是既没有信度（稳定性）也没有效度（准确性）。

第二幅图的弹孔密集地落在一个狭小的区域内，但是偏离了靶心，说明该运动员的射击稳定性很好，但是准确性则不足。同样的，如果弹孔看作数据，那么该数据集合的特点是具有高信度，效度却很低。

第三幅图的弹孔是分散的，但是大部分的弹孔落在了靶心，说明运动员的稳定性不足，但是准确性还是不错的。形容数据集合的话，该数据集合是高效度和低信度的。

第四幅图的弹孔密集地落在了靶心，说明该运动员的稳定性和准确性都很好。用来形容数据集合则说明该数据集合是高信度和高效度的①。

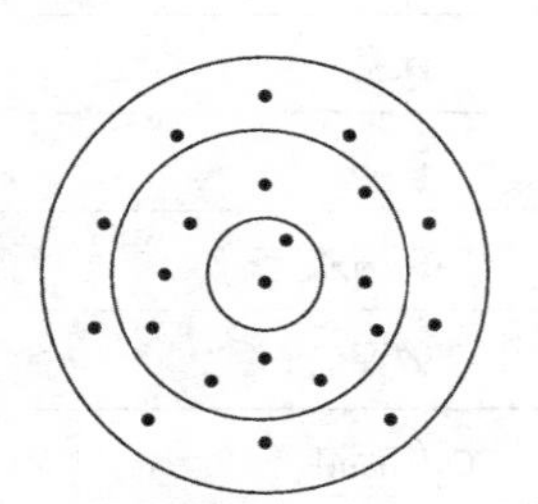

（a）没有信度也没有效度

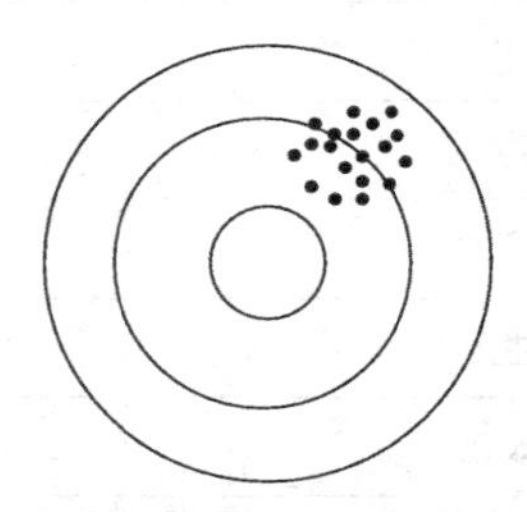

（b）有高度信度却没有效度

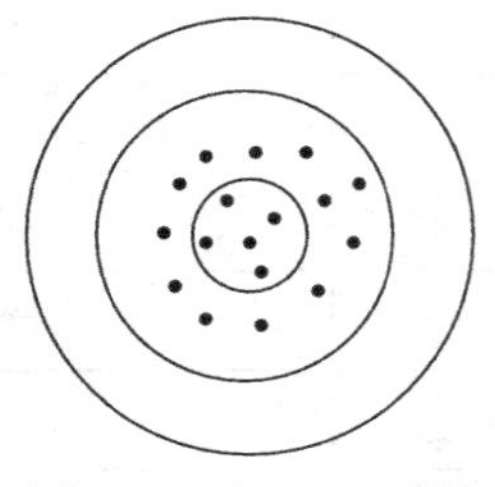

（c）没有信度但有高度效度

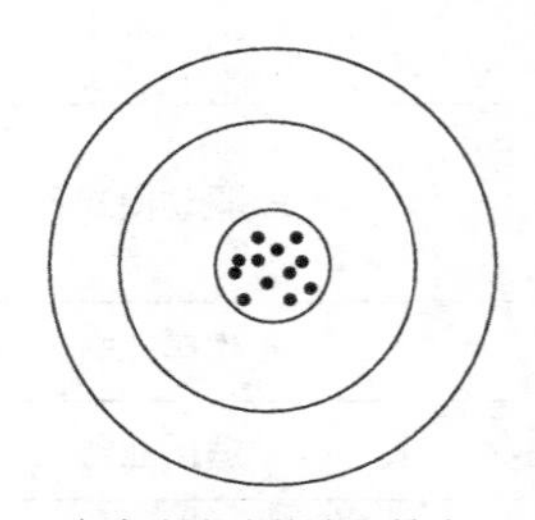

（d）有高度信度及效度

图 12-10 信度、效度含义示意图

① https://zhuanlan.zhihu.com/p/49480774.

1）数据信度分析

信度分析指采用同样的方法对同一对象重复测量时所得结果的一致性。信度指标多以相关系数表示，大致可分为三类：稳定系数（跨时间的一致性），等值系数（跨形式的一致性）和内在一致性系数（跨项目的一致性）。信度分析的方法主要有重测信度法、复本信度法、折半信度法与α信度系数法。

Cronbach α信度系数是目前最常用的信度系数，其公式为：

$$\alpha=[K/(K-1)]\cdot[1-(\sum Si\hat{}2)/ST\hat{}2)$$

其中，K为量表中题项的总数，$Si\hat{}2$为第i题得分的方差，$ST\hat{}2$为全部总得分的方差。从公式中可以看出，α系数评价的是量表中各题项得分间的一致性，属于内在一致性系数。这种方法适用于态度、意见式问卷（量表）的信度分析。

一般来说，信度的判别标准如表12-8所示。

信度的判别标准　　表12-8

信度≤0.30	不可信
0.30＜信度≤0.40	初步的研究，勉强可信
0.40＜信度≤0.50	稍微可信
0.50＜信度≤0.70	可信（最常见的信度范围）
0.70＜信度≤0.90	很可信（次常见的信度范围）
0.90＜信度	十分可信

2）数据效度分析

效度分析是指测量工具或手段能够准确测出所需测量的事物的程度，测量结果与要考察的内容越吻合，则效度越高；反之，则效度越低。

任何测验的效度是对一定的目标来说的，或者说测验只有用于与测验目标一致的目的和场合才会有效。所以，在评价测验的效度时，必须考虑效度测验的目的与功能。效度分析的方法主要有内容效度、构想效度、校标效度。

2. 流程绩效评价

流程优劣好坏的精准测量，具有必要性，也存在可能性。定义一个测量的指标，探索流程的影响因素，由此不断改进，使得客观指标来衡量，是流程学科发展的需要，也是管理学对组织绩效衡量的需要。流程绩效评价，即衡量流程的“优质”程度，可以用“流程信度”和“流程效度”两个指标来进行。

1）流程的正确方向——流程信度（Process Reliability）

（1）流程信度的定义

流程信度是指经过流程的执行靶向目标的程度，是流程与目标的相关程度高低的衡量指标，包含可行性、稳定性和标向性的内涵。

流程信度有两层含义：①表示流程牵引、整合资源、达到目标的程度，这是评价流程优劣的主要内容。侧重于相对目标而言流程是可行的、靶向性好的。或者可以这样理解：流程信度是引领组织达成目标的方向性程度，甚至可以直接理解为“流程可信的程度”。②表示内部一致性，同一目标、同一团队在不同时间和不同团队在同一时间，以及不同团队在不同时间去做的差异程度，侧重于流程的稳定性。流程可行性和流程稳定性，都是流程的可靠性。

（2）流程信度的表示与评级

流程信度用符号$P \cdot R$表示，是Process Reliability的特殊简写，信度评级量化可以参考以下标准：

$$P \cdot R=\begin{cases} P \cdot R \leqslant 0.3 & \text{不可信} \\ 0.3<P \cdot R \leqslant 0.4 & \text{勉强} \\ 0.4<P \cdot R \leqslant 0.5 & \text{稍可信} \\ 0.5<P \cdot R \leqslant 0.7 & \text{可信} \\ 0.7<P \cdot R \leqslant 0.9 & \text{很可信} \\ 0.9<P \cdot R & \text{十分可信} \end{cases} \tag{12-1}$$

简单来说，可以直接用可信、不可信和介于之间三个等级来评定，有待实践检验中继续探讨。

（3）流程信度的评估方法

可以采用专家评估法，用流程主要要素进行量化评估。“L模型”四流程的一般$P \cdot R$（流程信度值）估值范围如下：

战略流程：$0.3 \leqslant P \cdot R \leqslant 0.8$，小值，冒险决策型；大值，稳健决策型；

职能流程：$0.6 \leqslant P \cdot R \leqslant 0.9$，小值，执行力弱；大值，执行力强；

工艺流程：$0.95 \leqslant P \cdot R \leqslant 1.0$，保证率在95%与工艺流程完善之间；

自善流程：$P \cdot R$=0，0~1，1 0，偏差；1，无偏差；0~1，偏差程度。

对流程信度值进行估计具有参考价值：战略流程信度值低于0.3，说明风险太大，所作决策可能和目标相关度太低，甚至南辕北辙；大于0.8，则说明，已经处于明朗状态，可能是一个过度竞争的行业或产品；职能流程信度值低于0.6，执行力太弱，需要采取执行力提升的培训、人力资源的调整等措施，一般不可能有100%的执行，所以，当估值达到0.85以上时较为优异。追求工艺的完美，是追求卓越的目标。但绝对的完美，不会在管理实践中出现。自善流程是为了保证系统运营的偏差控制在一定的范围内而进行的工作。流程本身是否达到这个目的，有0~1的评估。而对于被评估对象来说，只有存在偏差和不存在偏差两种状态。我们对存在偏差的，应当进行反馈和调整。

流程信度在一定程度上，与风险和执行力有相关性。也为风险防范和执行力提升提供了另外的途径。从流程角度，对风险程度可以做出一定的评估和预测，设计的流程信度偏低的，可靠性差，意味着风险大，或者找不出合适的流程的，也就意味着理念转化为实际行动还没有到可执行程度，强行推动风险也大。流程信度为执行力的提升，提供了流程再造方面的需求。

2）流程的高效执行——流程效度（Process Validity）

流程效度是指流程达到目标的快慢程度，包含速度、效率的内涵。

$$P \cdot V=Fk（Tn，t，Q，Rs，Hr） \tag{12-2}$$

其中：$P \cdot V$为流程效度；F为函数；k为任务的难易程度系数、范围的明确程度等影响因素系数；Tn为任务数量、流程长短；t为完成流程消耗时间；Q为任务质量要求；Rs为资源匹配程度（组织的既有知识资产、资金等）；Hr为人的综合因素。利益相关方数量、组织、任务承担者素质、沟通难易程度。

影响效度的因素很多，外部包括综合环境、客户需求，内部包括战略目标、组织程度、资源匹配、既有知识资产、相干人、信息技术等，此外还有任务本身的难易程度，都影响到流程达到目标的效率。

流程效度的评价，可以用绝对数值和相对数值来表示。相对数值是流程测度的一个相对标准，对于组织的绩效来说，管理综合评价需要通过获取非常精准的数据，也许是不经济的。

3）流程优度测量与评价

优度是指事项的“优质”程度，是评价事项的综合指标。包括对事项的科学性、完整性、信度、效度的评定，用OL表示。所谓科学性，主要是指其逻辑关系明确合理、要素分配合理；完整性则是指任务的起始完整、连贯一致，无冗余也不缺环；信度则是可行性和可靠性，效度则是效率性。

$$OL=P \cdot R \times P \cdot V / R \tag{12-3}$$

其中：OL为流程优度；$P \cdot R$为流程信度；$P \cdot V$为流程效度；R为随机误差。

流程优度跟信度与效度的乘积成正比，信度高，优度则高；效度大，优度也大，其结果等于两者之积。优度跟随机误差成反比，误差大，优度小；误差小，优度大。这里的误差是随机误差，或叫偶然误差，其取值方式为：

$$R=1+\sum_{总}\frac{|实际值-目标值|}{目标值} \tag{12-4}$$

偶然误差导致的偏差，不论正负，均为偏差，因此“实际值减目标值”取绝对值，偏差值≥1，对流程优度OL产生的是折减的影响，当实际值=目标值，也即没有偶然误差导致偏差时，$R=1$，$OL=P \cdot R \times P \cdot V$。

信度是做正确的事，效度是正确地做事。优度是二者和谐统一的程度。任何偏颇的突破，即单纯追求信度或者效度的做法，都是不会取得高绩效的，即企业运营也不会有高效能。以流程实施的信度、效度与优度来衡量精准度的偏差，从而做到精准管控。

关于流程信度、流程效度、流程优度的详细内容可参考——卢锡雷：《流程牵引目标实现的理论与方法——探究管理的底层技术》。

12.2 信息新技术

信息化和精细化的进一步融合已经变成了现今社会的明显特征。企业需紧跟时代发展步伐，尤其在利用信息化手段推动精细化管理的过程中。我国很多企业一致加强自家的信息化建设，是因为已经认识到了信息化手段推动企业管理水平发展的重要性。例如，企业人员的办公自动化和信息系统应用的熟练程度早已成为衡量企业管理能力高低的重要标尺。

12.2.1 移动互联

1. 定义

移动互联是移动互联网的简称，指互联网的技术、平台、商业模式和应用与移动通信技术结合并实践的活动的总称。其工作原理为用户端通过移动终端来对因特网上的信息进行访问，并获取一些所需要的信息，人们可以享受一系列的信息服务带来的便利。

2. 特点

作为一个新兴产业，移动互联通过不断地发展和完善，已经逐渐成为人们生活中的一部分，有着非常重要的作用。此时的移动互联在市场领域和应用开发领域形成了一些特点，这些特点在移动互联领域内有着划时代的重要意义。

1）重视对传感技术的应用

如今，有关的移动网络设备向着智能化、高端化、复杂化的方向发展。在移动互联领域中，也有向这些方向发展的趋势。在各类移动互联设备的应用中，开发商和设计师越来越注重传感技术，这就是移动互联网向智能化、高端化和复杂化发展的一个表现。利用传感技术能够实现网络由固定模式向移动模式的转变，方便广大用户。将传感技术应用到移动互联网中，极大地推动了移动互联网的成长。

2）有效地实现人与人的连接

在移动互联网的未来发展方向中，实现人与人的连接、人的联网，是移动互联网应用的重要方面。任何时代的产物必然是产生在人们的需求中，在移动互联网的发展过程中，注重客户需求和消费者的需要，市场的发展状态，将会获得更为宽广的发展前景。因此，移动互联在其应用过程中，要做到注重提供浏览式服务方式的同时，也注重与其他移动终端或客户端的链接工作。

3）浏览器竞争及孤岛问题突出

各类浏览器存在移动互联方面的竞争。最先开始于浏览器的平台竞争，随着网络技术的进步与发展，各类浏览器之间的竞争内容发生了一些变化，由平台竞争转向了对浏览器深层次内容和应用开发方面的竞争，造成APP混战局面。孤岛问题主要是移动互联在不同应用之间的干扰，这类问题若得不到有效的解决，会给整个行业的生产成本造成严重影响[①]。

---

① 向青. 移动互联在云计算时代的应用与发展［J］. 网络安全技术与应用，2013.

3. 移动互联赋能精准管控

移动互联适用于建企管理和项目管理中的业务管理、财务管理、人员管理、制度执行管理和信息管理等。如利用手机APP+企业微信模式的移动办公模式，有效实现企业员工之间的信息交流，消除了地域概念，让办公随时随地；有效实现各部门之间的制度执行管理，平台定期生成管理报告，通过企业微信发布，由以往“人查数”变为“数找人”；有效实现建企的财务管理，通过二维码实现了办公用品购买信息、机械车辆使用信息的查询；有效实现现场检查和劳务队伍管理；有效实现项目信息管理，利用二维码知识库查询进行技术交底。移动互联网打通了项目管理平台与企业微信的互联互通，移动互联的应用让建企管理与项目管理更智能、更精准、更便捷，不仅提升了效率，也大大降低了管理成本。

信息化与移动互联赋能企业精细化管理，实现了工作流程标准化、系统化、规范化、科学化，提升了效率，降低了成本，也降低了风险。通过设定逻辑关系，以资金支付为抓手，确保供方选用、合同评审、供方评价、黑名单等制度的全面落实，解决以往想做但难以做好的事。转变传统管理方式，推动信息化与企业管理的深度融合，提高企业综合管理的能力水平、经济效益、核心竞争力，为企业的健康、可持续发展提供了崭新动力[①]。

12.2.2 物联网

1. 定义

物联网是把所有物品通过信息传感设备、按约定的协议进行信息交换和通信的一种网络，以实现智能化识别、定位、跟踪、监控和管理。

2. 物联网实施内容

针对当前多数工程项目各层级管理存在的管理覆盖不全面、沟通不及时和安全保障系数低等问题，建立工程项目管理物联网平台，通过视频监控、视频会议、门禁考勤、智能穿戴、全球定位系统（GPS）等物联网技术，实现对工程项目管理全过程的实时跟踪和交互。物联网实施内容有以下六点：

1）通过对工程项目现场进行实地考察分析，确定工程施工特点及项目管理流程，然后选取合适的监控监测方法，根据EPC项目工程的管理需求，采用物联网节点技术进行架构。

2）现场感知及数据采集终端视频监控、视频会议、门禁考勤、智能穿戴、GPS定位等设备的选型及设计。

3）通过适用工程现场的数据通信方式，构建现场及远程网络通路。

4）通过数据压缩感知技术，对大量冗余数据进行预处理，节省系统存储资源。

5）研究视频智能处理技术，对现场异常情况如火灾、违章等情况进行智能识别。

6）远程监控中心硬件终端选型及配备，并建立数据库，开发界面美观、功能完善的工程项目管理平台软件，实现远程数据存储和处理，以及远程考勤和应急指挥等功能。

---

① 济南城建集团有限公司副总工程师 李庆广. 移动互联赋能精细化管理［N］. 中国建设报，2018-05-11（007）.

3. 物联网技术赋能精准管控

物联网技术以感知层、传输层、应用层为平台实现建设工程管理智能化、精准化。建设工程管理涉及的信息量大、涉及面广、内容繁琐，对建筑材料的全流程检测涉及大量时间与空间信息，对建筑物全寿命检测需要在建筑物每个主要承重构件上布置RFID（射频识别技术）。

因此，在建设工程信息管理中需要大量的传感器、庞大的数据存储与高效的处理系统，做到每一步骤精细策划，数据更新流动精确计算，每一环节精准管控，使建设工程管理实现智能化、精准化。

1）感知层

感知层是指通过RFID采集信息，使物体携带自身信息并实现流动数据更新累加①。在建筑材料全流程监控管理环节中，感知层采集的信息主要包括：建筑材料的产品信息、运输中形成的物流信息链、经手人员信息等，做到精准定位物资运输情况。在建筑物全生命周期检测中，感知层主要采集的信息涉及主要承重构件的设计信息、验收情况、使用中检测信息等。

2）传输层

传输层即网络传输技术，用于解决网络层的网络接入、传输、转化及定位等问题。由于无线局域网具有高移动性、抗干扰、安全性能强、扩展能力强、建网容易、管理方便等诸多优点，而建设工程信息量大、施工环境复杂，考虑到要实现对建筑物全生命周期的检测，尽量采用较为先进的技术手段作为传输层，方便日后系统更新换代。

3）应用层

应用层是展现物联网应用巨大价值的核心架构，旨在实现信息的分析处理和控制决策环节以及完成特定的智能化应用和服务的业务，从而实现物与物、人与物之间的精准感知，发挥智能作用。建设工程中，要求应用层具有海量存储、数据管理与智能分析等功能。因此，以云计算技术作为应用层集合分散于各地的高性能计算机上②，为物联网建设工程管理中应用提供服务平台，为每一环节的数据处理与管控提供帮助，做到精准无误。物联网应用于建设工程管理的构成要素如图12-11所示。

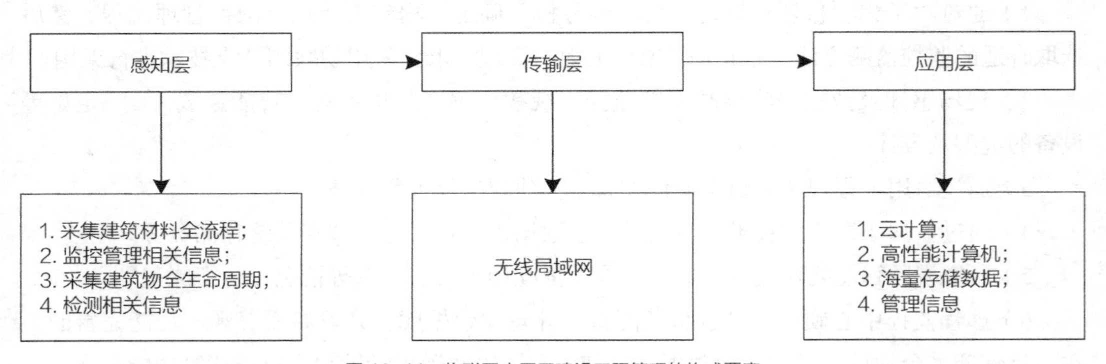

图 12-11 物联网应用于建设工程管理的构成要素

① 朱洪波，杨龙祥，于全. 物联网的技术思想与应用策略研究［J］. 通信学报，2010，31（11）：2-8.

② 高建华，胡振宇. 物联网技术在智能建筑中的应用［J］. 建筑技术，2013，44（2）：136-137.

12.2.3 区块链

1. 定义

区块链技术是利用块链式数据结构来验证与存储数据、利用分布式节点共识算法来生成和更新数据、利用密码学的方式保证数据传输和访问的安全、利用由自动化脚本代码组成的智能合约来编程和操作数据的一种全新的分布式基础架构与计算范式[①]。

建设项目管理需要进行多方协作沟通，而现阶段的项目管理存在着信息交互效率低、诚信度不高、监管成本高等问题。区块链技术的出现，为解决这些难题提供了精准管控的手段。

2. 特点

1）去除中心化硬件或管理机构（去中心化）

区块链技术使用的是分布式核算及存储模式，打破了中心化的硬件或管理机构，消除了权利及权限被中心统筹的局面，将过去被中心化的权利与义务均等到任意节点中去。在这样的系统构成中，任何节点停止工作都不会影响到系统整体的运作，这为工程项目参与各方之间高效地信息共享提供了可能。

2）公开系统内的数据信息（开放性）

区块链技术可以实现不同程度的信息开放，是一定范围内公开透明的数据库。除了涉及参与者、交易各方私密性的信息以外，数据库的其他所有信息都是公开、共享、高度透明的。区块链中，合约双方签约后，需要将相关参数信息向全网广播，征求全网节点认可，使得区块链上所有节点都能见证每次交易，并自动为交易记录背书。这一特点不仅可以保证了解全网节点和把控新交易，还可以为相似节点提供公平竞争机会，避免信息不对称所带来的风险。

3）打破双方需信任才能交互的陈规（去信任化）

区块链的整个系统数据都是公开的，这一运作模式决定了它的透明化，这就使得任意节点之间无法相互欺骗，形成良性循环，赋予了区块链“去信任”的特点，打破了交互双方需彼此信任才能交换信息或价值的陈规。

4）保护个人隐私及信息（匿名性）

由于区块链节点之间的信息或价值交换是按照它独有的非对称加密算法，故节点之间的数据交互是无须彼此信任的。这就避免了交互双方需要取得彼此信任，而不得不公开个人信息的问题，保护个人隐私及信息，形成一个匿名性的安全交互环境。

5）安全可靠、不可篡改

第一，区块链通过特有的非对称加密技术对节点信息进行加密，保护了节点隐私。第二，新的节点加入联盟组织必须验证，任何人无法篡改信息。数据由业主方、设计方、施工方、监理方、供应商等各参与方提供，数据的真实性由数据的提供者负责，若是发布了虚假

---

① 刘轶翔．基于区块链的工程总承包管理改进措施研究［J］．建筑科学管理，2017，39（7）．

消息，经查实后将被踢出组织，保证联盟组织的稳定性和安全性。第三，新的区块加入区块链之前，会对所有参与者进行广播，大多数节点都确认后，才能被记录到链中。某一节点发生故障或遭受攻击也不会对整个区块链网络产生影响。当其中一个节点的数据被篡改，需要得到其他大多数节点的共识后，才能完成修改，难度较大。

6）可追溯性

区块链可以提供完整的信息流，每个区块都带有时间戳，记录了信息录入时间，按照时间顺序可以查询搜索到任一节点的全部数据。当工程项目在建设过程中出现问题需要追溯时，可以根据时间、内容等相关要素进行溯源追索。

3. 区块链技术赋能精准管控①

基于区块链技术一系列的特点和技术优势，将其运用于工程项目管理，推动工程管理模式和方式更加高效、安全和智能。其特殊的数据结构、算法使得项目实现精确计算；可追溯性达到全过程的信息追溯，每一项的记录都自动存储，且无法随意更改，实现精准管控的同时更是后续精到评价的依据所在。本著从项目管理的招标投标、合同管理、质量管理、安全管理、成本管理以及风险管理几个方面，阐述区块链技术赋能精准管控。

1）公平化招标投标管理

基于区块链的“去中心化”“开放性”“独立性”“安全性”等重要特征，通过分布式核算和存储，各个区块节点实现信息自我验证、自行传递和管理，不受第三方影响。可在工程招标初期制定好规则，规定好哪些数据加密，也可选择性地进行数据开放和有限传播。同时，所有节点能够在系统内自动安全地验证、交换数据，不受任何机构和个人的干预。区块链技术可以有效避免主观人为的数据变更，可以让建设单位匹配到最符合客观条件的供应商，也有利于资信高的供应商获得更多更好的发展机会，为工程建设保驾护航。这样一来既达到了公平公正公开的目的，又大大节约了人力、财力、物力和时间成本，打破了地区保护壁垒，解决了信用危机，让市场优胜劣汰的调控作用得以发挥，提升了建筑行业市场的采购质量，强化了工程招标投标过程精准管控。

2）透明化合同管理

如果把区块链技术运用到建设合同的管理中去，将会带来怎样的革新呢？基于区块链技术“去中心化”“公开透明”这一特点，即使是总包点对点地与不同分包个体直接签订合同，但业主作为区块链中的一分子随时可以对整个工程“链条”中的任一分包商实施监控，强化了合同管理的过程。这样一来，业主可利用智能合同来监管项目质量和风险，加大了业主在项目中的参与度，最大程度地避免了承包方非法转包、发包方拖欠工程款、建筑商偷工减料、采购方压价要回扣等影响工程质量的问题，使得建筑中的每一细部都可在区块链中变成不可更改但可以回溯的数据信息，同时使得后续评价有迹可循，精到评价。

3）数字化质量、安全管理

以区块链溯源加密、信任共识、安全隐私、共享融合的四大特性为手段，进行工程管理

---

① 周乐．区块链技术在工程管理中的应用［J］．中国招标，2018，1368（24）：14-16.

业务机制的顶层设计和统筹协调。对工程质量、安全管理业务过程的全面数字化，以及数字化后的记录上链管理，实现所有质量安全的管理信息留痕和不可篡改，优化传统的工程质量安全管理方式，降低质量安全事故发生概率，提高整体的质量安全生产、精益建造水平①。

4）智能化成本管理

基于工程区块链，应用BIM、AI等技术对工程项目成本管理作出相应的预警和判断。通过不断导入工程项目成本相关数据，进行全方位的人工智能学习，对控制成本等指标进行多维度分析，发生成本异常时能第一时间自动提醒，并分析成本异常的原因。实现降低工程成本以及减少相应损失，做到工程成本全时段精准管控的目的。

5）精准化风险管理

由于所有信息都会体现在区块链系统中，可以在工程项目管理中写入编码程序，在各个环节中如果出现进度、质量、费用相关问题与原计划状态出现偏差，系统会精准感应，自动发出警示报告，工程项目管理人员可以进入系统详细了解出现问题的环节和原因，纠正偏差，达到精确计算，实现精准管控，待相关单位完成纠偏内容后，系统自动取消报警②。

12.2.4 5G

1. 定义

5G是第五代移动通信技术（5th Generation Mobile Communication Technology）的简称，是具有高速率、低时延和大连接特点的新一代宽带移动通信技术，是实现人机物互联的网络基础设施。

移动通信已经过1G、2G、3G、4G的发展，每一次技术的进步都极大地促进了产业升级和经济社会发展。从1G到2G，实现了模拟通信到数字通信的过渡（大哥大→功能机）；从2G到3G、4G，实现了语音业务到数据业务的转变（功能机→智能机），传输速率成百倍提升，促进了移动互联网应用的普及和繁荣。4G网络造就了繁荣的互联网经济，解决了人与人随时随地通信的问题。

5G作为一种新型移动通信网络，不仅要解决人与人通信，为用户提供增强现实、虚拟现实、超高清（3D）视频等更加身临其境的极致业务体验，更要解决人与物、物与物通信问题，实现随时随地万物互联，满足移动医疗、车联网、智慧城市、工业控制、环境监测等应用需求。

2. 5G 产业链

5G将渗透到社会的各行业各领域，成为支撑社会数字化、网络化、智能化转型的关键新型基础设施。图12-12是5G产业链图，分为终端层、网络层、计算处理和数据分析层以及

---

① 谢宇翔. 区块链平台结合BIM技术在建筑工程管理中的应用［J］. 工程技术研究，2021，6（13）：115-116.

② 张向东，刘海超，姚琦敏，等. 区块链技术在工程项目管理中的应用前景［J］. 化学工程与装备，2019，273（10）：346-349.

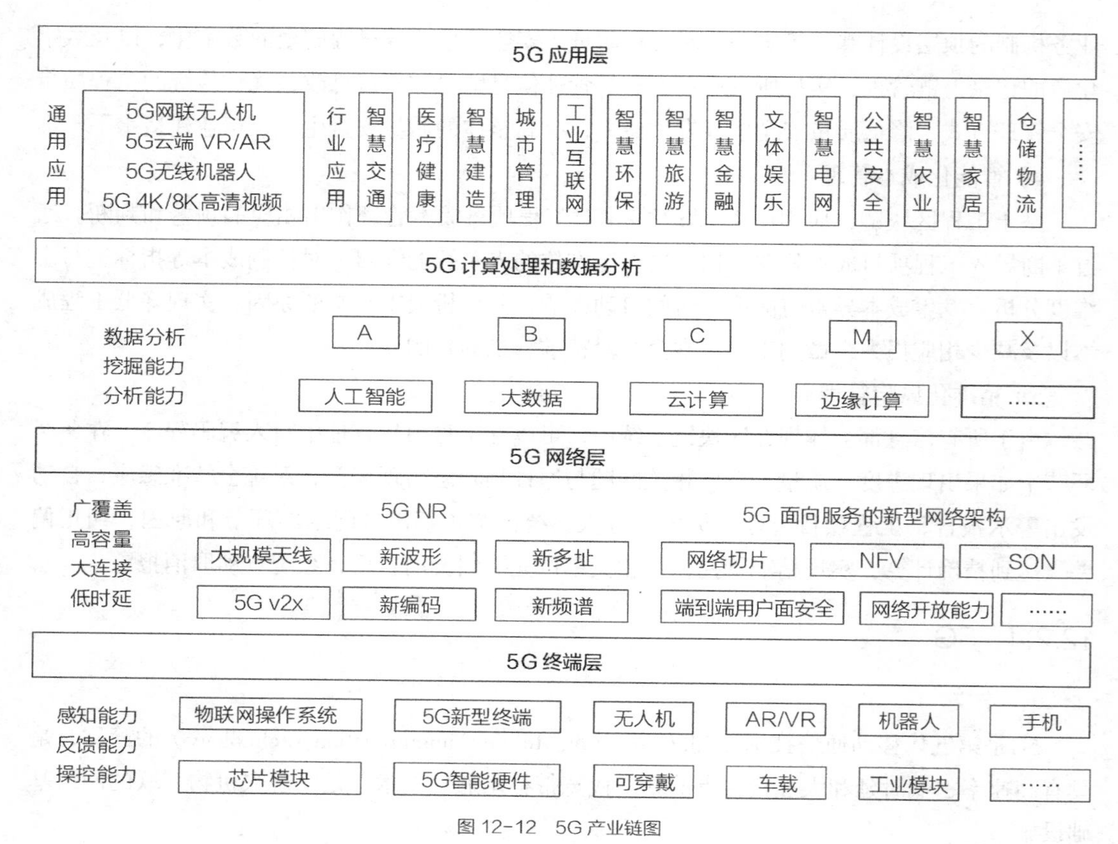

图 12-12　5G 产业链图

应用层。通过精准管控5G终端层的物联网操作系统、芯片模块等设备，实现感知能力、反馈能力、操控能力的精准；以5G终端支撑5G网络，实现广覆盖、高容量、大连接、低时延，设立新型的波形、编码、频谱等，做到网络开放性好，端对端用户安全；以人工智能、大数据、云计算、边缘计算等新技术为依托，做好5G计算处理和数据分析，提升数据挖掘能力、分析能力；最后是5G的应用，分为通用应用和行业应用，将5G技术进行综合应用，既可以促进行业的升级转型，同时也能在应用中发现不足，进行升级换代，起到相互促进的作用。

5G网络的整个系统非常复杂，5G底层的基础设施将进一步开放，为自由组合和编排提供便利，实现资源合理运用，能力灵活调用。5G和物联网的结合使用为大量垂直产业已有的物联网体系提供更新换代的新方法；5G助力于移动互联网的市场培养，将会使得移动互联网更具有前瞻性，各参与方利益诉求更为多元化；5G和区块链的结合，区块链去中心化的公有链具有不可更改性、抗篡改性以及在不信任实体之间建立共识的优势，因此，区块链可以作为解决物联网设备之间纠纷的基础层。

3. 5G 赋能精准管控

对于更新更尖端的建筑精准管控的应用，灵活、可移动、高带宽、低延时和高可靠性的5G网络是重要保障。在推进建筑业精准化转型过程中，5G必须与行业特有的技术、知识、经验紧密结合，通过多方协同，持续发挥5G的优势，加强规划引领，系统化推进5G在建筑业的应用发展，夯实产业基础，提升网络供给能力、产业创新水平和安全保障能力。

5G赋能建筑精准管控，通过协作机器人和AR智能眼镜提高工作效率；通过基于状态的监控、机器学习等，准确预测未来性能的变化，减少停工时间和维护成本；基于云的网络管理解决方案确保精益建造在安全环境中的共享数据。使建造中的人、机、物、系统无缝全连接，进一步通过计算资源的灵活分布实现云、边、端智能互联与协同[①]。构建起覆盖全产业链、全价值链的全新建造和服务体系，为建筑产业数字化、网络化、智能化发展提供新的实现途径，助力企业实现降本、提质、增效、绿色、安全发展。

---

① 王健全，李卫，马彰超等. 5G工业互联网赋能智慧钢铁［J］. 钢铁，2021，56（9）：56-61，73.

第 4 篇

精准管控实践实效

第 13 章

邻域精准管控应用

本章逻辑图

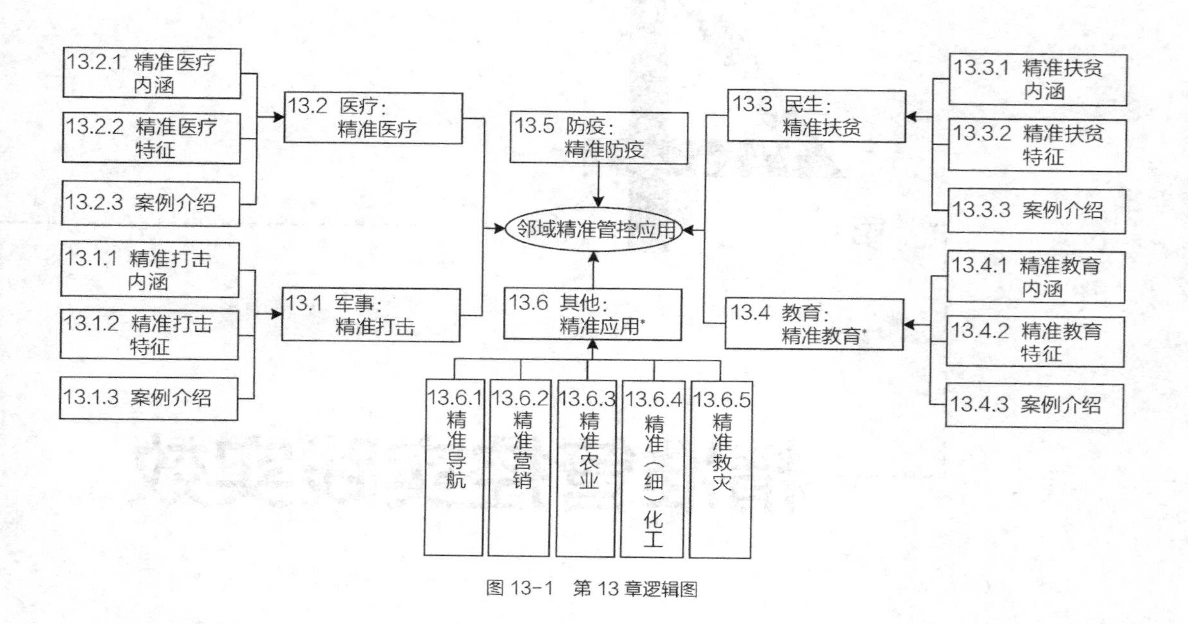

图 13-1 第 13 章逻辑图

注：*表示本节有部分内容需扫描二维码观看。

13.1 军事：精准打击

13.1.1 精准打击内涵

人类历史中，战争和科技发展息息相关，战争形态在科技革命和军事变革的推动下先后经历了木石化、金属化、火器化、机械化、信息化五个阶段，智能化战争正在形成。科学技术的快速进步使人们的作战方式不断变化，胜战的关键因素不再是早期的参战人员数量和体能，信息主导物质和能量释放在信息化战争时代成为战争制胜的关键，精准识别、精准投送、精准定位不断发展，精准打击应运而生。

在冷战中后期美苏争霸的大背景下，美国通过大力发展先进微电子等精确打击技术，迎来了美国军事技术占主导地位的时代，引发了常规精确打击作战理论。战斧巡航导弹等精确打击武器于20世纪90年代以来，在多次局部战争中以“外科手术式”打击名声大震。精确打击武器在战争中崭露头角，逐渐占据战场上的主导地位[①]。

因此，精确打击是指准确锁定敌方目标进行精确攻击的作战方式，也是有效运用军事力量实现其军事意图的过程。它是现代高技术战争中一种新的作战样式，即准确地确定敌军的位置，指挥己方部队，对敌方的关键力量或军事能力进行精确打击，击毁损伤地方目标，并准确地评估打击效果的一种作战方式。如杜达耶夫（车臣前总统，1996）、苏莱曼尼（伊朗将领，2020）被杀，都属于精确打击。

信息化战争是在一体化信息系统平台上运用信息化作战平台与弹药实施的战争，是精确作战体系化对抗的集中体现，促进了“非接触作战”“首次高强度精确打击”等新军事理论、战略战术的发展。精确打击由于具备打击精度高、作战风险低、附带损伤小等诸多优势，倍受军事界的“青睐”，日益成为信息化条件下一种非常重要的火力打击方式。精确打击技术的发展也确保了精确打击的有效实施[②]。

精确打击的基本要素是精确制导武器，在战争中显示了较传统作战更为突出的效果，已成为现代信息化战争的杀手锏。以精确制导武器为主导的精确打击技术已成为信息化战争发展的必然趋势，并将向远程化、灵巧化、制导化、智能化、微型化、多功能化的方向发展，这一发展态势必然引发全球范围内的武器装备竞赛，从而推动新的军事变革。

13.1.2 精准打击特征

精确打击的手段和方式也在不断发展变化，并呈现出高精度、高隐蔽性、高毁伤率、手段多样、效能高的特点。精确打击已发展成为高技术战争的主要火力打击样式，它可使远程、超视距、非接触性精确打击作战成为现实[③]。精确打击有以下五个特征：

---

① 宁国栋．应对未来战争的精确打击武器发展趋势研究［J］．战术导弹技术，2019（1）：1-9.

② 韩磊，庞艳珂，曹禹，等．精确打击技术在信息化战争中的应用及发展趋势［J］．兵工学报，2010，31（S2）：75-78.

③ 周芸，邹振宁，冷锋．精确打击：信息化战场急先锋［J］．国防技术基础，2004（1）：21-23.

1）高精度：精确制导武器的命中概率一般在50%左右，有的可达到80%以上。如精确激光制导炸弹的目标命中率达95%，而普通炸弹只有25%。

2）高隐蔽性：打击方式更具隐蔽性和突然性，在对手猝不及防时给予致命的一击，使突袭行动的成功率大大增加，体现了精确打击武器强大的隐蔽突防能力。

3）高毁伤率：精确先进制导技术，命中率高、杀伤力大，作战效果相较于常规炸弹提高了5~10倍。随着侦测、定位和控制技术的提升，精准打击能力还将大大增强。

4）手段多样：强大的精准打击能力意味着海陆空全方位、全纵深的精确突击。针对作战目标，制定作战飞机和战术导弹的空袭、远程打击和隐形突击等战斗策略，使打击手段呈现多样化。

5）效能高：精确制导武器通常用于攻击高战略价值的重要目标，往往能用最小的代价得到最大的效益。例如"战斧"巡航导弹在海湾战争中，从1000km以外发射，精确命中并摧毁了严密设防的巴格达市高价值目标，其总体效能远远优于普通的轰炸机群使用常规航弹的空袭①。

值得注意的是，难以防御的超高音速（速度≥5马赫）导弹不断出现，已经成为军备竞赛热点。

13.1.3 案例介绍

精确打击武器不但可以作为威慑和遏制敌人的有效手段，实现"不战而屈人之兵"的最高境界；也可以在联合作战中，运用精确"斩首"、精确"破击"、精确"强击"和精确"截击"等方式，直接摧毁敌方的重要军事、政治以及经济目标，瘫痪敌方的作战体系，影响乃至决定战争进程和结局②。具体案例已十分常见，不再列举。

精准打击是军事能力的效果体现，采用"精准"理论，进行高效军事能力的系统性建设，是必不可少的全局性思维。及今，"战争"的形式扩大到贸易战、科技战、人才战、金融战，"精分"的针对性，实现"精准打击"和"反击"，是取得打击效果的可用策略。

13.2 医疗：精准医疗

13.2.1 精准医疗内涵

"精准"体现的是"匠心"，是该领域的前沿技术应用。精准医疗贯穿于疾病的预防、诊断、治疗等医疗的整个流程，精准诊断是精准医疗的基础。

精准医疗是以个体化医疗为基础，采用基因组测序技术、生物信息与大数据科学交叉应用等新型医疗模式。通过进行生物标记物的分析、鉴定、验证、应用，精准定位到疾病的原

① 宁国栋．应对未来战争的精确打击武器发展趋势研究［J］．战术导弹技术，2019（1）：1-9.

② 周芸，邹振宁，冷锋．精确打击：信息化战场急先锋［J］．国防技术基础，2004（1）：21-23.

因和治疗的靶点（病灶），施行靶点准、创面小的精准手术，并对一种疾病不同状态和过程进行精确分类，最终实现对于疾病和特定患者进行个性化精准用药的目的，提高疾病诊治与预防的效益，实现“可视化”康复。

简而言之，精准医疗是根据病人特征“量体裁衣”制定个性化的精确治疗方案，是以分子生物学特征或指标为基础的标准化、个性化医疗①。

13.2.2 精准医疗特征

相比“忽视个体差异”、关注平均效果的传统医疗，精准医疗是基于大数据算法和亚人群研究的医学治疗，结合病人基因、生活环境和方式等因素，根据患者的临床诊疗、组学数据、生活习惯和环境因素信息，实现精准的疾病诊断，找出对疾病进行干预和治疗的最佳靶点，为临床实践提供科学依据，为患者“量身定制”个体化的疾病诊疗和预防方案，使患者获得最适宜的治疗效果和最低副作用的医疗模式。

比较传统医疗和精准医疗模式，如表13-1所示，并总结出精准医疗的特性。

预防性：主动预防，采取针对性措施预防疾病发生，改变医疗健康概念。

针对性：基于临床数据共享，精准医疗结合患者基因测序瞄准突变基因，考虑个体、外部环境差异，实现个体对症下药。

高效性：根据患者基因测序确定最佳治疗方案，缩短治疗时间，提高治疗准确性及效率②。

传统医疗和精准医疗的区别对比表　　表13-1

	传统医疗	精准医疗
定义	以病人的临床症状和体征，结合性别、年龄、身高、体重、既往病史、家族疾病史、实验室和影像学评估等数据确定治疗药物和使用剂里、剂型	结合应用现代科技手段与传统医学方法，科学认识人体机能与疾病本质，系统优化人类疾病防治，以有效、安全、经济的医疗服务获取个体和社会健康效益最大化的新型医学范式
模式	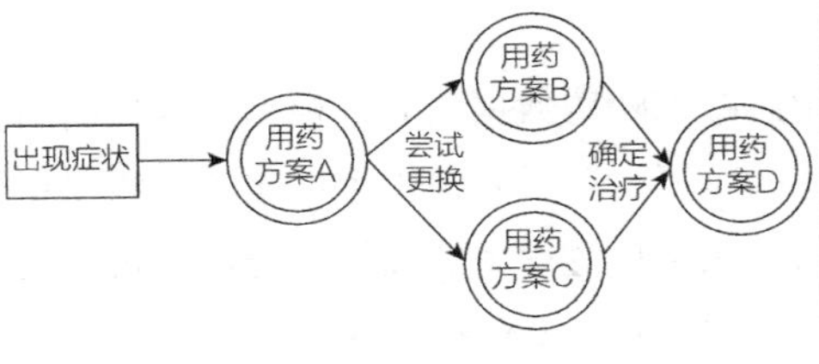 出现症状 → 用药方案A → 尝试更换 → 用药方案B / 用药方案C → 确定治疗 → 用药方案D	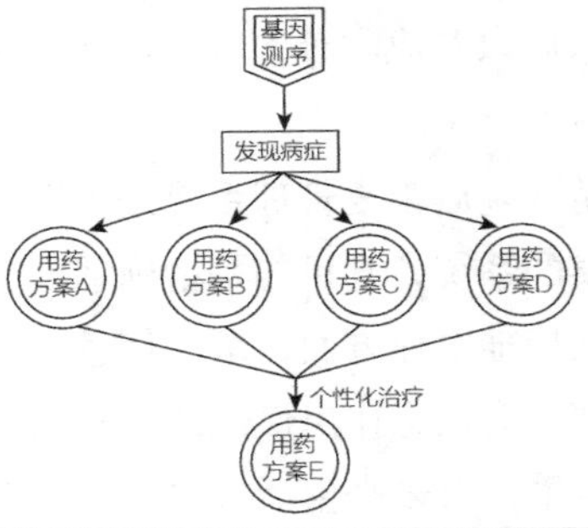 基因测序 → 发现病症 → 用药方案A / 用药方案B / 用药方案C / 用药方案D → 个性化治疗 → 用药方案E
处理方式	通常是出现症状和体征后才开始治疗或用药的被动处理方式	通过大数据的支撑，可提前识别特定基因组信息，预测潜在疾病风险的主动处理方式

① 谢俊祥，张琳．精准医疗发展现状及趋势［J］．中国医疗器械信息，2016，22（11）：5-10.

② 杨梦洁，杨宇辉等．大数据时代下精准医疗的发展现状研究［J］．中国数字医学，2017，12（9）：27-29.

13.2.3 案例介绍

精准医疗通过基因检测、大数据处理等医学前沿技术，对特定人群与疾病进行生物标志物的分析、验证与应用，从分子层面促进对疾病的认知，并对患者和疾病的不同状态和过程进行亚群分类，精确定位致病病因和治疗靶点，实现对疾病进行个体化的精准预防、诊断和治疗，既有对健康医疗大数据的集成分析，又有个体化的疾病诊治与用药①。

医疗的任务是保障人体健康，精准医疗的目的是更为有效地实现这一任务。从疾病发生的发展全过程来看，医疗体系涉及疾病发生前的预防和高风险人群的疾病筛查，即院前管理，院内患者的诊断、治疗、用药以及院后的康复，如图13-2所示。

在院前管理治疗阶段，还涉及最为复杂也最为关键的步骤，即疾病分型。精准医疗倾向于使用遗传学或生物学手段将疾病在基因或分子水平进行细分，从而得到更精准的治疗方案。因此，院前预处理系统中根据地域、时节、环境、人群特征等病学数据建立医疗信息库，是精准医疗院前管理的重中之重。利用信息技术对医疗信息库中大量人群的家族病史、特殊习性、嗜好、分子遗传特征等医疗相关信息进行筛选和处理，建立人群及个体的疾病路线预防图，从而提升人群及个人疾病预防的成效，降低发病率，提升整体人群的健康水平。

疾病精准诊治信息整合系统分为疾病精准诊断管理系统和疾病精准优化治疗管理系统两方面。两者均依赖诊断和治疗技术的研究和发展，基于大量诊断仪器、分析技术等纯技术因素和循证医学研究、个性化医学理念等研究方法，可以为医生提供海量的病情数据，帮助其快速、全面、准确地诊断病情，为个性化治疗手段的选择提供支持；在疾病诊断方面，采用机器学习技术，通过分析患者的健康医疗数据，明确病变靶点和疾病分型，辅助疾病精准诊断；在疾病治疗方面，根据病变靶点识别和疾病诊断结果，结合基于医疗大数据筛选出的患者易感体质因素，制定个性化治疗方案。精准优化治疗管理系统能够帮助医生进行技术、方案、术后以及成本等多方面评估，从而得到针对个体患者的最佳精准治疗方案，提高医疗服务质量。

精准院后康复管理系统是根据患者的预后跟踪随访数据建立，根据病人的病情，进行密切观察的系统，其目的是精确掌握患者个人的康复状况，并提供个性化专业康复指导②。

在精准医疗方面，医疗信息化不仅可以记录医疗过程中的数据，还可以帮助医生快速诊断病情，为病患作出最优的诊断和治疗计划。通过新技术的挖掘和筛选，在相关疾病方面做预防对策，对未来生活方式的改变做出正确的指导。

---

① 高景宏，翟运开等. 精准医疗领域健康医疗大数据处理的研究现状［J］. 中国医院管理，2021，41（5）：8-13.

② 谢俊祥，张琳. 精准医疗发展现状及趋势［J］. 中国医疗器械信息，2016，22（11）：5-10.

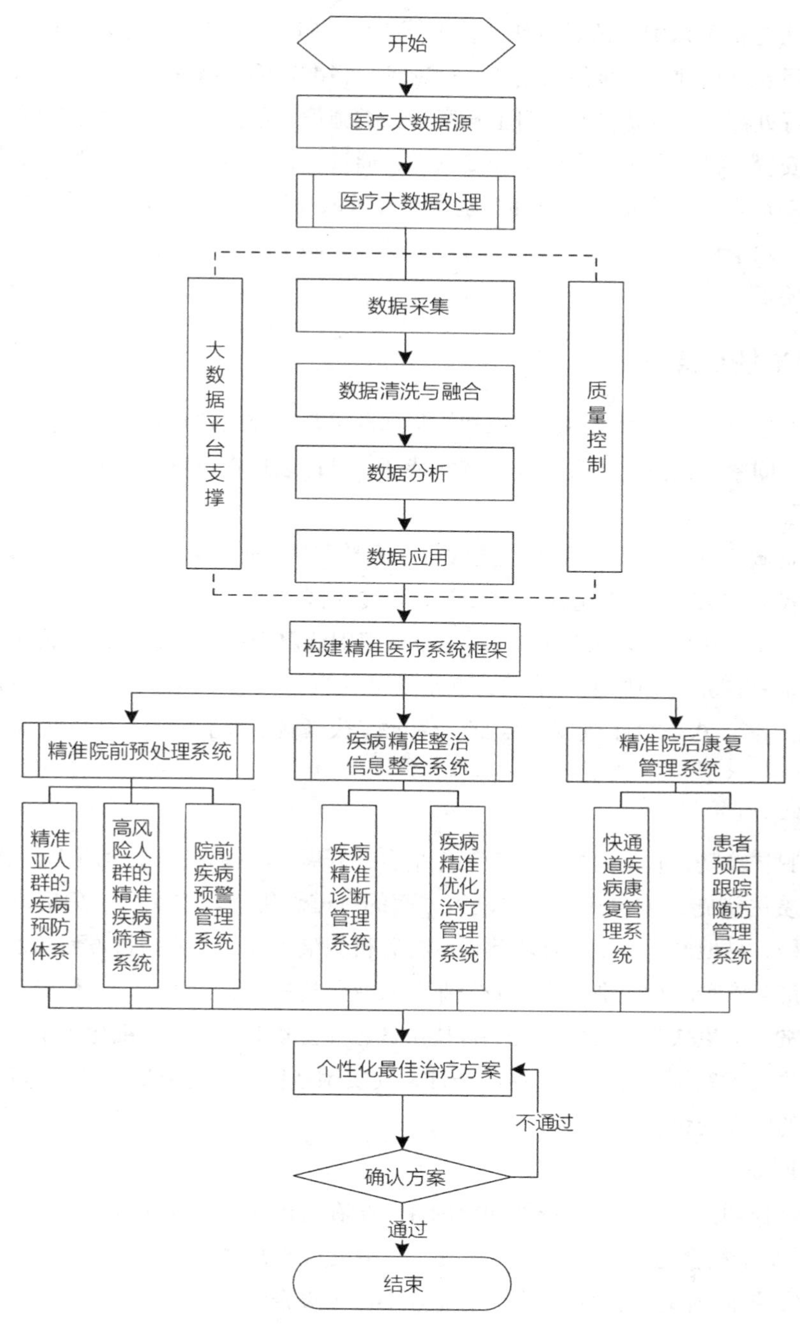

图 13-2　大数据支撑下的精准医疗系统框架图

13.3　民生：精准扶贫

13.3.1　精准扶贫内涵

精准扶贫是相对于粗放扶贫而言的，是针对不同环境、不同状况，运用科学有效的程序对扶贫对象实施精确识别、精确帮扶、精确管理的治贫方式。"注重抓**六个精准**，即扶持对象精准、项目安排精准、资金使用精准、措施到户精准、因村派人精准、脱贫成效精准，确保各项政策好处都落实到扶贫对象身上；坚持分类施策，通过扶持生产和就业发展一批，通过易地搬迁安置一批，通过生态保护脱贫一批，通过教育扶贫脱贫一批，通过低保政策兜底一批；广泛动员全社会力量，支持和鼓励全社会采取灵活多样的形式参与扶贫"。精准扶贫就是要做到"六个精准"，实施"五个一批"，解决"四个问题"。其中，"六个精准"是精准扶贫的具体要求[①]。

13.3.2 精准扶贫特征

精准扶贫思想作为新时代中国共产党扶贫理论，与以前的扶贫理论以及世界上各种扶贫理论相比，时间紧、任务重，且有其独特的特征，具体表现在以下几方面[②]：

1. 过程准

精准扶贫政策的核心要义在于"扶真贫、真扶贫"，通过精准识别找到"穷根"，再通过精准帮扶拔出"穷根"，实现真正意义上的脱贫致富，整个扶贫过程的每一个环节都要精准。要在工作实践中实行"八个准"：一是对象识别认定准；二是家庭情况核实准；三是致贫原因分析准；四是计划措施制定准；五是扶贫政策落实准；六是人均收支核查准；七是对象进出录入准；八是台账进度记录准。保证"扶真贫、真扶贫"，真正实现"精准"的要义。

2. 措施全

为落实脱贫攻坚，政府要搭建五个工作平台，开展六项扶贫行动，实施十项精准扶贫工程。精准扶贫的措施具体包括，基础设施方面的村道硬化、饮水安全、危房改造、农电保障、信息网络、易地搬迁、生态环境建设、村容村貌整治等；产业扶持方面的发展特色农牧业、劳务经济、农产品加工业、现代服务业、农业科技扶贫、新型经营主体等；社会帮扶方面的教育扶贫、卫生扶贫、文化扶贫、科技扶贫、社会救助保障等，细化了精准扶贫的路径和措施。彻底改变贫困地区生产生活的条件，使贫困地区从实行家庭联产承包责任制以后，实现全方位的巨大变化。

3. 动员力强

精准扶贫强调扶贫工作的系统性和全局性，把在贫困地区精准扶贫作为党委政府的"一号工程"，动员全社会力量打赢脱贫攻坚战。在中央与地方之间实施中央单位定点帮扶；在东西部之间实施东西部扶贫协作；在国有企业实施中央企业定点帮扶贫困地区活动；引导鼓励民营企业参与扶贫开发；要求解放军机关带头做好定点帮扶工作；动员支持社会团体、基金会等各类社会组织从事扶贫开发事业；充分发挥社会工作者和志愿者扶贫作用；加强国际

① 陈华平，赖莉．乡村振兴战略视角下赣州市精准扶贫的实效及其长效机制研究［J］．南方农机，2021，52（11）：58-61.

② 王璠．习近平精准扶贫思想研究［J］．陕西社会主义学院学报，2021（1）：5-8，17.

交流合作，引进资金、信息、技术、智力、理念、经验等国际资源，服务我国扶贫事业。形成以政府为主导、全社会参与的大扶贫格局。

4. 靠得实

精准扶贫要求“扶真贫、真扶贫”。“五级书记”抓扶贫，为打赢脱贫攻坚战提供坚实的政治保障。实行中央统筹、省（自治区、直辖市）负总责、市（地）县抓落实的领导体制。

5. 工作要求细致

习近平总书记2017年3月8日在“两会”期间参加四川代表团讨论时发表重要讲话，他特别强调，“脱贫攻坚越往后，难度越大，越要压实责任、精准施策、过细工作。需要下一番‘绣花’功夫。”这是对精准扶贫工作提出的新要求。实施精细精确精微“绣花式”的扶贫方式，要求精准扶贫全过程每一个环节都要细致入微地开展工作。

13.3.3 案例介绍

2016年1月15日，相关负责人到江西省赣州市上犹县走访困难群众和困难企业，深入该县社溪镇严湖村就精准扶贫工作进行调研，采取听取情况汇报、上户查看、召开座谈会等形式，就严湖村的扶贫问题进行“解剖麻雀”，深入实施精准扶贫[①]。

13.3.3.1 贫困现状剖析

严湖村共有农户681户，农业人口2765人，贫困户132户416人，是“十三五”省级贫困村。2015年全村农民人均纯收入5720元，是全省农村居民人均可支配收入10117元的56.5%。严湖村贫困现状主要表现在以下几个方面：①基础设施落后，公共服务弱；②农田水利设施差，土地产出低；③群众收入低，居住环境差；④增收难度大，脱贫任务重。

13.3.3.2 因户精准施策

严湖村想要实现脱贫目标，关键是要选对路子，坚持改善生产生活条件与增加收入并进，瞄准对象，精准施策，破解难题。

1. 坚持长短结合，发展产业增收

要集中力量抓好三件事，尽快增加贫困户收入，①抓两个基地，②抓种养发展，③抓光伏发电。在发展好上述三个产业的基础上，利用新江河落差大、水资源丰富的优势，打造新江河漂流、新建古法榨油厂和油茶文化、新型“农家乐”等项目，发展生态旅游，促进农民持续增收。

2. 坚持标本兼治，抓好教育培训

充分发挥教育培训“拔穷根，挪穷窝”的优势，加大教育扶持力度。抓好基础教育，改善教学条件，建立新江教学点，设立助学制度，防止因学致贫。抓职业技术培训，积极协调培训机构和劳保等有关部门开展技能培训，使农村新增劳动力都能掌握专业技能；同时，可成立村农民夜校，根据生产发展需要，组织开展蔬菜、油茶、水果种植和生态环保养殖技术培训，提高生产开发效益。

---

① 郑为文．解剖麻雀：从严湖村实践看精准扶贫［J］．中国经济周刊，2016（13）：38–41.

3. 瞄准 132 户贫困户，落实脱贫措施

根据情况不同，对贫困户进行精准扶贫，对132户贫困户中72户有小孩上学的家庭，发动省公安厅的干部职工实行一对一结对帮扶，降低小孩上学负担，并帮助争取国家有关政策，确保不因学致贫。对居住在偏远山区交通不便的14户农户，列入搬迁扶贫范围，搬迁安置到城区或工业园区附近，通过技术培训等，帮助进入工业企业就业，解决好生活出路问题。

4. 突出基础设施建设，改善生产生活条件

要抓村庄环境整治，结合城乡一体化建设，优化村容村貌，使群众居住环境和卫生条件得到改观。要抓公共服务设施，以村部为中心，硬化环村道路3km形成全村循环，改善出行交通条件；建设安全饮水工程，实行集中供水，铺设水管，解决全村饮水难的问题；完善农田水利设施，新开水渠，农田土地平整，提高耕地质量；改善通信设施，力争村内通广播、通宽带网络，为发展电商销售打好基础。

5. 提出精准扶贫的保障措施

①加强村党组织建设，健全规章制度，加强阵地建设，完善组织网络管理，培养后备力量，培育良好风尚；②强化产业扶贫措施，实行一对一产业帮扶，搭建好组织平台，盘活闲置土地，用好扶助资金；③强化扶贫资金监管，优化制度设计，增强扶贫合力，加强资金管理，加强政务公开；④建立后期帮扶跟进机制，完善大病救助和商业保险制度，建立农业生产和自然灾害保险制度。

13.4 教育：精准教育 *

教育的目的是培育社会、行业所需的人才。从工业化、信息化到智能化时代的发展，各行各业都发生着翻天覆地的变化，规模、集成度、产业链、供应链、知识结构和能力结构构成均已不同往日。作为输送人才的教育工作，必须主动或被动地跟进这种变化。因此当前新时代环境下，传统教育逐渐朝着精准教育转变，那么什么是精准教育，如何进行精准教育呢？详细内容扫描二维码（含图13-3、图13-4）。

13.5 防疫：精准防疫

精准防疫是指各地面对各不相同的疫情发展态势和防控形势下，制定差异化、有针对性的防疫措施，科学地调整防控级别，在尽可能减少对正常生活、经济社会秩序冲击的前提下，全面提升社会防疫水平和能力，从表面化、粗放式的防疫转为更精准、更高效的防疫。

2019年12月底，一场来势汹汹的新冠肺炎疫情悄然暴发，逐渐威胁到了人民群众的生命健康……

1. 新冠肺炎概况

2019年12月以来，湖北省武汉市部分医院陆续发现了多例有华南海鲜市场暴露史的不明原因肺炎病例，证实为2019新型冠状病毒感染引起的急性呼吸道传染病。2020年2月11日，世界卫生组织总干事谭德塞在瑞士日内瓦宣布，将新型冠状病毒感染的肺炎命名为“COVID-19”，简称“新冠肺炎”。

1）主要危害

新冠肺炎的危害主要有三方面：一是该类疾病属于传染病，病毒的传染性较强、人群普遍易感、潜伏周期长而隐、潜伏期内存在传染性。二是目前没有针对性药物，一些重症病例，会迅速发展为急性呼吸窘迫综合征，甚至导致患者死亡。三是可能影响社会稳定，增加人员恐慌，对国家、个人的心理承受力有极大的挑战。

2）国际、国内影响

2020年3月11日，世界卫生组织总干事谭德赛宣布，新冠肺炎疫情已构成全球大流行，各国政府为避免新冠肺炎疫情的传播，相继采取交通运输管制、限制人口流动、全国范围内的居家隔离、停工停产等措施，导致全球经济活动难以顺利进行，全球经济按下“暂停键”。加速全球产业链的重构，区域化成为重要的经济合作方式，加剧了“逆全球化”。疫情扩散导致全球经济深度衰退的可能性增加、跨国公司对外投资减少的可能性加大、提高了贸易摩擦的可能性[①]。我国2020年经济也遭受严重损失，但从中长期看，中国经济长期向好的基本面不会因为疫情的短期冲击而发生改变，复工复产速度的提高，将促使我国对外贸易迎来新的发展阶段[②]。

2. 防疫的中国应用方案

1）防疫逻辑

疫情防控与救治有所不同，其侧重在于疫源控制、疫体防护（易感人群）、疫径阻绝（图13-5）。作为疫源，不管是宿主还是寄主，都应该清晰地研究，找到“债主”，从源头阻止病毒传播。增强免疫力，戴口罩、少接触病患等是对易受到感染群体的保护。居家隔离、停工停产等措施都是为减少人员流动，是阻绝病毒传播的有效路径。“源、体、径”之间相互影响和关联，需要精准地在“源、径、体”三个要素上实现控制，才能取得较好的防治效果。

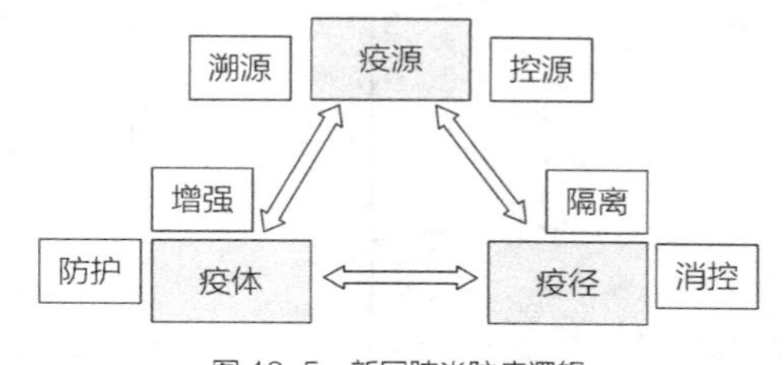

图13-5 新冠肺炎防疫逻辑

源：即源头。准确地进行源头追溯和传播源的控制，实现一对一的防疫管理。径：即路

① 冯一帆，王迪．新冠肺炎疫情对全球经济的影响以及中国应对［J］．低碳世界，2021，11（9）：255-256.

② 陈颖华．新冠肺炎疫情对国际贸易的影响及应对建议［J］．对外经贸，2021，326（8）：12-14.

径。准确地进行路径切断和传播渠道的控制，实现群体传染渠道的切断。体：即人体。准确地识别感染人体和提高个体免疫力，对已感人员实现救治，实现防、治一体化。根据疫情的症状表现及传播途径绘制了疫情精准管控防治图，如图13–6所示。实际上，隔离（戴口罩、控制外交距离、居家减少外出）、消防（喷发、洗手）、接种（疫苗）这些有效措施，都是围绕着“源、径、体”三个字开展的。

2）防疫组织

根据疫情防控应急指挥部的工作部署，为切实有效切断新型冠状病毒传播途径，防止疫情扩散蔓延，全国上下共同战“疫”，在各省市、街道、社区组建防疫组织，而街道、社（小）区人口流动量多、外来务工人员多，因此成为这场防控阻击战中最重要的“神经末梢”。广泛动员群众、组织群众、凝聚群众，形成街道防疫组织，将防控工作落实落细到社区、小区、院落、居民楼、每一户、每一个人，实现街道疫情“精准防控”。

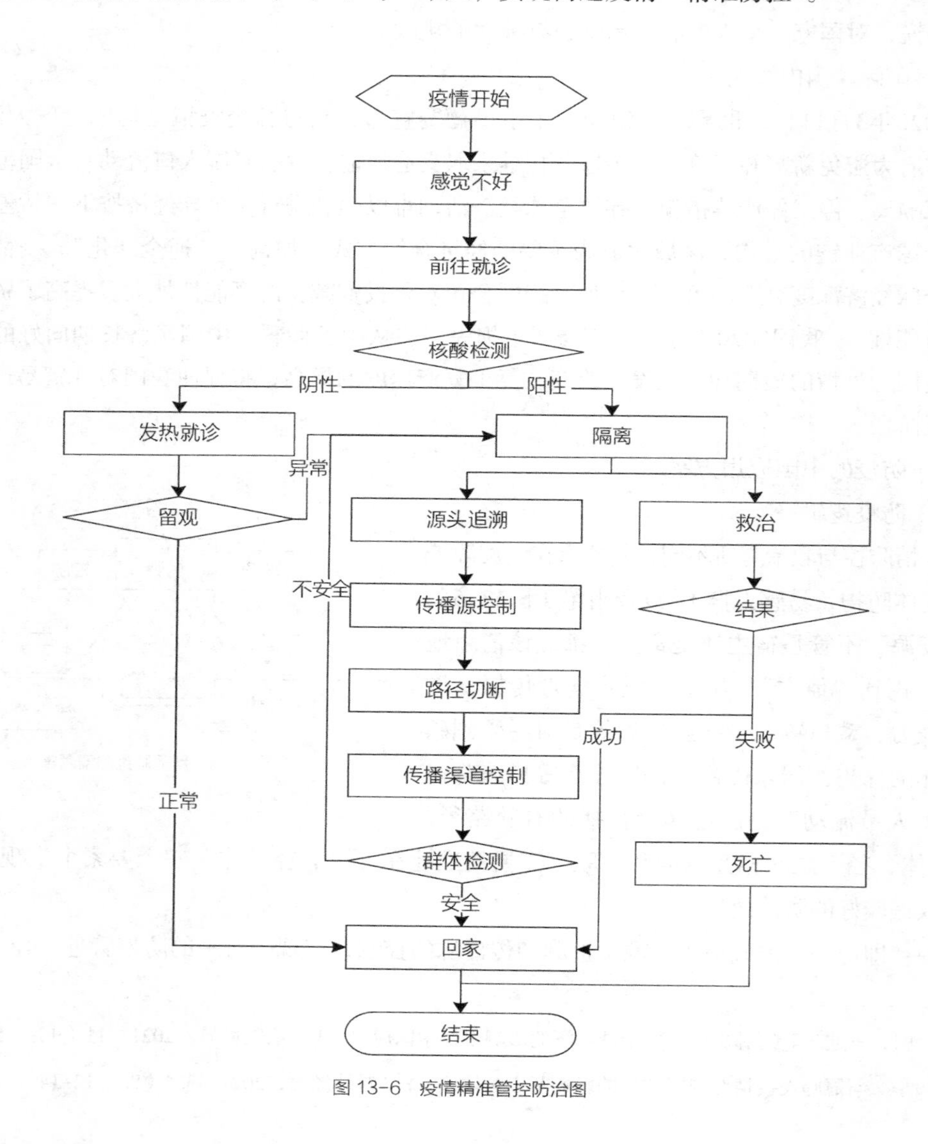

图 13-6　疫情精准管控防治图

根据《浙江省新型冠状病毒感染的肺炎疫情防控工作领导小组办公室关于进一步加强疫情社区防控工作的通知》（省疫情防控办〔2020〕14号）中的原图进行改进后，得到街道与各社（小）区防疫组织防疫检查工作流程，如图13-7、图13-8所示。

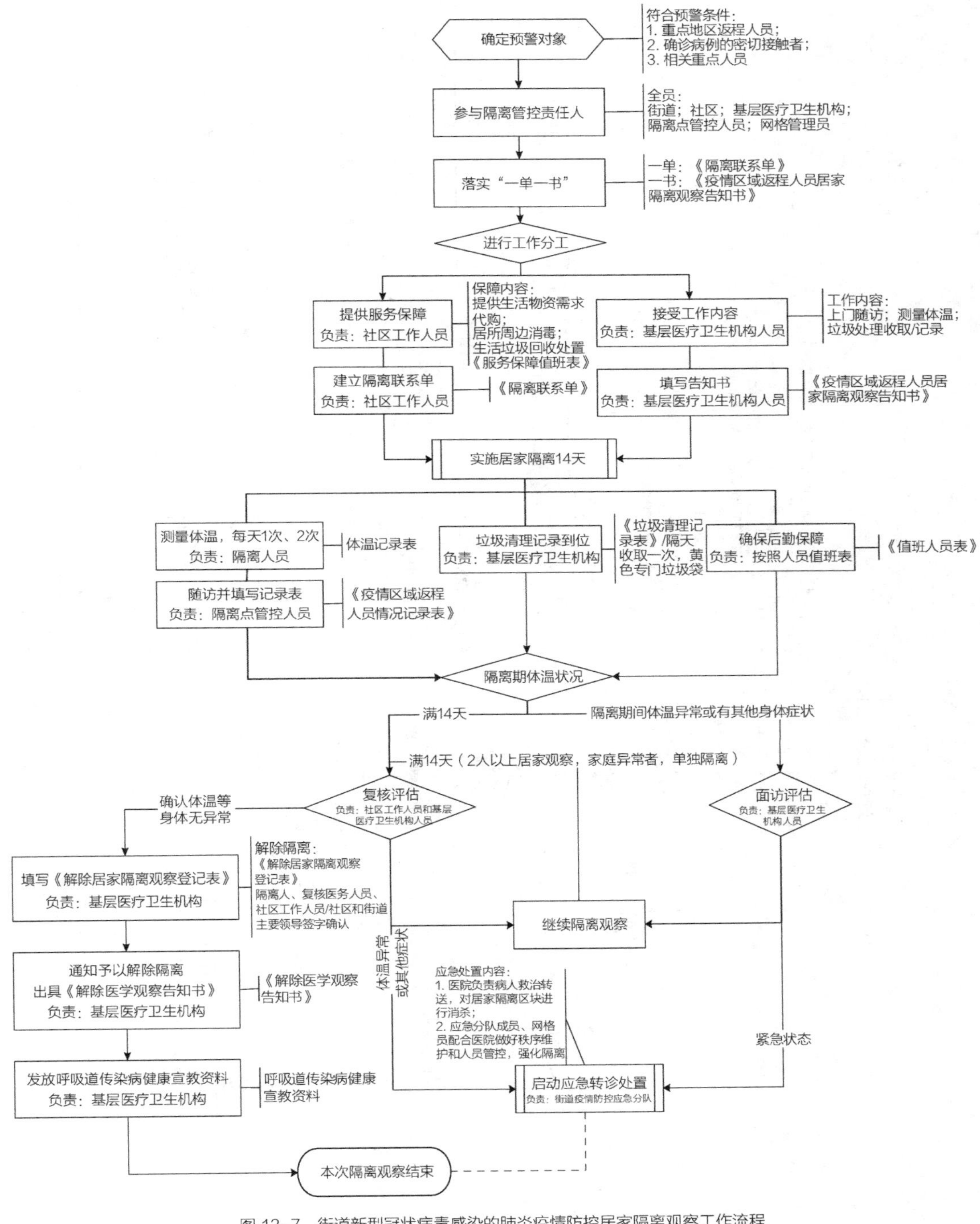

图 13-7　街道新型冠状病毒感染的肺炎疫情防控居家隔离观察工作流程

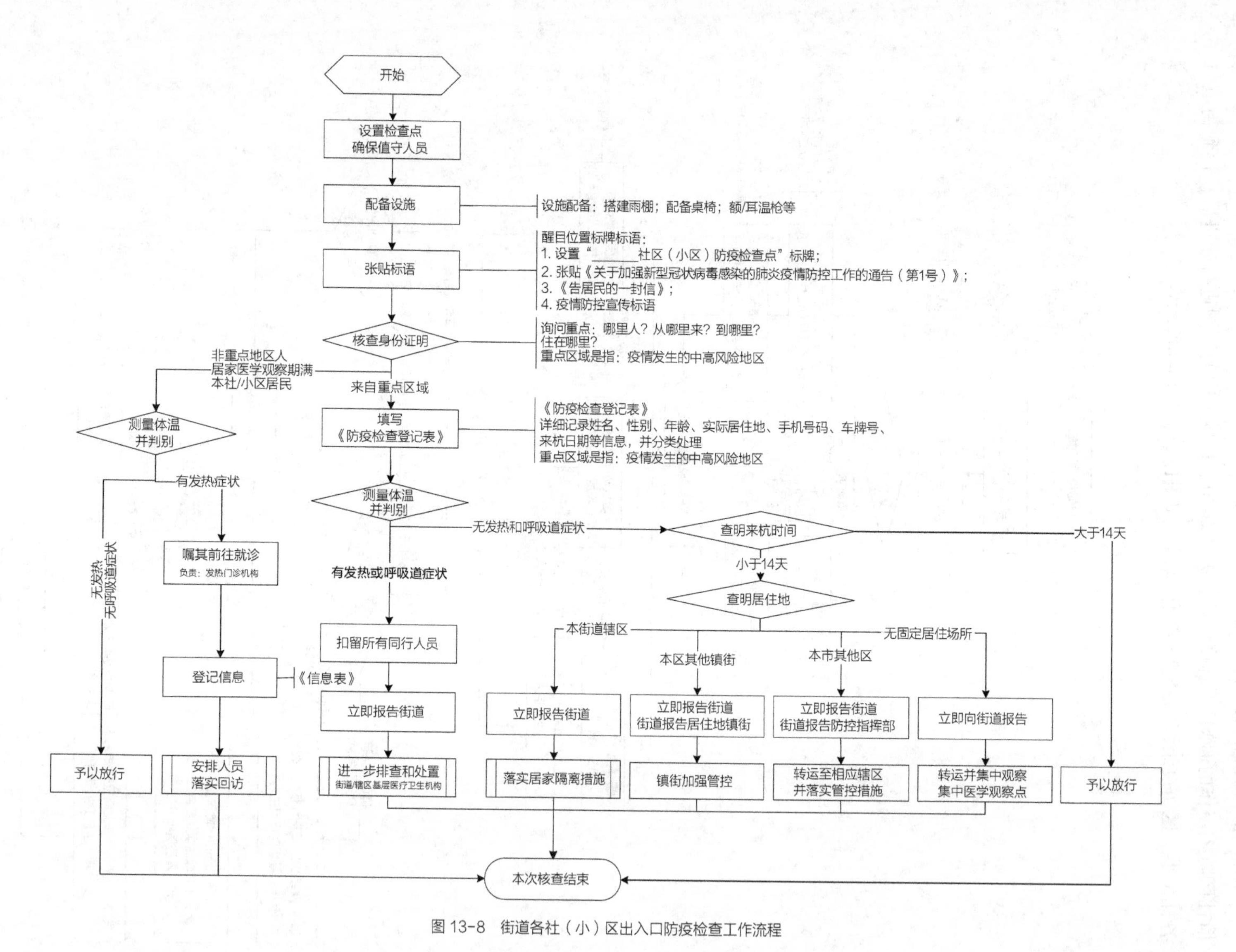

图 13-8　街道各社（小）区出入口防疫检查工作流程

表达清晰的防疫工作流程图有利于防疫组织清楚地知道“该干哪些事”“先后顺序”“该谁负责”“该准备哪些东西”，极大地提高防疫效率。

3）精准定位

充分发挥信息技术优势，运用大数据、人工智能、云计算等数字技术，“让机器多出力”，减少过度动员社会资源造成巨大的经济和社会负担，精准定位疫情区、密切接触人员、次密切接触人员等，降低疫情传播风险。

健康码、行程码就是各地利用大数据、互联网等手段加强疫情防控的一项创新举措，目的是利用信息化手段做到精准防控、科学防控。利用手机定位系统，进行精准空间定位、轨迹跟踪和数据监测。绿码表示“未见异常”，可以正常通行；黄码表示轨迹跟踪与数据监测到曾途经中高风险地区或次密接人员，需“进行排查、核酸检测，并进行居家医学观察或健康监测”，或需进行“居家健康监测”；红码表示要在定点医疗机构隔离治疗或集中隔离医学观察等措施。行程码根据定位系统，可以显示在过去14天内到访的国家（地区）和国内停留4小时以上的地市信息，能精确排查14天内是否到访过中高风险地区的城市。根据精确的定位系统与数据检测，在疫情区可以顺着病毒的传播链条精确锁定范围，进行核酸检测，避免扩大化，大范围全员核酸检测，节省人力资源与医疗资源。

利用互联网头部企业积累的大数据资源和研发能力，将疫情防控的人流动态、物流保障、信息流分析等设定为主要应用场景，提升疫情防控的前瞻分析和精准预判水平。推动“不见面防控”，广泛采用智能设备并利用信息技术平台，减少人员直接接触，开展信息填报、数据分析、会议研讨等工作，最大限度切断疫情扩散传播链。

精准防疫源于精准认识，深刻认识当前国内外疫情防控形势及病毒传播规律，深刻认识我国经济社会发展的任务及挑战。一方面避免反应迟钝、见怪不怪的“麻痹症”；另一方面力戒反应过度、鸡鸭断粮的“过敏症”。既“治已病”又“治未病”，我们就能汇聚起统筹疫情防控和经济社会发展的磅礴力量。

13.6 其他：精准应用 *

精准管控在各行各业都有广泛应用，既要做到时间节点、空间位置的准确，又要其他管理要素的精准，是非常不容易的。除了可将精准用于打击、医疗、扶贫、教育、防疫等邻域之外，精准在导航、营销、农业、化工、救灾等领域也意义非凡。“邻域”的精准化思想、发展也同样会“压迫”、推动建筑业的精准化变革。详例内容扫描二维码。

第 14 章

工程管理领域应用

本章逻辑图

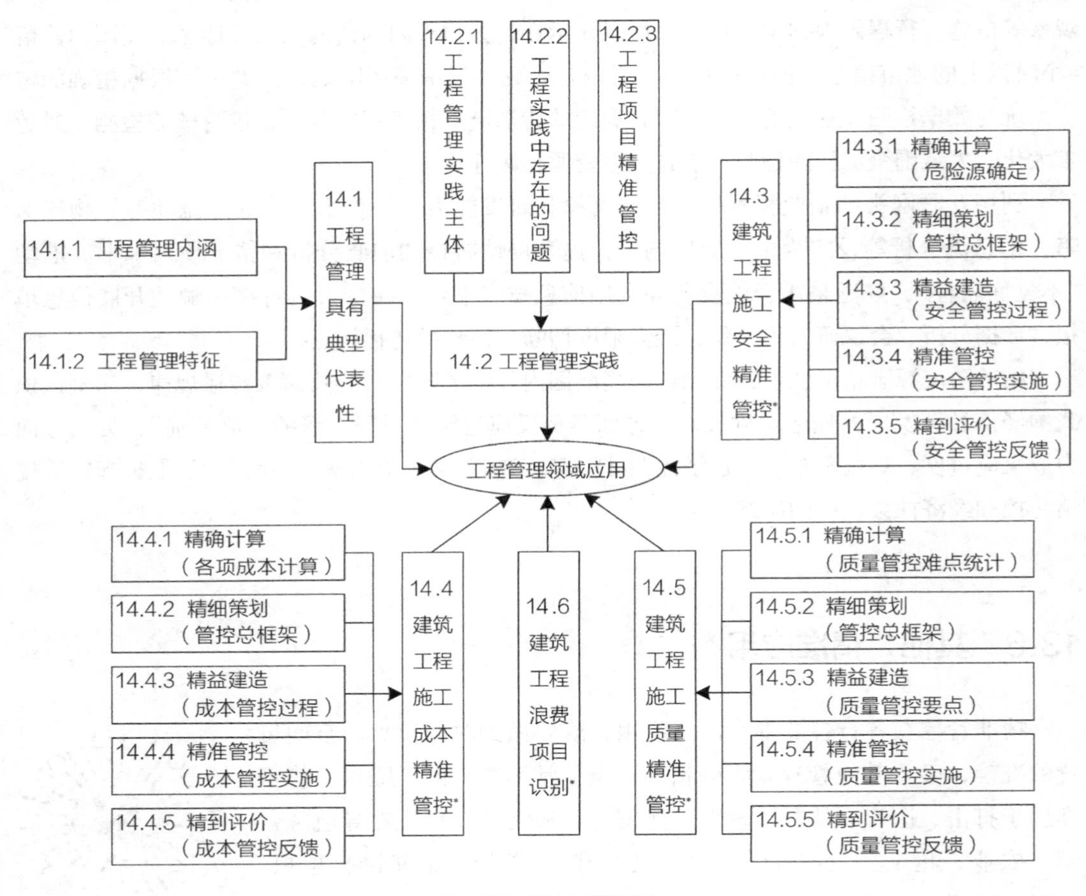

图 14-1 第 14 章逻辑图

注：*表示本节有部分内容需扫描二维码观看。

14.1 工程管理具有典型代表性

14.1.1 工程管理内涵

工程中的管理分为有形与无形，看得见的成果：高楼大厦、铁路机场、港口航道；看不见的行为：决策的犹疑、策划的苦心、管控的辛勤。

工程是人类在认识和遵循客观规律、遵守制定各种规则的基础上，利用原材料、工具、场所，融入审美、通过管理以改造物质自然界的完整、全部的实践活动、建造过程和造物结果，从而满足自身的价值需求，以及由此对社会、人类和自然所产生的综合影响的总和。

项目是指一系列独特的、复杂的并相互关联的活动，这些活动有着一个明确的目标或目的，必须在特定的时间、预算和资源限定内依据规范完成。项目化管理是近代管理的新模式，工程采用项目化管理的根本是聚焦管理目标、资源、责任和过程。

管理是指一定组织中的管理者，通过实施计划、组织、领导、协调、控制等职能来协调他人的活动，使他人同自己一起实现既定目标的活动过程。

因此，工程项目管理就是通过一系列独特复杂的计划、组织、领导、指挥、协调、控制的管理活动，以实现工程和项目的价值最大化，如图14-2所示。

工程管理是决策、筹划、协同的过程集合体，其内涵涉及工程项目全过程的管理，包括DM（Development Management，即决策阶段的管理）、PM（Project Management，即实施阶段

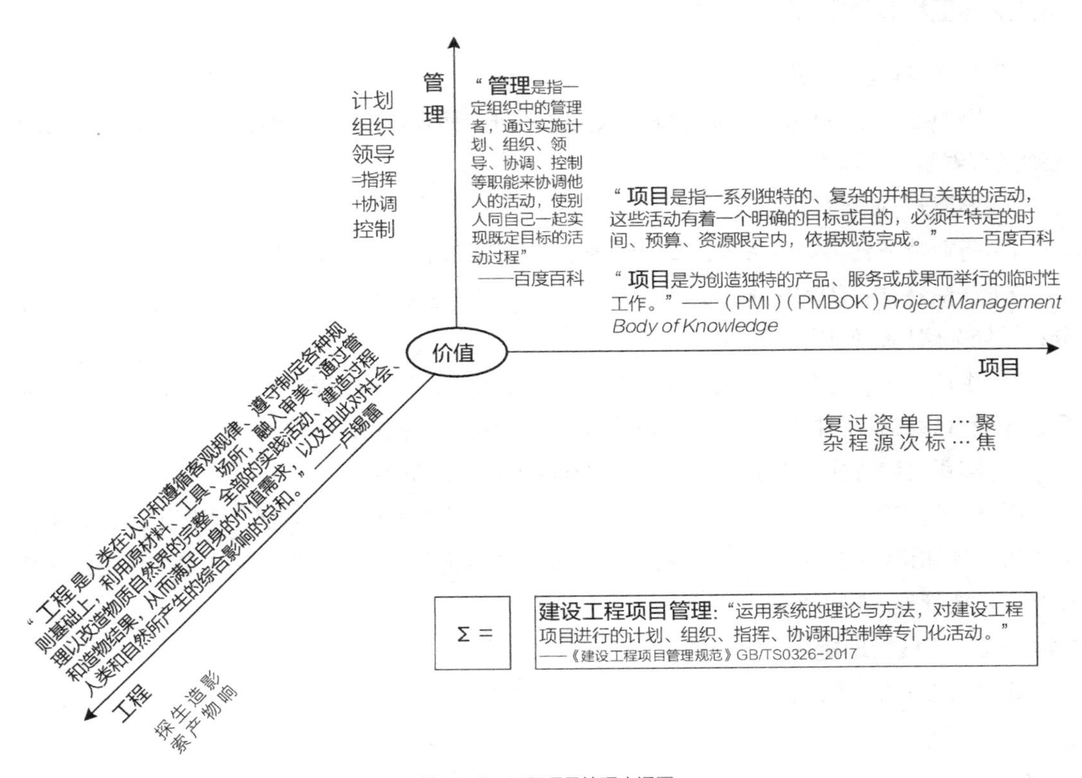

图 14-2　工程项目管理内涵图

的管理）和FM（Facility Management，即使用阶段或称运营或运行阶段的管理），并涉及参与工程项目的各个单位对工程的管理，即包括投资方、开发方、设计方、施工方、供货方和项目使用期的管理方的管理。

工程项目管理的核心是工程增值，工程管理服务是一种增值服务工作。工程是人类的价值活动，管理使价值最大化，项目则聚焦价值为目标。其增值主要表现在两个方面：工程建设增值和工程使用增值，具体如图14-3所示。

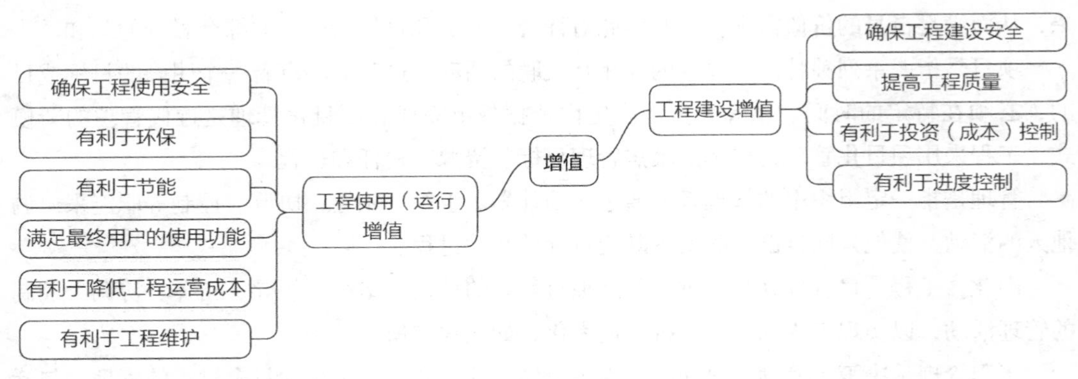

图 14-3 工程增值图

14.1.2 工程管理特征

14.1.2.1 工程建设行业特征

工程建设行业与制造业都是伴随着人类文明进步而发展的两大传统产业，两者之间相互区别又有着紧密的联系①。

工程建设行业特征：

1）行业特征：①资金密集；②劳动密集；③知识密集；④风险密集。

2）产品特征：①固定地上，不能移动；②复杂多样，彼此各异；③形体庞大，整体难分；④经久耐用，使用期长。

3）生产特征：①生产的流动性；②生产的单件性；③生产周期长；④露天和高空作业多；⑤受自然气候条件的影响大；⑥依赖劳动和装备水平强；⑦高度动态等。

4）实践主体特征：①主体众多；②利益冲突；③政策多元。

因此，超多维的认知协同维度，人、事、物，全动态过程，长周期，资源限制，急决策多决策，高知识集成，低标准化等构成了建筑业复杂业态的主体特征，上述特征也是工程建设行业粗放管理的根本来源。

14.1.2.2 工程管理特征

建设行业具有资金密集、劳动密集、风险密集、复杂性、公共性、资源巨大性、长期

① 张利，陶全军. 论建筑业与制造业生产和管理模式的趋同性［J］. 建筑经济，2001（11）：7-9.

性、粗放型、多主体性等特征。而工程建设行业特征决定了工程管理特征，使得工程管理决策密集、管控密集、协同密集，是管理密集型与知能密集型的集合，需要持续集成、持续交付、持续部署，是迫切需要精确计算、精细策划、精益建造、精准管控、精到评价的对象。

工程建设行业与制造业在特征上有许多共性：

1）建筑产品本身虽是固定的，但其建筑过程仍然是流水作业，仍然遵循着生产线的基本规律，以人和设备的移动代替了制造业中产品的流动。

2）现代制造业的发展强调生产供应链，倾向于专业化分工，由各地生产零配件，最后由总装工厂进行装配。由此形成了产品供应链，包括设计、材料、零配件、总装、销售、维修等各链节。而装配式房屋建筑的施工生产与此相同，也是由不同的构配件和工序组合装配而成，尤其是工业化建筑生产方式的发展，两者更显趋同。

3）现代计算机与网络技术的发展，使制造业的生产与销售组织遍布世界的各个角落，这种远程的生产与建筑业的项目法施工是同一模式。而同时“3C”技术（Computer、Communication、Controlling）使生产链中的各个环节联系更紧密，建筑业中的投资、设计、建造、销售与维护可以形成一个“虚拟企业”，这和制造业是相似的。

特征上的共性，使得二者在发展、管理模式上具有趋同性：

1）建造过程的工业化是建筑业发展的方向，在工业化的基础上，要实现各类建筑物的产业化。这包括建筑材料、制品的集中、大批量、标准化生产，形成供应链和实现工厂化装配房屋。这是从生产模式上向制造业靠拢，达到高质量、低成本快速建造的目标。比如国内推行的住宅产业化就是典型代表，其反映出的重要一点就是把制造业的思想引入建筑业，改变传统的建房方式，使住宅建设向工业化、标准化、集约化和信息化发展，是建筑领域生产方式的革命。

2）在具体的技术措施上，吸收制造业的先进方法，实现信息化施工。这包括虚拟制造技术（VM）、计算机集成制造系统（CIMS）等技术革新理论。比如有人把虚拟制造理论应用于建筑业，实现虚拟建造，这已取得很大的成功，收到了良好的效益。

3）在管理思想和方法上，借鉴和学习制造业中的一些先进理念，加快建筑业的管理理论发展。比如制造业中的并行工程思想、精益制造思想、敏捷生产思想、绿色制造思想、计算机辅助管理中的MIS、ERP、DDS等。

4）在生产工具上，吸收制造业的生产特点，改造建筑机械、设备和工具提高建筑业的劳动生产率。比如借鉴制造业中的数控生产，开发数控机械，实现建筑业生产中的自动化和现代化。

制造业与建设行业的趋同性，证明建设行业可以走精细化道路，实施精准管控。

14.2 工程管理实践

14.2.1 工程管理实践主体

在工程系统中，工程管理实践决定着工程的走向、工程质量的好坏，是最主要的存在。工程管理实践主体是指在工程中具有内在价值和权利，自主、自足、自为的存在者。这种存在者应有如下界定：①具有德商、智商、心商、情商、意商素养；②拥有工程位置权力；③从事现实的工程活动；④整合和营造人工物；⑤以获取工程效能，这样一类人[①]。

工程的核心是人，投资、设计、施工使用的都是人（法人），构成工程管理实践主体，如图14–4所示。

我们将工程主体归纳为八方，分别为政府方、投资方、建设方、勘察方、建造方、监理方、监督方、检测方：

1）政府方在项目推进过程中具有监管作用，保证投资方向符合国家产业政策的要求，保证工程项目符合国家经济社会发展规划和环境与生态等要求，引导投资规模达到合理的经济规模。

2）投资方是指在工程建设项目中对投资方向、投资数额有决策权，有足够的投资资金来源，对其投资所形成的资产享有所有权和支配权，并能自主或委托他人进行经营的主体。在我国，主要的投资方有：中央政府、地方政府、企业、个人、外国投资主体。不同的投资主体有各自的特点，独立的、互相合作的，这也构成了多元化的多层次的投资体系。

3）建设方是工程项目建设的组织者和实施者，负有建设中征地、移民、补偿、协调各方关系，合理组织各类建设资源，实现建设目标等职责。按项目建设的规模、标准及工期，实行项目建设的全过程宏观控制。负责办理工程开工有关手续，组织工程勘测设计，招标投

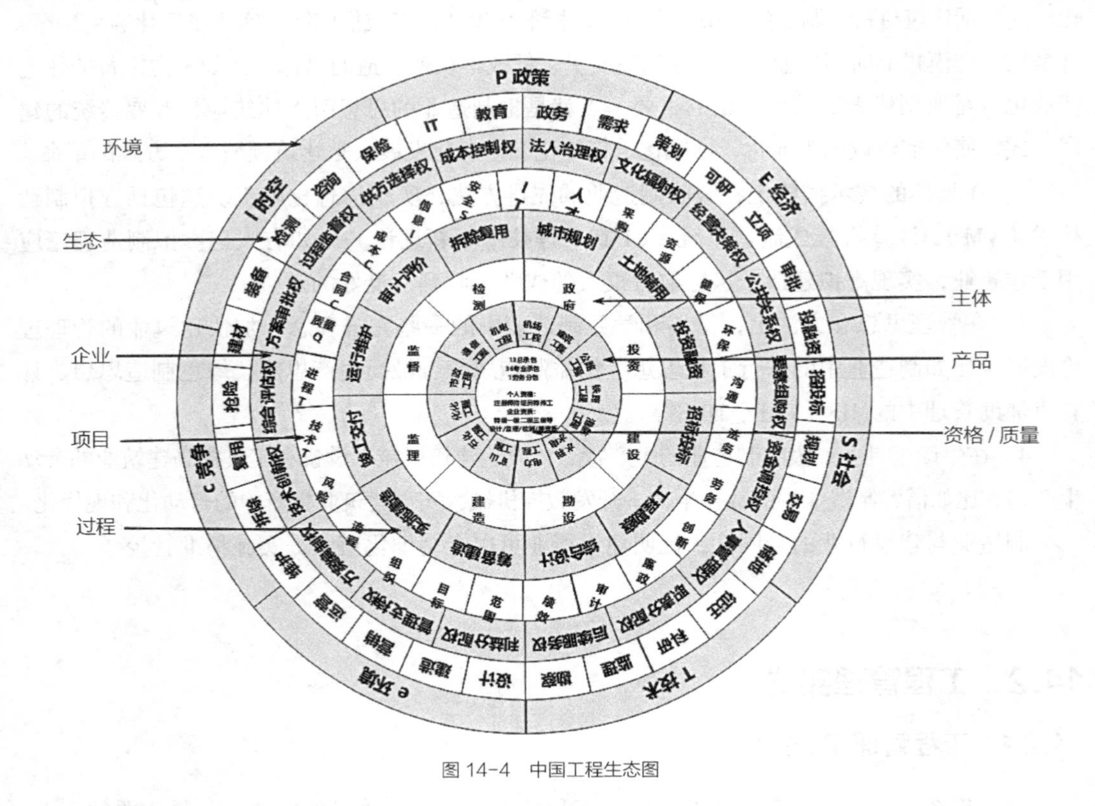

图 14–4　中国工程生态图

① 颜玲．工程哲学体系的建构［D］．南昌：南昌大学，2005.

标、开展施工过程的节点控制、组织工程交工验收等，协调参建各方关系，解决工程建设中的有关问题，为工程施工建设创造良好的外部环境。建设方与设计、施工及监理方均为委托合同关系。

4）勘察方的主要职责是受建设方的委托，负责工程初步设计和施工图设计，向建设单位提供设计文件、图纸和其他资料，派设计代表参与工程项目的建设，进行设计交底和图纸会审，及时签发工程变更通知单，做好设计服务，参与工程验收等。勘察设计方与施工方和监理方等均是一种工作关系。

5）建造方是工程的具体组织实施者。其主要职责是通过投标获得施工任务，依据国家和行业规范、规定、设计文件和施工合同，编制施工方案，组织相应的管理、技术、施工人员及施工机械进行施工，按合同规定工期、质量要求完成施工内容。施工过程中，负责工程进度、质量、安全的自控工作，工程完工经验收合格，向建设方移交工程及全套施工资料。监理方与施工方是监理与被监理的关系。

6）监理方受建设方的委托，依据国家有关工程建设的法律、法规、批准的项目建设文件、施工合同及监理合同，对工程建设实行现场管理。其主要职责是进行工程建设合同管理，按照合同控制工程建设的投资、工期、质量和安全，协调参建各方的内部工作关系。一般情况下，监理方与建设方是委托合同关系，监理方是建设方在现场施工唯一的管理者。

7）监督方是由政府行政部门授权、代表政府对工程质量、安全等实行强制性监督的专职机构。其主要职责是复核监理、设计、施工及有关产品制造方的资质，监督参建各方质量、安全体系的建立和运行情况，监督设计方的现场服务，认定工程项目划分，监督检查技术规程、规范和标准的执行情况及施工、监理、建设方对工程质量的检验和评定情况。对工程质量等级进行核定，编制工程质量评定报告，并向验收委员会提出工程质量等级建议。监督方与监理方都属于工程建设领域的监督管理活动，两者之间的关系是监督与被监督的关系。监督是政府行为，建设监理是社会行为。两者的性质、职责、权限、方式和内容有原则性的区别。

8）检测方对按照法律、法规和强制性标准规定检测建设工程本体、结构性材料、功能性材料和新型建设工程材料进行检测，并按照检测信息管理系统设定的控制方法操作检测设备，不得人为干预检测过程。

工程管理实践主体通常是一个组织。由工程决策者、工程执行者、监控者、咨询者组成，包括总指挥、总经理、总工程师、总设计师、总会计师、工人、技师等，工程管理实践主体是工程活动的主导者、规划者、操作者和创新者。

工程体现着工程主体的价值观念及取向。工程管理实践主体的预期目标会引导工程向一个特定的方向转变。

14.2.2 工程实践中存在的问题

由于建筑工程具有结构类型多、露天作业多、施工环境条件多变、交叉施工等特点，在施工过程中稍有疏忽，极易发生工程质量问题，产生安全事故。建筑工程管理是一项较为复杂且系统的工作，由于其中涉及的内容较多，如投资管理、质量管理、安全管理、进度管理等，一旦某个环节或是细节出现问题，都可能影响工程顺利进行。

深入分析其中原因，总结如下三点：

1. 战略与执行的弱连接，低相关度

也就是战略与执行之间的脱节问题。战略与执行是自上而下的动态管理过程，战略在组织高层达成一致后，再向中下层传达，并在各项工作中得以分解、落实。所谓“动态”主要是指战略实施的过程中，常常需要在“分析—决策—执行—反馈—再分析—再决策—再执行”的不断循环中达成战略目标。而建设工程行业开放性强，门槛相对较低，上有政策下有对策的现实比比皆是，弱化了战略与执行的连贯度，执行不精准。

2. 整体与局部的弱呈现，低表现度

也就是追求局部最优却往往导致整体次优的问题。分项工程→分部工程→单位工程→单项工程，是整体与部分的关系。我们应当树立全局观念，立足于整体，统筹全局，选择最佳方案，实现整体的最优目标，从而达到整体功能大于部分功能之和的效果，同时重视部分的作用，搞好局部，用局部的发展推动整体的发展。既要反对只考虑整体利益，忽视局部利益的做法；又要反对只重视局部、部分利益而置整体利益于不顾的做法，把整体和部分割裂开来。

3. 组织结构的变革很难协同，差协同度

组织结构与业务的冲突问题，追寻需求变化的步伐要求业务踩上节奏。组织结构与业务两者是相互渗透，相互影响，相互制约的。组织设立时，因业务的特性而设立相关部门，就形成了组织结构，所以，应先有各组织业务流程的特殊性，再孕育出组织结构，而组织结构形成后，又影响业务流程，因生产力发展，或组织业务性质变化，原有的业务流程不能适应组织的发展，而限于组织结构的影响，因此需要重新建立新的组织结构。

14.2.3 工程项目精准管控

工程项目是建筑企业的主要生产组织模式，实现精准管控思想，体现在“虚拟数字建造”和“精益施工管理”两个大环节，详见本著图4-6。具体体现在：企业使命与战略引领下的组织构建，以满足客户要求为导向的精益建造集成交付的环境与作业管理，工程与工艺同步设计后的仿真优化与建筑模型建立，工艺流程体系策划及任务管理，智能装备、智能生产建造过程的要素管理，对精益施工过程进行侦测感知、研析纠偏的可视化管控，利用ICT技术对沟通过程、反馈/反思系统进行评价，促进决策管理，同时对知识管理进行完善达成精到评价，基于25E’sM、PLM、BIM、w/p’s等管理工具精准管控信息系统的构建等。

作为项目整体管理，“精确计算、精细策划、精益建造、精准管控和精到评价”保证项目目标的实现。而在具体职能中，则体现在项目管理要素的精准管控。在我们的研究中，项目管理全部要素有25个，核心要素有7个：2TQ2CIS，即进程、技术、质量、合同、成本、信息和安全管理，限于篇幅，以安全管理、成本管理、质量管理为例，详细阐述精准管控的应用，本案例详尽介绍了一个实际工程项目的管理过程，具有很好的参考价值。

14.3 建筑工程施工安全精准管控 *

安全生产是人类生存发展过程中永恒的主题。特别是建筑施工行业，安全就是形象，安全就是发展，安全就是需要，安全就是效益的观念，正在被广泛接纳，并更多地受到建筑施工企业的高度重视。本节以奉新县文体艺术中心建设项目为案例进行建筑工程施工安全精准管控介绍，具体实施过程详见二维码。

14.4 建筑工程施工成本精准管控 *

建筑工程一般都耗资巨大，一个项目往往需要数百万、上千万甚至上亿的资金。项目施工过程中能否将成本控制在计划之内，能否达到项目开工前所分析的预期目标，是每个企业最关心的问题。本节以奉新县文体艺术中心建设项目为例（项目概况见14.3节），介绍建筑工程施工成本精准管控内容，具体实施过程详见二维码。

14.5 建筑工程施工质量精准管控 *

建筑工程施工质量不仅关系工程的适用性和投资效果，而且关系到人民群众生命财产及财产安全问题。随着我国现代化建设事业的蓬勃发展，建设规模越来越大，每年投资建设的各项工程面积达几亿平方米，一旦发生质量问题会直接影响公共利益和群众安全。本节采用奉新县文体艺术中心建设项目为案例（项目概况见14.3节），进行建筑工程施工质量精准管控介绍，具体实施过程详见二维码。

14.6 建筑工程浪费项目识别 *

在现有粗放式管理水平下，工程产品从无到有的建设过程中充斥着各种浪费，资源浪费、知识浪费、指挥浪费……。在组织管理中，有的浪费还存在隐秘性，具体内容详见二维码。

第 15 章
大型活动应用

本章逻辑图

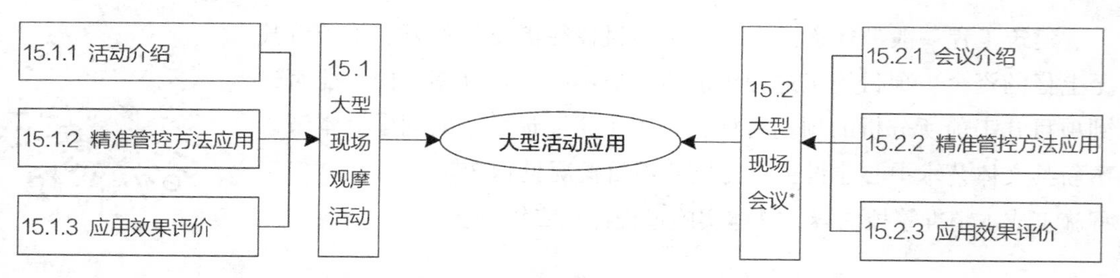

图 15-1 第 15 章逻辑图

精准管控是一个普适性的管理理论，尽管我们建立了建筑工程的智能建造模型，也阐述了建筑工程精准管控的实践例子，但是精准思想在邻域场景的普遍应用和高效实用的例子，恰恰都说明了精准追求是人类的一种信仰。本章再讨论两个大型活动管理的案例，以供参照。

注：*表示本节有部分内容需扫描二维码观看。

15.1 大型现场观摩活动

15.1.1 活动介绍

1. 总体要求

以习近平新时代中国特色社会主义思想为指导，深入学习宣传贯彻党的十九大和十九届二中、三中、四中全会精神，深入学习贯彻习近平总书记关于安全生产重要论述，贯彻落实党中央、国务院关于安全生产重大决策部署，紧紧围绕“消除事故隐患，筑牢安全防线”主题，着眼加强疫情防控常态化条件下安全生产和专项整治三年行动排查整治工作，通过开展教育培训、隐患曝光、问题整改、经验推广、案例警示、监督举报、知识普及等既有声势又有实效的宣传教育活动，增强全民安全意识，提升公众安全素质，树牢安全发展理念，压紧压实安全生产责任，扎实推进问题整改，切实保护群众生命财产安全，促进全市住建系统安全生产水平提升和安全生产形势稳定。

2. 观摩会名称

宜春市住建领域“安全生产月”活动标准化示范工地观摩会暨建筑施工安全生产专项整治三年行动推进会。

3. 观摩路线

为避免观摩现场混乱，绘制施工现场观摩路线图，在门口设有签到处，整个观摩路线如图15-2所示。

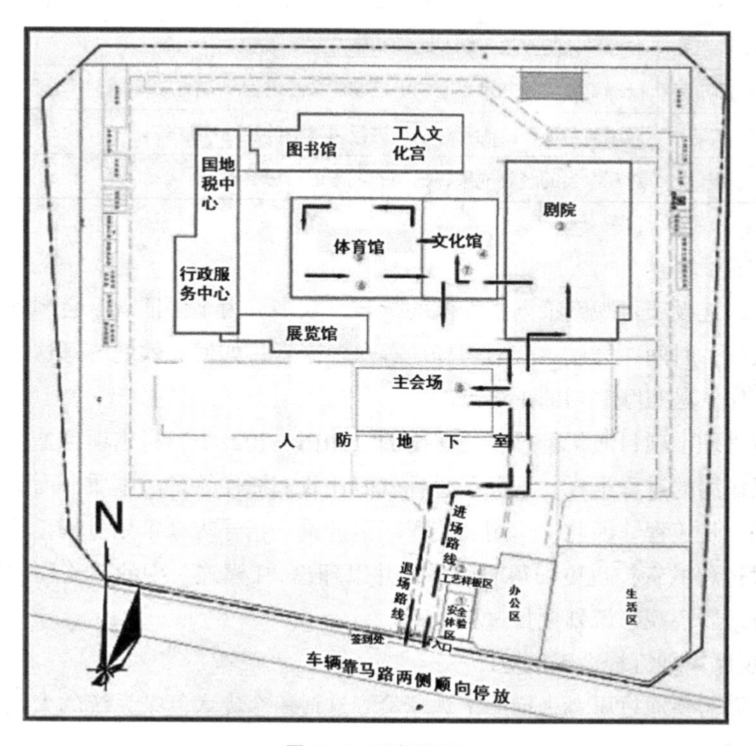

图 15-2 观摩平面图

15.1.2 精准管控方法应用

15.1.2.1 精确计算

精确计算在于量的精确、责的精确、时的精确、域的精确、资源精确、价的精确、质量精确、响应速度、逻辑精确。以责的精确以及时的精确为例，说明本次观摩策划活动中，将任务分配到个人以及明确各项任务的开始时间，任务名称、对应核心内容、关键时间节点的安排如表15-1所示。

任务分工表　　表15-1

序号		核心内容	关键时间节点
1	内容策划方案	通过讨论研究确认活动的核心内容及流程，确定观摩区域、观摩内容、观摩亮点等，形成内容方案，并通过评审	2020.05.08
2	活动邀请方案	制定完成活动目标的邀请方案，包含邀请策略、邀请口径、邀请目标实现方案等	2020.05.10
3	预算方案	制定活动预算节省、执行、管控方案，并通过领导评审	2020.05.20
4	宣传方案（含场地布置）	制定配合观摩会前中后不同宣传策略的宣传方案，指定观摩会现场专人收集素材、执行宣传方案	2020.05.12
5	物资管理	制定观摩会的物资准备及现场管理方案（与各分项人进行沟通后形成）	2020.05.12
6	接待方案	完成签到环节的流程设计及全程客户接待方案（注意客户体验），包含全天的通知、暖心设计环节	2020.05.14
7	食宿行方案	完成食宿安排详细方案（食与宿分开进行策划），注意成本节约及管控	2020.05.15
8	会议部分专项方案	会议部分的专项策划及组织实施方案	2020.06.10
9	项目观摩专项方案	针对奉新文体艺术中心的特点制定参观流程及实施方案	2020.05.18
10	风险设计方案	通过对各环节的周密计划，进行风险估计及处理方案	2020.05.20
11	总结归档	对观摩会的经验成果、出现的纰漏进行总结改进	2020.06.22

15.1.2.2 精细策划

众所周知，建设项目观摩策划中涉及的参与方众多，为了保证观摩会顺利展开，难免会涉及资金、人员、时间、气候、交通、场地等众多因素，如何有效地统筹这些因素，协调各部门之间的工作，是观摩策划的重难点。

在《质量管理　项目质量管理指南》GB/T 19016—2021中，指出项目是由一个个具有起止时间、相互作用的过程组成，把握了过程就能让我们抓住管理的本质，而上述指南中提到的过程，实质就是流程。因此，运用“流程牵引理论”指导观摩策划过程，使得策划过程更精准，同时对过程的管控也更加得心应手，并以理论“L模式”中的四流程体系为指导，为大家全面直观地展现观摩策划项目过程。

1. 绘制观摩策划流程逻辑概览图

首先，我们需要通过思考来描绘出观摩策划这样一个庞大复杂系统的大致逻辑顺序，并用流程图（图15-3）进行表示。

2. 绘制四流程体系图

流程在所有管理要素中的核心竞争力体现在流程对目标→任务→工作/战略与日常操作的密切连接，因此，在有了一个大致的任务逻辑顺序后，用“四流程体系”来对各个阶段进行划分，详见图15-4。

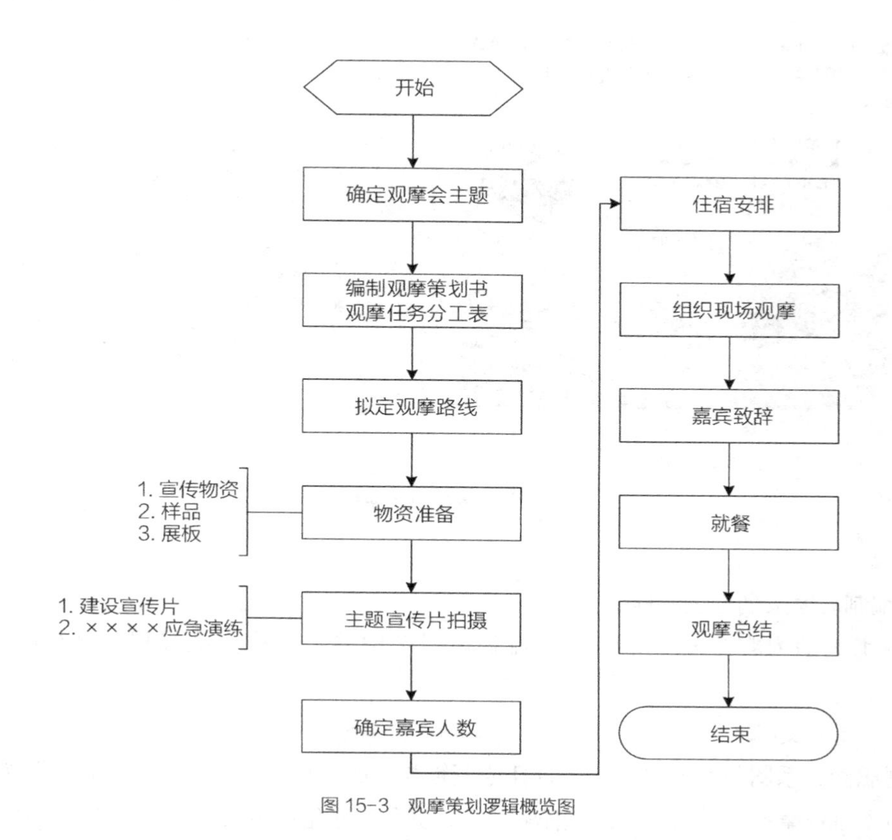

图 15-3 观摩策划逻辑概览图

图15-4 “L模式”四流程图

3. 撰写策划书

在有了成型的理论指导与清晰的实施逻辑后，根据“四流程体系”的“战略决策”对核心目标进行锁定与层层分解，而后编写观摩策划书，观摩策划书封面及目录如图15-5所示。

宜春市住建领域“安全生产月”活动标准化示范工地观摩会暨
建筑施工安全生产专项整治三年行动推进会策划书

有限公司

二〇二〇年六月十六号

目 录

图 15-5 奉新项目观摩策划书

4. 编制观摩策划推进流程图

以分工表的内容为基础，对“四流程体系”中的“操作实施流程”进行细化，如图15-6所示。

15.1.2.3 精益实施

绘制职能关系图与任务分工表，以任务逻辑与“四流程体系”的“职能管理”为参考，组建奉新项目观摩策划小组，并进行任务分工，让每个小组的成员都知道各小组的协作交流与输入输出的核心内容，如图15-7所示。

对观摩会当天各负责人需要完成的任务进行详细的分工，其任务分工及推进流程如图15-8所示。

15.1.2.4 精准管控

在进行观摩策划过程中对各环节进行自善纠偏/风险预案，为了保证目标任务完整、无偏差地被执行，自善流程包括检验、评估、审核、审批、复核、判断、评审、检查、监督等任务流程。其对于组织的运作十分重要，类似于我们熟知的PDCA质量管理中“C（Check）”的环节，它是纠正决策偏差与执行偏差的重要保障，与组织的整体运营密切相关。因此，自善流程要贯穿在任务推进流程、任务分工表等观摩策划任务的各个环节（可参照图15-6中的“菱形判断框”）。并对观摩策划过程中可能出现的风险进行整合归纳，通过对风险的精准识别，包括对风险类型、具体描述、发生概率、影响程度、风险等级、可能产生的影响描述以及对风险发生时间段的预估的判断，来管控风险的发生，采取相应的风险防范措施，项目风险评估与管理内容如表15-2所示。

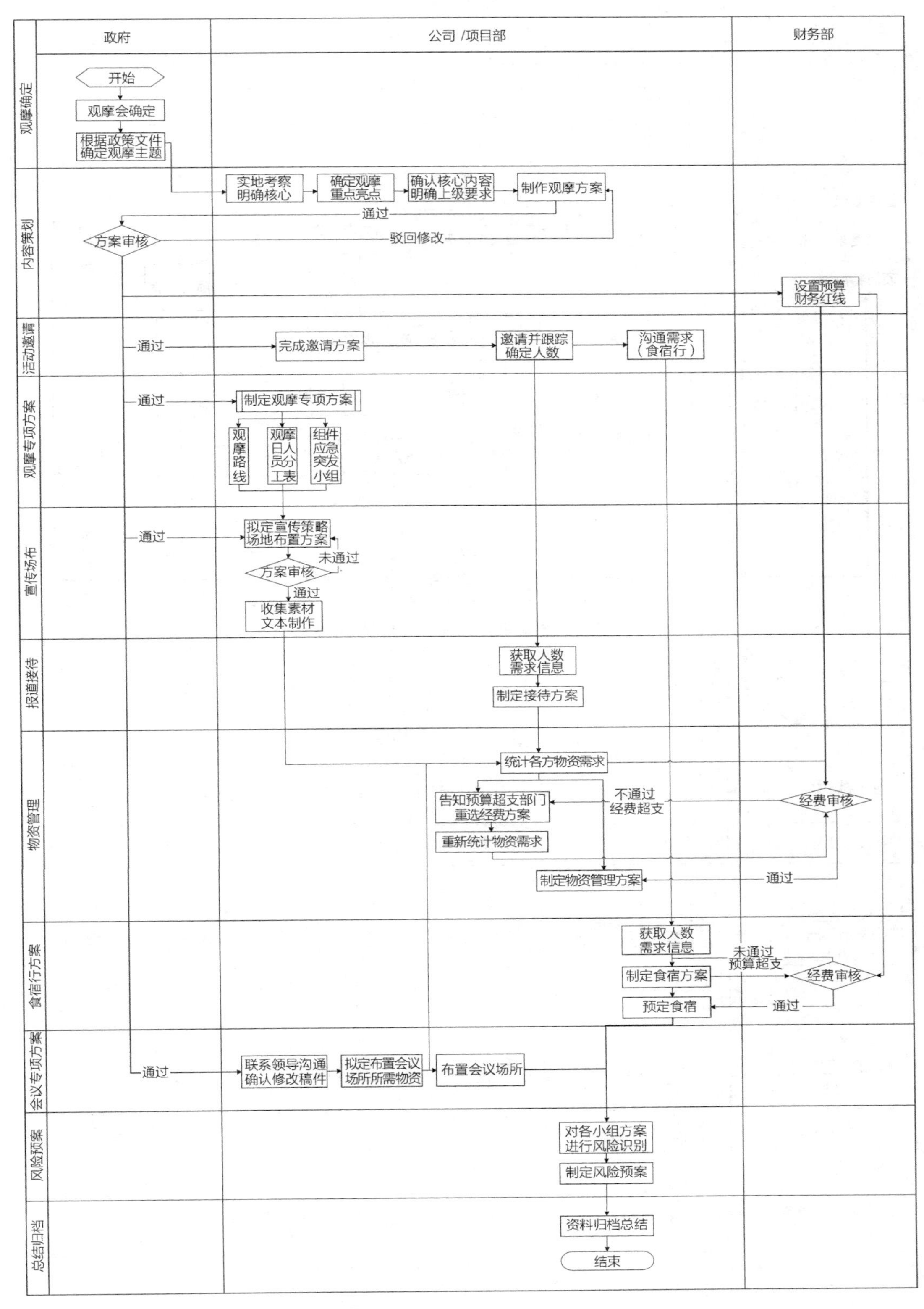

图 15-6　奉新项目观摩策划推进流程图

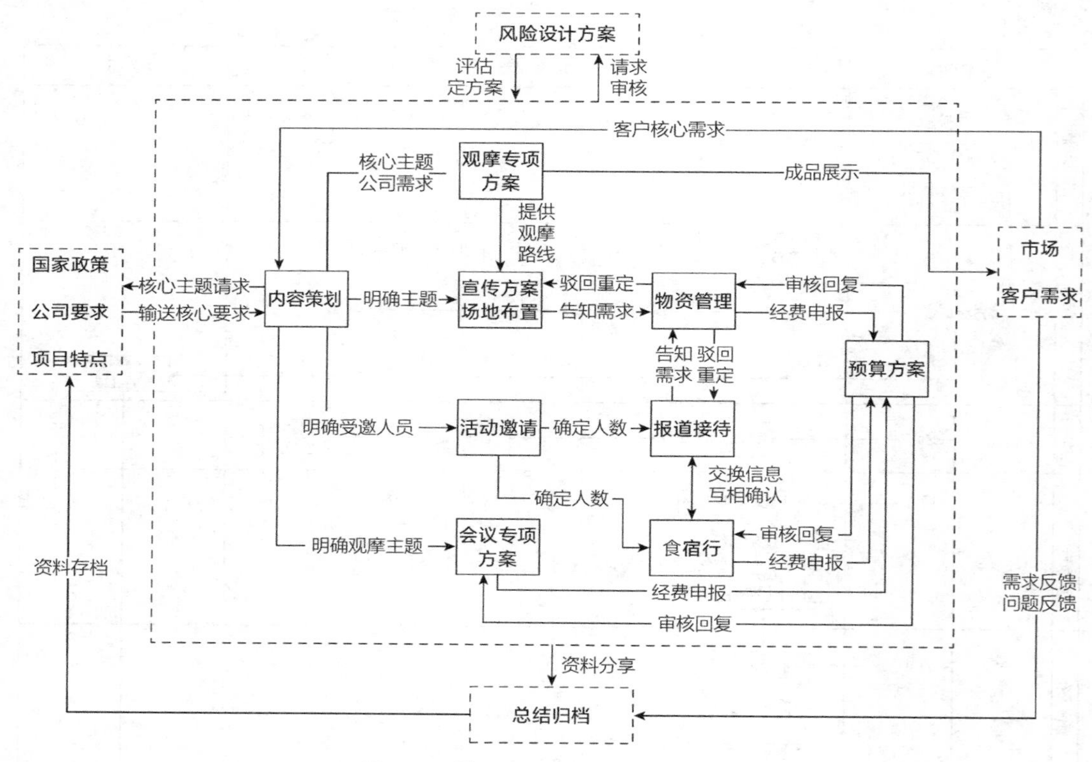

图 15-7　奉新项目观摩策划小组职能分工图

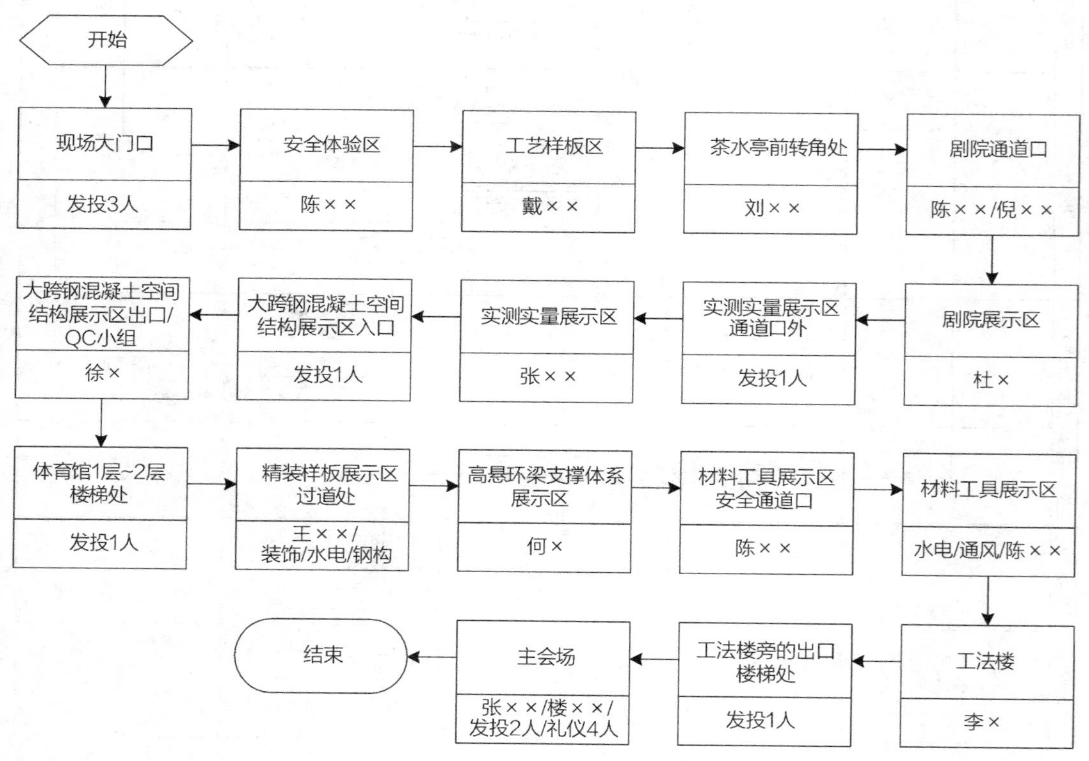

图 15-8　观摩会当天任务分工图

项目风险评估与管理 表15-2

风险类型	具体风险描述	发生概率	影响程度	风险等级	风险可能产生的影响描述	风险响应措施	风险发生时间段	责任人
内部风险	1．由于分工不明确，导致具体工作无人落实 2．部分工作准备周期太短 3．人员的不足，导致在规定时间内不能完成相应的任务 4．为了赶工期而忽视了观摩样品的质量	中	大	一级	直接影响活动效果，难以达到目的	1．由经理提前策划、分工，与相关部门充分沟通，要求相关资源全力配合，确保达成目标 2．设关键节点里程碑进行控制，确保完成时间 3．根据任务量合理规划好相应的人员安排，也可以从其他部门抽调相应人员来帮忙	项目前期准备阶段	胡××
外部风险	由于天气或其他原因，实际参会人数未满300人或超过300人	高	中	一级	1．影响活动效果呈现 2．影响各项活动安排 3．影响费用测算	1．前期制定邀请方案，实施短信、电话、邮件通知等形式进行邀请 2．制定费用方案的调整空间	报道当日	何××
突发风险	1．活动当天，可能会出现人员拥挤情况 2．活动当天，可能会出现人员中暑情况 3．活动当天，可能会出现演讲台坍塌事故 4．活动当天，观摩人员体温检测可能会出现异常状况 5．活动当天，由于观摩人员车辆拥挤可能会出现交通堵塞状况 6．活动当天，可能会有暴雨天气	中	大	一级	1．直接影响本次观摩会名誉 2．直接影响公司名誉 3．发生伤亡事故	1．提前考虑观摩当天可能会出现的突发情况，制定应急管理措施 2．安排相应的安保和医护人员 3．准备好相应的隔离措施 4．提前向有关部门报备相关情况，并安排相应人员引导车辆 5．观摩现场做好相应的防雨措施及人员的防雨措施	观摩当天	杜×

15.1.2.5 精到评价

本次观摩策划工作由于外界环境因素的变化，各项内容实际实施过程的时间比原计划晚2~4天，例如，原定方案策划开始时间为5月6日，实际策划时间是5月8日，而项目实际推进计划见表15-3。

项目推进表 表15-3

阶段	内容	负责人	具体内容	完成时间
准备期	方案策划	胡××	策划方案、策划PPT	5月6日
	会议通知	胡××	会议通知	5月8日
	启动会议	胡××	任务分工	5月9日
	参会人员邀请	胡××	会议名单	5月10日
	接待统筹	王×	酒店餐饮及住宿	6月10日
	物资准备	傅×	物资表、采购物资到位	6月10日
	宣传设计	杜×	设计方案、宣传方案	6月10日
	观摩致辞	胡××	发言稿	6月10日
	总体统筹	胡××	所有工作完成	6月12日

续表

阶段	内容	负责人	具体内容	完成时间
实施期	总负责	胡××	动员、总结	6月16日
	后勤统筹	何××	现场协调	6月16日
	嘉宾接待	周××	现场协调	6月16日
	领导致辞	胡××	现场协调	6月16日
	参观统筹	胡××	现场协调	6月16日
总结期	项目观摩总结	胡××	项目总结PPT	6月18日
	后勤总结	何××	后勤总结PPT	6月18日
	宣传总结	杜×	宣传总结PPT	6月18日

且本次观摩策划活动原计划人数为300人，而在观摩日当天，当地各级政府及行业各施工单位、监理单位代表等约400人参加了观摩会，计划人数与实际参会人数相差100人，数量庞大，本次观摩策划对人数的预估上有待提高。但在制定管控措施中有对超过计划人数这一情况进行预测，因此对观摩活动的总体影响较小。

15.1.3 应用效果评价

在“流程牵引”理论指导下的策划方案，为观摩会的顺利展开奠定了扎实的基础，使观摩会相关的工作有条不紊地展开。项目现场管理体系标准化、安全生产标准化、质量标准化、绿色建造及新技术新工艺的应用也完美地呈现在了大家的眼前，获得了与会者的一致认同，圆满完成了在奉新项目举办的第19个全国“安全生产月”和“安全生产万里行”推进会。

会后，项目部领导对现场展示的劳动成果给予了高度赞扬，同时也对奉新项目创优夺杯表达了新的期望，认为“流程牵引”理论在观摩策划中起到了关键性的指导作用，为集团公司积累了组织大型安全观摩等活动的经验。同时希望能用这些新理论、新工艺为公司打造标杆工程，同心协力将项目做精做强，完美展示公司的品牌风采。

15.2 大型现场会议 *

本节选取“第四届浙江省工程管理教学与学术研讨会”为例进行大型会议介绍，会议由浙江省土木建筑学会工程管理学术委员会举办，是为了促进浙江省工程管理学科与专业的发展、加强学术交流，展示工程管理及相关领域的最新研究进展及取得的成果，增进工程管理教学与科研工作者、企事业单位专业人士间的交流与合作，促进浙江省工程管理教学与科研事业的发展。会议从筹办到闭幕都遵循了精确计算、精细策划、精益实施、精准管控、精到评价的原则，具体内容详见二维码。

结束语

社会思潮、现实需要、管理发展和新技术手段，呼唤精准管控理论的建立。我们不揣视野局限、知识浅薄，将研究、思考成果汇集成本著作。

历史文化积淀的原因，我们有诸多跟工业化时代的管理环境不适应的“行为方式”，整体管理模式也存在种种发展演化的不稳定性。在传播吸收西方管理思想的过程中，不仅普遍存在囫囵吞枣、积食难消的现象，还有不能基于管理本质而更好地结合实际的东施效颦，甚至严重的是，也有不少以讹传讹的误解。由于解决现实问题的紧迫性，这些现象的存在，都难以避免，更无法从苛责的角度看待。

膜拜、迷信和照搬西方管理思想，是不足取的，可能害人不浅。举例来说：尽管《组织行为学》仍然声称处于发展中，但是已经是比较成熟的知识体系了。按照其定义，“是一门应用于人的行为管理的现代管理科学”[①]，然而遍寻文献资料，就是缺少真正的个人和群体行为方式的内容。在我看来，所有的心理学、社会心理学、社会学以及人类学的范畴[②]，都必然要落实到工程学的实践活动上，动机、激励、领导和绩效，没有实实在在的“行为”，这些都是空中楼阁。这些行为和行为方式的显化表达，必然应当是《组织行为学》的最核心内容！国内外全球没有一本著作，指出这个事实，这是很遗憾的。这么说，并非狂妄，而只是想表明一个意思：独立思考就会有独特发现，才会有独立的创造。

作为文化自信，发挥中国人的聪明才智，做更多原创性的研究，更利于借助对自身和所处环境的深刻理解，完全有条件构建出适合自

① 胡宇辰，叶清，庄凯．组织行为学（第三版）[M]．北京：经济出版社，2002.

② [美] Stephen P. Robbins，Timothy A. Judge．组织行为学（第14版）[M]．孙健敏，李原，黄小勇译．北京：中国人民大学出版社，2012.

己的理论与方法。

本著的核心“精准管控”，其意义、内涵、作用、模型，毫无疑问都是非常值得研究的。我们也就是在这样的语境下，开展了我们的研究工作。相信它必定影响到一批工程界、管理学术界的有志于改进管理落后现状之士，一起研习、创新，为真的改变作出行动。

由于“使命”驱使，管理得当，虽然耗神费力也不入奖励主流，但是我们不觉得是件辛苦的事情，在著述的过程中我们享受到创意的快乐、学习到知识的满足、感怀于协商中的默契，唯一感慨的就是我们自己的学识不足、见解不深、表达不精。

我们只有继续努力。

感谢

新冠疫情仍在蔓延，俄乌战争爆发，无法断言何时结束。世界局势正发生深刻变化。

我们满怀激情和充满期待地给升级中的建筑行业捧上“五精”构成的“精准管控”方子时，内心也对许许多多帮助我们、成就我们的人们——充满着感激之情。

局部的、碎片的、细节的、繁琐的，对实践帮助不够大的，我们近乎刻意回避，实际上无论学术界还是工业界，系统性的、全局性的、全生命周期的解决方案应当是最为紧要而紧缺的，我们努力往这个方向开拓。系统思维和方法论的启示和教诲，多半来自于我大学时期的恩师张人权教授，而今他虽年逾九十岁高龄，仍然几乎每天编发五篇不同文章，电邮给包括我在内的学生们（而他的学生，大多就是我的老师）。深受启发、深切感佩、深致感恩！

2016年4月正式参加工程哲学界的活动以来，多次被接纳会议小组发言，促使更多的思考，鞭策了我对工程与哲学交叉知识的深入学习。特别是，每次我都是怀着毕恭毕敬的态度，聆听殷瑞钰等十多位院士的发言报告，尤其是工程哲学的开创者李伯聪教授，他每次的谆谆教导，我都铭记在心。

本书得以出版，感谢我所在的绍兴文理学院“优秀学术著作出版基金”资助。学校、学院的不少领导和同事给予了我们很多帮助，一并感谢。

与中国建筑工业出版社朱晓瑜副编审，在重庆大学管科院建院40周年庆活动的邂逅，高效地促成了本著作的出版，实在是她的独到眼光和高效工作所致。

我们引用了很多资料，能够明确指出出处的已经进行了文献引用标注，此外还有不少未能非常明确地“精准”指明来龙去脉的，并非有意“盗用”，在此表示感谢之外，也致以歉意，一旦查明我们将立即注明。

感谢夫人李琼，戏称她是卢家“御膳房”的研究员，忙碌地往来于书房、厨房之间，不仅因为她悟性十足，学习中医经典和时尚流行都不落下，而且确是“研究式”地打理家事，用天平称量，制豆腐、发腐乳、腌制香肠、制作面包、蒸包子、发馒头、炮制枸杞黄酒膏方种种，生活所需和闲暇乐趣都在，使著者可以心无挂碍地完成“著书立说”：流程牵引、精准管控、工程认知、敏捷教育四部著作，这是我们团队念兹在兹想做的事情，乐在其中，使命所在，也就无苦可诉。唯有真诚感恩。